密封技术

第四版

魏 龙 主编

化学工业出版社
·北京·

内容简介

《密封技术》第四版以生态文明建设引领高质量发展为指引，从实用性出发，全面系统地介绍了工业常用密封技术的主要内容和最新进展，重点阐述了垫片密封、填料密封、机械密封、非接触型密封、注剂式带压密封等的基本概念、基本理论、结构形式、密封特性、材料、使用维护和故障处理等基本知识，并简要介绍了泄漏检测技术。

本书引用与密封技术相关的新标准，力求内容新颖、文字简练、通俗易懂、实用性强，并融入了课程思政元素。

本书有配套的PPT电子教案。

本书可作为高等职业院校和中等职业学校化工类、机电类、能源类等专业的教材以及工程技术人员的培训教材，也可供从事密封设计、制造、维护、管理等工作的技术人员参考。

图书在版编目（CIP）数据

密封技术/魏龙主编. —4版. —北京：化学工业出版社，2023.10

ISBN 978-7-122-40717-7

Ⅰ.①密… Ⅱ.①魏… Ⅲ.①密封-高等职业教育-教材 Ⅳ.①TB42

中国版本图书馆CIP数据核字（2022）第019349号

责任编辑：高　钰　　　装帧设计：刘丽华

责任校对：田睿涵

出版发行：化学工业出版社（北京市东城区青年湖南街13号　邮政编码100011）

印　　装：三河市延风印装有限公司

787mm×1092mm　1/16　印张16¼　字数401千字　2023年10月北京第4版第1次印刷

购书咨询：010-64518888　　　售后服务：010-64518899

网　　址：http://www.cip.com.cn

凡购买本书，如有缺损质量问题，本社销售中心负责调换。

定　　价：48.00元

前言

密封是与经济发展和环境保护密切相关的问题。绿水青山就是金山银山，在发展经济的同时，必须充分考虑工业生产对环境的影响，作为与环境保护直接有关的密封技术已被广泛应用于化工、石油、机械、电力、轻工、冶金、医药、食品等国民经济产业的重要技术领域，以及航空航天、国防军工、核能等高新技术领域。

本书第一版作为教育部高职高专规划教材于2004年出版，第二版作为普通高等教育“十一五”国家级规划教材于2009年出版，第三版于2019年出版并入选了“十三五”职业教育国家规划教材。本书自出版以来，受到广大读者和同行的支持和鼓励，并提供了一些宝贵意见。本书第四版基本上维持了前三版的体系和结构，根据密封技术新的进展和相关标准的更新，对内容进行了修改和完善，并融入了课程思政元素。

在编写方面，本书力求体现以下主要特色：

① 从内容上，全面系统地介绍过程工业常用的密封技术，重点阐述垫片密封、填料密封、机械密封、非接触型密封、注剂式带压密封，简要介绍泄漏检测技术，符合工程实际应用的需要。

② 每章后的【学习反思】，结合本章内容反思方法论、实践论、质量观、环保观、能源观、价值观、人生观和世界观等，体现了党的二十大精神，有利于培养学生爱国精神、大国工匠精神、担当精神、创新精神、职业素养等。

③ 从工程实际应用出发，较全面地反映了密封技术在实际工程应用中涉及的主要方面和环节，有较强的针对性和实用性。

④ 注重理论与实践相结合，重点介绍密封技术的基本概念、基本理论和基本知识，以及密封故障的分析，密封件的安装、维修和改进。

⑤ 条理清楚，便于读者理解和自学，同时还体现了在工程应用中的适用性，较全面地反映了密封技术的最新进展，具有一定的先进性。

⑥ 本书的内容已制作成用于多媒体教学的PPT课件，如有需要，请发电子邮件至cipedu@163.com获取，或登录www.cipedu.com.cn免费下载。

本书可作为高等职业院校和中等职业学校的专业教材，以及工程技术人员的培训教材，也可供从事密封设计、制造、维护、管理等工作的技术人员参考。

本书由魏龙、隋博远、房桂芳和杜存臣编写。魏龙编写了绪论、第三章与附录，隋博远编写了第一章与第六章，房桂芳编写了第二章和第五章，杜存臣编写了第四章。全书由魏龙主编，张磊主审。本书在编写过程中得到了孙见君、冯秀、张鹏高、刘其和、冯飞、张蕾、蒋李斌、金良、曾焕平等的大力帮助，在此一并表示衷心的感谢。

限于编者的水平，本书内容疏漏和不妥之处恳请广大读者批评指正。

编　者

目录

绪论 / 1

第三章　机械密封 / 83

第四章　非接触型密封 / 159

第五章　注剂式带压密封 / 189

绪 论

一、密封技术的重要性

过程工业中使用的机器设备普遍设有密封装置，但存在着泄漏问题。事实证明，密封装置的泄漏只是或多或少，或重或轻而已。泄漏会造成能源的浪费、物料的流失、产品质量的下降、设备的损坏、环境的污染，从而损害工作人员的健康，甚至会酿成火灾、引起爆炸、造成停产、直接危及人身安全，带来巨大经济损失。密封件虽然不大，只是个零部件，但却能决定机器设备的安全性、可靠性和耐久性，特别是石油化工企业，处理的大多是具有腐蚀性或易燃、易爆和有毒介质，而且通常有较高的压力和温度，一旦泄漏，引起重大安全事故，造成的危害就更大。据国外报道，在化工和石油化工等大型流程企业中，发生事故的前十大原因中，泄漏引发的事故排在首位。日本炼油行业的燃烧爆炸事故调查结果表明，其灾难性事故70%以上是由泄漏造成的。世界范围内，每年因密封意外失效导致的直接经济损失高达几十亿美元。

据统计，在日常的机器设备使用和维修中，对于机泵40%～50%的工作量是用于轴封的维修。离心泵的维修费大约有70%是用于处理密封故障。在离心式压缩机失效原因中，润滑和密封系统的故障占55%～60%，密封系统占机组价格的20%～40%。美国的密封技术工作者认为，由于开发密封技术，仅汽轮机一项，每年节约能源费用三亿美元。全世界轴承年销售额为90多亿美元，其中90%的轴承都未达到设计寿命，而在轴承早期失效原因中，有75%是由于油封失效，仅此一项就花掉60多亿美元。

上述数字是显式的可见费用，容易被人们理解和重视，但恰恰忽视了泄漏造成的能量浪费、效率下降，以及泄漏造成的环境污染、人身伤害、环境清理等隐式的不可见费用，而这些不可见费用往往远大于可见费用，如图0-1泄漏的经济意义中未露出水面的冰山。“生态兴则文明兴、生态衰则文明衰”。从国民经济可持续发展的观点来看“可持续发展是指既能满足当代人的需要，又不对后代人满足其需要的能力构成危害的发展”（1987年4月，世界环境与发展委员会《我们共同的未来》报告），密封与能源、资源、环境有着直接的关系，因此密封对经济的持续发展的作用、意义和地位在现代社会越发突显。

因此，防止机器设备的泄漏对工业生产来说是必须解决的关键问题之一，正是由于密封的普遍性和重要性，近一个世纪来，已形成一门研究密封规律、密封装置设计和使用科学原理的新学科，称为“密封学”。密封在工程上也已发展成为一项专门的技术——密封技术。

二、密封机理与方法

能够防止或减少泄漏的装置一般称为密封。装置中起密封作用的零部件称为密封件。密

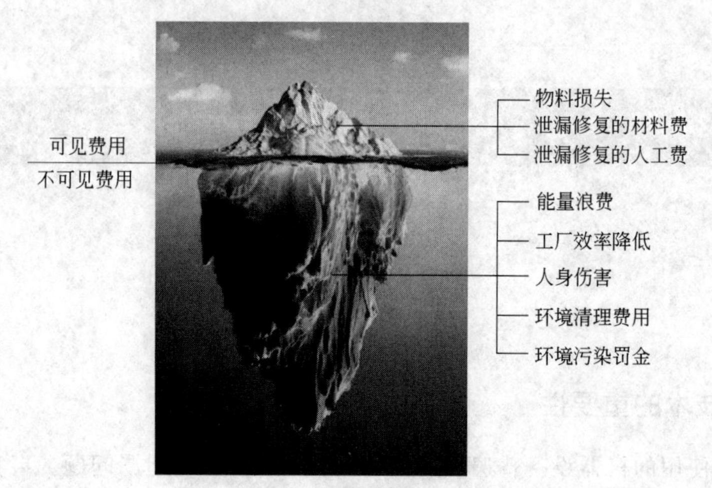

图 0-1 泄漏的经济意义

封装置可以由几个零部件组成，也可以附带各种辅助系统，这里统称为密封装置。

1. 密封机理

所谓泄漏，就是流体通过密封面由一侧传递到另一侧。被密封的介质往往是以界面泄漏、渗漏或扩散的形式通过密封件泄漏的。

① 界面泄漏。通常将通过密封面间隙的泄漏称之为界面泄漏。此时被密封流体在密封件两侧压力差 Δp 作用下通过宏观或微观的缝隙 h 泄漏，因此界面泄漏是单向泄漏。

② 渗漏。在密封件两侧压力差作用下，被密封流体通过密封件材料的毛细管的泄漏称为渗漏。因此，渗漏也是单向分子泄漏流动。

③ 扩散。在浓度差的作用下，被密封介质通过密封间隙或密封材料的毛细管产生的物质传递，叫作扩散。介质通过密封件的扩散泄漏可分成三个阶段：密封件吸收液（气）体；介质通过密封件的扩散；介质从密封件的另一侧析出。扩散过程是双向进行的，扩散作用的介质泄漏量要比其他两类泄漏量小得多。

综上所述，造成泄漏的原因，一是密封连接处有间隙（包括宏观间隙或微观间隙）；二是密封连接处两侧存在压力差或浓度差。消除或减少任一因素都可以阻止或减少泄漏。就一般设备而言，减小或消除间隙是阻止泄漏的主要途径。

2. 密封方法

密封装置所要解决的问题就是设法防止或减少泄漏，方法有很多，目前的密封方法大致可归纳为以下几种。

① 尽量减少设置密封的部位。这一点对处理易燃、有毒、强腐蚀介质尤为重要。例如，当可以同时选择单级单吸和单级双吸离心泵输送上述物料时，则宜用前者，因为单吸离心泵比双吸离心泵少一处密封。

② 堵塞或隔离。静密封采用的各种密封垫、密封胶、胶黏剂就属于这一类。对于动密封，泄漏主要发生在高低压相连通且具有相对运动的部位，由于有相对运动，则必然存在间隙。设法把间隙堵塞住，即可做到防止或减少泄漏，软填料密封属于这一类。隔离泄漏通道，就是在泄漏通道中设置障碍，使通道切断（泄漏也被切断），机械密封、油封等接触式密封都属于这一类。

③ 引出或注入。将泄漏流体引回吸入室或通常为低压的吸入侧（例如抽气密封、抽射

器密封等）或将对被密封流体无害的流体注入密封室，阻止被密封流体的泄漏（例如缓冲气密封、氮气密封等）。

④ 增加泄漏通道中的阻力。流体在通道中作泄漏流动时，会遇到阻力。阻力的大小与通道两端的压差、通道的长短、壁面的粗糙度以及通道中是否开槽（突然扩大、突然缩小）等有关。因此，在同样的压差下，可把通道加设很多齿，或开各式沟槽，以增加泄漏时流体的阻力，从而阻止或减少泄漏。如迷宫密封、间隙密封等。

⑤ 在通道中增设做功元件。因加设做功元件，工作时做功元件对泄漏液造成反压力，与引起泄漏的压差部分抵消或完全平衡（大小相等，方向相反），以阻止介质泄漏。离心密封、螺旋密封即属于这一类。

⑥ 几种密封方法的组合。把两种或两种以上密封组合在一起来达到密封。例如填料-迷宫、螺旋-填料、迷宫-浮环密封等。

⑦ 其他新型密封，如磁流体密封，封闭式密封、刷式密封、指尖密封等。

三、密封的种类及其适用范围

密封技术几乎涉及各个工业部门，密封种类很多，工作原理各不相同，大致可分为两大类：静密封和动密封。静密封是指两个相对静止的零件的接合面之间的密封，如各种容器、设备和管道法兰接合面间的密封，阀门的阀座、阀体以及各种机器的机壳接合面间的密封等；动密封是指两个相对运动的零件的接合面之间的密封，如阀门的阀杆与填料函，泵、压缩机等的螺旋杆、旋转轴或往复杆与机体之间的密封等，表 0-1 为动密封的种类与适用范围。

静密封主要有垫片密封、直接接触密封和胶密封三大类。根据工作压力，静密封又可分为中低压静密封和高压静密封，中低压静密封常用材质较软、垫片较宽的垫密封，高压静密封则用材料较硬、接触宽度很窄的金属垫片。胶密封主要是指液体密封胶。

动密封根据运动件相对机体的运动方式分为往复密封和旋转密封两种基本类型。按密封件与其做相对运动的零部件是否接触，可分为接触型和非接触型密封两大类。一般说来，接触型密封可以消除间隙或使间隙为最小值，可达到很高的密封性，但是需要花费额外的功耗来克服摩擦，而且密封面会发热和磨损。因受摩擦、磨损限制，接触型密封适用于密封面线速度较低的场合；而非接触型密封的密封件不直接接触，因而无摩擦和磨损，密封件工作寿命长，可适用于较高的线速度。

四、密封的主要指标和质量比较准则

衡量密封性能好坏的主要指标是泄漏率、寿命和使用条件（压力 p、线速度 v、温度 t）。目前流体密封能达到的单项最高技术指标列于表 0-2 中。由此可以粗略地反映目前的密封技术水平。

当出现流体泄漏时，常用“密封度”来比较或评价密封的有效性。密封度用被密封流体在单位时间内通过密封面的体积或质量的泄漏量（也有考虑单位密封周边或直径的），即泄漏率来表示。因此，往往将泄漏量为零，说成为“零泄漏”。虽然理论上静密封可能做到零泄漏，实际上要做到零泄漏不仅技术上特别困难，而且出于经济考虑，只是对非常昂贵、有毒、腐蚀或易燃易爆的流体才要求将泄漏量降低到最低限度。事实上，泄漏量为“零”只是相对某种测量泄漏仪器的极限灵敏度而言，不同的测量方法和仪器的灵敏度范围不同。“零”

表 0-1 动密封的种类与适用范围

种类				真空(绝压)/MPa	压力(表压)/MPa	工作温度/℃	线速度/(m/s)	泄漏率/(mL/h)	使用期限	应用举例
接触型	软填料密封			1.33×10^{-3}	31.38	−240～600	20	10～1000	—	清水离心泵、柱塞泵、阀杆密封
	成型填料	挤压型		1.33×10^{-7}	98.07	−45～230	10	0.001～0.1	6个月～1年	液压缸
		唇形		1.33×10^{-9}						
	橡胶油封	油封		—	0.29	−30～150	12	0.1～10	3～6个月	轴承封油与防尘
		防尘油封								
	硬填料密封	往复		—	294.2	−45～400①		—	3个月～1年	活塞及活塞杆密封
		旋转					—		6个月～1年	航空发动机主轴承封油
	胀圈密封	往复		1.33×10^{-3}	300		12	0.2%～1%吸气容积	3～6个月	汽油机、柴油机、压缩机、液压缸、航空发动机主轴承封油
		旋转			0.2	—				
	机械密封	普通型		1.33×10^{-7}	7.85	−196～400①	30	0.1～150	6个月～1年	化工、电厂、炼油厂用离心泵
		液膜		—	31.38	30～150	30～100	—	1年以上	大型泵、透平压缩机
		气膜			1.96	不限	不限	—		航空发动机、透平压缩机
非接触型	迷宫密封			1.33×10^{-5}	19.61	600	不限	大	3年以上	蒸汽透平、燃气透平、活塞压缩机
	间隙密封	液膜浮环		—	31.38	—	80	内漏<8300	1年以上	泵、化工透平
		气体浮环			0.98	−30～150	70		1年左右	制氧机
		套筒密封			980.7	−30～100	2			油泵，高压泵
	动力密封	离心密封	副叶轮	1.33×10^{-3}	0.25	0～50	30	—	1年以上	矿浆泵
			甩油环 油封		0	不限	不限	—	非易损件	轴承封油与防尘
			甩油环 防尘							
		螺旋密封	螺旋密封	1.33×10^{-3}	2.45	−30～100	30	—	取决于轴承寿命	轴承封油、鼓风机封油
			螺旋迷宫密封	—			70			锅炉给水泵辅助密封
	其他	磁流体密封		1.33×10^{-13}	4.12	−50～90	70	—	—	—
		封闭式密封								

① 凡使用橡胶件者，适用温度同成型填料。

表 0-2 流体密封的单项最高技术指标

项目	动密封	静密封
压力(或真空) p	10^{-10} mmHg～10^{3} MPa	10^{-1} mmHg～10^{4} MPa
温度 t	−240～600℃	−240～900℃
线速度 v	接触式密封<150m/s	—
泄漏率 q	0.1mL/h	—
寿命 L	10年	—

注：1mmHg=133.322Pa。

泄漏只是超越了仪器可分辨的最低泄漏量，即难以觉察出来的很微量的泄漏。因此密封度是一个相对的概念，保证机器设备没有泄漏应指密封装置能有效地满足设计或生产所允许（规定）的泄漏率，称为“允许泄漏率”。允许泄漏率应根据具体情况决定，没有统一的规定，例如国内对泵用机械密封的允许液体泄漏率一般规定为：当轴（或轴套）外径大于50mm时，泄漏率不大于5mL/h；当轴（或轴套）外径不大于50mm时，泄漏率不大于3mL/h。有时出于按泄漏率大小对密封件进行质量评定的需要，例如对于法兰连接用的垫片密封，采用目测的分级准则如表0-3所示，它基本是定性的方法；而美国压力容器研究委员会（PVRC）则按质量泄漏率分为五个密封度级别，即$T_1 \leqslant 2 \times 10^{-1}$mg/(s·mm)，$T_2 \leqslant 2 \times 10^{-3}$mg/(s·mm)，$T_3 \leqslant 2 \times 10^{-5}$mg/(s·mm)，$T_4 \leqslant 2 \times 10^{-7}$mg/(s·mm)，$T_5 \leqslant 2 \times 10^{-9}$mg/(s·mm)。

表0-3 泄漏的目测分级与定义

泄漏级别	定义	泄漏级别	定义
0	无泄漏迹象	4	形成滴珠且沿垫片周边以5min或更长时间滴漏1滴
1	可目视或手感湿气（冒汗），但没有形成滴珠		
2	局部有滴珠形成	5	以5min或更短时间滴漏1滴
3	沿整个垫片周边有滴珠形成	6	形成线状滴漏

注：1滴液体的体积约为0.05cm^3，即形成1cm^3大约需要20滴液体。

在化工厂中，还存在大量只凭听、看直觉不能发现的易挥发有机化合物从接头处“逸出”。因其泄漏量非常小，通常要用敏感的气体检漏仪，如有机蒸气分析仪测量逸出气体的体积浓度，以百万分率表示。随着现代工业装置的大型化和国家或地区对环境保护要求更趋严格，一些工业发达国家已把控制“逸出”问题提到日程上，提出了“零逸出”的新概念，即将允许泄漏率控制到10^{-6}（体积分数）量级，例如目前美国炼油厂把10000×10^{-6}作为零逸出水平，而化工厂则对阀门和法兰规定为500×10^{-6}，机器（如泵，压缩机）为1000×10^{-6}。

密封与安全

密封与安全的关系，从过去历次发生的重大泄漏事故造成的燃烧、爆炸、中毒、环境污染等后果中已深有教训，如1984年12月3日，美国联合碳化物公司设在印度的博帕尔农药厂异氰甲酸酯储罐发生泄漏，造成3000多人死亡，12.5万人中毒，其中失明5万人；1986年1月28日，美国“挑战者”号航天飞机升空后不久爆炸，导致7名宇航员全部遇难，价值12亿美元的航天飞机也瞬间化为乌有，造成这场航天史上最大悲剧的主要原因是右侧火箭助推器连接处O形密封圈在低温（3℃）下失去弹性，不能追随结构膨胀而烧毁，高温火焰喷向外燃料箱，导致氢氧燃料爆炸；同年4月26日子夜，苏联切尔诺贝利核电站4号核反应堆发生核泄漏事故，造成30人当场死亡，8吨多强辐射性物外泄，使电站周围6万多平方公里土地受到直接污染，300多万人受到核辐射侵害，成为人类和平利用核能史上最大的灾难；1989年美国得克萨斯石油化工厂聚氯乙烯设备中的异丁烷泄漏引起爆炸，损失高达7.3亿美元；同年，俄罗斯乌法液化天然气管道泄漏发生爆炸，死亡645人；2011年3月11日，因地震（里氏9级）诱发海啸，使日本福岛第一核电站冷却系统发生故障，反应堆不能有效降温，并引起氢气爆炸，导致核泄漏事故（7级），更是触目惊心，影响久远。

复习思考题

0-1 什么是泄漏?

0-2 泄漏形式主要有哪几种?它们之间的主要异同点是什么?

0-3 产生泄漏的主要原因是什么?

0-4 简述目前密封的主要方法。

0-5 密封大致可以分为哪几类,它们的定义分别是什么?

0-6 衡量密封性能好坏的主要指标有哪些?

第一章

垫片密封

学习目标

1. 培养学习密封技术的兴趣。
2. 掌握中低压设备和管道垫片密封的原理和结构。
3. 了解高压设备常用垫片密封的原理和结构。
4. 掌握垫片的种类及适用范围。
5. 能根据垫片的实物或结构图判别垫片的基本类型。
6. 能根据使用要求正确选用垫片。
7. 能规范合理保管垫片，能正确安装垫片。
8. 能对垫片密封的失效进行初步的分析。
9. 会查阅垫片密封的相关资料，如图表、标准、规范、手册等，具有一定的运算能力。
10. 会利用网络寻找各类学习资源。
11. 培养环境保护意识。

垫片密封是过程工业装置中压力容器、工艺设备、动力机器和连接管道等可拆连接处最主要的静密封形式，它们所处的工况条件十分复杂，包含的流体介质范围相当广泛，防止液体或气体通过这些连接处泄漏，是工厂面对的最重要也是最困难的任务。虽然法兰连接接头与泵轴、阀杆、搅拌器等密封相比，其泄漏量不及它们大，但法兰连接接头的数量则比它们多得多，因此它们成为过程装备泄漏的主要来源。泄漏带来的环境污染、产品损失，使垫片密封的重要性不言而喻。由于它们通常采用螺栓法兰连接结构，因此装配时要将螺栓预紧到足以达到初步密封的要求，而精确地控制预紧水平恰恰是一个十分棘手的问题；其次，这一结构中的垫片更是一个受很多因素影响的密封元件。

垫片的应用范围极其广泛，垫片需要的预紧载荷也各不相同，如低压水泵薄法兰用的垫片需要的压紧载荷较低，而压力容器和管道法兰垫片，需要较大的压紧载荷和刚性较好的连接结构。对后者通常有标准可查，相对于特殊要求的垫片密封，没有标准的连接尺寸，如法兰厚度、螺栓尺寸、螺栓间距等，这就需要考虑专门的设计。

按照过程装备和管道所承受的压力的不同，垫片材料的结构、形式、要求也不尽相同。

第一节　中低压设备和管道的垫片密封

一、垫片密封的原理和结构

垫片是一种置于配合面间几何形状符合要求的薄截面密封件，其作用是在预定的使用寿命内，保持两个连接件间的密封。垫片必须能够密封结合面，使密封介质不渗透和不被密封介质腐蚀，并能经受温度和压力等的作用。

就垫片密封而言，通常密封流体在垫片结合处的泄漏情况如图1-1所示。

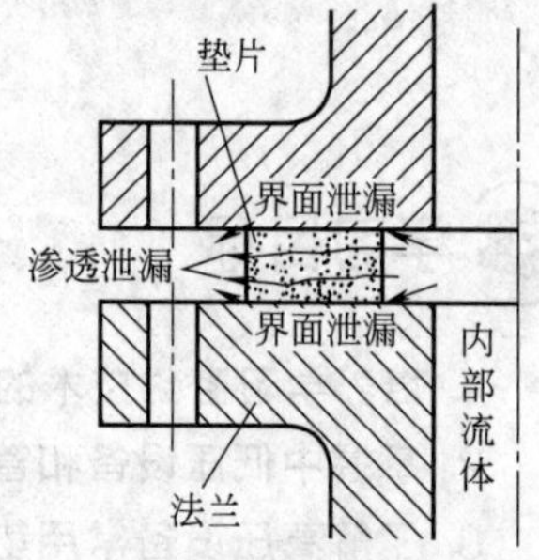

图1-1　垫片泄漏形式

一是两连接表面（即密封面），从机械加工的微观纹理来看存在粗糙度和变形，它们与垫片之间总是存在泄漏通道，由此产生的流体泄漏称为界面泄漏，其泄漏量占总泄漏量的80％～90％。

二是对非金属材质而言，从材料的微观结构来看，本身存在微小缝隙或细微的毛细管，具有一定压力的流体自然容易通过它们渗漏出来，此称为渗透泄漏，它占总泄漏量的10％～20％。

当夹紧垫片的总载荷因各种原因减少到几乎等于作用在连接件端部的流体静压力，导致了密封面的分离。这时若增加密封面的压力，则对于机械完整性很差的垫片，如操作期间材料发生劣化，则沿垫片径向作用的流体压力会将其撕裂，引起密封流体的大量泄漏，此被称为吹出泄漏，它属于一种事故性泄漏。

对于渗透泄漏通常可采用不同材料的复合或机械组合形成不渗透性结构，或者使用较大的夹紧力使材料更加密实，减少以至消除泄漏；而对于界面泄漏和事故性泄漏与垫片材料的性质、接头的机械特征、密封面的性质与状态、密封流体的特性以及紧固件夹紧程度有关。它们也是解决垫片密封设计、安装、使用以及失效分析等问题的关键。

1. 垫片密封的原理

垫片密封是靠外力压紧密封垫片，使其本身发生弹性或塑性变形，以填满密封面上的微观凹凸不平来实现密封，也就是利用密封面上的比压使介质通过密封面的阻力大于密封面两侧的介质压力差来实现密封。它包括初始密封和工作密封两部分。

① 初始密封。垫片用于对两个连接件密封面产生初始装配密封和保持工作密封，在理论上，如果密封面完全光滑、平行，并有足够的刚度，它们可直接用紧固件夹持在一起，不用垫片即可达到密封的目的（即直接接触密封）。但在实际生产中，连接件的两个密封面上存在粗糙度，也不是绝对平行的，刚度也是有限的，加上紧固件的韧性不同及分散排列，因此垫片接受的载荷是不均匀的，为弥补不均匀的载荷和相应变形，在两连接密封面间插入一垫片，使之适应密封面的不规则性，以达到密封的目的。显然，产生初始密封的基本要求是使垫片压缩，在密封面间产生足够的压紧力，即垫片预紧应力（也称初始密封比压），以阻止介质通过垫片本身的渗漏，同时保证垫片对连接件有较大的适应性，即垫片压缩后产生弹性或塑性变形，能够填塞密封面的变形及其表面粗糙而出现的微观凹凸不平，以堵塞介质泄漏的通道。

② 工作密封。当初始垫片应力加在垫片上之后，它必须在装置的设计寿命内保持足够的压紧应力，以维持允许的密封度。因为当接头受到流体压力作用时，密封面将被迫发生分离，此时要求垫片能释放出足够的弹性应变能，以弥补这一分离量，并且留下足以保持密封所需要的工作（残留）垫片应力。这一弹性应变能还要补偿装置在长期运行过程中，任何可能发生的垫片应力的松弛。因为各种垫片材料在长期的应力作用下，都会发生不同程度的应力降低。接头不均匀的热变形，例如连接件与紧固件材料的不同，热膨胀系数不同，引起各自的热膨胀量不同，导致垫片应力的降低或升高；或者紧固件因受热引起应力松弛而减少作用在密封垫片上的应力等。

综上所述，任何形式的垫片密封，首先要在连接件的密封面与垫片表面之间产生一种垫片预紧力，其大小与装配垫片时的“预紧压缩量”以及垫片材料的弹性模量等有关，而其分布状况与垫片截面的几何形状有关。从理论上说，垫片预紧应力愈大，垫片中贮存的弹性应变能也愈大，因而可用于补偿分离或松弛的余地也就愈大，当然要以密封材料本身最大弹性变形能力为极限。就实际使用而言，垫片预紧应力的合理取值取决于密封材料与结构、密封要求、环境因素、使用寿命及经济性等。

2. 垫片密封的结构

典型的垫片密封结构，一般由连接件、垫片和紧固件等组成。垫片工作正常或失效，除了取决于设计选用的垫片本身性能外，还取决于密封系统的刚度和变形、结合面的粗糙度和不平行度、紧固载荷的大小和均匀性等。

中低压设备和管道的垫片密封主要是如图1-2所示的法兰连接密封，其连接件和紧固件主要是法兰和连接螺栓、螺母等。法兰密封面的形式、大小与垫片的形式、使用场合及工作条件有关。常用的法兰密封面形式有全平面、突面、凹凸面、榫槽面和环连接面（或称梯形槽）等几种，如图1-3所示。其中以突面、凹凸面、榫槽面最为常用。

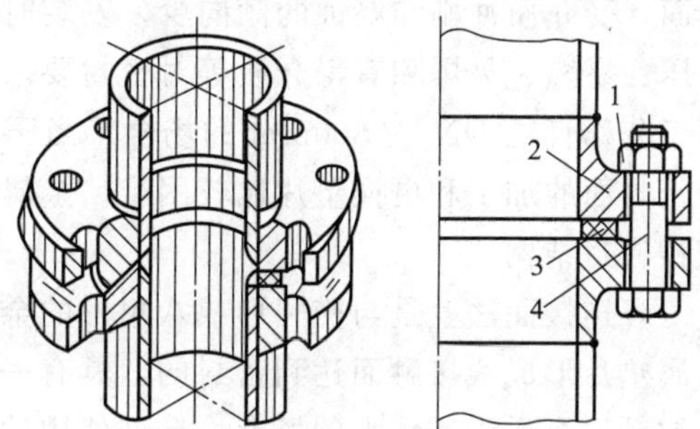

图 1-2　垫片-螺栓-法兰连接

1—螺母；2—法兰；3—垫片；4—螺栓

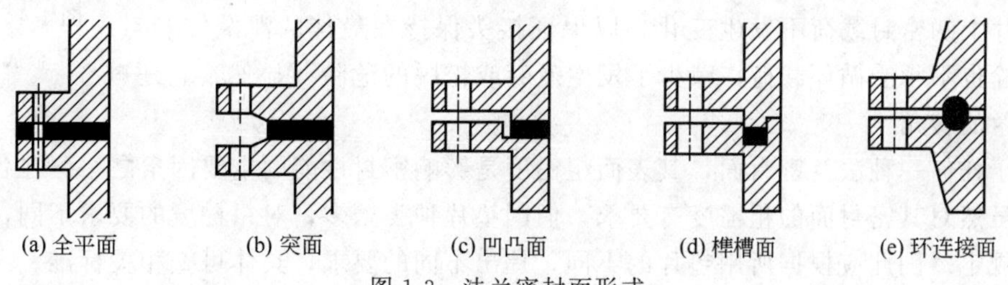

(a) 全平面　(b) 突面　(c) 凹凸面　(d) 榫槽面　(e) 环连接面

图 1-3　法兰密封面形式

对全平面的法兰，垫片覆盖了整个法兰密封面，由于垫片与法兰的接触面积较大，给定的螺栓载荷下垫片上的压缩应力较低，因此全平面法兰适用于柔软材料垫片或铸铁、搪瓷、塑料等低压法兰的场合。

对于突面法兰，尽管为了定位需要垫片的外径通常延伸到与螺栓接触，但起密封作用的仅是螺栓圆以内法兰凸面与垫片接触的部分，因此相对同样螺栓载荷下的全平面法兰而言，它能产生较高的垫片应力，适用于较硬垫片材料和较高压力的场合。突面结构简单、加工方便、装拆容易，且便于进行防腐衬里。压紧面可做成平滑的，也可以在压紧面上开 2～4 条宽×深为 0.8mm×0.4mm，截面为三角形的周向沟槽。这种带沟槽的突面能较为有效地防止非金属垫片被挤出压紧面，因而适用范围更广。一般完全平滑的突面适用于公称压力 $PN \leqslant 2.5$MPa 场合，带沟槽后容器法兰可用至 6.4MPa，管法兰甚至可用至 25～42MPa，但随公称压力的提高，适用的公称直径相应减小。各种非金属垫片，包覆垫，金属包垫，缠绕式垫片等均可用于该密封面。

凹凸形密封面法兰是由一凹和一凸两法兰相配而成，垫片放于凹面内。其优点是安装时易于对中，能有效地防止垫片被挤出，并使垫片免于遭受吹出。其密封性能好于突面密封面，可适用于 $PN \leqslant 6.4$MPa 的容器法兰和管法兰。但对于操作温度高，密封口直径大的设备，使用该种密封面时，垫片仍有被挤出的可能，此时可采用榫槽面法兰或带有两道止口的凹凸面法兰等加以解决。各种非金属垫片，包覆垫，金属包垫，缠绕式垫片，金属波形垫，金属平垫，金属齿形垫等适用于该密封面。

榫槽形密封面法兰比凹凸形密封面法兰的密封面更窄，它是由一榫面和一槽面相配合而成的，垫片置于槽内。由于垫片较窄，压紧面积小，且因受到槽面的阻挡，垫片不会挤出压紧面，受介质冲刷和腐蚀的倾向少，安装时也易于对中，垫片受力均匀，密封可靠。可用于高压、易燃、易爆和有毒介质等对密封要求严格的场合，当公称压力 PN 为 20MPa 时，可用于公称直径 DN 为 800mm 的场合。当压力更低时，则可用于直径范围更大的场合，但该种密封面的加工和更换垫片比较困难。金属或非金属平垫，金属包垫，缠绕式垫片都适用于该种密封结构。

环连接面法兰是与椭圆形或八角形的金属垫片配合使用的。它是靠梯形槽的内外锥面和金属垫片形成线接触而达到密封的，具有一定的自紧作用，密封可靠。适用于压力和温度存在波动、介质渗透性大的场合，允许使用的最大公称压力为 70MPa。梯形槽材料的硬度值比垫圈材料硬度高 30～40HBW。

除了上述的密封面形式外，还有配用 O 形环、透镜垫等特殊形式的密封面，如图 1-4 所示。它在单面法兰上开一环形凹槽，内装垫片，螺栓预紧后，两法兰直接接触。这种结构的主要特点是将垫片压缩到预定厚度后，继续追加螺栓载荷直至两法兰面直接接触。所以当存在介质压力和温度波动时，垫片上的密封载荷不发生变化，以保证接头保持在最佳的泄漏控制点，同时螺栓也不承受循环载荷，减少了发生疲劳或松脱的危险。显然，它还减少了法兰的转角。

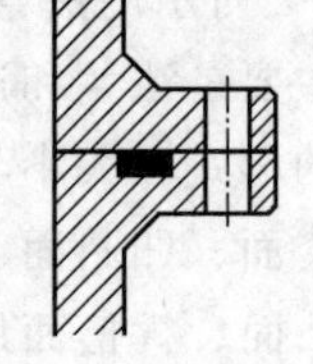

图 1-4 金属与金属接触

对于任何一种法兰密封面，其表面粗糙度是影响密封性能的重要因素之一。在各种法兰标准中虽然对其密封面的粗糙度有要求，但因垫片种类繁多，对粗糙度的要求不同，无法作出统一规定。因此应根据所用垫片的不同，提出不同的要求，具体可查相关标准。

法兰密封面在机械加工后，表面的切削纹路对密封也有一定的影响，通常有同心圆和螺旋形线两种。显然前者对密封是有利的，但不容易做到，并且绝不允许有横跨内外的径向划痕，以免形成直接泄漏的通道。

二、垫片的种类及适用范围

1. 垫片的种类

垫片的种类多种多样，按其构造的主体材料分为非金属、金属复合和金属垫片三大类。

(1) 非金属垫片。非金属垫片质地柔软、耐腐蚀、价格便宜，但耐温和耐压性能差。多用于常温和中温的中、低压容器或管道的法兰密封。

非金属垫片包括橡胶垫片、石棉橡胶垫片、柔性石墨垫片和聚四氟乙烯垫片等。

① 橡胶垫片。制作橡胶垫片的主要材料有天然橡胶、丁腈橡胶、氯丁橡胶等，另外，氟橡胶等特种橡胶也开始应用。橡胶因具有组织致密、质地柔软、回复性好，容易剪切成各种形状，且便宜、易购等特点而被广泛使用于容器和管道密封中。但它不耐高压，容易在矿物油中溶解和膨胀，且不耐腐蚀。在高温下容易老化，失去回复能力。

② 石棉橡胶垫片。石棉橡胶垫片是由石棉、橡胶和填料经压制而成的。一般石棉纤维占 60%～85%。根据其配比工艺、性能及用途不同，主要有高压石棉橡胶垫片、中、低压石棉橡胶垫片和耐油石棉橡胶垫片。

石棉橡胶垫片有适宜的强度、弹性、柔软性、耐热性等性能，但是由于其主要成分石棉纤维对人体有危害，并且在生产使用过程中的石棉粉尘也会对环境造成污染导致对人体的毒害，因此随着我国经济建设的发展与进步，对环境保护以及人民生命安全的重视，石棉制品生产和使用被严加控制。需注意的是：对含石棉的材料需遵守法律、法规的规定，在使用这些含有石棉的材料时要采取预防措施，以确保不会对人体健康造成危害。

③ 柔性石墨垫片。柔性石墨是一种新颖的密封材料，具有良好的回复性、柔软性、耐温性，在化工企业中得到迅速推广和应用。

纯柔性石墨垫片的缺点是强度低，脆性大，不容易加工和方便使用，为了提高它的机械强度，可采用金属芯板增强制成柔性石墨复合增强垫。图 1-5 所示为由金属冲齿板及金属平板与柔性石墨复合而成的柔性石墨复合增强垫。

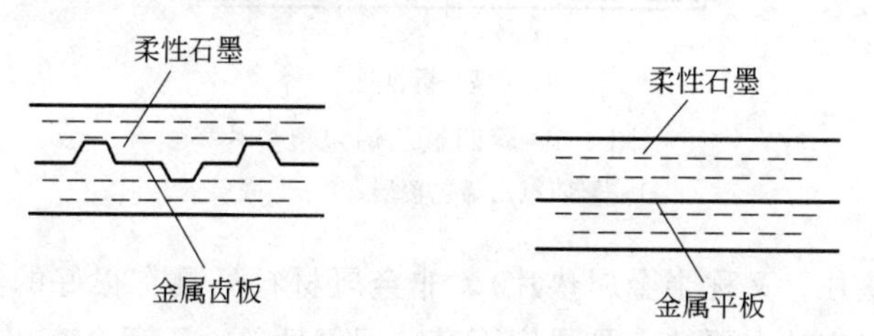

图 1-5　柔性石墨复合增强垫剖面简图

④ 聚四氟乙烯垫片。聚四氟乙烯（简称 PTFE）以其耐化学性、耐热性、耐寒性、耐油性优越于现在任何塑料而有“塑料之王”之称，它不易老化，不燃烧，吸水性近乎为零。其组织致密，分子结构无极性，用作垫片，接触面可做到平整光滑，对金属法兰不黏着。除受熔融碱金属及含氟元素气体的侵蚀外，它能耐多种酸、碱、盐、油脂类溶液介质的腐蚀。但是聚四氟乙烯受压后易冷流，受热后易蠕变，影响密封性能。通常加入部分玻璃纤维、石墨、二硫化钼等制成填充聚四氟乙烯，以提高抗蠕变和导热性能。

聚四氟乙烯垫片通常由板材裁制而成。它还可与橡胶板、石棉橡胶板、非石棉橡胶板等制成聚四氟乙烯包覆垫片。聚四氟乙烯包覆垫片是一种非金属复合型软垫片，一般由聚四氟乙烯包覆层及嵌入的夹嵌层两部分组成，如图 1-6 所示。直接接触密封流体的部分覆盖聚四氟乙烯薄板或薄膜（厚度一般为 0.5mm），夹嵌层为带或不带金属加强肋的非金属材料，通常由单层或者多层的橡胶板、石棉橡胶板、非石棉橡胶板制成。这样既发挥了聚四氟乙烯耐化学腐蚀的优势，又利用了夹嵌层的机械强度高、回弹性能好和低蠕变的优点。和纯 PTFE 垫片相比，提高了高温时垫片的抗蠕变性能，维持稳定的密封性能。与填充 PTFE 相比，经济性要好。在石油、化工、制药及食品工业中，为保证物料的清洁而使用不锈钢法兰、阀门及法兰管件时，常常采用聚四氟乙烯包覆垫片进行密封。

聚四氟乙烯包覆垫片的包覆形式包括剖切型（A 型）、机加工型（B 型）和折包型（C 型）三种。图 1-6（a）所示的 A 型垫片的断面为⊃—形，它是将 PTFE 棒（筒）料从外侧厚度的中心剖切开，再将内芯（夹嵌层）嵌入切口中。图 1-6（b）所示的 B 型垫片的断面为⊐形，包覆层是由 PTFE 板机械车削而成，其内径可与法兰内径一致，可以减少内径处液体的滞留，以防止液体在法兰处产生涡流。B 型垫片内径转角处应倒圆角（$R_1 \geqslant 1$mm）过渡，必要时增加 PTFE 内边的厚度（3mm 厚），以阻挡内部流体的渗透和避免压缩垫片或压力波动时转角处产生机械破损，导致介质渗入内芯材料。B 型垫片由于内芯嵌入⊐形切口后空隙比⊃—形小，故内部空气膨胀量也小，密封性能好于 A 型垫片。图 1-6（c）所示的 C 型垫片是用带状 PTFE 薄膜直接包覆在环状的内芯外面后加热粘接而成，断面呈⊃形，制造简便，适用于直径较大的设备。

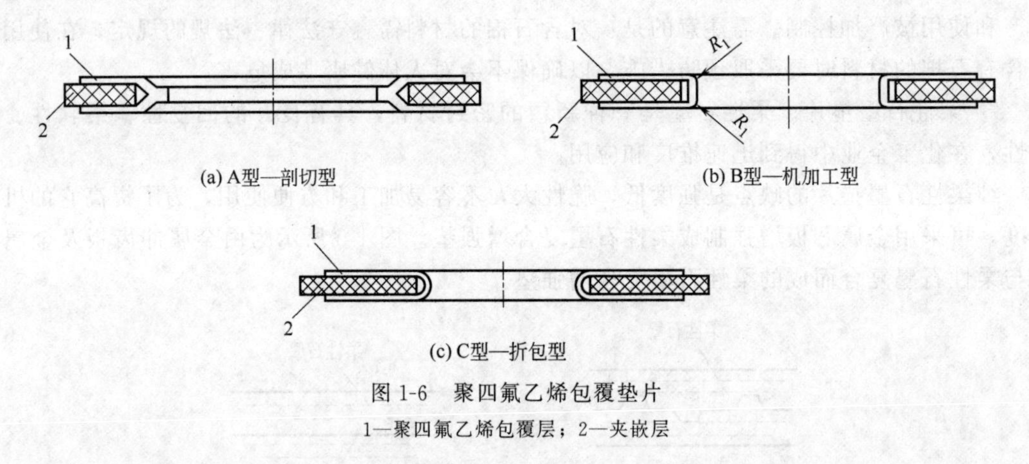

(a) A型—剖切型　(b) B型—机加工型

(c) C型—折包型

图 1-6　聚四氟乙烯包覆垫片

1—聚四氟乙烯包覆层；2—夹嵌层

（2）金属复合垫片（又称半金属垫片）。非金属材料虽具有很好的柔软性、压缩性和螺栓载荷低等优点，但它的主要缺点是强度不高、回复性差，不适合高压、高温场合，所以结合金属材料强度高，回复性好、经受得起高温的特点，形成将两者组合结构的垫片，即为金属复合垫片。

金属复合垫片是用不同材料的金属薄板把非金属材料包裹起来压制成型的。金属材料在外层，可耐高温；非金属材料在内层，使垫片具有良好的弹性和回复性。这样组合后的垫片可满足高温和较高压力的使用要求。

金属复合垫片主要有金属包覆垫片、缠绕式垫片。

① 金属包覆垫片。该垫片以非金属为芯材、外包厚度为 0.25～0.5mm 的金属薄板。按包覆状态，可分为全包覆、半包覆、波形包覆、双层包覆等，如图 1-7 所示。

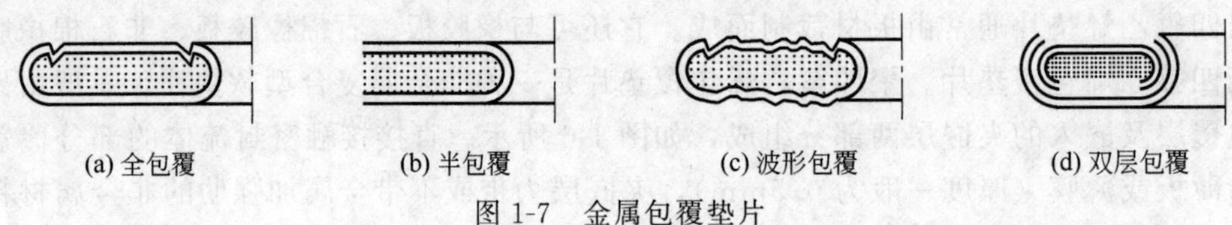
(a) 全包覆　(b) 半包覆　(c) 波形包覆　(d) 双层包覆

图 1-7　金属包覆垫片

金属薄板根据材料的弹塑性、耐热性、耐蚀性选取。主要有铜、镀锌薄钢板、镀锡薄钢板、不锈钢、钛、蒙乃尔合金等。

作为金属包垫的芯材，耐热性是主要考核指标。一般采用石棉橡胶板、耐油石棉橡胶板、聚四氟乙烯板，耐高温性能好的碳纤维或瓷质纤维及柔性石墨板材等。

金属包垫的另一特点是能制成各式异型垫片。可以满足各种热交换器管箱和非圆形压力容器密封的需要，而其他复合垫片却不能。

② 缠绕式垫片。缠绕式垫片的密封部分由一定宽度和截面形状（通常为V形或W形）的金属带与柔软的非金属填充带（填料）交替螺旋缠绕而成，根据需要可设置金属内和（或）外环，如图1-8所示。在缠绕的起始端和终止端处有2～3圈金属绕带之间不加填料，并在始端和末端点焊防止松散。当压缩缠绕式垫片时，填料嵌入法兰的粗糙不平的密封表面（注意：垫片的上下表面不应有金属绕带外露填料层，以免金属划伤法兰密封面）起密封作用，而金属绕带为填料提供机械强度和垫片的回弹性。缠绕式垫片可以用多种金属材料和填料进行组合，以适应各种的工艺条件，提供广泛的尺寸范围，并可做成圆形和非圆形的各种形状垫片。此外，这些垫片可做成各种缠绕密度，即单位垫片宽度具有不同的缠绕圈数，以满足不同的螺栓预紧载荷和使用压力的要求。缠绕式垫片的压缩、回弹性好，具有多道密封和一定的自紧功能；对法兰压紧密封表面的缺陷不太敏感，不粘接法兰密封表面；容易对中，拆装便捷。可适用于压力和温度有波动、螺栓载荷有松弛、热冲击和振动的场合。缠绕式垫片的用途十分广泛，可用于石油、化工、制药、热电、燃气、纺织、核能、航天等诸多行业的管道装置、工艺管路或管道静密封部位。

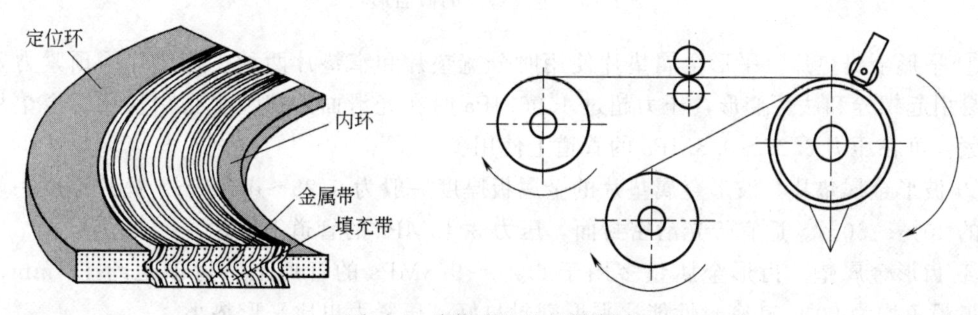

图1-8 缠绕式垫片及其制造

缠绕式垫片金属带常用的材料有不锈钢、镍、钛、耐蚀合金等，填充带常用的材料有柔性石墨、聚四氟乙烯、非石棉纤维、陶瓷纤维等。

缠绕式垫片按结构形式的不同分为基本型（代号A）、带内环型（代号B）、带定位环型（代号C）及带内环和定位环型（代号D）四种，如图1-9所示。基本型缠绕式垫片应选用榫槽面法兰，一般用在压力和温度不高的场合。安装时应避免可能出现的对垫片的过分压缩情况。带内环型的缠绕式垫片应选用凹凸面法兰。内环的功能是填充法兰内孔与垫片内径之间的环形空间，防止固体的聚集，避免密封流体的涡流，尤其对压力较高、流动速度大或含有磨粒的介质，以减少介质引起的腐蚀、磨损等影响。内环也起限制垫片压缩和避免可能出现向内翘曲的功能。带定位环型的缠绕式垫片应选用突面或全平面法兰。定位环使垫片具有更高的径向强度，且起到限制压缩的作用。带内环和定位环型的缠绕式垫片具备内环和定位环的双重功能，应优先选用突面和全平面法兰，推荐用于温度、压力较高，腐蚀性介质，真空和可能出现向内翘曲的场合。

（3）金属垫片。在高温高压及载荷循环频繁等苛刻操作条件下，各种金属材料仍是密封垫片的首选材料，常用的材料有铜、铝、低碳钢、不锈钢、铬镍合金钢、钛、蒙乃尔合金

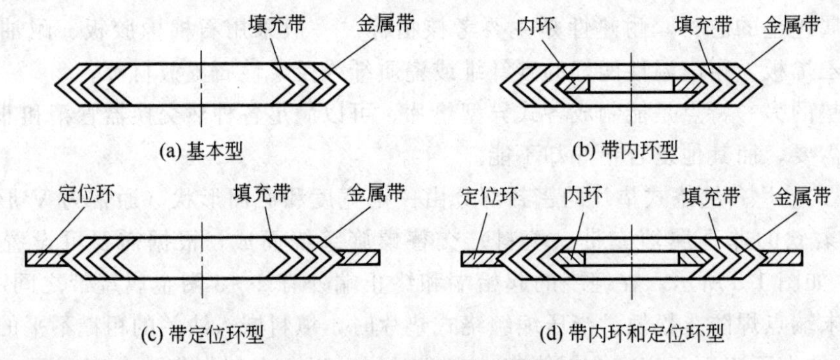

图 1-9　缠绕式垫片的结构形式

等。为了减少螺栓载荷和保证结构紧凑，除了金属平垫尽量采用窄宽度外，各种具有线接触特征的环垫结构则是其优选的形式。

金属垫片的截面形状有平形、波形、齿形等，如图 1-10 所示。

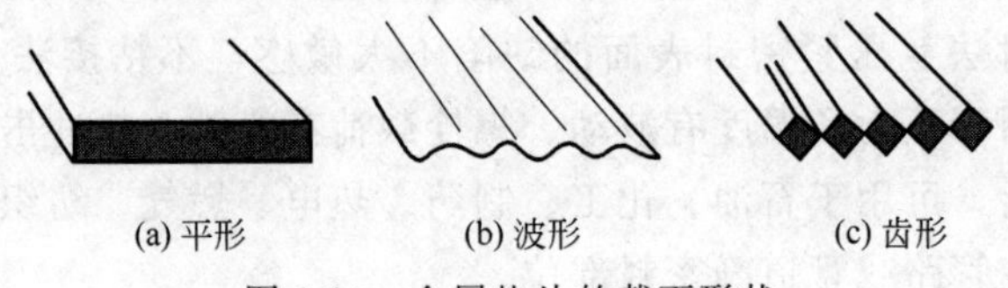

图 1-10　金属垫片的截面形状

① 平形金属垫片。平形金属垫片使用时分宽垫片和窄垫片两种。宽垫片因预紧力要求大，易引起螺栓和法兰变形，压力超过 1.96MPa 时在光滑面的法兰上很少使用。窄垫片容易预紧，可在压力 6.27～9.8MPa 的管道上使用。

② 波形金属垫片。波形金属垫片的金属板厚度一般为 0.25～0.8mm。垫片厚度一般为波长的 40%～50%。适宜于光滑密封面，压力 3.43MPa 的管道上使用。

③ 齿形金属垫。齿形金属垫多用于 6.27～9.8MPa 的管道上。齿顶距约 1.5mm，齿顶、齿根角均为 90°。其密封性能比平形密封垫好，压紧力也比平形垫小。

2. 各种垫片的适用范围

各种非金属垫片、金属垫片及金属复合垫片，由于其结构不同，性能不同，承载的温度和压力不同，所适用的工作范围也不同。在选择和使用垫片时，要充分考虑其特点和使用场合的不同。常用非金属垫片、金属复合垫片及金属垫片的适用范围见表 1-1。

三、垫片的选择

垫片的选择应根据工作系统的温度、压力以及被密封介质种类、化学性能（如腐蚀性、毒性、易燃易爆性、污染性等）、物理性能（密度、黏度等）和密封面的形状等考虑。一般要求垫片材料不污染工作介质、具有良好的变形能力和回弹力；垫片的耐用温度应大于操作温度；要有一定的机械强度和适当的柔软性；在工作温度下不易变质硬化或软化。同时，应考虑介质的放射性、热应力以及外力等对法兰变形的附加影响；检修更换垫片是否容易；垫片现场加工是否可能；经济性以及材料来源等。

在垫片的使用中，压力和温度二者是相互制约的，随着温度的升高，在设备运转一段时间后，垫片材料发生软化、蠕变、应力松弛现象，机械强度也会下降，密封的压力随之降低，反之亦然。

表 1-1　常用垫片的适用范围

垫片类型		垫片材料	代号	适用密封面形式	使用条件		适用介质
					压力/MPa	温度/℃	
非金属垫片	橡胶垫片	天然橡胶	NR	全平面 突面 凹凸面 榫槽面	≤1.6	−50～80	水、海水、空气、惰性气体、盐溶液、中等酸、碱等
		氯丁橡胶	CR		≤1.6	−20～100	水、盐溶液、空气、石油产品、脂、制冷剂、中等酸、碱等
		丁腈橡胶	NBR		≤1.6	−20～110	石油产品、脂、水、盐溶液、空气、中等酸、碱、芳烃等
		丁苯橡胶	SBR		≤1.6	−20～90	水、盐溶液、饱和蒸气、空气、惰性气体、中等酸、碱等
		三元乙丙橡胶	EPDM		≤1.6	−30～140	水、盐溶液、饱和蒸气、中等酸、碱等
		氟橡胶	FKM		≤1.6	−20～200	水、石油产品、酸等
		硅橡胶	SI		≤1.6	−50～250	水、脂、酸等
	石棉橡胶垫片	石棉橡胶板	XB350	全平面 突面 凹凸面 榫槽面	≤2.5	−40～300	水、蒸汽、空气、氨(气态或液态)及惰性气体
			XB450				
		耐油石棉橡胶板	NY400				油品、液化石油气、溶剂、石油化工原料等介质。对于汽油及航空汽油不适用
	非石棉纤维橡胶垫片	无机纤维的橡胶压制板	NAS	全平面 突面 凹凸面 榫槽面	≤4.0	−40～290①	视黏结剂(CR、NBR、SBR 及 EPDM)而定
		有机纤维的橡胶压制板				−40～200①	
	聚四氟乙烯垫片	聚四氟乙烯板	PTFE	全平面 突面 凹凸面 榫槽面	≤4.0	−50～100	强酸、碱、水、蒸汽、溶剂、烃类等
		膨胀聚四氟乙烯板或带	ePTFE			−200～200①	
		填充改性聚四氟乙烯板	RPTFE				
	聚四氟乙烯包覆垫片	包覆层:聚四氟乙烯 嵌入层:石棉橡胶板	—	全平面 突面	≤6.3	−50～150	各种腐蚀性介质及有清洁要求的介质

续表

垫片类型		垫片材料		代号	适用密封面形式	使用条件		适用介质
						压力/MPa	温度/℃	
非金属垫片	柔性石墨复合增强垫	柔性石墨复合增强板		RBS	突面 凹凸面 榫槽面	≤6.3	−240～650 (用于氧化性介质时：−240～450)	酸(非强氧化性)、碱、蒸汽、溶剂、油类等。有洁净要求的不适用
金属复合垫片	金属包覆垫片[2]	包覆层金属材料	铜板	Cu	管法兰： 突面 压力容器法兰： 全平面 凹凸面 榫槽面	≤11.0	≤315	蒸汽、煤气、油品、汽油、溶剂及一般工艺介质
			镀锌薄钢板	St(Zn)			≤450	
			06Cr13	410 S			≤540	
			06Cr19Ni10	304			≤600	
			06Cr18Ni11Ti	321				
	缠绕式垫片[3]	填充带材料	柔性石墨	FG	全平面 突面 凹凸面 榫槽面	≤42(有约束) ≤21(无约束)	−196～800 (氧化性介质不高于600)	各种液体及气体介质。若用于氢氟酸介质，应采用柔性石墨带配蒙乃尔合金带材料
			非石棉纤维	NAS			−100～300[4]	
			聚四氟乙烯	PTFE			−196～260	
金属垫片	平形金属垫片 波形金属垫片 齿形金属垫		06Cr19Ni10	304	全平面 突面 凹凸面 榫槽面	平形金属垫片： ≤20； 波形金属垫片： ≤7； 齿形金属垫： ≤20	≤700	蒸汽、氢气、压缩空气、天然气、油品、重油、丙烯、烧碱、酸、碱、液化气、水
			022Cr19Ni10	304L			≤450	
			06Cr17Ni12Mo2	316			≤700	
			022Cr17Ni12Mo2	316L			≤450	
			06Cr18Ni11Ti	321			≤700	
			06Cr18Ni11Nb	347			≤700	

注：① 超过此温度范围或饱和蒸汽压大于1.0MPa（表压）使用时，应确认具体产品的适用条件；

② 金属包覆垫片的最高使用温度应低于包覆层金属材料和填充材料最高使用温度中的较低值，表中所列温度为包覆层金属材料使用温度；

③ 缠绕式垫片的最高工作温度范围应低于金属带材料和填充带材料的最高工作温度的较低值，最低工作温度范围应高于金属带材料和填充带材料的最低工作温度的较高值。表中所列温度为填充带材料使用温度；

④ 不同种类的非石棉纤维带材料有不同的使用温度范围，按材料生产厂的规定。

1. 垫片材料的选择

选择垫片材料要考虑以下因素。

(1) 考虑易挥发有机物的逸出要求。从健康和环境保护的角度出发，严格控制易挥发有机物的逸出，减少来自法兰接头的泄漏成为优先考虑的因素。因此，出现了多种密封性能更好的材料，包括无石棉材料的垫片。由于它们具有不同的性能和局限性，正确选择、安装、使用和维护这类垫片，以得到最佳的性能变得尤其重要。

(2) 密封介质。垫片应在全程工作条件下不受密封介质的影响，包括抗高温氧化性、抗化学腐蚀性、抗溶剂性、抗渗透性等，显然垫片材料对介质的化学耐蚀性是选择垫片的首要条件。

(3) 温度范围。所选用垫片应在最高和最低的工作温度下有合理的使用寿命。为了在工作条件下保持密封，垫片材料应能耐受蠕变，以降低垫片的应力松弛。室温下，大多数垫片材料没有大的蠕变，不影响密封性能，但随着温度的升高（超过100℃）蠕变变得严重。因此最容易区分垫片质量的优劣是垫片在不同温度下的蠕变松弛性能。除了短期能耐受最高或最低的工作温度外，还应考虑允许连续工作温度的影响，通常该温度低于最高工作温度而高于最低工作温度。

(4) 工作压力。垫片必须能承受最大的工作压力。这种最大工作压力可能是试验压力，因为它可能是最大工作压力的1.25～1.5倍。对于非金属材料的垫片，在选择其最大工作压力的同时，要考虑垫片所能承受的最高工作温度，尤其如饱和水蒸气，因其蒸汽压力越高，其蒸汽的温度也越高。用于真空操作的垫片也需作特殊考虑，如一般真空可采用橡胶黏结纤维压缩垫片；对于较高真空可采用橡胶O形环或矩形模压密封条；对于很高真空，须采用特殊的密封材料和结构形式。

(5) 法兰密封面粗糙度。法兰密封面粗糙度是影响密封性能的重要因素之一，但不同形式的垫片和应用场合，对粗糙度有不同的要求，应具体情况具体分析。

(6) 其他考虑。还有许多影响选择垫片材料和结构形式的因素如下。

① 循环载荷。若温度或压力存在频繁波动，则必须选择有足够的回弹能力的垫片。

② 振动。若管线有振动，则垫片必须能经受反复的高循环应力作用。

③ 污染介质。如密封介质是饮用水、血浆、药品、食品、啤酒等，要考虑垫片材料本身的化学物质是否会对介质造成污染，这时应采用符合食品和医药卫生要求的PTFE或橡胶等材料。

④ 磨损。某些含悬浮颗粒的介质会磨损垫片，导致缩短垫片的使用寿命。

⑤ 法兰腐蚀。某些金属（如奥氏体不锈钢）有应力腐蚀的倾向，应保证垫片材料不含会引起各种腐蚀的超量杂质，如核电站不锈钢耐酸法兰用的柔性石墨垫片中的氯离子含量要求不超过50×10^{-6}，总硫含量不超过450×10^{-6}。

⑥ 安全性。如密封高度毒性的化学品，则要求垫片具有更大的安全性，如对缠绕垫片而言，则选用带外环形式，使之具有很高的抗吹出能力等；此外，对石油炼厂，还有防火的要求。

⑦ 经济性。虽然垫片材料相对比较便宜，但决定垫片的品质、类型和材料时，应考虑泄漏造成的物料流失、停工损失以至发生重大破坏造成的经济后果，所以应综合考虑垫片的性能与价格比。

2. 垫片尺寸选择的一般原则

① 尽可能选择薄的垫片。垫片要求的厚度与其形式、材料、直径、密封面的加工状况和密封介质等有关。例如对大多数非金属垫片而言，随垫片厚度减少，其抵抗应力松弛的能力会增加；薄的垫片其周边暴露于密封介质的面积减少，沿垫片本体的渗漏也随之减少。为保证垫片必须填补法兰密封面的凹凸和起伏不平的要求，垫片的最小厚度取决于法兰表面的粗糙度、垫片的压缩性、垫片应力、法兰的偏转程度等。如果法兰是平行的，则对非金属平垫片，其最小厚度可由下式计算。

$$t_{\min}=2\times \text{法兰粗糙度的最大深度}\times 100/C \tag{1-1}$$

式中 C——给定垫片应力下的压缩率，%。

② 尽可能选择较窄的垫片。在同样的螺栓载荷下，垫片越窄，垫片应力就越高，密封压力也就越高，但垫片应不被压裂或压溃，同时要考虑具有必需的径向密封通道长度和足够的吹出抗力。一般的板状垫片通常可根据公称直径和公称压力选取，如图 1-11 所示，并按照实际法兰和使用情况做适当的修改，例如法兰密封面粗糙度低，或密封介质黏度低，则增加宽度。

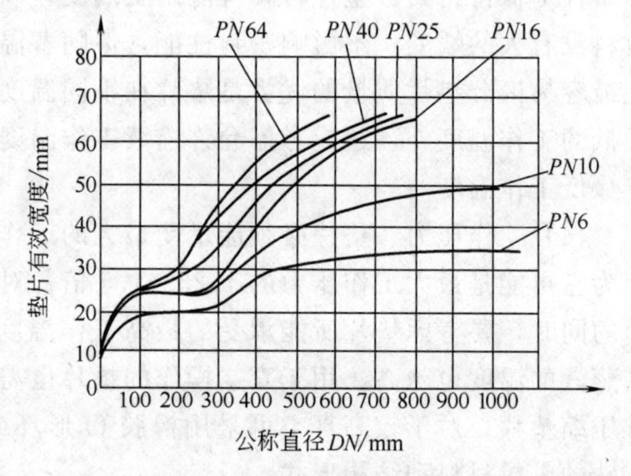

图 1-11 垫片宽度选择参考

③ 不要让垫片内径伸进管道内；也没有必要过分增加垫片的外径。前者会导致管内介质冲刷垫片，不但污染介质，增加流动阻力，还会因垫片材料被介质浸胀而损坏压缩部分的垫片；后者会因受环境的腐蚀，同样损害垫片。对于密封面为突面或全平面的法兰，当垫片仅位于螺栓孔中心圆内时，通常出于安装定位的需要，将垫片外径（或外环外径）取为螺栓孔中心圆直径减去螺栓孔（或螺栓）直径。

四、垫片的保管及安装技术

1. 垫片的保管

除橡胶垫片外，其他各种垫片不允许弯折和在直径方向受挤压。垫片尽可能呈包装状态保管，不得淋雨或置于温度过高的地方，以防浸胀或老化。一般石棉橡胶板的贮存期限为两年，耐油石棉橡胶板贮存期限为一年半，并应存放在 10～30℃ 的室内，防止曝光照射而氧化。若石棉橡胶板长期置于 10℃ 以下的环境中，还会产生不同程度的失弹、发脆等现象。

2. 垫片的安装技术

垫片的精心设计和合理选择对垫片的有效工作固然重要，但是，经过详细计算和合理选择过的垫片，如果在实际应用中安装不好，也不可能指望它起到密封作用，达到预期的密封效果；安装好管理不好，垫片的使用寿命也会缩短。因此，合理安装垫片，是达到有效密封最关键的一步。同时在运行中，对那些容易泄漏的接头，有针对性地、有重点地经常维护、加强管理，也是保证设备和管路系统稳定可靠运行所必不可少的措施。

(1) 安装前，应检查法兰的形式是否符合要求、密封面的粗糙度是否合格、有无机械损伤、径向刻痕和锈蚀等。

(2) 对螺栓及螺母进行下列检查：螺栓及螺母的材质、形式、尺寸是否符合要求；螺母在螺栓上转动应灵活自如，不晃动；对于螺纹不允许有断缺现象；螺栓不允许有弯曲现象。

(3) 对垫片进行检查：垫片的材质、形式、尺寸是否符合要求，是否与法兰密封面相匹配。垫片表面不允许有机械损伤、径向刻痕、严重锈蚀、内外边缘破损等缺陷。

(4) 安装椭圆形、八角形截面金属垫圈前应检查垫圈的截面尺寸是否与法兰的梯形槽尺寸一致，槽内表面粗糙度是否符合要求。在垫圈接触面上涂红铅油，检查接触是否良好。如接触不良，应进行研磨。

(5) 安装垫片前，应检查管道及法兰安装质量是否有下列缺陷。

① 偏口（管道不垂直、不同心、法兰不平行）。两法兰间允许的偏斜值如下：使用非金属垫片时，应小于 2mm；使用金属复合垫片、金属垫片时，应小于 1mm。

② 错口（管道和法兰垂直，但两法兰不同心）。在螺栓孔直径及螺栓直径符合标准的情况下，不用其他工具可将螺栓自由地穿入螺栓孔为合格。

③ 张口（法兰间隙过大）。两法兰间允许的张口值（除去管子预拉伸值及垫片或盲板的厚度）为：管法兰的张口应小于 3mm；与设备连接的法兰应小于 2mm。

④ 错孔（管道和法兰同轴，但两个法兰相对应的螺孔之间的弦距离偏差较大）。螺栓孔中心圆半径允许偏差为：螺孔直径≤30mm 时，允许偏差为±0.5mm；螺孔直径＞30mm 时，允许偏差为±1.0mm；相邻两螺栓间弦距的允许偏差为±0.5mm。

任何几个孔之间的弦距的总误差为：DN≤500 的法兰，允许偏差为±1.0mm；DN＝600～1200mm 的法兰，允许偏差为±1.5mm；DN＝1300～1800mm 的法兰，允许偏差为±2mm。

(6) 两法兰必须在同一中心线上并且平行。不允许用螺栓或尖头钢钎插在螺孔内对法兰进行校正，以免螺栓承受过大剪应力。两法兰间只准加一张垫片，不允许用多加垫片的办法来消除两法兰间隙过大的缺陷。

(7) 垫片必须安装准确，以保证受压均匀。对于大直径垫片，最好由二人以上安放。为防止垫片压缩过度，应该边测量边拧紧螺栓。尤其对基本型的缠绕垫片必须格外注意。否则在开始使用时，会造成缠绕垫压散现象。一般 4.5mm 厚的缠绕垫压至 3.3～3.5mm 为宜。对带内、外环的缠绕垫，压缩厚度可在 3.6～3.7mm 的范围内，极限值不低于 3.1mm。为此，法兰面可采用截止型结构，如图 1-12 所示。该结构的优点在于能防止过度压紧和压偏。其缺点在于不能二次压紧，需测量螺栓压紧力。

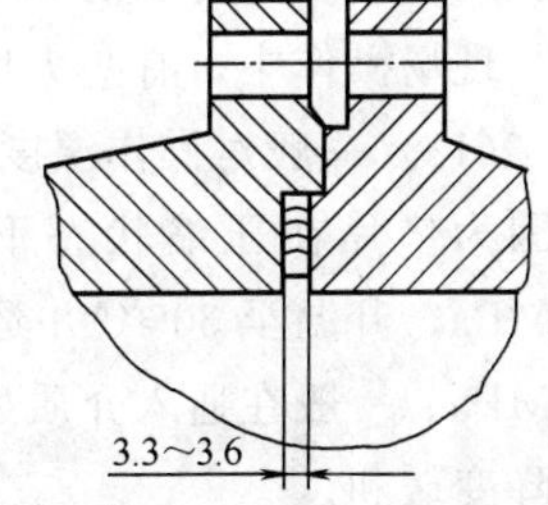

图 1-12　截止型密封面

(8) 为防止石棉橡胶垫粘在法兰密封面上不便于清理，可在垫片两面均匀涂上一层薄薄的密封糊料或石墨涂料。石墨可用少量甘油或机油调和。金属包垫、缠绕垫表面不需要涂石墨粉，有的单位在安装八角垫、椭圆垫时，也在其表面涂一层鳞状石墨涂料，但高温下曾出现过因使用涂料而在法兰的沟槽处发生腐蚀现象。

(9) 安装螺栓螺母时，螺栓上钢印的位置应便于检查。螺栓的螺纹部分涂抹石墨粉或二硫化钼。

(10) 拧紧螺栓通常应按照图 1-13 所示的对称多次均匀的顺序进行。

(11) 拧紧 M22 以下的螺栓可使用力矩扳手。M10～M16 的螺栓采用 1.5～2.0MPa·m 的力矩扳手，M18～M22 的螺栓采用 2.5～3.0MPa·m 的力矩扳手。M27 以上的螺栓，应采用液压扳手。

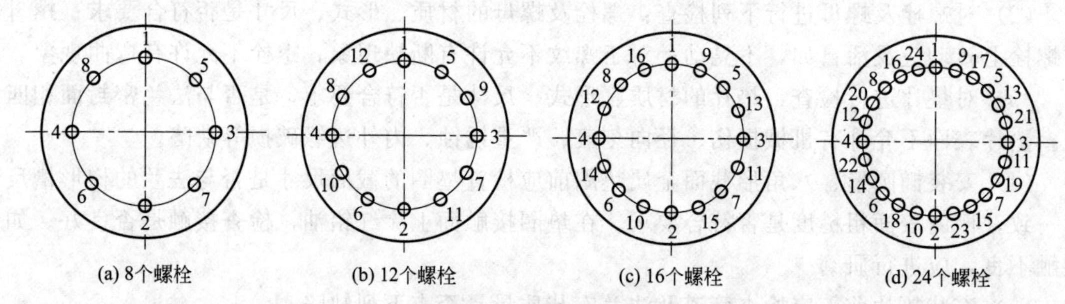

图 1-13 螺栓拧紧顺序

高压设备螺栓的拧紧，提倡使用液压拉伸器。一般高压设备的大盖、人孔的螺栓直径比较粗大，以往采用人工锤击或吊车，卷扬机拉动长柄扳手拧紧螺栓，劳动强度大，工作效率低，用力不均匀，往往造成螺栓力不足或过大。而液压拉伸器是上紧螺栓较为理想的装置。液压拉伸由三部分组成：高压油泵、油压传送管和拉伸器头。高压油泵一般为手动泵。油压传送管为高压橡胶管。国内已研制出最高压力为 150MPa 的液压拉伸器并投入小批量生产。

液压拉伸器使用方便。高压油泵和油管可通用，只需根据高压螺栓直径大小配套一定数量的拉伸器即可，高压螺栓端部适当加长。这样均匀地施加螺栓力，还有利于减轻劳动强度，缩短检修周期。对于中、小型化工企业具有实用价值。

（12）无论使用何种工具，拧紧螺栓必须多次进行。一般中、低压设备分 2～3 次拧紧，高压设备分 4～5 次拧紧。例如，对于尿素装置高压设备，检修规程有如下规定：第一周期，油压为终压的 8%；第二周期，油压为终压的 21%；第三周期，油压为终压的 41%；第四、第五周期油压为终压的 66%、100%。

现场操作中，有些大口径高压设备曾以三个周期拧紧螺栓，结果出现泄漏。

（13）一般对操作温度超过 300℃的设备，在升温运行了一段时间后，需进行热紧。这是因为垫片在压缩状态下会产生应力松弛现象。如某种石棉橡胶垫，初始压紧应力为 30MPa，升温至 300℃并运转 10h 后，压紧应力下降为 18MPa；而常温下，10h 后下降为 26MPa。一般在通入介质后的 1～2h 内，压紧应力的下降占总下降值的 70%～80%。2h 后下降变缓和。

（14）换装垫片时，对那些输送易燃介质（例如氢、液化天然气和液化石油气等）的管道，应使用安全工具，以免因工具与法兰或螺栓相碰，产生火花，导致火灾。安全工具的材料为铍铜合金，它是含铍 0.6%、含钴 2.5%的铜合金，在 6.4MPa · m 的冲击能量之下，在沼气中（甲烷）仍不产生火花，且具有作为工具使用的强度和硬度。

垫片初装时，因管内尚无介质，可不使用安全工具。

五、垫片密封的失效分析

垫片密封可靠性既取决于最初的周密设计，还与现场中完善的工程实践有关。密封不能起作用或不能保持满意的密封状态，即发生超过“允许泄漏率”或谓之“密封失效”，有其一系列的因素。影响垫片密封连接，导致泄漏的主要因素包括以下几个方面。

（1）被密封介质物理性能的影响。采用同样的密封连接形式，在同样的工况条件下，气体的泄漏率大于液体的泄漏率，氢气的泄漏率大于氮气的泄漏率。这主要是由于被密封介质的物理性能参数不同造成的。在被密封介质的物理性质中，黏性的影响最大。黏度是流体内摩擦力的量度，对于黏度大的介质，其泄漏阻力大，泄漏率就小；对于黏度小的介质，其泄漏阻力小，泄漏率就大。

(2) 工况的影响。垫片密封的工况条件包括介质的压力、温度等。不同的压力、温度下，其泄漏率的大小不同。密封面两侧的压力差是泄漏的主要推动力，压力差越大，介质就越易克服泄漏通道的阻力，泄漏就越容易。温度对连接结构的密封性能有很大的影响。研究表明，垫片的弹、塑性变形量均随温度升高而增大，而回复性能随温度升高而下降，蠕变量则随温度的升高而增大。且随着温度的升高，垫片的老化、失重、蠕变、松弛现象就会越来越严重。此外，温度对介质的黏度也有很大的影响，随着温度的升高，液体的黏度降低，而气体的黏度增大，温度越高，泄漏越容易发生。

(3) 法兰密封面粗糙度的影响。相同的垫片预紧应力下，法兰密封面粗糙度不同，泄漏率也不同。通常，密封面粗糙度越小，泄漏量越小。研磨过的法兰密封面的密封效果要比未研磨的法兰密封面的密封效果好。这主要是由于粗糙度小的密封表面，其凹凸不平易被填平，从而使得界面泄漏大为减少。

(4) 垫片压紧应力的影响。垫片上的压紧应力越大，其变形量就越大。垫片的变形一方面有效地填补了法兰密封面的不平度，使得界面泄漏大为减少；另一方面使得垫片本身内部毛细孔被压缩，泄漏通道的截面减小，泄漏阻力增加，从而泄漏率大大减小。但如果垫片的压紧应力过大，则易将垫片压溃，从而失去回弹能力，无法补偿由于温度、压力引起的法兰面的分离，导致泄漏率急剧增大。因此要维持良好的密封，必须使垫片的压紧应力保持在一定的范围内。

(5) 垫片几何尺寸的影响。

① 垫片厚度的影响。在同样的压紧载荷、同样的介质压力作用下，泄漏率随垫片厚度的增加而减小。这是由于在同样的轴向载荷作用下，厚垫片具有较大的压缩回弹量，在初始密封条件已经达到的情况下。弹性储备较大的厚垫片比薄垫片更能补偿由于介质压力引起的密封面间的相对分离，并使垫片表面保留较大的残余压紧应力，从而使泄漏率减少。但不能说垫片越厚，其密封性能越好。这是因为，垫片厚度不同，建立初始密封的条件也不同，由于端面上摩擦力的影响，垫片表面呈三向受压的应力状态，材料的变形抗力较大；而垫片中部，受端部的影响较小，其变形抗力也较小，在同样的预紧载荷下，垫片中部较垫片表面更易产生塑性变形，此时，建立初始密封也越困难，故当垫片厚度达到一定数值以后，密封性能并无改变，甚至恶化。此外，垫片越厚，渗透泄漏的截面积越大，渗透泄漏率也就越大。

② 垫片宽度的影响。在一定的范围内，随着垫片宽度的增加，泄漏率呈线性递减。这是因为，在垫片有效宽度内介质泄漏阻力与泄漏通道的长度（正比于垫片宽度）成正比。但不能说垫片越宽越好，因为垫片越宽，垫片的表面积就越大，这样要在垫片上产生同样的压紧应力，宽垫片的螺栓力就要比窄垫片大得多。

垫片密封常见故障、原因与纠正措施参见附录二附表 2-1。

第二节　高压设备的密封

高压设备密封在石油化工行业中应用较广，其结构比较复杂，制造要求也高，与中、低压设备和管道密封相比，有以下几个特点。

① 为使垫片达到足够的预紧密封比压和操作密封比压，以保证密封性能而又不至于将

垫片压溃，一般常采用金属垫片，且垫片与密封面的接触面甚窄，有时近乎线接触。

② 为减小包括主螺栓在内的密封件尺寸，密封面的直径应尽可能小，密封面应尽量靠近筒体内壁处，且往往采用筒体端部法兰，并配以双头螺柱结构，以尽可能地减小端部法兰的直径。

③ 为达到预期的密封性能，较多地采用自紧式或半自紧式密封结构，即尽量利用操作压力对垫片构成操作密封比压。

④ 因高压设备的高压空间十分宝贵，所以密封结构应尽量少占用高压空间。

根据密封作用力的不同，高压密封可以分为强制式密封、半自紧式密封和自紧式密封三种结构。

强制式密封是依靠螺栓的拉紧力来保证顶盖、密封元件和筒体端部法兰之间具有一定的接触压力（或密封比压）来达到密封的。这种密封要求有大的螺栓力，以保证工作状态下垫片与顶盖、筒体端部之间有可靠的密封性能。

半自紧式密封是依靠利用螺栓预紧力使密封元件产生弹性变形并提供建立初始密封的比压力，当压力升高后，密封面的接触应力也随之上升，从而保证密封性能。

自紧式密封是通过自身的结构特点，使垫片、顶盖与筒体端部之间的接触应力随工作压力升高而增大，并且高压下的密封性能更好。这种密封可不用大直径的螺栓，建立初始密封所需的螺栓力比强制式密封时的螺栓力要小得多。

随着石油化工生产向高压和大型化方向发展，随之而来所用容器直径的增大，强制式密封和半自紧式密封将可能逐渐被自紧式密封所代替。

在设计或选用高压密封时应根据下列原则：

① 工作可靠，在正常操作或压力、温度有波动时，仍能保证容器的密封性能；

② 结构简单，装拆和维修方便；

③ 结构紧凑，密封构件少；

④ 加工制造方便，不要求有过高要求的加工粗糙度和精度；

⑤ 所用紧固件应简单轻巧；

⑥ 密封元件耐腐蚀，并能多次重复使用；

⑦ 造价低廉。

我国国家标准 GB/T 150.3《压力容器　第 3 部分：设计》附录 C“密封结构”中规定了圆筒形压力容器用金属平垫片、双锥密封、伍德密封、卡扎里密封、八角垫和椭圆垫密封、卡箍紧固结构的设计方法。各密封结构形式的适用范围见表 1-2。

表 1-2　圆筒形压力容器用密封适用范围

密封结构形式	设计温度/℃	设计压力/MPa	内直径 D_{i}/mm
金属平垫密封	0～200	≤16	≤1000
		>16～22	≤800
		>22～35	≤600
双锥密封	0～400	6.4～35	400～3200
卡扎里密封	—	≤35	—
伍德密封			
八角垫和椭圆垫密封			
卡箍紧固结构			

下面着重介绍强制式密封和自紧式密封装置的结构、原理等。

一、强制式密封

1. 金属平垫密封

金属平垫密封结构如图 1-14 所示，它是由筒体端部、金属平垫片、顶盖和主螺栓等组成。是最常见的强制密封，这种结构与中、低压容器密封中常用的法兰垫片密封相似，只是将非金属垫片改成金属垫片，将宽面密封改成窄面密封。通过预紧螺栓力的作用，使垫片发生变形而填满密封面不平处，以达到密封的要求。金属平垫片的位置要尽量靠近筒体内壁，以减小介质对顶盖的总压力、主螺栓的直径和法兰的尺寸。为避免垫片向外侧流动，垫片应放在榫槽或梯形面中。为改善密封性能，顶盖和筒体端部的密封面上应各有 2 条深 1mm 的三角形沟槽。

这种密封一般仅适用于温度不高、直径较小的高压容器。当容器直径大（大于 1000mm）、温度高（大于 200℃）或温度、压力波动较大时，所需预紧力大，密封性能差，螺栓较粗，结构粗笨，每次检修几乎都要更换垫片，这种密封结构就不再适合了。

平垫片的材料主要有退火铝（硬度为 15～30HBW10/250）、退火紫铜（硬度为 30～50HBW/10/500）、10 钢。

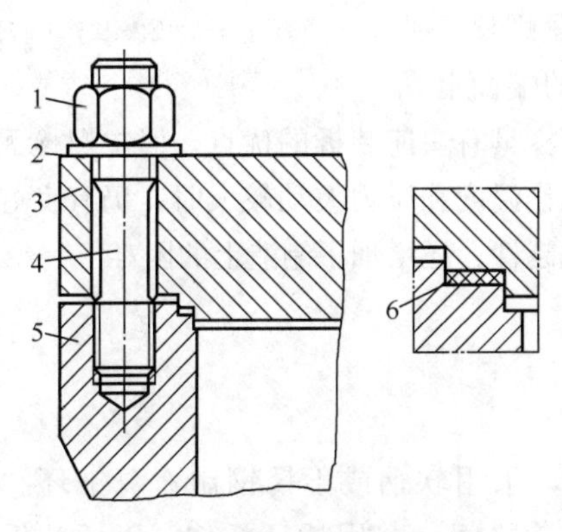

图 1-14　金属平垫密封结构

1—主螺母；2—垫圈；3—顶盖；
4—主螺栓；5—筒体端部；
6—平垫片

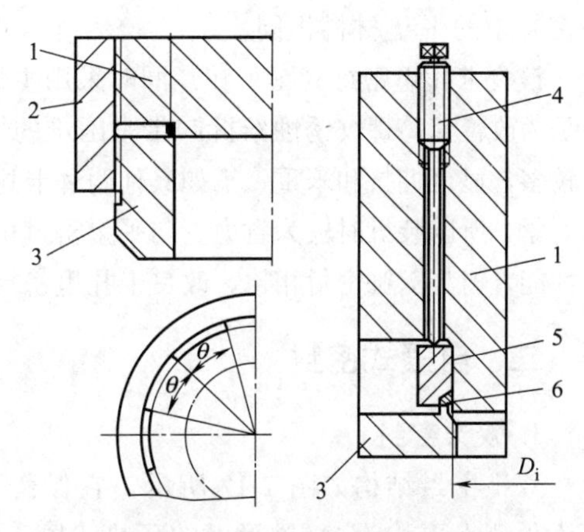

图 1-15　卡扎里密封结构

1—顶盖；2—螺纹套筒；3—筒体端部；
4—预紧螺栓；5—压环；6—密封垫

2. 卡扎里密封

卡扎里密封属于强制式密封，有外螺纹卡扎里密封、内螺纹卡扎里密封和改良卡扎里密封三种形式。

内螺纹卡扎里密封占高压空间多，笨重，螺纹受介质影响，工作条件差，拧紧时不如外螺纹卡扎里密封省力，在较小直径的高压设备上使用较为合适。

外螺纹卡扎里密封是一种较好的强制式高压密封结构，国内用得也比较广泛，通常直接简称为卡扎里密封，其结构如图 1-15 所示。它是通过拧紧预紧螺栓，使压环紧压垫片，并贴紧顶盖和筒体端部而建立初始密封。操作过程中若发现螺栓有松动现象，可以继续上紧，因而密封可靠。这种密封结构中无主螺栓，紧固件是一个带有上、下锯齿形螺纹的长套筒，其中下段螺纹为连续的，它和容器筒体端部螺纹相啮合，而顶盖以及与顶盖连接的上半段套筒开有 6 个间隔为 θ(10°～30°) 凹凸槽的间断螺纹，安装时，先套好下段螺纹，然后将顶盖放入套筒内。由于上、下两段螺纹可以设计成反向的，即一为右旋螺纹、一为左旋螺纹，这样，只需将顶盖的凸部装入套筒的凹部并旋转 θ 角度，就可将顶盖和筒体压紧。

卡扎里密封结构的优点主要有：

① 紧固件采用锯齿形螺纹的长套筒，从而省去了大直径的主螺栓；

② 凹凸槽的锯齿形螺纹套筒装拆方便（一般还配有专用工具）；

③ 相同压力下，套筒轴向变形小于螺栓轴向变形，所以，安装时所需预紧力较小，有利于安装；

④ 所用垫圈很窄，容易达到密封比压，密封可靠，加工精度要求不高，安装和拆卸也比金属平垫片方便。

卡扎里密封结构的缺点是：大直径的锯齿形螺纹加工困难，精度要求高，尤其是筒体螺纹损坏后很难修复。

卡扎里密封结构中，压环材料要求用强度高、硬度高的钢材，推荐采用 35CrMo，35 和 45 钢。密封垫片材料与金属平垫密封中的平垫材料相同。

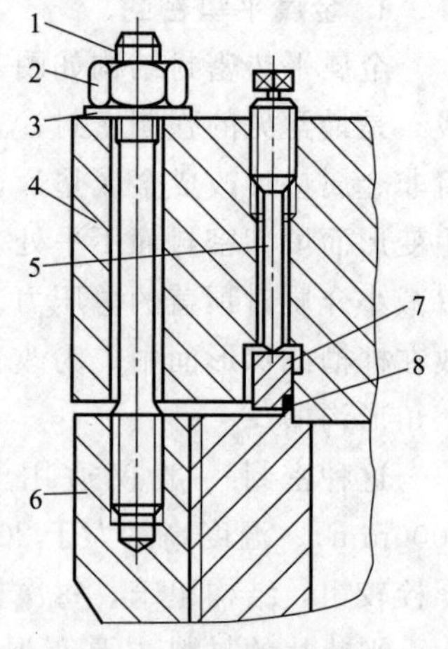

图 1-16　改良卡扎里密封结构

1—主螺栓；2—主螺母；3—垫圈；4—顶盖；5—预紧螺栓；6—筒体端部法兰；7—压环；8—密封垫

改良卡扎里密封（图 1-16）同时采用主螺栓和预紧螺栓，主要是为改善套筒螺纹锈蚀给拆卸带来困难的情况。它的端面上螺栓较多，显得拥挤和笨重，不如其他两种卡扎里密封那样具有快速装拆的优点，但主螺栓无须拧得太紧，所以装拆时较为省力。与平垫密封相比，在操作温度和压力波动较大时，仍有良好的密封性能，但与双锥密封相比，改良卡扎里密封无明显优越性，还增加了制造上的困难。

二、自紧式密封

1. 双锥密封

双锥密封结构如图 1-17 所示，它保留了主螺栓，采用软钢或不锈钢制作双锥环。双锥环为外侧上下均为 30°锥形面的环垫，置于筒体与顶盖之间，并用托环托住，以便装拆。托环用螺栓固定在顶盖的底部。双锥环的两个锥面是密封面，分别与顶盖及筒体端部上的锥形密封面相配，密封面之间一般衬有软垫片或金属丝，靠主螺栓使软垫片或金属丝发生塑性变形而达到初始密封。密封面之间的软金属垫片厚度约 1mm，非金属垫片厚度为 0.5～1mm，软金属丝直径 d_s 为 2～5mm。为了增加密封的可靠性，顶盖的圆柱支承面上应开几条纵向的半圆形沟槽；衬有软垫片的双锥环的两个密封面上应各开 2 条半径为 1～1.5mm，深 1mm 的半圆形或三角形沟槽，沟槽槽口圆角半径约 0.5mm；衬有软金属丝的双锥环的两个密封面上应各开 1 条或 2 条半圆形沟槽，沟槽直径为 $d_s^{+0.1}$mm，软金属丝嵌在沟槽内。

双锥环在安装时，其内圆柱面和顶盖的圆柱支承面处于间隙状态。预紧时，主螺栓使衬于双锥面上的软垫片（或金属丝）和顶盖、筒体端部的锥面相接触并压紧以保证两锥面的软垫片（或金属丝）上达到足够的预紧密封比压；同时，双锥环本身受到径向压缩，使其内侧面和顶盖支承面间的间隙 g 值消失而贴合在一起［为保证密封，两锥面上的比压要达到足够的、使该软垫片（或金属丝）所需的预紧密封比压值］。当介质压力上升，介质进入双锥环与顶盖的环形间隙，使螺栓等连接件发生变形（主要是螺栓伸长），受压锥环也相应产生

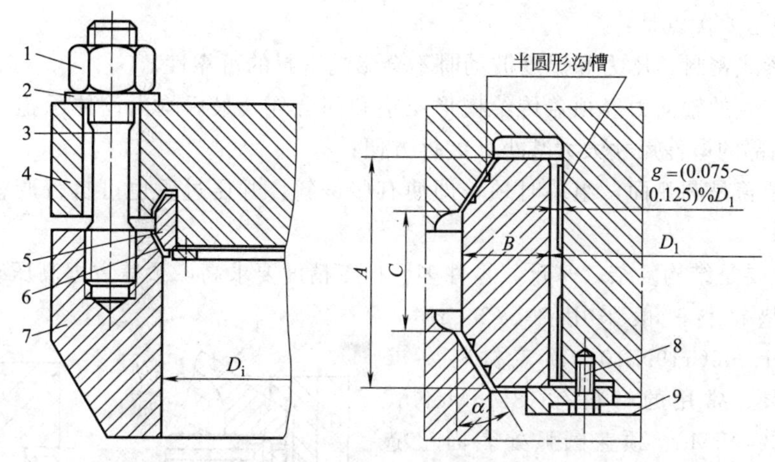

图 1-17 双锥密封结构

1—主螺母；2—垫圈；3—主螺栓；4—顶盖；5—双锥环；6—软垫片或金属丝；7—筒体端部；8—螺栓；9—托环

回弹；此外，在介质压力作用下，双锥环向外扩张，从而弥补了螺栓等连接件的变形所带来的密封比压下降。为保证良好的密封性，两锥面上的比压不能小于该软垫片（或金属丝）所需要的操作密封比压。由于双锥面上的密封比压是由金属双锥环的回弹以及金属双锥环在介质内压作用下所引起的径向扩张两个因素所引起，前者相当于平垫密封中平垫的回弹作用，后者则由介质内压所引起，并且锥面上的密封比压随介质压力的升高而增加，这种密封机理属于自紧式密封机理，在有些书中认为双锥密封有强制和自紧式密封两种机理，属于半自紧式密封。

双锥密封结构简单，加工精度要求不是很高，装拆方便，能适用于压力与温度波动的场合。双锥环材料应有好的韧性，以使它在压缩状态下有足够的回弹力，常用材料有 35、Q355（旧牌号 Q345、16Mn）、20MnMo、15CrMo、06Cr18Ni11Ti 等。

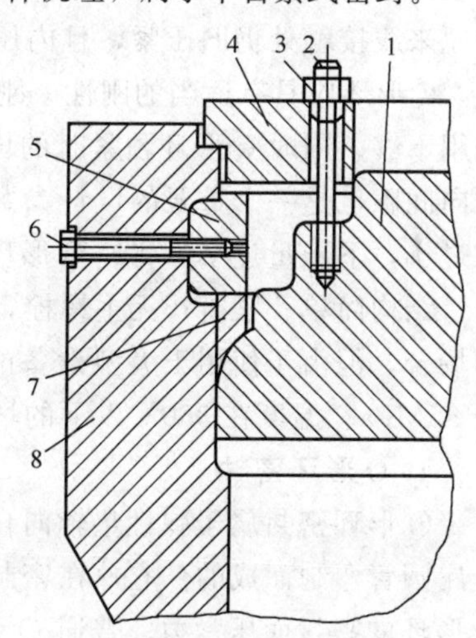

图 1-18 伍德密封结构

1—顶盖；2—牵制螺栓；3—螺母；4—牵制环；5—四合环；6—拉紧螺栓；7—楔形压垫；8—筒体端部

2. 伍德密封

伍德密封是一种使用得较早的自紧式高压密封结构，如图 1-18 所示，由顶盖、筒体端部、牵制螺栓、牵制环、四合环、拉紧螺栓、楔形压垫等元件组成。其中楔形压垫为关键零件，其外锥面（锥角为 5°）上开有 1～2 条约 5mm 深的环形沟槽，即增加了楔形压垫的柔度，使之更易与密封面贴合，又减少了密封面的接触面积，提高了密封比压。该密封的密封面均有较高的精密度要求，须经研磨，以保证密封可靠。

伍德密封中的四合环是由四块元件组成的圆环，每块元件上均有一螺孔。

伍德密封安装时依次放入顶盖、楔形压垫、四合环和牵制环，再由牵制螺栓将顶盖吊起并压紧楔形压垫和顶盖密封面之间的线接触面（实为一狭窄环带），达到预紧密封。也可以通过拧紧拉紧螺栓而使四合环向外扩张，使楔形压垫压紧在顶盖的球面上而达到预紧密封。当介质内压升高后，顶盖向上浮动，使顶盖球面部分和楔形压垫间的压紧力增加，保证密封，并且介质压力越高，楔形压垫上的密封比压越大，密封越可靠。所以，伍德密封属轴向自紧式密封。

该密封的主要优点是：

① 全自紧式密封，压力和温度波动时不会影响密封的可靠性；

② 介质产生的轴向力经顶盖传给楔形压垫和四合环，最后均由筒体承担，无须主螺栓并使筒体和端部的锻件尺寸大大减小，装拆方便；

③ 由于顶盖是圆弧面，组装时顶盖即使有些偏斜，升压过程也可自行调整，不至于影响密封的效果。

其缺点主要是结构复杂，笨重，零件多，加工精度要求高，顶盖占据高压空间较多。

楔形压垫材料一般采用 20、20CrMo、06Cr18Ni11Ti、06Cr19Ni10；顶盖材料要求比压垫材料硬，常用的材料有 18MnMoNb、20MnMo、20CrNiMo。顶盖圆弧处表面粗糙度要求不低于 Ra 1.6μm。

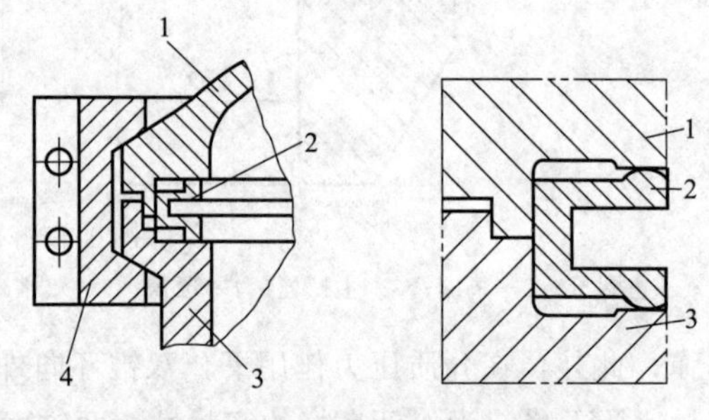

图 1-19 C 形环密封结构

1—顶盖或封头；2—C 形环；3—筒体端部；4—卡箍

3. **C 形环密封**

C 形环密封属于弹性垫自紧式密封，其结构如图 1-19 所示。环的上下面均有一圈突出的圆弧，它是依靠两突出的圆弧面与顶盖及筒体端部的线接触而实现密封的。当拧紧连接螺栓时，C 形环受到轴向弹性压缩，甚至允许有少量的屈服以建立初始密封，当内压升高时顶盖上浮，一方面密封环回弹张开，另一方面由于有内压作用在环的内腔而使环进一步张开，使原来线接触处仍旧压紧，且内压力越高压得越紧。

C 形环应具有适当的刚性，刚性过大虽然回弹力会增大，但受压后张开困难而使得自紧作用不够。同时 C 形环预紧时的压缩量，即顶盖与筒体端部之间在放置 C 形环后仍保留的轴向间隙也是一个重要的设计参数。间隙过大，则下压量过大，将使 C 形环压至屈服；间隙过小，下压量过小，将使 C 形环预紧力不足。C 形环密封的优点是预紧力较小并能严格控制；结构简单、紧凑；无主螺栓，加工方便；特别适用于快开连接结构和温度、压力有波动的场合，但由于使用于大型设备的经验不足，一般只用于内径小于 1000mm 以内，压力小于 35MPa、温度在 350℃以下的场合。

4. **O 形环密封**

O 形环密封属于弹性垫轴向自紧密封，结构如图 1-20 所示，空心金属 O 形环是用无缝金属圆管弯制而成的。它放在密封环槽内，预紧时由预紧件将 O 形环压紧，其回弹力即为 O 形环的密封面压紧力。普通 O 形环所能达到的密封比压和真空度较低，故使用不多。自紧式 O 形密封环在环的内侧钻有一些小孔，它是靠 O 形环本身的弹性回弹和环截面受内压后膨胀而实现自紧作用。在高压、超高压设备中采用这种结构，能获得较好的密封效果。充气环的环内可填充惰性气体或易汽化的固体材料（可形成 3.5～10.5MPa 的压力），如干冰、偶氮二异丁腈。使用时，填充材料受热升华，气体膨胀产生压力，温度越高，管内压力也越高，可补偿金属材料强度降低所造成的密封下降，所以这种结构宜用于有高温介质的容器上。

O 形密封环的结构简单预紧力小，密封可靠，使用成熟。可用于 $D_i \leqslant 500 \sim 1000$mm，$t \leqslant 350$℃（充气环可用到 400～600℃），$p_i \leqslant 280$MPa（个别甚至达到 350～700MPa）的场合，这种密封结构的缺点是对接焊比较困难，环身也不易达到精度要求，尽管如此，它仍是

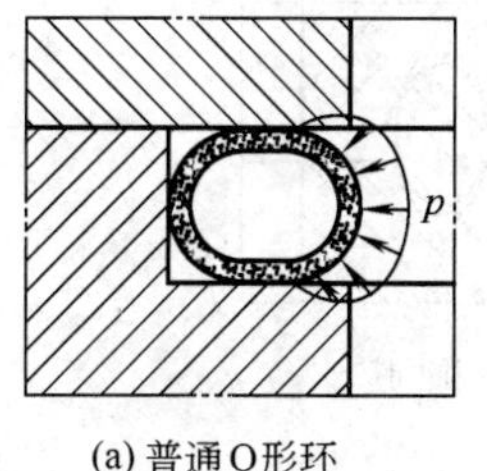

(a) 普通O形环

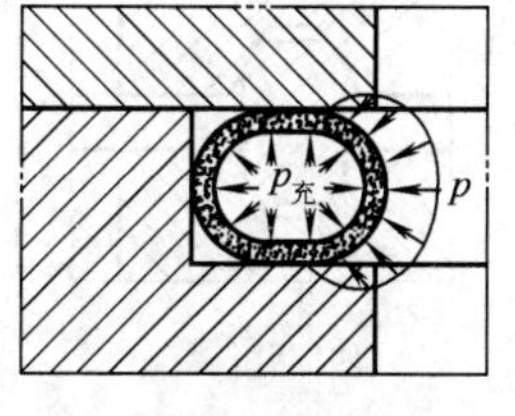

(b) 充气O形环

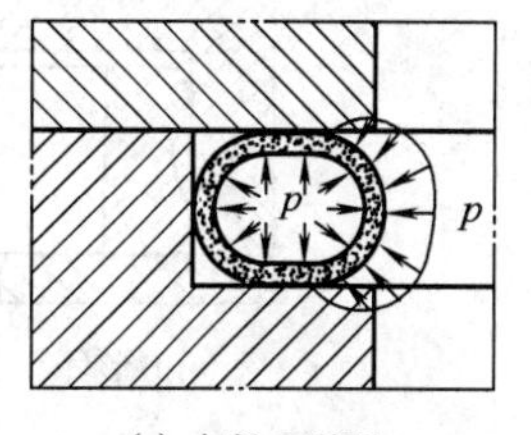

(c) 自紧O形环

图 1-20　O 形环密封的局部结构

一种很有发展前途的密封结构。

O 形环常用奥氏体不锈钢小管（直径不超过 12mm）制成，为改善密封性能常在 O 形环外表面镀银。常用的预紧件为螺栓、卡箍或紧固件。

5. 三角垫密封

三角垫密封是径向自紧式密封，其结构如图 1-21 所示，将三角垫置于筒体法兰和顶盖的 V 形槽内，考虑到密封效果，三角垫的内径最好要比顶盖及法兰槽的直径略大些。当拧紧连接螺栓时，三角垫受径向压缩与上、下槽贴紧，并有反弹的趋势。在三角垫上，下两端点产生塑性变形，建立初始密封。

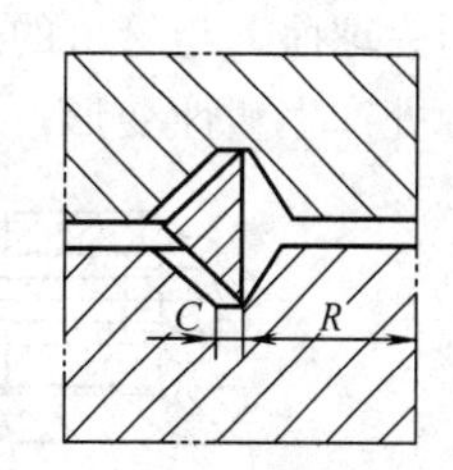

图 1-21　三角垫密封

升压后，介质压力的作用使刚性小的三角垫片向外弯曲，两斜面与上，下 V 形槽的斜面贴紧，压力愈高，贴得越紧，并由原先的线接触变为面接触，此即三角垫自紧作用之所在。

三角垫的材料一般采用 20 钢或 06Cr18Ni11Ti。为防止上、下槽错动而造成环与槽表面擦伤，可在垫片外表面镀 0.05mm 左右的铜或在沟槽底部加垫一层铜箔或银箔。

三角垫和法兰、顶盖的沟槽加工后，其外表面不允许有刻痕、刮伤等缺陷。

三角垫密封结构比较精细，尺寸紧凑，开启方便，预紧力小，接触面小，密封性能优良，可用于压力、温度有波动的场合。但是三角垫和上、下法兰沟槽的加工精度要求极高，大直径的三角垫密封加工较为困难。

三角垫密封的适用范围：$D_i<1000$mm，$t\leqslant 350$℃，$p_i>10$MPa。但也有用于 $D_i>1000$mm，$p_i=20\sim35$MPa 的。

6. 其他形式密封

如图 1-22 所示的垫片密封均属于特殊形式的密封垫片，它们具有结构紧凑，接触面小，但加工精度高，尤其是 B 形环，要求在密封槽内有一定的过盈量，这样使制造与安装的要求大大提高。B 形环是依靠工作介质的压力而使密封垫径向压紧，以产生自紧作用并达到密封目的；这种密封结构在石油化工工业中较早使用，从中低压到高压以至在高温下都有较好的密封性能，但其自紧作用较小。金属八角垫与椭圆垫密封是炼油和加氢装置中习惯采用的密封结构。

三、高压管道密封

高压管道密封通常为强制密封。由于高压管道通常是在现场安装的，所以对连接尺寸精度要求不如容器高，加之管道振动、有热载荷等，给法兰连接带来很大的附加弯矩或剪力，造成密封困难。因此高压管道连接结构设计应给予特殊的考虑。其一是管道与法兰的连接不

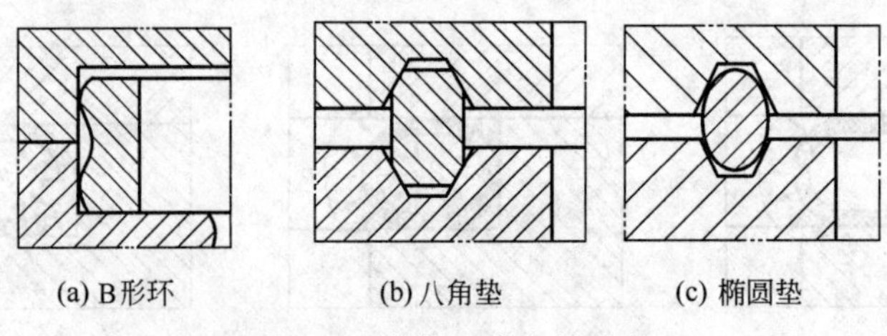

(a) B形环　(b) 八角垫　(c) 椭圆垫

图 1-22　其他几种密封形式

用焊接，而采用螺纹连接，这样当连接的管道不直或管道振动有热载荷时，法兰的附加弯矩大为减少；其二是采用球面或锥面的金属垫片，形成球面与锥面或锥面与锥面的接触密封。常用的有透镜垫密封，八角垫、椭圆垫密封，齿形垫片密封等。

1. 透镜垫密封

在高压管道连接中，广泛使用透镜垫密封结构，如图 1-23 所示。透镜垫两侧的密封面均为球面，与管道的锥形密封面相接触，初始状态为一环线。在预紧力作用下，透镜垫在接触处产生塑性变形，环线状变为环带状。

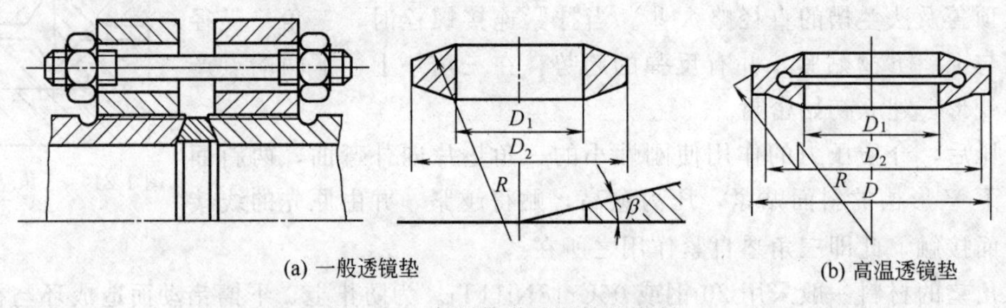

(a) 一般透镜垫　(b) 高温透镜垫

图 1-23　高压管道的透镜垫密封

透镜垫密封性能好，但由于它属于强制式密封，结构较大，密封面为球面与锥面相接触，易出现压痕，零件的互换性较差。

2. 八角垫、椭圆垫密封

八角垫、椭圆垫密封在石油化工行业中应用较为广泛，其结构如图 1-22（b）、（c）所示。垫片安装在法兰面的梯形环槽内，当拧紧连接螺栓时，受轴向压缩与上、下梯形槽贴紧，产生塑性变形，形成一环状密封带，建立初始密封。升压后，在介质压力作用下，使八角垫或椭圆垫径向扩张，垫片与梯形槽的斜面更加贴紧，产生自紧作用。但是，介质压力的升高同样会使法兰和连接螺栓变形，造成密封面间的相对分离、垫片密封比压下降。因而，八角垫与椭圆垫密封可以认为是半自紧式密封连接。

八角垫、椭圆垫的材料一般采用纯铁、08、10、12Cr5Mo、06Cr13、06Cr19Ni10、022Cr19Ni10、06Cr17Ni12Mo2、022Cr17Ni12Mo2、06Cr18Ni11Ti、06Cr18Ni11Nb 等，其硬度应比法兰材料低 30～40HBW。

八角垫与椭圆垫和法兰面上的梯形槽加工精度要求极高，其密封表面不允许有刻痕、刮伤等缺陷。

我国国家标准 GB/T 9128—2003《钢制管法兰用金属环垫　尺寸》、GB/T 9130—2007《钢制管法兰用金属环垫　技术条件》和行业标准 JB/T 89—2015《管路法兰用金属环垫》、HG/T 20612—2009《钢制管法兰用金属环形垫（PN 系列）》、HG/T 20633—2009《钢制管法兰用金属环形垫（Class 系列）》、SH/T 3403—2013《石油化工钢制管法兰用金属环垫》

对八角垫和椭圆垫的尺寸和技术条件做了明确的规定，设计和选用时可参照进行。

3. 齿形垫片密封

高压管道的连接也可采用齿形垫片的密封结构。齿形垫片通常用 06Cr19Ni10、022Cr19Ni10、06Cr17Ni12Mo2、022Cr17Ni12Mo2、06Cr18Ni11Ti、06Cr18Ni11Nb、06Cr25Ni20 材料制造，上下表面加工有多道同心三角形沟槽［图 1-24（a）］。螺栓预紧后，垫片三角形的尖角处与上下法兰密封面相接触，产生塑性变形，形成多个具有压差空间的线接触密封。与平垫密封相比，其所需要的压紧力大大减小。为提高连接的密封性能，可在金属齿形垫片的上下表面覆盖柔性石墨或聚四氟乙烯制成齿形组合垫片［图 1-24（b）］。我国行业标准 JB/T 88—2014《管路法兰用金属齿形垫片》、JB/T 12670—2016《非金属覆盖层齿形金属垫片技术条件》、HG/T 20611—2009《钢制管法兰用具有覆盖层的齿形组合垫（PN 系列）》、HG/T 20632—2009《钢制管法兰用具有覆盖层的齿形组合垫（Class 系列）》对齿形垫片的尺寸、公称压力和技术条件做了明确的规定，设计和选用时可参照进行。

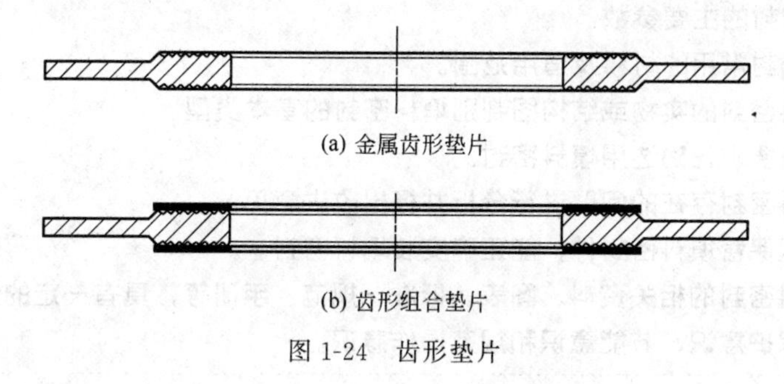

(a) 金属齿形垫片

(b) 齿形组合垫片

图 1-24　齿形垫片

【学习反思】

1. 密封技术是装备制造业重要的基础共性技术。密封件是防止重大装备液体、气体或固体泄漏，或外部介质、杂质侵入工作系统，是保证重大装备安全、正常工作必不可少的关键基础元件。青年学子要有时代紧迫感，要有社会担当精神，抓住机遇，迎接挑战，为国家由制造大国向制造强国转变贡献自己的力量。

2. 密封技术是一门实践性很强的课程，学习者应以“做”作为课程学习过程的核心，要围绕“做什么”“怎样做”“做得如何”“如何做得更好”等关键性问题去做，并在“做”的过程中去发现问题、解决问题。

复习思考题

1-1　简述垫片密封的结构和密封原理。

1-2　常用的法兰密封面形式有哪几种？并简述它们主要特点。

1-3　根据垫片构造的主体材料可以把其分为哪几类？各有何特点？

1-4　选择垫片材料时应考虑哪些因素？

1-5　与中、低压设备和管道的垫片密封相比，高压设备的垫片密封主要特点是什么？

1-6　根据密封作用力的不同，把高压垫片密封分为哪几类？

第二章

填料密封

学习目标

1. 掌握填料密封的基本结构和密封原理。
2. 了解填料密封的主要参数。
3. 了解填料密封常用的材料及适用范围。
4. 能根据填料密封的实物或结构图判别填料密封的基本类型。
5. 能根据使用要求正确选用填料密封。
6. 能对软填料密封存在的问题进行分析并提出改进意见。
7. 能规范合理保管填料密封件，能正确安装填料密封。
8. 会查阅填料密封的相关资料、图表、标准、规范、手册等，具有一定的运算能力。
9. 培养环境保护意识、节能意识和规范操作意识。

填料密封是在轴与壳体之间用弹、塑性材料或具有弹性结构的元件堵塞泄漏通道的密封装置。按其结构特点，可分为软填料密封、硬填料密封、成型填料密封及油封等。

第一节　软填料密封

软填料密封又叫压盖填料密封，俗称盘根（Packing）。它是一种填塞环缝的压紧式密封，是世界上使用最早的一种密封装置，在中国已有上千年的历史。它最早是以棉、麻等纤维填塞在泄漏通道内来阻止液流泄漏，主要用作提水机械的密封。国外迟至1782年才使用填料，当时作为蒸汽机的轴封来密封压力为0.05MPa的蒸汽。由于软填料密封结构简单、成本低廉、拆装方便，故至今仍应用较广，特别是近年来出现了一些新结构和新材料，又有了新的发展。

软填料密封通常用作旋转或往复运动的元件与壳体之间环形空间的密封，如离心泵、转子泵、往复泵、搅拌机及反应釜的轴封，还有阀门的阀杆密封，管线膨胀节、换热器浮头及其他设备的密封。它能适应各种旋转运动、往复运动和螺旋运动的元件密封。

一、基本结构及密封原理

图2-1为一典型的软填料密封结构，软填料6装在填料函3内，压盖2通过压盖螺栓1轴向预紧力的作用使软填料产生轴向压缩变形，同时引起填料产生径向膨胀的趋势，而填料的膨胀又受到填料函内壁与轴表面的阻碍作用，使其与两表面之间产生紧贴，间隙被填塞而达到

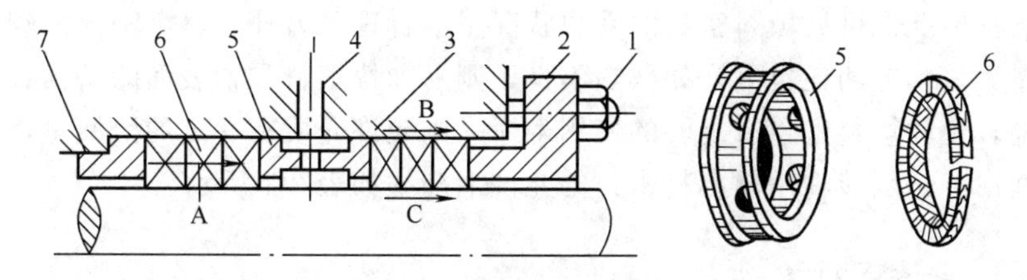

图 2-1　软填料密封

1—压盖螺栓；2—压盖；3—填料函；4—封液环入口；5—封液环；6—软填料；7—底衬套

A—软填料渗漏；B—靠填料函内壁侧泄漏；C—靠轴侧泄漏

密封。即软填料是在变形时依靠合适的径向力紧贴轴和填料函内壁表面，以保证可靠的密封。

为了使沿轴向径向力分布均匀，采用中间封液环 5 将填料函分成两段。为了使软填料有足够的润滑和冷却，往封液环入口 4 注入润滑性液体（封液）。为了防止填料被挤出，采用具有一定间隙的底衬套 7。

在软填料密封中，流体可泄漏的途径有三条。

① 流体穿透纤维材料编织的软填料本身的缝隙而出现渗漏，如图 2-1 中 A 所示。一般情况下，只要填料被压实，这种渗漏通道便可堵塞。高压下，可采用流体不能穿透的软金属或塑料垫片和不同编织填料混装的办法防止渗漏。

② 流体通过软填料与填料函内壁之间的缝隙而泄漏，如图 2-1 中 B 所示。由于填料与填料函内表面间无相对运动，压紧填料较易堵住泄漏通道。

③ 流体通过软填料与运动的轴（转动或往复）之间的缝隙而泄漏，如图 2-1 中 C 所示。

显然，填料与运动的轴之间因有相对运动，难免存在微小间隙而造成泄漏，此间隙即为主要泄漏通道。填料装入填料函内以后，当拧紧压盖螺栓时，柔性软填料受压盖的轴向压紧力作用产生弹塑性变形而沿径向扩展，对轴产生压紧力，并与轴紧密接触。但由于加工等原因，轴表面总有些粗糙度，其与填料只能是部分贴合，而部分未接触，这就形成了无数个不规则的微小迷宫。当有一定压力的流体介质通过轴表面时，将被多次引起节流降压作用，这就是所谓的“迷宫效应”，正是凭借这种效应，使流体沿轴向流动受阻而达到密封。填料与轴表面的贴合、摩擦，也类似滑动轴承，故应有足够的液体进行润滑，以保证密封有一定的寿命，即所谓的“轴承效应”。

显然，良好的软填料密封即是“轴承效应”和“迷宫效应”的综合。适当的压紧力使轴与填料之间保持必要的液体润滑膜，可减少摩擦磨损，提高使用寿命。压紧力过小，泄漏严重，而压紧力过大，则难以形成润滑液膜，密封面呈干摩擦状态，磨损严重。密封寿命将大大缩短。因此如何控制合理的压紧力是保证软填料密封具有良好密封性的关键。

由于填料是弹塑性体，当受到轴向压紧后，产生摩擦力致使压紧力沿轴向逐渐减少，同时所产生的径向压紧力使填料紧贴于轴表面而阻止介质外漏，如图 2-2（a）所示。径向压紧压力的分布如图 2-2(b）所示，其由外端（压盖）向内端，先是急剧递减后趋平缓，被密封介质压力的分布如图 2-2(c）所示，由内端逐渐向外端递减，当外端介质压力为零时，则泄漏很少，大于零时泄漏较大。由此可见，填料径向压力的分布与介质压力的分布恰恰相反，内端介质压力最大，应给予较大的密封力，而此时填料的径向压紧力恰是最小，故压紧力没有很好地发挥作用。实际应用中，为了获得密封性能，往往增加填料的压紧力，即在靠近压盖端的 2～3 圈填料处使径向压力最大，当然摩擦力也增大，这就导致填料和轴产生如图 2-3

所示的异常磨损情况。可见填料密封的受力状况很不合理。另外，整个密封面较长，摩擦面积大，发热量大，摩擦功耗也大，如散热不良，则易加快填料和轴表面的磨损。因此，为了改善摩擦性能，使软填料密封有足够的使用寿命，则允许介质有一定的泄漏量，保证摩擦面上的冷却与润滑。一般转轴用软填料密封的允许泄漏率如表 2-1 所示。

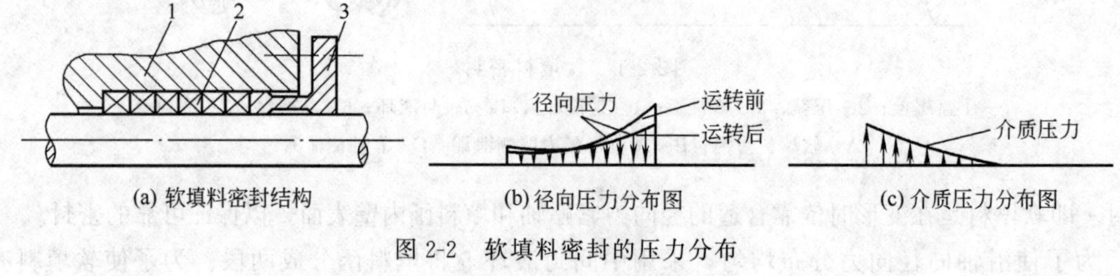

(a) 软填料密封结构　(b) 径向压力分布图　(c) 介质压力分布图

图 2-2　软填料密封的压力分布

1—填料函；2—填料；3—压盖

表 2-1　一般转轴用软填料密封的允许泄漏率

允许泄漏率/(mL/min)	轴径/mm①			
	25	40	50	60
启动 30min 内正常运行	24	30	58	60
	8	10	16	20

① 转速 3600r/min，介质压力 0.1～0.5MPa。

当轴作往复运动时，填料受到周期性的脉冲压力，显然受力状况与回转轴不同，如图 2-4(a) 所示，当轴运动方向与压盖压紧力方向一致，内端填料压紧力增加填料受压缩，外端填料压紧力减少即填料膨胀。该填料吸收介质，并充满其空隙。填料在轴向上压紧力分布变得均匀。当轴运动方向与压盖压紧力方向相反时，如图 2-4(b) 所示，内端填料压紧力减少（膨胀），外端填料压紧力增加（压缩），填料内已吸入的介质被挤压而泄漏。由受力分析可知，对于往复运动的密封，要求填料组织致密或进行预压缩，以提高密封性能。

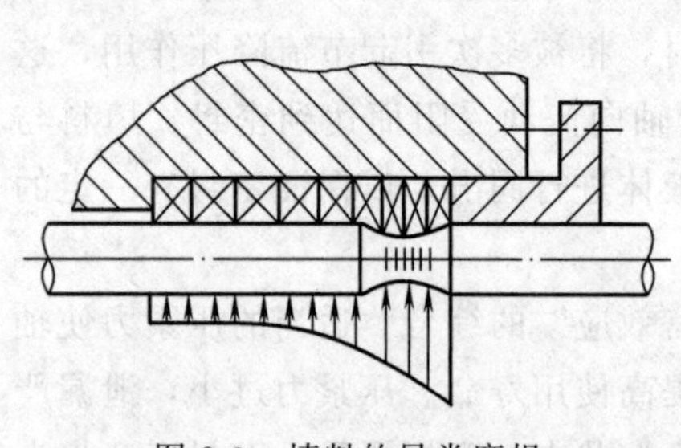

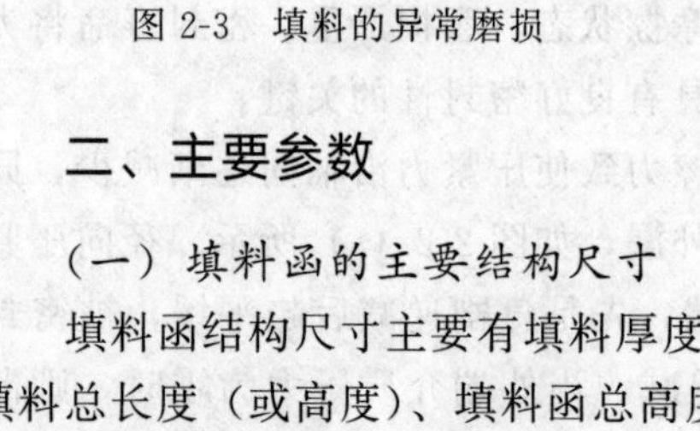

图 2-3　填料的异常磨损

增加
减小
减小
增加

(a) 轴运动方向与压盖压紧力方向一致　(b) 轴运动方向与压盖压紧力方向相反

图 2-4　往复运动轴径向受力状态

二、主要参数

（一）填料函的主要结构尺寸

填料函结构尺寸主要有填料厚度、填料总长度（或高度）、填料函总高度等，如图 2-5 所示。

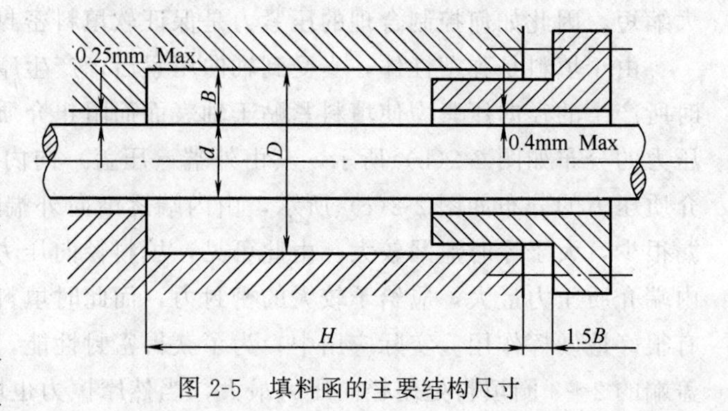

图 2-5　填料函的主要结构尺寸

填料函尺寸确定一般有两种方法：一是以轴（或杆）的直径 d 直接选取填料的厚度 B，见表 2-2，再由介质压

力按表 2-3 来确定填料的环数，它们所根据的是有关的国家标准或者企业标准；二是依据一些相关的经验公式来确定，如

填料厚度 B　　机器　$B=(1.5\sim2.5)\sqrt{d}$

　　　　　　　　阀门　$B=(1.4\sim2.0)\sqrt{d}$

填料函内径 D　　$D=(d+2B)$

填料函总高度 H　　机器　$H=(6\sim8)B+h+2B$

　　　　　　　　阀门　$H=(5\sim8)B+2B$

式中　h——封液环高度，$h=(1.5\sim2)B$。

填料函内壁的表面粗糙度值不大于 $Ra3.2\mu m$，轴（杆）的表面粗糙度值不大于 $Ra0.8\mu m$，除金属填料外，轴（杆）表面的硬度>180HBW。

表 2-2　填料厚度与轴径的关系

轴径 d/mm	≤16	>16～25	>25～50	>50～90	>90～150	>150
填料厚度 B/mm	3	5	6.5	8	10	12.5

表 2-3　填料环数与介质压力的关系

介质压力/MPa	≤3.5	>3.5～7.0	>7.0～14	>14
填料环数	4	6	8	10

需要强调的是，填料环数过多和填料厚度过大，都会使填料对轴或轴套表面产生过大的压紧力，并引起散热效果的降低，从而使密封面之间产生过大的摩擦和过高的温度，并且其作用力沿轴向的分布也会越不均匀，导致摩擦面特别是轴或轴套表面的不均匀磨损，同时填料也可能烧损，如果密封面间的润滑液膜也因此而被破坏，磨损就会随之加速，最后造成密封的过早失效，也会给后面的检修、安装、调整等工作带来很大的不便。如前所述，实际起密封作用的仅仅是靠近压盖的几圈填料，因此除非密封介质为高温、高压、腐蚀性和磨损性，一般 4～5 圈填料已足够了。

(二) 压紧载荷与压盖螺栓尺寸

1. 填料的压紧载荷确定

如图 2-6 所示，填料受到压盖轴向压紧后，填料即行压缩而向内端移动。在填料接触的长度方向取填料微元，其长度为 dx，填料微元受力有：轴向压力 p_x 和 p_x+dp_x，径向压力 p_y 和摩擦力 F_1 和 F_2。力的平衡方程式为

$$F_1+F_2+\pi(R^2-r^2)dp_x=0 \qquad (2\text{-}1)$$

轴向压力 p_x 和径向压力 p_y 存在下列关系

$$p_y=kp_x \qquad (2\text{-}2)$$

式中　k——侧压系数（又称柔软系数），它是径向压力 p_y 与轴向压力 p_x 的比值。

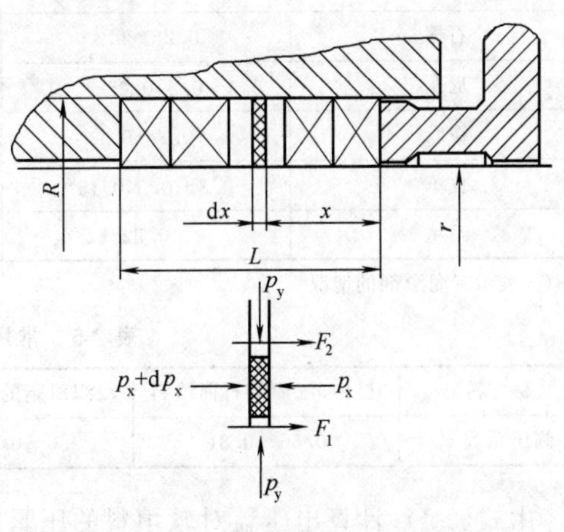

图 2-6　填料受力分析图

设填料内、外表面与轴表面和填料函内壁面之间的摩擦系数为 f，介质压力为 p_i，则

$F_1=2\pi rfp_y\mathrm{d}x$，$F_2=2\pi Rfp_y\mathrm{d}x$ 与式（2-2）一起代入式（2-1）得

$$-\frac{\mathrm{d}p_x}{p_x}=\frac{2kf}{R-r}\mathrm{d}x$$

由密封要求，$x=L$ 处（即内端填料处），径向压力 $p_y=p_i$，并积分

$$-\int_{p_x}^{p_i/k}\frac{\mathrm{d}p_x}{p_x}=\frac{2kf}{R-r}\int_x^L\mathrm{d}x,\ \ln\frac{kp_x}{p_i}=\frac{2kf}{R-r}(L-x),\ p_x=\frac{1}{k}p_ie^{\frac{2kf}{R-r}(L-x)}$$

又 $R-r=B$，则

$$p_x=\frac{1}{k}p_ie^{\frac{2kf}{B}(L-x)} \tag{2-3}$$

式中　p_x——在 x 轴向任意长度上的轴向压力，Pa；

k——侧压系数；

p_i——介质压力，Pa；

f——填料与轴及填料函内壁摩擦系数；

R、r——填料函内径与轴径，m；

B——填料厚度，m；

L——填料长度，m。

在压盖端部处，$x=0$，故压盖施加的压力 p_g（单位为 Pa）

$$p_g=\frac{1}{k}p_ie^{\frac{2kfL}{B}} \tag{2-4}$$

这就是说，压盖的压紧力与介质内压力成正比。且与填料的摩擦系数、侧压系数、填料长度、厚度等有关，为使密封效果良好，填料的摩擦系数应小，侧压系数大，填料长度可小，厚度（径向厚度）大等，并要求压盖压紧力小。在保证密封效果下，p_g 越小越好。

应当指出，以上是填料装填正常时径向压力的分布情况。当填料装填不好时，将大大改变此压力的分布状况。同时，在填料工作一段时间后，由于润滑剂流失，填料体积变小。压紧力松弛，径向压力的分布曲线会变得平缓。

常用填料与钢轴的干摩擦系数如表 2-4 所示，侧压系数如表 2-5 所示。

表 2-4　常用填料与钢轴的干摩擦系数

材料名称	摩擦系数	材料名称	摩擦系数
石棉	0.25～0.4	柔性石墨	0.13～0.15
尼龙	0.3～0.5，0.05～0.1①	碳纤维浸渍聚四氟乙烯乳液	0.15～0.20
橡胶	0.2～0.4	聚四氟乙烯纤维浸渍聚四氟乙烯乳液	0.19～0.24
皮革	0.3～0.5，0.15①	石棉浸渍聚四氟乙烯乳液	0.24
毛毡	0.22		

① 表示有润滑剂的情况。

表 2-5　常用填料的侧压系数

材　料	PTFE 浸渍的石棉填料	浸润滑脂的填料	石棉编织浸渍	金属箔包石棉类	柔性石墨
侧压系数 k	0.66～0.81	0.6～0.8	0.8～0.9	0.9～1.0	0.28～0.54

由式(2-4) 计算出压盖对软填料的压紧压力 p_g 后，即可求出截断沿轴及填料函内壁面的泄漏通道所需的螺栓压紧载荷 F'（单位为 N）

$$F'=p_{g}\pi(R^2-r^2) \tag{2-5}$$

另一方面，装填料时将填料压实以防止软填料渗漏所需要压紧载荷 F''（单位为 N）

$$F''=\pi(R^2-r^2)Y \tag{2-6}$$

式中　Y——软填料的压紧比压，Pa。

柔性石墨软填料 $Y=3.5\times10^6$ Pa，石棉类软填料 $Y=4.0\times10^6$ Pa，天然纤维类软填料 $Y=2.5\times10^6$ Pa。

2. 压盖螺栓尺寸的确定

首先要确定螺栓的载荷 F，即取 F'、F''中的较大者，则压盖螺栓的螺纹内径 d_b（单位为 mm）

$$d_b=\sqrt{\frac{4F}{n\pi[\sigma]}} \tag{2-7}$$

式中　n——螺栓数目，一般为 2～4 个；

$[\sigma]$——螺栓材料的许用应力，MPa。

三、密封材料的选择

（一）对软填料密封材料的要求

随着新材料的不断出现，填料结构形式亦有很大变化，无疑它将促使填料密封应用更为广泛，用作软填料的材料应具备如下特性。

① 有较好的弹性和塑性。当填料受轴向压紧时能产生较大的径向压紧力，以获得密封；当机器和轴有振动或偏心及填料有磨损后能有一定的补偿能力（追随性）。

② 有一定的强度，使填料不至于在未磨损前先损坏。

③ 化学稳定性高。即其与密封流体和润滑剂的适应性要好，不被流体介质腐蚀和溶胀，同时也不造成对介质的污染。

④ 不渗透性好。由于流体介质对很多纤维体都具有一定的渗透作用，所以对填料的组织结构致密性要求高，因此填料制作时往往需要进行浸渍、充填相应的填充剂和润滑剂。

⑤ 导热性能好，易于迅速散热，且当摩擦发热后能承受一定的高温。

⑥ 自润滑性好，耐磨损，并且摩擦系数低。

⑦ 填料制造工艺简单，装填方便，价格低廉。

对以上要求，能同时满足的材料不多，如一些金属软填料、碳素纤维填料、柔性石墨填料等，它们的性能好，适应的范围也广，但价格较贵。而一些天然纤维类填料，如麻、棉、毛等，其价格不高，但性能低，适应范围比较窄。所以，在材料选用时应对各种要求进行全面、综合的考虑。

（二）常用软填料

1. 典型的软填料结构形式

按不同的加工方法，软填料分为绞合填料、编织填料、叠层填料、模压填料等，其典型结构形式如图 2-7 所示。

① 绞合填料。如图 2-7(a) 所示，绞合填料是把几股纤维绞合在一起，将其填塞在填料腔内用压盖压紧，即可起密封作用，常用于低压蒸汽阀门，很少用于转轴或往复杆的密封。用各种金属箔卷成束再绞合的填料，涂以石墨，可用于高压、高温阀门。若与其他填料组合，也可用于动密封。

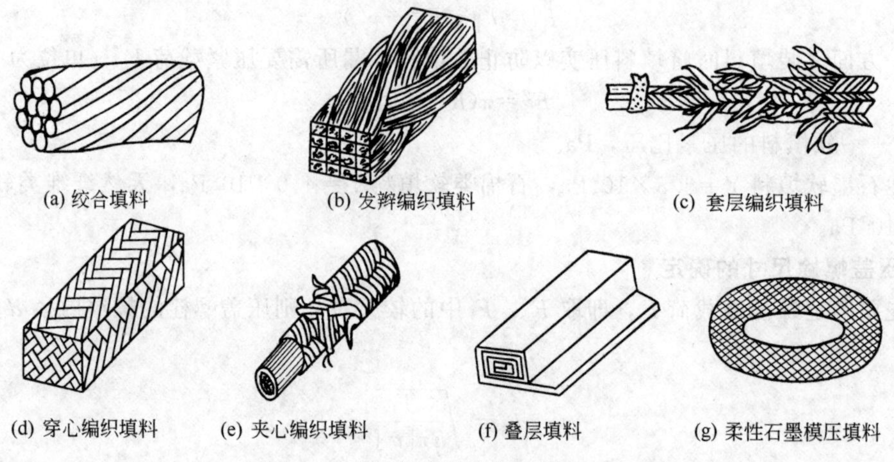
(a) 绞合填料 (b) 发辫编织填料 (c) 套层编织填料
(d) 穿心编织填料 (e) 夹心编织填料 (f) 叠层填料 (g) 柔性石墨模压填料

图 2-7 典型的软填料结构形式示例

② 编织填料。编织填料是软填料密封采用的主要形式，它是将填料材料进行必要的加工而成丝或线状，然后在专门的编织机上按需要的方式进行编结而成，有套层编织、穿心编织、发辫编织、夹心编织等。

发辫编织填料［图 2-7(b)］的断面呈方形，由八股绞合线束按人字形编结而成。因其编结断面尺寸过大造成结构松散，致密性差，但对轴的偏摆和振动有一定的补偿作用。一般情况下只使用在规格不大的（6mm×6mm 以下）阀门等的密封填料。

套层编织填料［图 2-7(c)］锭子个数有 12、16、24、36、48、60 等，均是在两个轨道上运行。编织的填料断面呈圆形，根据填料规格决定套层。断面尺寸大，所编织的层数多，如直径为 10～50mm，一般编织 1～4 层，中间没有芯绒。编织后的填料，如需改为方形，可以在整形机上压成方形。套层填料致密性好，密封性强，但由于是套层结构，层间没有纤维连接容易脱层，故只适合低参数场合，如管道法兰的静密封或阀杆密封等。

穿心编织填料［图 2-7(d)］锭子数有 16、18、24、30、36 等，在三个或四个轨道上运行编织而成，编织的填料断面呈方形，表面平整，尺寸有 6mm×6mm～36mm×36mm。该填料弹性和耐磨性好，强度高，致密性好，与轴接触面比发辫式大且均匀，纤维间空隙小，所以密封性能好，且一般磨损后整个填料也不会松散，使用寿命较长，是一种比较先进的编织结构，故应用广泛，可适用于高速轴的密封，如转子泵、往复式压缩机等。

夹心编织填料［图 2-7(e)］是以橡胶或金属为芯子，纤维在外，一层套一层地编织，层数按需要而定，类似于套层编织，编织后断面呈圆形。这种填料的致密、强度和弯曲密封性能好，一般用于泵、搅拌机和蒸汽阀的轴封，很少用于往复运动密封。

编织的填料由于存在空隙、还需通过浸渍。浸渍时，除浸渍剂外加入一些润滑剂和填充剂，如混有石墨粉的矿物油或二硫化钼润滑脂，此外还有滑石粉、云母、甘油、植物油等，以提高填料的润滑性，降低摩擦系数。目前，在化工介质中使用的填料大部分浸渍聚四氟乙烯分散乳液，为使乳液与纤维有良好的亲和力，可在乳液中加以适量的表面活性剂和分散剂。经浸渍后的填料密封性能大大优于未经浸渍的填料。

③ 叠层填料。叠层填料［图 2-7(f)］是在石棉或其他纤维编织的布上涂抹黏结剂，然后将一层层叠合或卷绕，加压硫化后制成填料，并在热油中浸渍过。最高使用温度可达 120～130℃，密封性能良好。可用于 120℃以下的低压蒸汽、水和氨液，主要用作往复泵和阀杆的密封，也可用于低速转轴轴封。当涂敷硬橡胶时，还可用于水压机的活塞杆。因它含

润滑剂不足，所以在使用时必须另加润滑剂。

④ 模压填料。模压填料主要是将软填料材料经过一定形状的模压制成相应形状的填料环而使用。图 2-7(g) 所示为由柔性石墨带材一层层绕在芯模上然后压制而成，根据不同使用要求，将采用不同的压制压力。这种填料致密，不渗透，自润滑性好，有一定弹塑性，能耐较高的温度，使用范围广，但柔性石墨抗拉强度低，使用中应予注意。

2. 主要材料

目前软填料密封主要材料有纤维质材料和非纤维质材料两大类。

(1) 纤维质材料。按材质可分为天然纤维、矿物纤维、合成纤维、陶瓷和金属纤维四大类。

1) 天然纤维。天然纤维有棉、麻、毛等。麻的纤维粗，摩擦阻力大，但在水中纤维强度增加，柔软性更好，一般用于清水、工业水和海水的密封。棉纤维比麻纤维软，但它与麻相反，在水中会变硬且膨胀，因此摩擦力较大。一般用于食品、果汁、浆液等洁净介质的密封。

2) 矿物纤维。矿物纤维主要是石棉类纤维。由于石棉具有柔软性好、耐热性优异、强度、耐酸碱和多种化学品以及耐磨损等一系列优点，它很适合作密封填料。它的缺点是编结后有渗透泄漏，故浸渍油脂和其他润滑剂能防止渗漏，并能保持良好的润滑性。一般适用于介质为蒸汽、空气、工业用水和重油的转轴、往复杆或阀杆的密封。但由于石棉具有致癌性，国际上已制定出关于限制或禁止使用石棉制品的规定。

3) 合成纤维。用于制作填料的合成纤维主要有：聚四氟乙烯纤维、碳纤维、酚醛纤维、尼龙、芳纶、芳砜等，这些材料由于其化学性能稳定，强度高，耐磨，耐温，摩擦系数较小，使填料密封的使用范围进一步扩大，寿命延长，解决了使用石棉材料所不能解决的一些问题。

① 聚四氟乙烯纤维。以聚四氟乙烯纤维为骨架，在纤维表面涂以四氟乳液，编织后再以四氟乳液进行浸渍，这种填料对酸、碱和溶剂等强腐蚀性介质具有良好的稳定性，使用温度−200～260℃，摩擦系数较低，可以代替以前沿用的青石棉填料，在尿素甲胺泵，浓硝酸柱塞泵上使用效果良好，尤其是在压力为 22.1MPa、温度 100℃、线速度为 14m/s，并有少量结晶物甲胺泵情况下应用，寿命可达 3000～4000h，为石棉浸渍四氟乙烯填料的 2 倍，其缺点为导热性差，热胀系数大。

② 碳纤维。碳纤维是用聚丙烯腈纤维经氧化和碳化而成，根据碳化程度不同，可得到碳素纤维、耐焰碳纤维、石墨纤维三种产品。以碳纤维或加入四氟纤维编织填料经聚四氟乙烯乳液浸渍后，可在酸、碱溶剂中应用，特别是在尿素系统的高压甲胺泵、液氨泵应用成功表明其是一种很有发展前途的适用于高温、高压、高速、强腐蚀场合的填料。目前，我国市售的碳纤维填料大多都是以耐焰碳纤维为主体并经多次浸渍四氟乙烯乳液和特种润滑剂编织而成，其使用寿命比一般石棉填料高 5～10 倍，密度是石棉填料的四分之三，密封性能优于石棉填料，随着工艺的成熟和完善及成本的降低，有可能逐渐取代石棉填料。

③ 酚醛纤维。酚醛纤维也是近些年发展起来的新型耐燃有机纤维，酚醛纤维表面浸渍性能好，故将酚醛纤维编织成填料，经多次浸渍聚四氟乙烯乳液和表面处理之后，摩擦系数相当低 (0.148～0.165)，自润滑性能较好，加上酚醛纤维有一定的耐腐蚀性能（耐溶剂性能突出），可在一般浓度的酸、强碱及各种溶剂中使用。酚醛纤维的强度比四氟纤维低，故不适合在高压动态密封中使用，一般使用压力为 4.9MPa，最高使用温度不超过 180℃，长期使用温度在 150℃以下。虽然酚醛纤维的多数性能指标低于四氟和碳纤维，但由于酚醛纤维价格远低于四氟和碳纤维，在大量工况不十分恶劣的情况下，其填料的使用效果大大超过石棉类填料。

④ 芳纶纤维。芳纶纤维是聚芳酰胺塑料制成的纤维，由美国杜邦公司首先开发成功并于 1972 年首次以“凯夫拉”为商品名称加以命名。这种纤维突出的特点就是抗张强度非常高，模量高，质地柔软，富有弹性；耐磨性极佳，耐热性也是在合成纤维中最好的，热分解温度为 430℃；还有较好的化学稳定性，除强酸、碱不适用外，其他液体皆可适用。以芳纶纤维为主体材料与其他材料进行复合加工而制成的填料，用于油田、化工等行业的高压、高速泵，对于固液混合物的密封，更显示出其优异技术性能。在市售的编织填料中，耐高压、耐磨性还没有优于这种填料的。

4）陶瓷和金属纤维。陶瓷纤维是一种耐高温纤维，主要有氮化硅、碳化硅、氮化硼纤维等等，耐温达 1200℃，是制造耐高温新型编织填料的骨架材料。其本身质脆易断，曲绕性很差，须与耐高温的金属纤维混合编织。

金属类纤维有不锈钢丝、铜丝、铅丝以及铝、锡、铅箔等。单独采用金属纤维作填料的并不多，大都与石棉纤维、合成纤维或陶瓷纤维混合编织，有时在编织填料过程中还夹入一些铝、锡、铅的粉末或窄带。它们可以在高压（≥20MPa）、高温（≥450℃）、高速（≥20m/s）的条件下使用。

（2）非纤维质材料。非纤维质材料中柔性石墨应用较广。柔性石墨做成板材后模压成密封填料使用。柔性石墨又称膨胀石墨，它是把天然鳞片石墨中的杂质除去，再经强氧化混合酸处理后成为氧化石墨。氧化石墨受热分解放出 CO_2，体积急剧膨胀，变成了质地疏松、柔软而又有韧性的柔性石墨。其特点主要有：

① 有优异的耐热性和耐寒性。柔性石墨从－270℃的超低温到 3650℃（在非氧化气体中）的高温，其物理性质几乎没有什么变化，在空气中也可以使用到 600℃左右；

② 有优异的耐化学腐蚀性。柔性石墨除在硝酸、浓硫酸等强氧化性介质中有腐蚀外，其他酸、碱和溶剂中几乎没有腐蚀；

③ 有良好的自润滑性。柔性石墨同天然石墨一样，层间在外力作用下，容易产生滑动，因而具有润滑性，有较好的减磨性，摩擦系数小；

④ 回弹率高。当轴或轴套因制造、安装等存在偏心而出现径向圆跳动时，具有足够的浮动性能，即使石墨出现裂纹，也能很好密合，从而保证贴合紧密，防止泄漏，密封性能明显增加。

柔性石墨可以用于编织填料和模压填料两种形式。编织填料是以其他纤维作为基本骨架，再结合柔性石墨编结成石墨绳填料，所以其强度、柔软性、弹性均比模压填料高，并且装填与拆除都较方便。为提高其强度和耐温性，编结时可以采用因科镍金属丝或其纤维对编织填料进行加强，因而可在高压、高速条件下的密封场合使用。模压石墨填料是直接用柔性石墨薄板或带状材料经模压制而成，其断面形式有矩形的或其他形式的环状结构，这种填料用于一般场合的密封，如阀门密封用的较多。在其他较高转速的轴封时，要与别的填料组合使用。这些应用的不利点是，填料所用的基本原材料价格较贵，给使用造成成本费用的大增，但好在其有较长的寿命和减少对轴面的磨损以及更有效的密封可靠性，可以使原始费用得以相对降低。

（三）软填料密封材料的选择

首先应当指出的是，由于操作条件的复杂，特别是不存在能适应所有工艺条件的通用的填料类型，也就是说填料材料的选择是没有特定规律的，但材料的正确选用是保证密封装置密封性能的最基本条件之一。通常软填料密封主要是根据介质的性质、工作温度和工作压力、滑动速度以及填料的性质来选择。其中尤以介质的腐蚀性、压力、滑动速度和使用温度最为重要，此外，取材难易与价格也应适当考虑。选择时可参考表 2-6 和表 2-7。

表 2-6　软填料的选用（一）

主要软填料材料	往复轴	旋转轴	阀门用	水	蒸汽	氨	空气	氧	其他气体	其他溶剂	泥浆	石油	合成油	辐射	pH 值
石墨、石墨纤维		○		○	○	○	○		○	○		○	○	○	0～14
柔性石墨组合环(泵用)		○		○	○	○	○	○	○	○		○	○	○	
柔性石墨组合环(阀用)			○	○	○	○	○	○	○	○		○	○	○	
柔性石墨编织		○	○	○	○	○	○	○	○	○		○	○	○	
石墨、硅树脂/膨胀 PTFE	○	○	○	○	○	○	○	○	○	○		○	○	○	
PTFE 纤维、PTFE 浸渍	○	○	○	○	○	○	○	○	○	○		○	○		
PTFE 纤维、油、石墨	○	○	○	○	○	○	○		○	○	○	○	○		
石墨、碳素纤维	○	○	○	○	○	○	○		○	○		○	○		1～12
芳纶纤维、PTFE 浸渍润滑剂	○	○	○	○	○	○	○			○	○	○	○		2～12
石棉、石墨、黏结剂	○	○	○	○	○	○	○		○			○	○		2～11
石棉、PTFE 浸渍				○	○	○	○		○	○		○	○		2～14
石棉、MoS_2、石蜡				○	○	○	○		○			○	○		4～10
石墨、黏结剂、金属丝增强石棉				○	○	○	○			○		○	○		2～11

注：○表示可用。

表 2-7　软填料的选用（二）

主要软填料材料	介质压力/MPa			线速度/(m/s)			使用温度范围/℃
	往复轴	旋转轴	阀门用	往复轴	旋转轴	阀门用	
石墨、石墨纤维	5				30		−200～455(大气) −200～650(蒸汽)
石墨、碳素纤维	5	3.5	17		20		
柔性石墨异形组合环(阀用)			69				
柔性石墨异形组合环(泵用)		3.5			20		260
PTFE 纤维、PTFE 浸渍			37		10		−40～260
PTFE 纤维、油、石墨	20	2	35	2	18	2	−75～260
芳纶纤维、PTFE 浸渍润滑剂	10	1.5	20		15		−75～260
石棉、石墨、黏结剂	4	2	7		15		−40～450
石棉、PTFE 浸渍	4	2	7		10		−75～260
石棉、MoS_2、石蜡	4	1.5	7		12		−40～150
石墨、黏结剂、金属丝增强石棉	10	2	20		12		−40～540
柔性石墨编织	(由编织形式确定)						

四、软填料密封存在的问题与改进

（一）存在的问题

由前面分析可以知道，软填料密封结构简单，价格低廉，安装使用方便，性能可靠，但仍有许多不足之处。从对软填料密封结构的基本要求看，主要存在以下几个方面的问题。

1. 受力状态不良

软填料是柔性体，对于压紧力的传递不同于刚体，已知填料对轴的径向压紧力分布不均，自靠近压盖端到远离压盖端先急剧递减又趋平缓，与压盖直接相邻的 2～3 圈，其压紧力约为平均压紧力的2～3倍，此处磨损特别严重，以至出现凹槽，此时压紧比压急剧上升，磨损进一步加剧，致使密封失效。

填料圈数越多，轴向高度越大，比压越不均匀。因此，企图加大圈数以提高密封能力是毫无益处的。

2. 散热、冷却能力不够

软填料密封中，滑动接触面较大，摩擦产生的热量较大，而散热时，热量需通过较厚的填料，且多数软填料的导热性能都较差。摩擦热不易传出，致使摩擦面温度升高，摩擦面间的液膜蒸发，形成干摩擦，磨损加剧，密封寿命会显著降低。

3. 自动补偿能力较差

软填料磨损后，填料与轴杆、填料函内壁之间的间隙加大，而一般软填料密封结构无自动补偿压紧力的能力，随着间隙增大，泄漏量也逐渐增大。因此，须频繁拧紧压盖螺栓。

4. 偏摆或振动的影响

某些机器（如压缩机等）或设备（如反应釜等）在工作时，轴有较大的振动和偏摆，轴的轴线与旋转中心不重合，使它们之间产生过大的偏心距，由此产生类似于滑动轴承（液体润滑）工作时的动压力，这个作用对密封是非常不利的。

（二）改进措施

因为软填料密封存在上述问题，工程技术人员为了提高其密封的性能和寿命，提出和实施了不少改进措施，其包括填料材料和密封结构等。具体来说，对软填料密封的改进可以从以下几个方面进行。

1. 提高密封填料性能

① 采用填料的组合使用。即采用不同种类密封填料分段混合配置。不同的填料其侧压系数和回弹性能不同，通过合理地选择不同的填料进行组合，可以极大地提高其密封效果。例如，对于柔性石墨由于其抗拉及抗剪切能力较低，所以一般将柔性石墨填料与石棉填料或碳纤维填料组合使用，这样既可防止柔性石墨填料被挤入轴隙，强烈磨损而引起介质泄漏，又可使填料径向压力分布均匀，增强密封效果。

实验表明，组合填料一般比各组分单一填料的密封性能好。同样填料的组合方式不同，工作寿命也不同。为得到最佳密封效果，填料组装应符合下列原则：组合填料各圈由压盖到密封腔底，填料的侧压系数有增大趋势，填料的摩擦系数依次减小。

② 对填料预压成型。填料预压成型就是对填料先以一定的压力进行预压缩，然后再装入填料函。填料在经过预压缩后，在相同的压盖压力下，抵抗介质压力的能力增强，变形减少，介质泄漏的阻力增大，密封效果明显改善。

填料经过预压缩后，与未经预压缩的相比，装入填料函后其径向压力分布比较均匀合理（图2-8），密封效果提高。预压缩的比压应高于介质压力，其值可取介质压力的1.2倍。预压后填料应及时装入填料腔中，以免填料恢复弹性。如果进行预压缩时，对填料施加的压力不同，靠近压盖的填料压力小，离压盖越远则预压缩压力越大，这样的填料装入填料函压紧后其径向压力分布更接近泄漏介质沿泄漏通道的压力分布，密封效果与寿命有很大改善。

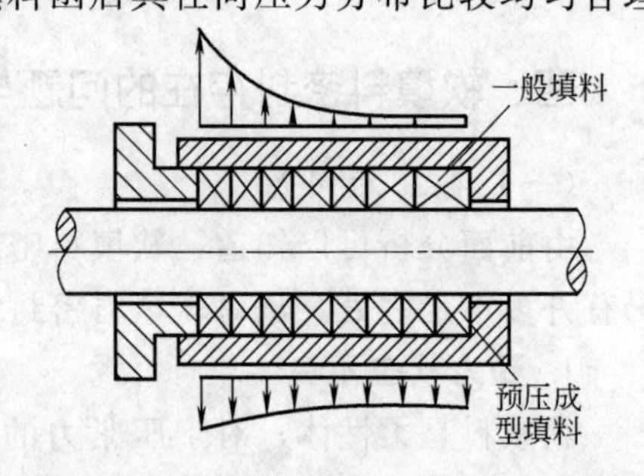

图2-8 填料预压缩后的径向压力分布

③ 采用新型密封填料。泥状混合填料是一种新型

的密封填料，它由纯合成纤维、高纯度石墨或高分子硅脂、聚四氟乙烯、有机密封剂进行混合，形成一种无规格限制的胶泥状物质。泥状混合填料密封结构如图 2-9 所示，在轴的运转过程中，泥状混合填料由于分子间吸引力极小，具有很强的可塑性，可以紧紧缠绕在轴上，并随轴同步旋转，形成一个“旋转层”，此“旋转层”起到了轴的保护层的作用，避免了轴的磨损，使得轴套永远不需要更换，减少了停机维修的时间；随着“旋转层”的直径逐步增大，轴对纤维的缠绕能力逐步减小（这是因为轴的扭矩是一定的，随着力臂的增加，扭力将逐步下降的结果），没有与轴缠绕的填料则与填料函保持相对静止，形成一个“不动层”，如图 2-10 所示。这样在泥状混合填料中间形成一个剪切分层面，从而使摩擦区域处在填料中间而不是填料与轴之间。

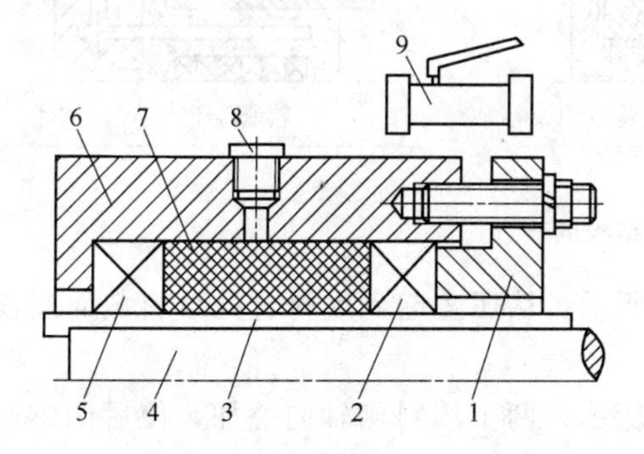

图 2-9　泥状混合填料密封结构

1—压盖；2，5—软填料环；3—轴套；
4—轴；6—填料函；7—泥状混合填料；
8—快速接管；9—注射系统

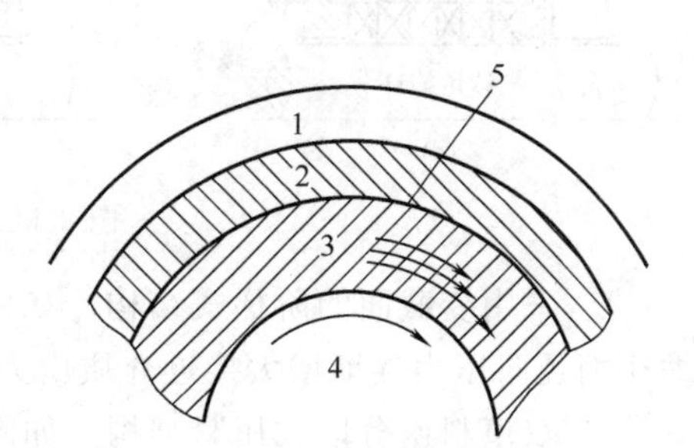

图 2-10　泥状混合填料工作原理

1—泵壳；2—不动层；
3—旋转层；4—轴；
5—剪切层

泥状混合填料密封的特点是：无泄漏，密封可靠，对轴（或轴套）无磨损；安装简单，维修时可在线修复，降低了劳动强度；不需要冲洗和冷却；轴功率损耗小，只有普通软填料密封的 22%左右。目前国内使用较多的泥状混合填料主要有 SR900、CMS2000 和 BP720、BP920 等，其相关参数见表 2-8。

表 2-8　泥状混合填料技术参数

型　号	SR900	CMS2000			BP720	BP920
		第一代	第二代	第三代		
产地	中国	美国	美国	美国	英国	
温度/℃	−20～200	−18～200	−40～204	−50～750	−18～195	−65～205
最大压力/MPa	1.0	0.7	1.0	1.5	0.8	2.5
最大线速度/(m/s)	10	8	10	18	9	16
pH 值	4～13	4～13	1～13	1～14	4～13	2～14
适用介质	水基介质	水基介质	除氧化物、氟、三氟化氯及化合物、熔融碱金属外	除强酸、强氧化物外	水基介质	水或污水基介质

2. 改进密封结构

（1）改进径向压紧力的结构。使填料沿填料函长度方向的径向压紧力分布尽可能均匀，并且与泄漏介质的压力分布趋势尽可能一致。其主要目的是减小轴和填料的磨损及其不均匀性，同时满足对密封的要求。可采取以下措施。

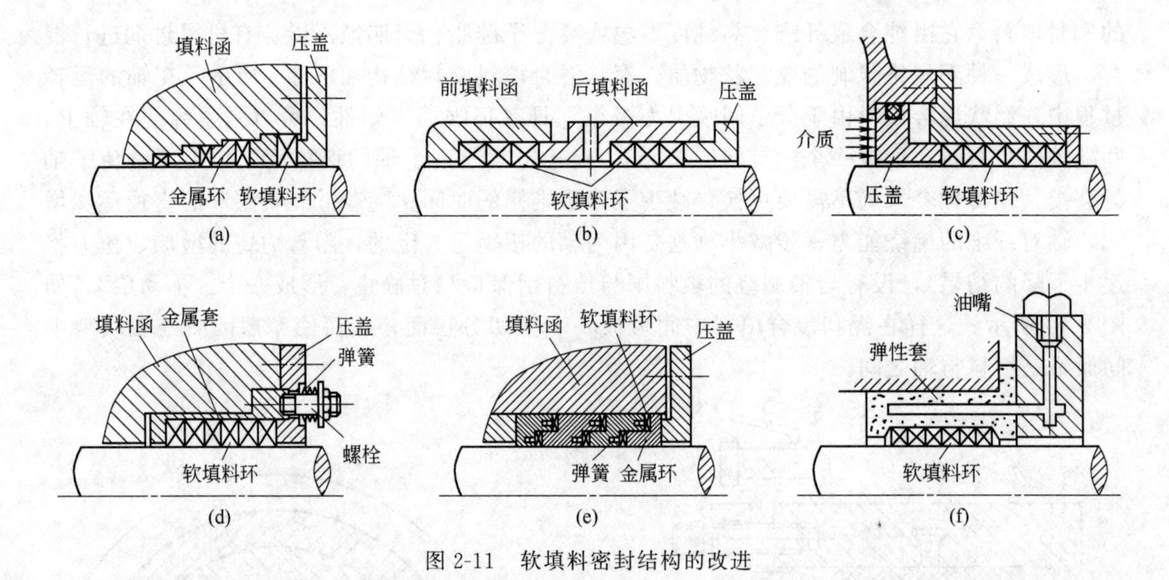

图 2-11 软填料密封结构的改进

① 采用变截面的阶梯式结构。如图 2-11(a) 所示，从压盖起到底衬套处填料截面逐段缩小而径向压力逐渐增大接近介质压力分布。

② 双填料函分段式压紧结构。如图 2-11(b) 所示，两个填料函轴向叠加，使后函体底端兼作前函体压盖，当填料环总数较多时，将其分段装入前后函体内，使压紧力较为均匀，可适当提高其密封能力。

③ 压盖自紧式结构。如图 2-11(c) 所示，利用流体介质压力直接作用于压盖前端面上，以提高在介质端部的填料受的压紧力，也使压紧力沿轴向的分布更趋于合理，当介质压力增高时，这种作用将更强。

④ 集装式结构。如图 2-11(d) 所示，由一组软填料环装填在一个可以沿轴向移动的金属套筒之中，填料和套筒预紧力由压盖螺栓（螺母下有弹簧）进行调节。工作时由于介质压力作用在套筒底上，进一步压缩软填料，增加了套筒内底部软填料对轴的压紧作用，从而使径向压紧力的分布沿轴向与密封介质的压力分布相配合。

⑤ 采用分级软填料密封结构。如图 2-11(e) 所示，由软填料环、金属环、圆柱形弹簧交替安装组合而成。它通过弹簧分别调节各层填料环的压紧力，使之得到最佳的径向压紧力分布，同时，弹簧还可以对径向压紧力的松弛起到补偿作用。

⑥ 采用径向加载软填料密封结构。如图 2-11(f) 所示，此密封是通过油嘴将润滑脂挤入弹性套，从填料外围均匀加压，使填料沿轴方向的径向压紧力分布均匀。

(2) 自动补偿的结构。设置补偿结构，目的是对填料的磨损进行及时的或自动的补偿；而且拆装、检修方便，以缩短因此而引起的停工时间。采用液压加载和弹簧加载可以自动补偿［如图 2-11(c)、(d)、(e)］。

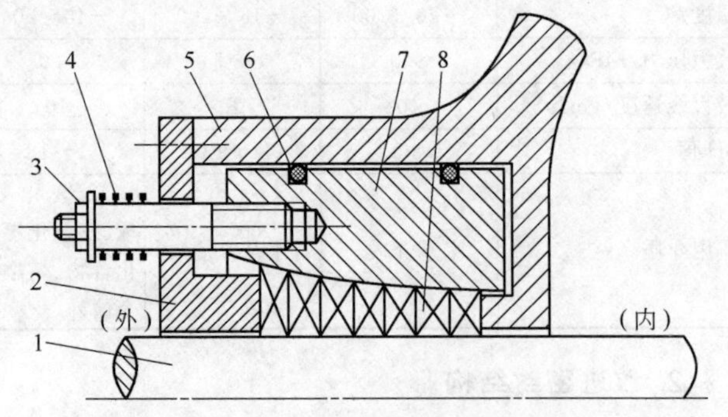

图 2-12 自动补偿径向压紧软填料密封

1—轴；2—外挡板；3—调整螺母；4—弹簧；5—壳体；6—O 形圈；7—压套；8—软填料

图 2-12 所示为自动补偿径向压紧软填料密封结构，具有以下优点。

① 其径向压力和间隙中介质的压力在数值上很接近，符合软填料密封的要求；

② 和传统软填料密封结构相比，摩擦功耗低；

③ 各圈填料受压套径向压力的作用，可始终紧压轴表面，可保证有效密封；

④ 自动补偿机构可连续补紧径向压力，提高了密封的可靠性；

⑤ 在同样的密封条件下，减轻了轴与填料的磨损，可延长轴和填料的使用寿命。

（3）加强与改善散热、冷却和润滑。根据密封介质的温度、压力和轴的速度大小，加强与改善散热、冷却和润滑的措施，使摩擦热及时被带走，延长密封填料的使用寿命，同时也可避免高温对轴材料带来的不利影响。如图 2-13 所示是封液填料函结构，它是在填料中装入 1～2 个封液环，它上面的小孔与填料函上进液孔相通，并由进液孔引入压力略高于被密封介质的冷却水或被密封介质本身等，这样，在对密封摩擦面直接冷却的同时，又可对被密封介质有封堵的效果，还可对密封摩擦面起到润滑减磨的作用，也起到防止流体中固体颗粒对密封面的磨损腐蚀和腐蚀性介质的腐蚀作用，还有就是冲洗作用和提高密封性。这种结构适用于不因为封液的进入而对被密封介质性质改变的影响，并且这种结构常常用于旋转轴。否则，当对被密封介质有特殊要求时，如绝对不允许其他介质与其混合等，可用夹套间接冷却式填料函，如图 2-14 所示，由于是间接冷却方式，其效果不如前一种。

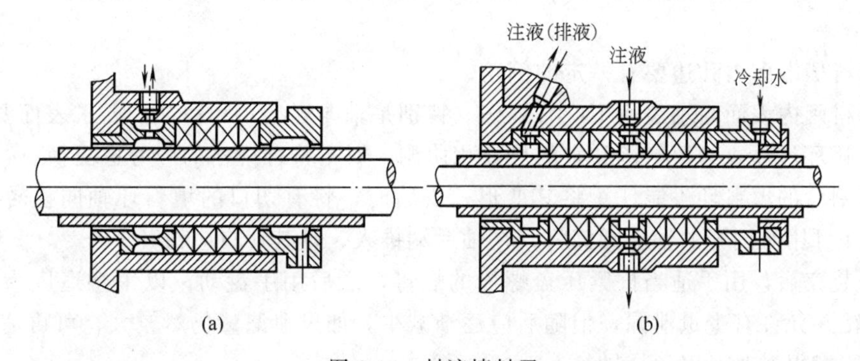

图 2-13　封液填料函

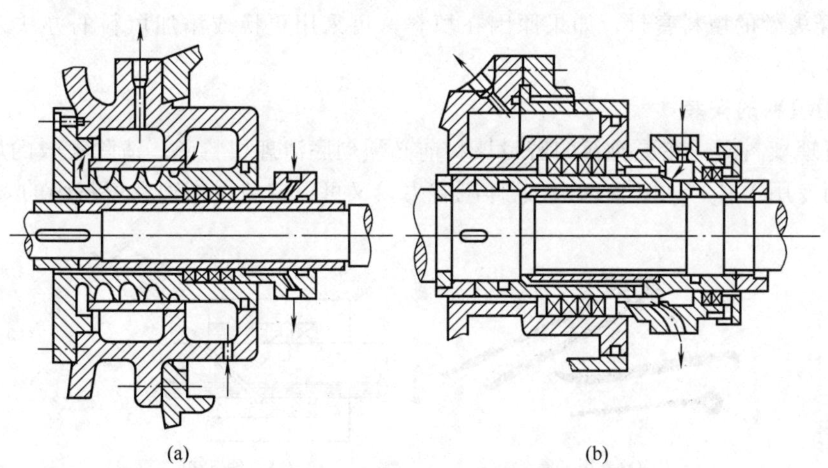

图 2-14　夹套间接冷却式填料函

（4）采用浮动填料函的结构。图 2-15(a)、(b) 分别为内圆和外圆可浮动的填料函结构，该结构适用于轴和壳体不同心或在转动时摆动、跳动较大的场合。结构中利用弹性或柔软性良好的材料（如橡胶）作过渡体，起吸振作用，使填料函或轴处于浮动状态，补偿壳体和轴的偏心。

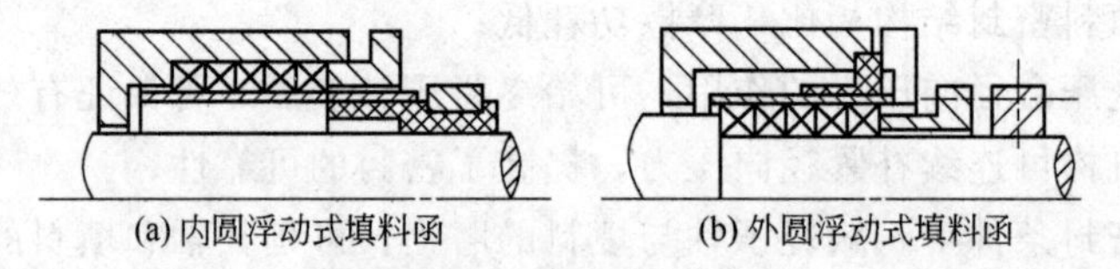
(a) 内圆浮动式填料函　(b) 外圆浮动式填料函

图 2-15　浮动式填料函

五、软填料密封的安装、使用与保管

（一）软填料的合理安装

1. 安装注意事项

填料的组合与安装是否正确对密封的效果和使用寿命影响很大。不正确的组合和安装主要是指：填料组合方式不当、切割填料的尺寸错误、填料装填方式不当、压盖螺栓预紧不够或不均匀或过度预紧等，往往造成同一设备、相同结构形式、相同填料，而出现密封效果不同的情况。很显然，这种不正确的安装是导致软填料密封发生过量泄漏和密封过早失效的主要原因之一。所以，对安装的技术要求必须引起足够的重视。安装时要注意以下几个方面的要求。

① 填料函端面内孔边要有一定的倒角。

② 填料函内表面与轴表面不应有划伤（特别是轴向划痕）和锈蚀，要求表面要光滑。

③ 填料环尺寸要与填料函和轴的尺寸相协调，对不符合规格的应考虑更换。

④ 切割后的填料环不能任意将其变形，安装时，将有切口的填料环轴向扭转从轴端套于轴上，并可用对剖开的轴套圆筒将其往轴后端推入，且其切口应错开。

⑤ 安装完后，用手适当拧紧压盖螺栓的螺母，之后用手盘动，以手感适度为宜，再进行调试运转并允许有少量泄漏，但随后应逐渐减少，如果泄漏量仍然较大，可再适当拧紧螺栓，但不能拧得过紧，以免烧轴。

⑥ 已经失效的填料密封，如果原因在填料，可采用更换或添加填料的办法来处理，使之正常运转。

2. 泵用填料的安装

（1）清理填料函。在更换新的密封填料前必须彻底清理填料函，清除失效的填料。在清除时要使用专用工具（见图 2-16），这样既省力，又可以避免损伤轴和填料函的表面。

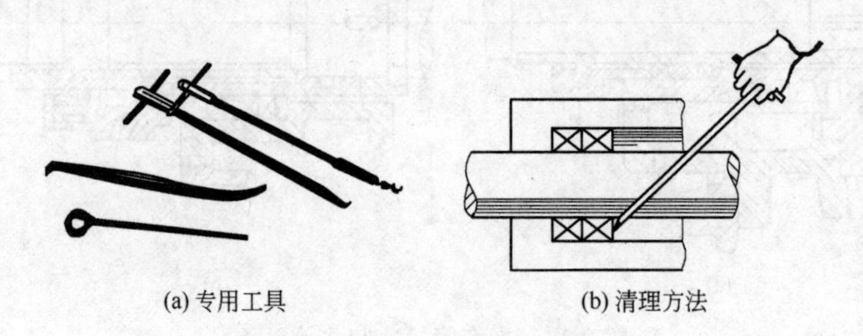
(a) 专用工具　(b) 清理方法

图 2-16　用专用工具清理填料函

清除后，还要进行清洗或擦拭干净避免有杂物遗留在填料函内，影响密封效果。

（2）检查。用百分表检查旋转轴与填料函的同轴度和轴的径向圆跳动量，柱塞与填料函的同轴度、十字头与填料函的同轴度（图 2-17）。同时轴表面不应有划痕、毛刺。对修复的柱塞（如经磨削、镀硬铬等）需检查柱塞的直径圆锥度、椭圆度是否符合要求。填料材质是否符合要求，填料尺寸是否与填料函尺寸相符合等。

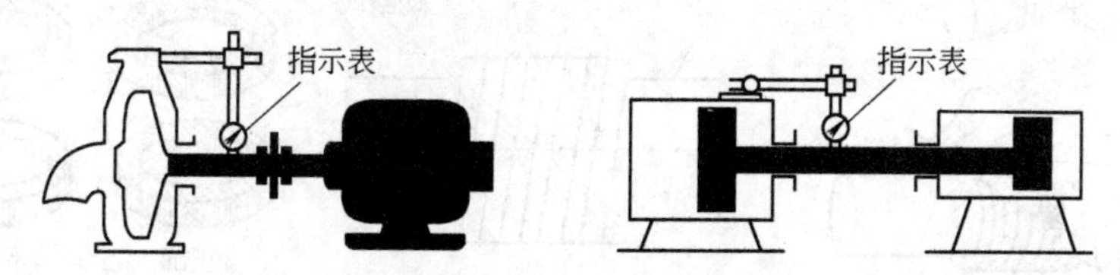

图 2-17　同轴度及径向圆跳动测量

填料厚度过大或过小，最好采取如图 2-18 所示的用木棒滚压办法，避免用锤敲打而造成填料受力不均匀，影响密封效果。

填料厚度过大或过小时，严禁用锤子敲打。因为这样会使填料厚度不匀，装入填料函后，与轴表面接触也将是不均匀的，很容易泄漏。同时需要施加很大的压紧力才能使填料与轴有较好的接触，但此时大多因压紧力过大而引起严重发热和磨损。正确的方法是将填料置于平整洁净的平台上用木棒滚压（图 2-18），但最好采用图 2-19 所示的专用模具，将填料压制成所需的尺寸。

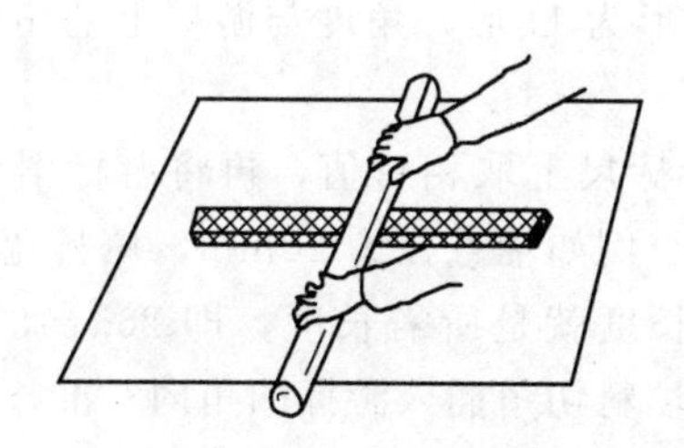

图 2-18　用木棒滚压填料

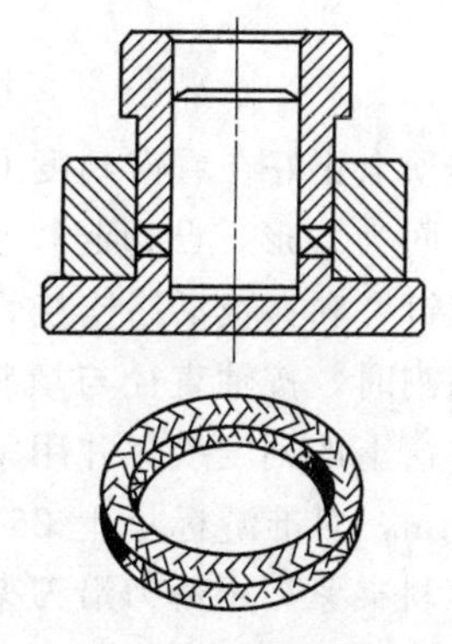

图 2-19　填料的模压改形

（3）切割密封填料。对成卷包装的填料，使用时应沿轴或柱塞周长，用锋利刀刃对填料按所需尺寸进行切割成环。填料的切割方法有手工和工具两种。

① 手工切割。切割时，最好的办法是使用一根与轴相同直径的木棒，但不宜过长，并把填料缠绕紧紧缠绕在木棒上，用手紧握住木棒上的填料，然后用刀切断，切成后的环接头应吻合（图 2-20），切口可以是平的，但最好是与轴呈 45°的斜口。切割的刀刃应薄而锋利，也可用细齿锯条锯割，用此方法切割的填料环，其角度和长度均能一致，精度和质量都较好。该方法的不足之处是需要专用木棒，切割线为弧形，切割不方便，切割方法不当时，缠绕在木棒上的填料容易松散。最好采用小铁钉固定，切割时，须一起割断。对切断后的填料环，不应当让它松散，更不应将它拉直，而应取与填料同宽度的纸带把每节填料呈圆环形包扎好（纸带接口应粘接起来），置于洁净处。成批的填料应装成一箱。

② 工具切割。切割填料工具如图 2-21 所示。该工具结构简单，携带方便，切割角度和长度准确，无切口毛头或填料松散变形等缺陷，切割质量高。切割填料工具上的游标尺上有刻度，每格刻度值为 3.14mm，供测量填料长度用。游标可在标尺上滑动，上面有 45°或 30°

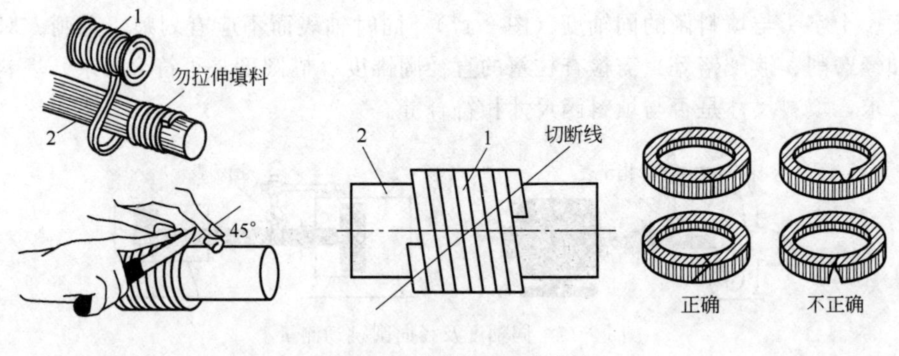

图 2-20 填料的手工切割

1—填料；2—木棒

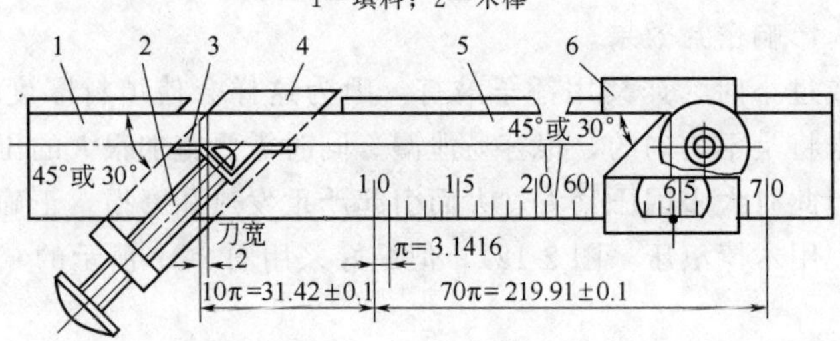

图 2-21 切割填料工具

1—填料；2—紧固螺钉；3—夹板；4—刀架；5—游标尺；6—游标

的凹角，其顶点正好在看窗刻度上，看窗是对刻度用的，游标上的紧固螺钉作固定游标用。游标尺的截面为 L 形，凸边起校直填料用。刀架外形为 U 形，角度与游标上的角度对应相等。紧固螺钉 2 和夹板活络连接，作夹持填料用。

填料切割时，按轴直径与填料宽度之和，在游标尺上取相对值，再将游标滑动到该值上，对准看窗上的刻度线，并用紧固螺钉固定游标。例如轴直径为 20mm，填料宽度 6mm，其和为 26mm，对准游标尺上 26 格，切下的填料长度就是所需长度，即 26π＝81.68mm。切割时将填料夹紧，用薄刀沿刀架边切断。然后将填料切角插入游标凹角内对准，填料靠在游标尺凸边校直，用夹板夹紧，再用薄刀沿刀架切断填料。

(4) 对填料预压成型。用于高压密封的填料，必须经过预压成型。图 2-22 所示为在油压千斤顶上对填料进行预压（控制油压表读数）。预压后填料应及时装入填料函中，以免填料恢复弹性。

油压表压力按下式计算。

$$p=\frac{1.2p_i(D^2-d^2)}{d_0^2} \tag{2-8}$$

式中 p——千斤顶油压表读数，Pa；

p_i——介质压力，Pa；

D——填料函内径（填料外径），m；

d——填料内径，m；

d_0——千斤顶柱塞直径，m。

(5) 填料环的装填。为使填料环具有充分的润滑性，在装填填料环前应涂敷润滑脂或二硫化钼润滑膏（图 2-23），以增加填料的润滑性能。

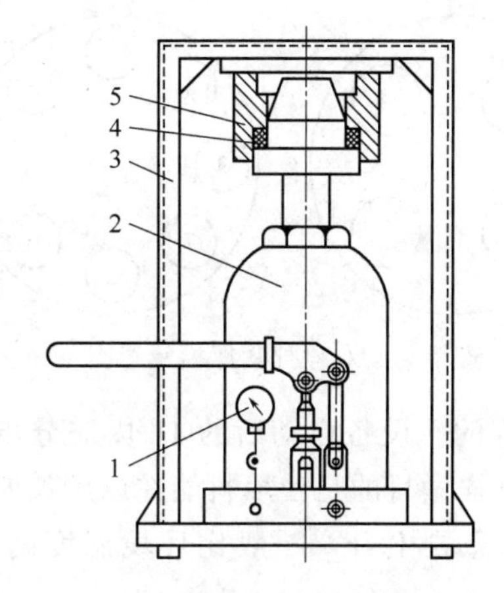

图 2-22　填料的预压成型

1—压力表；2—油压千斤顶；3—金属框架；
4—填料；5—预压成型模具

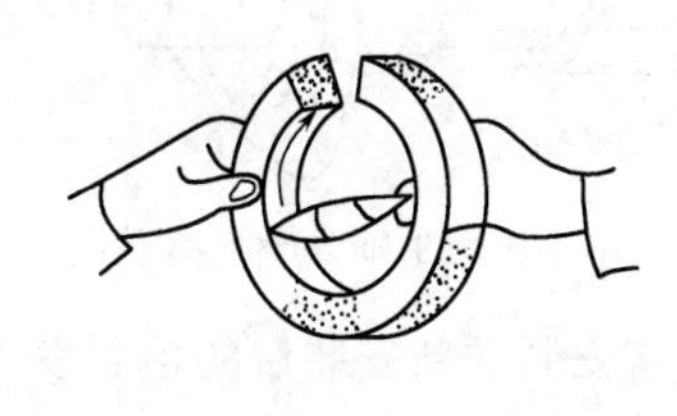

图 2-23　涂敷润滑脂

涂敷润滑脂后的填料环，即可进行装填。装填时，如图 2-24 所示，用双手各持填料环切口的一端，沿轴向拉开，使之呈螺旋形，再从切口处套入轴上。注意不得沿径向拉开，以免切口不齐影响密封效果。

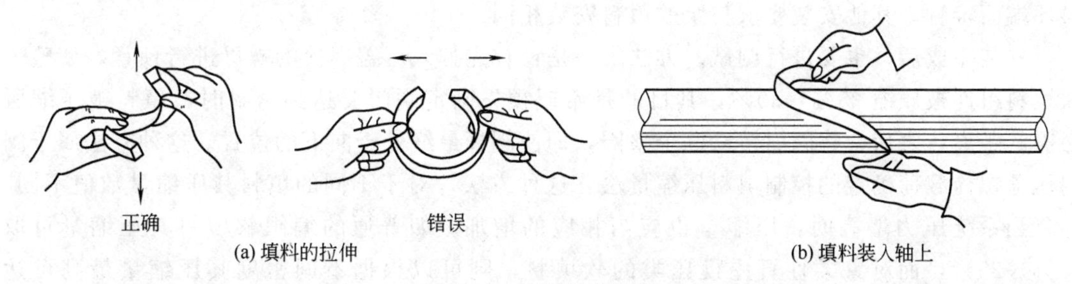

图 2-24　填料环的装填

填料环装填时，应一个环一个环地装填。注意，当需要安装封液环时，应该将它安置在填料函的进液孔处。在装填每一个环时用专用工具将其压紧、压实、压平，并检查其与填料函内壁是否有良好的贴合。

如图 2-25 所示，可取一只与填料尺寸相同的木质两半轴套作为专用工具压装填料。将木质两半轴套合于轴上，把填料环推入填料函的深部，并用压盖对木轴套施加一定的压力，使填料环得到预压缩。预压缩量约为 5%～10%，最大到 20%。再将轴转动一周，取出木轴套。

装填时须注意相邻填料环的切口之间应错开。填料环数为 4～8 时，装填时应使切口相互错开 90°；3～6 环时，切口应错开 120°；2 环时，切口应错开 180°。

装填填料时应该仔细认真，要严格控制轴与填料函的同心度，还有轴的径向圆跳动量和轴向窜动量，它们是填料密封具有良好密封性能的先决条件和保证。

密封填料环全部装完后，再用压盖加压，在拧紧压盖螺栓时，为使压力平衡，应采用对称拧紧（图 2-26），压紧力不宜过大；先用手拧，直至拧不动时，再用扳手拧。

（6）运行调试。调试工作是必需的。其目的是调节填料的松紧程度。用手拧紧压盖螺栓后，启动泵，然后用扳手逐渐拧紧螺栓，一直到泄漏减小到最小的允许泄漏量为止；设备启

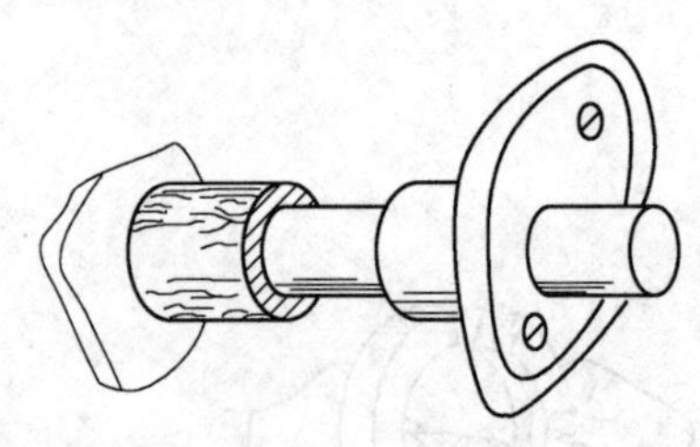

图 2-25　用木质两半轴套压紧填料

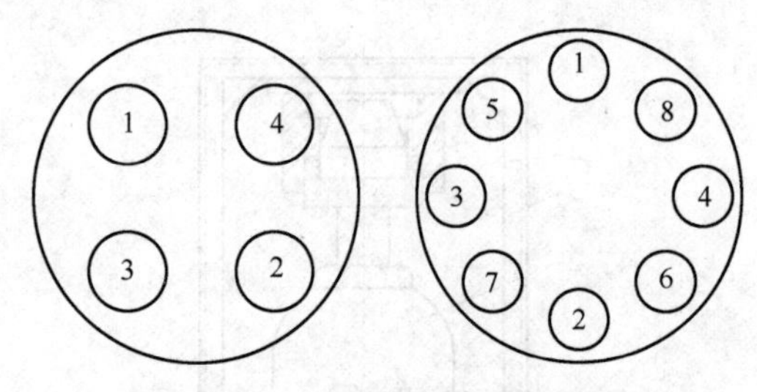

图 2-26　对称拧紧螺栓示意图

动时，重新安装和新安装后的填料发生少量泄漏是允许的。设备启动后的1h内需分步将压盖螺栓拧紧，直到其滴漏和发热减小到允许的程度，这样做目的是使填料能在以后长期运行工作中达到良好的密封性能。填料函的外壳温度不应急剧上升，一般比环境温度高30～40℃可认为合适，能保持稳定温度即认为可以。

3. 阀杆填料的安装

① 检查和记录。阀杆填料安装时要检查阀杆直径、内孔直径和填料函深度，并做记录。填料的截面尺寸由阀的内孔直径和阀杆直径决定，即为内孔直径减去阀杆直径，再将其差值除以二就可得到。

② 清理和切割。清理填料函和切割填料成环的方法与泵的填料安装步骤基本相同。

③ 安装和调试。将切割好的填料环按要求装填后，放下压盖，注意要使压盖下端与填料环端面接触，其他安装要求与泵的填料安装相同。

安装完成后，也要进行调试。方法之一是：首先拧入压盖螺栓的螺母进行预紧，使整个软填料组件被压缩25%～30%，其目的是希望预先确定阀门要达到密封时，填料被压缩所必需的距离；之后，将阀门转动5个整圈，即使阀杆最终处于向下的位置。这种方法属于阀门压盖螺栓载荷确定的控制填料压缩量法。这种方法，对于不同的填料其压缩量数值不同，并且当系统压力增高时，压缩量也应当相应的增加。如普通的编织软填料其压缩量可取20%～25%，而对象柔性石墨模压类的软填料，则可以根据不同密度其压缩量最高可达30%。所以，如果有条件，应当记录预紧条件下压盖螺母的转矩值，对以后的每次转动都要将压盖螺母重新拧紧并使其转矩值与先前记录下的相同。另外一种方法是控制压盖螺栓转矩法，这是一种较为精确的方法。当螺栓与螺母都处于洁净而又都有良好的润滑状态时，可以通过系统压力、填料尺寸、螺栓尺寸和螺栓数目等来估算螺栓的预紧转矩，从而为控制填料的压缩量提供相应依据。

（二）软填料的合理使用

由于环境因素、密封介质因素、密封结构因素、被密封件以及软填料自身的材料、结构、性质和尺寸等因素的影响，使软填料密封的合理使用出现许多复杂多样的变化，如果因此造成使用不当而引起的一些问题，诸如泄漏量过大、密封寿命过短、摩擦功耗过大或者密封结构尺寸过大而复杂、造价太高等，都会使软填料密封使用受到限制。对于这些问题的出现，只要认真分析上述因素的影响，合理使用填料，还是可以得到相对完善的软填料密封的。如何合理使用软填料，关系到软填料密封的密封性能，也关系到其价值投入的大小和密封结构是否简单等许多方面。在此，就软填料的合理使用提出以下一些建议。

① 根据相应的工况条件等主要因素，合理正确地设计填料函的尺寸，并合理地选用填料及其形式。

② 填料安装时，对相关零部件进行仔细的检查和清理，软填料切割时要根据填料函尺寸的要求来进行。

③ 特殊工况的密封，尽可能选用组合式填料。

④ 密封要求高的，除考虑使用组合式填料外，还可考虑使用新型密封结构形式。

⑤ 对于高压密封使用的软填料，必须经过预压成型，之后再装入填料函内。

⑥ 对蒸汽和热流体的阀门密封，特别推荐使用柔性石墨填料密封环。

⑦ 装完填料后，应对称地拧紧压盖螺栓，以避免填料歪斜。

⑧ 软硬填料混合安装时软填料应靠近压盖端，而硬填料放在填料函底部，而且软、硬交替放置为宜。

⑨ 在安装过程中，填料不能随意放置，以避免其表面受到灰尘、泥沙等污物的污染，因为这些污物一旦沾上填料，就很难清除，当随填料装入填料函后，将会使轴面产生剧烈的磨损。

⑩ 填料安装完后的试运转（主要指开启电机时）过程中，如果出现无泄漏现象，则说明压盖压得太紧，并不利于其以后的正常工作，应适当调松螺母。

⑪ 正式投入运行后，应该随时观察掌握其泄漏情况。一定时期内，对泄漏量增大的，可以通过对螺母的适当调节进行控制。但不宜拧得太紧，否则可能会产生烧轴的现象，而填料也会加速老化。

⑫ 轴的磨损、弯曲或是偏心严重是造成泄漏的主要原因。故应定期检查轴承是否损坏，并尽可能将填料函设在轴承不远处。轴的允许径向跳动量最好在 0.03～0.08mm 范围内（大轴径取大值），最大为$\sqrt{d}/100$mm。

⑬ 转动机械，转子的不平衡量应在允许范围内，以免振动过大。

⑭ 封液环的两侧（包括外加注油孔的两侧）应装同硬度的填料。当介质不洁净时，应注意封液环处不得被堵塞。

⑮ 当从外部注入润滑油和对填料函进行冷却时，应保证油路、水路畅通。注入的压力只需略大于填料函内的压力即可。通常取其压差为 0.05～0.1MPa。

（三）软填料的保管

① 密封填料应存放在常温、通风的地方；防止日光直接照射，以避免老化变质。不得在有酸、碱等腐蚀性物品附近处存放，也不宜在高温辐射或低温潮湿环境中存放。

② 在搬运和库存过程中，要注意防止砂、尘异物玷污密封填料。一旦黏附杂物要彻底清除，避免装配后损伤轴的表面，影响密封效果。

③ 对于核电站所用密封填料，除上述各点外，还要特别注意避免接触含有氯离子的物质。

泵用软填料密封常见故障、原因与纠正措施参见附录三附表 3-1。

第二节　硬填料密封

硬填料密封是依靠填料的弹性结构和流体压力作用，使密封环与轴紧密贴合，以达到节流阻漏的目的。

硬填料密封中有开口环和分瓣环两类密封。开口环系金属自张性密封环，用于活塞式机器中称为活塞环，用于旋转机器中称为胀圈。它是依靠本身弹力或其他弹性元件的弹力与气缸贴合造成预紧式密封，在介质压力和惯性力作用下，环的外圈与气缸贴合而端面与活塞环槽贴紧达到密封。工作压力可达 220MPa，最高线速度可达 100m/s。分瓣环系圆柱面接触型动密封，故又称为圆周密封。它既可用作旋转动密封，广泛用于汽轮机、航空发动机中，又可用作往复动密封，用于蒸汽机、内燃机、活塞式压缩机（活塞杆与气缸间的填料密封）中，工作压力可达 50MPa，工作温度达 400℃，最高线速度达 110m/s。

一、活塞环

活塞环是活塞式压缩机和活塞式发动机中主要易损件之一。其用途是密封气缸工作表面和活塞之间的间隙，防止气体从压缩容积的一侧漏向另一侧。在活塞的往复运动中，它还在气缸内起着“布油”和“导热”的作用。

（一）活塞环的结构形式和密封原理

如图 2-27 所示，活塞环是一个带开口的圆环，在自由状态下，其外径大于气缸内径，装入气缸后直径变小，仅在切口处留下一定的热膨胀间隙，靠环的弹力使其外圆面与气缸内表面贴合产生一定的预紧比压 p_k。

活塞环截面多为矩形，其开口的切口形式如图 2-28 所示，有直切口、斜切口和搭切口三种。工作时，气体通过活塞环切口的泄漏是和切口横截面积成比例的。直切口形式泄漏横截面最大，在切口间隙相同时，斜切口泄漏面积较小，搭切口则不会造成直接通过切口泄漏。但从制造考虑，搭切口复杂，一般很少采用。最常用的是直切口和斜切口形式，尤其是大型压缩机，用斜切口更为普遍。

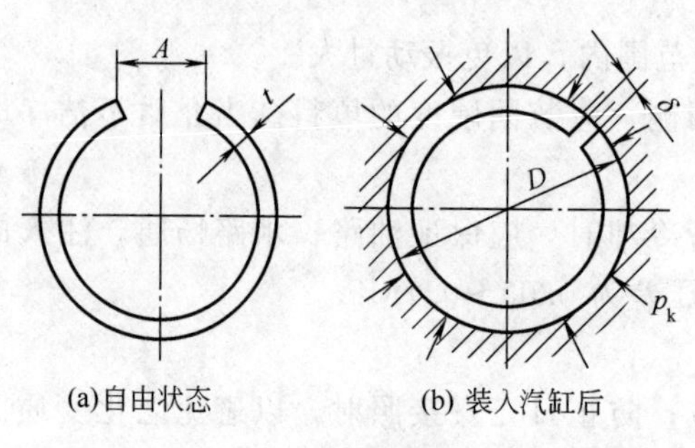

图 2-27　活塞环

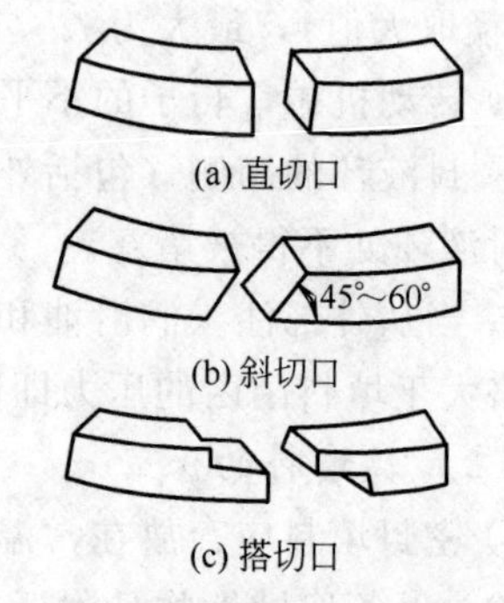

图 2-28　活塞环切口形式

活塞环的密封是依靠阻塞为主兼有节流来实现的。图 2-29 是活塞环密封及泄漏通道简图，从图中可看出，气体从高压侧泄漏到低压侧有三条可能的通道。

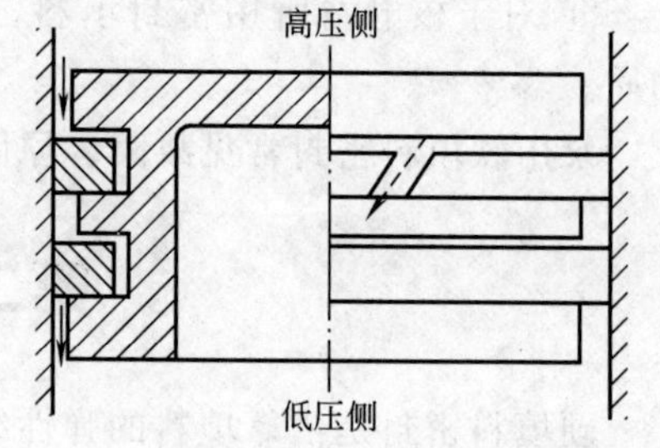

图 2-29　活塞环密封及泄漏通道

① 经活塞环的开口间隙的泄漏。为了获得弹力，活塞环必须具有切口，而且装入气缸后还需留有一定热膨胀间隙，所以切口泄漏是不可避免的，并且是造成泄漏的主要通道。

② 经环的两侧面与环槽两壁面交替紧贴的瞬时出现的间隙所造成的泄漏。

③ 活塞环外圆面与缸壁不能完全贴紧时的泄漏，当运转一段时间后产生径向磨损，活塞环弹性降低，就会产生大面积通道，引起更大的

泄漏。

活塞环的密封原理如图 2-30 所示，活塞环装入气缸后，预紧压力使其紧贴在气缸内壁上。气体通过活塞环工作间隙产生节流，压力由 p_1 降至 p_2，于是在活塞环前后产生一个压差 p_1-p_2，因压差力作用，活塞环被推向低压 p_2 方，阻止气体由环槽端面间隙泄漏。此时，环内表面上作用的气体压力（简称背压）可近似地等于 p_1，而环外表面上作用的气体压力是变化的，近似地认为是线性变化关系，其平均值等于 $(p_1+p_2)/2$。若近似地认为气环内、外表面积相同均为 A 值，于是在环内、外表面便形成了压差作用力 $\Delta p \approx [p_1-(p_1+p_2)/2]A=(p_1-p_2)A/2$。在此压差力的作用下，使环压向气缸工作表面，阻塞了气体沿气缸壁泄漏。气缸内压力越大，密封压紧力也越大，这就表明活塞环具有自紧密封的特点，但活塞环开口而具有弹力是形成自紧密封的前提。

当活塞两侧压力差较大时，可以采用多道活塞环使气体经多次阻塞、节流，以达到密封要求。

图 2-31 示出了气体流经几个活塞环时的压力变化情况。由图可以看出，经第一道活塞环后压力约降到气缸中气体压力的 26%，经第二道活塞环后，约降到 10%，经第三道环后仅为约 7.6%，再增多环的数目所起的作用就不明显了。试验表明随着转速增加，第一道环所承受的压差增加，其次各道降低。所以活塞环数不宜过多，过多反而增加摩擦功耗。不过在高压级中，第一道环因压差大，磨损也大。第一道环磨损后，缝隙增大而引起大量泄漏，即失去了密封作用，此时主要压力差由第二道环承担，第二道环即起第一道环的作用，其磨损也将加剧，依此类推。为了使高压级和低压级活塞环的更换时间大致相同，所以，高压级中，要采用较多的活塞环数。

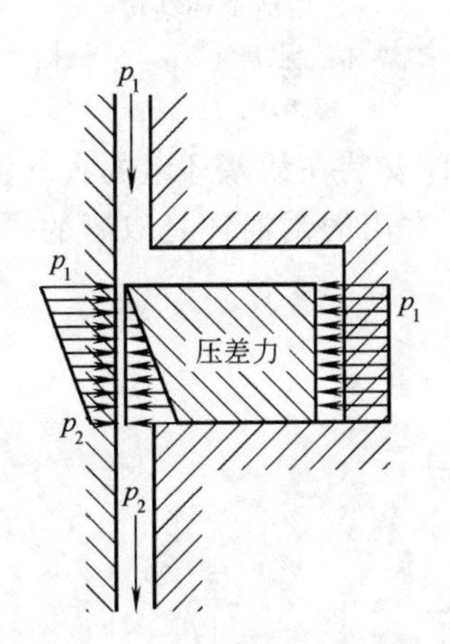

图 2-30　活塞环的密封原理

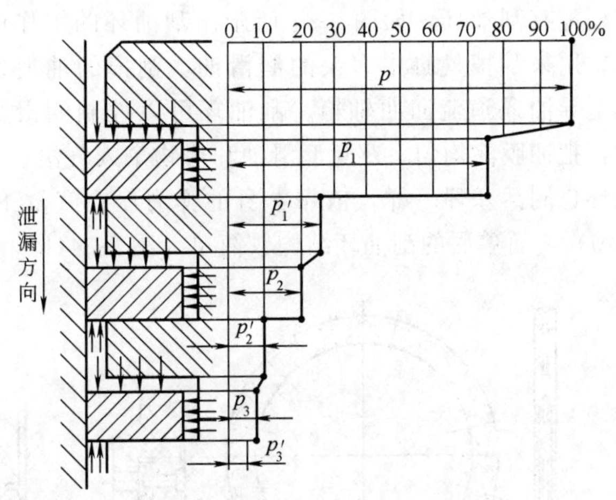

图 2-31　气体通过活塞环的压力变化

还有一些特殊结构的活塞环，如微型高转速压缩机中，可用轴向高度仅 1～1.5mm 的薄片活塞环，由三至四片装在同一环槽内，各片切口相互错开［图 2-32(a)］。这种结构具有良好的密封性，易同气缸镜面磨合，使气缸不致拉毛。

在铸铁环上镶嵌填充聚四氟乙烯［图 2-32(b)］，能防止气缸拉毛，并延长环的寿命。这种环在高压级中已被采用。还有在铸铁环上镶嵌轴承合金或青铜［图 2-32(c)、(d)］，青铜可以是一条或两条，而轴承合金则采用一条。在镶嵌的突出部分磨完之前，显然其实际比压是增加了。用镶嵌的方法虽能避免拉毛气缸，使气缸镜面与活塞环易于磨合，但工艺复杂，故应用不广泛。

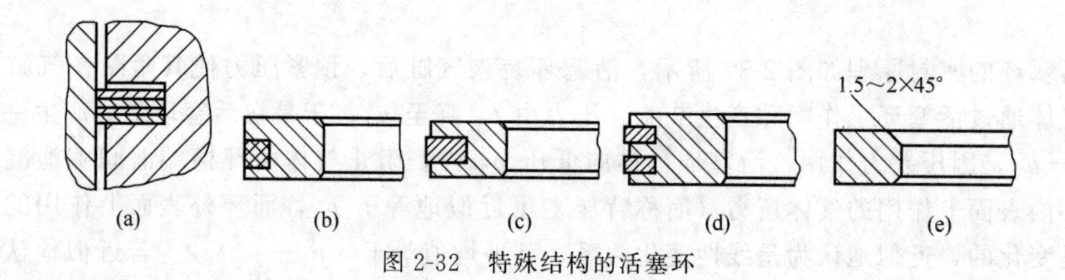

图 2-32　特殊结构的活塞环

铸铁环进行多孔性镀铬，有利于活塞环在环槽内的滑动和降低环接触表面的加工要求；由于孔隙内能存润滑油，因而减少了环与气缸镜面的磨损。

低压空气压缩机中直径不大的活塞环，将内圆的一个锐角加工成（1.5～2）×45°的倒角［图 2-32(e)］，以减弱活塞环倒角侧的弹力。在单作用活塞中，将这种环的倒角边装在气缸盖侧，可防止活塞出现严重的窜油现象。

在超高压压缩机中使用的活塞环结构如图 2-33 所示。它由两个中间镶有铜锡合金（Sn 4.8%、Cu 95.2%）的活塞环，以及共用的一个弹力环和隔距环组成一组。活塞环的基体是合金铸铁，弹力环和隔距环是用调质铬钢制成。使用五组活塞环即能密封 175MPa 的压力。

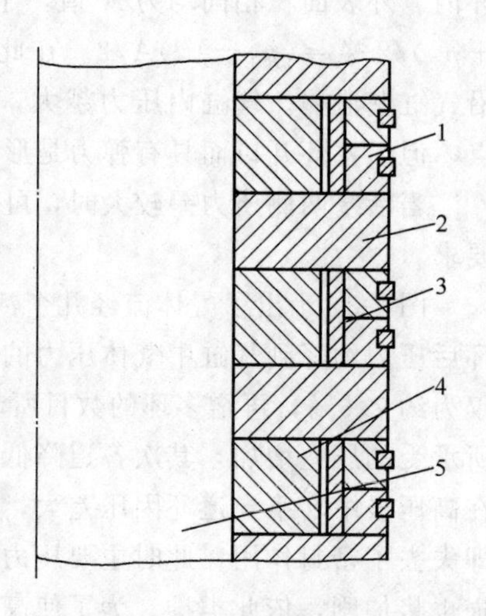

图 2-33　超高压压缩机气缸密封用活塞环结构

1—活塞环；2—垫环；3—弹力环；4—隔距环；5—活塞

在一些小型、单作用气缸中，活塞上除配有活塞环外，还配有刮油环，如图 2-34 所示。刮油环的工作面有刃边，用来刮掉气缸中多余的润滑油，刮掉的油通过活塞体上导油通道流回曲轴箱。刮油环可以控制润滑油膜厚度，把油膜涂均匀，避免润滑油和污物窜入气缸。刮油环应该安装在活塞环组的大气侧。刮油环也同活塞环一样，依靠本身的弹力压在气缸工作面上。常用的刮油环是双唇的［图 2-34(a)］，而单唇的刮油环结构较简单［图 2-34(b)］。

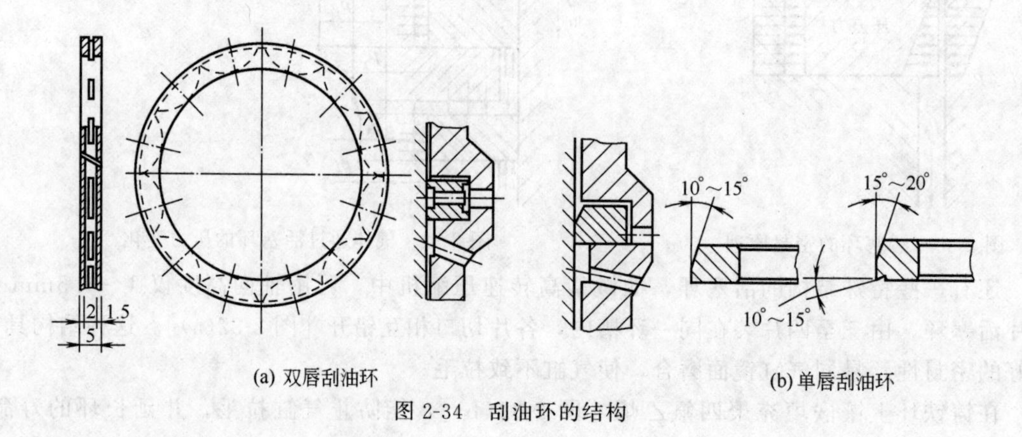

图 2-34　刮油环的结构

（二）活塞环的环数及主要结构尺寸

1. 活塞环数

压缩机用活塞环数常用下面经验公式估算

$$z=\sqrt{\Delta p/98} \tag{2-9}$$

式中 z——活塞环数；

Δp——活塞两边最大压差，kPa。

上述计算值应根据实际情况增减。如高转速，从泄漏考虑环数可少些；高压级中从寿命考虑环数可多些；对于易漏气体可多些；采用塑料活塞环时，因密封性能好，环数可比金属环少些。

关于活塞环数，它与所密封的压力差、环的耐磨性、切口形式等有关，所以实际压缩机中很不一致。活塞环数还可参照表2-9选用。

表2-9 压缩机用活塞环数参考表

活塞两边的压差/MPa	<0.5	0.5～3	3～12	12～24
活塞环数	2～3	3～5	5～10	12～20

2. 活塞环的主要结构尺寸

活塞环的主要结构尺寸有径向厚度、轴向高度、开口热间隙及自由开口宽度等尺寸。

① 径向厚度 t。活塞环的截面形状一般为矩形，其径向厚度 t 对于铸铁环通常取

$$t=\left(\frac{1}{22}\sim\frac{1}{36}\right)D \tag{2-10}$$

式中 t——活塞环径向厚度，mm；

D——活塞环外径（即气缸内径），mm。

对于大直径活塞环取下限；当 $D\leqslant 50$mm 时，可取 $t=\left(\frac{1}{14}\sim\frac{1}{22}\right)D$。

② 轴向高度 h。轴向高度选取时，应考虑保证它在气体压力作用下具有足够的刚度，不至于发生弯曲和扭曲，而且为能保持住油膜，h 值也不能太小，一般应大于 2～2.5mm；但为了减少摩擦功耗以及因活塞环质量过大而导致对环槽的冲击，又应尽量取小些。一般取

$$h=(0.4\sim1.4)t \tag{2-11}$$

式中 h——活塞环轴向高度，mm；

t——活塞环径向厚度，mm。

其中较小值用于大直径活塞环，压差较大时用较大值。

③ 开口间隙 δ。活塞环装入气缸后，开口处留有环受热膨胀后的开口间隙，又称热膨胀间隙。其值可按下式计算

$$\delta=\pi D\alpha\Delta t \tag{2-12}$$

式中 δ——活塞环开口间隙，mm；

D——活塞环外径（即气缸内径），mm；

α——活塞环材料的线膨胀系数，1/℃；铸铁的线膨胀系数 $\alpha=1.1\times10^{-5}$ 1/℃；

Δt——温差，℃，通常取排气温度与室温之差。

④ 活塞环自由开口宽度 A。其值可由下式计算

$$A=\frac{7.08D\left(\frac{D}{t}-1\right)^{3}p_{\mathrm{k}}}{E} \tag{2-13}$$

式中 A——活塞环自由开口宽度，mm；

D——活塞环外径（即气缸内径），mm；

t——活塞环径向厚度，mm；

p_k——表示活塞环弹性作用而产生的预紧贴合比压，MPa；$50mm<D\leqslant150mm$，$p_k=0.1\sim0.14MPa$；$D>150mm$，$p_k=0.038\sim0.1MPa$；小直径的高压级，$p_k=0.2\sim0.3MPa$；刮油环，$p_k=0.03\sim0.05MPa$；

E——密封环材料的弹性模量，MPa；可按表 2-10 选取。

表 2-10 各种材料的弹性模量

材料	灰铸铁			球墨铸铁	合金铸铁	青铜	不锈钢
	$D\leqslant70$	$70<D\leqslant300$	$D>300$				
弹性模量 E/MPa	0.95×10^5	1×10^5	1.05×10^5	$(1.5\sim1.65)\times10^5$	$(0.9\sim1.40)\times10^5$	$(0.85\sim0.95)\times10^5$	2.10×10^5

（三）活塞环的基本技术要求

1. **对材质的要求**

如果没有特殊要求，活塞环一般用灰铸铁或合金铸铁制造。不同活塞环直径宜选用的灰铸铁牌号见表 2-11。对于小直径活塞环或高转速压缩机用的活塞环，可选用合金铸铁制造，如铌铸铁、铬铸铁、铜铸铁等。

表 2-11 活塞环直径与灰铸铁牌号关系

活塞环直径/mm	$D\leqslant200$	$200<D<300$	$D\geqslant300$
灰铸铁牌号	HT300 或 HT250	HT250 或 HT200	HT200

当采用灰铸铁材料制造活塞环时，要求铸铁件的金相基体组织为索氏体型或细片状珠光体，珠光体量≥95%，不容许有游离渗碳体存在。

2. **技术要求**

活塞环外圆在端部的锐角应倒成小圆角，以利形成润滑油膜、减小泄漏和磨损。内圆锐角倒成45°。活塞环内圆的倒角尺寸C，外圆的圆角尺寸R，以及端面粗糙度Ra，可根据活塞环的外径D按表 2-12 选取。

表 2-12 活塞环的技术要求

外径尺寸/mm	倒角尺寸 C/mm	圆角半径 R/mm	端面粗糙度 Ra/μm
$D\leqslant250$	≤0.5	≤0.1	0.4
$250<D<500$	≤1.0	≤0.3	0.8
$D\geqslant500$	≤1.5	≤0.5	1.6

为使活塞环具有良好的耐磨性，常用铸铁活塞环的表面硬度应不低于气缸工作表面的硬度，并且约高 10%～15%。基本直径小于或等于 300mm 时，同一活塞环上的硬度值差不大于 4HRBW；基本直径大于 300mm 时，同一活塞环上的硬度值差不大于 25HBW。

活塞环的外表面不允许有裂纹、气孔、夹杂物、疏松和毛刺等缺陷，在环的两端面上，不应有径向划痕，在环的外圆柱面上不应有轴向划痕。

活塞环的加工精度、表面粗糙度要求详见表 2-13。

表 2-13　活塞环的加工精度及表面粗糙度

要　　求	外圆面	内圆面	端面
加工精度	h6	H8	h6
表面粗糙度 $Ra/\mu m$	0.4～1.6	3.2～6.3	0.4～1.6

3. 检验要求

活塞环放在专用检验量规内，环的外圆柱面与量规之间的间隙应在下列规定范围内：外径 $D \leqslant 250$mm 时，不大于 0.03mm；外径 $D = 250 \sim 500$mm 时，不大于 0.05mm；外径 $D > 500$mm 时，不大于 0.08mm。

用灯光检查时，漏光在整个圆周上不超过两处，最长的不超过 25°的弧长，总长不得超过 45°的弧长，且离切口处不小于 30°。

环的端面翘曲度应在下列范围内：外径 $D \leqslant 150$mm 时，不大于 0.04mm；$150 < D \leqslant 400$mm 时，不大于 0.05mm；$400 < D \leqslant 600$mm 时，不大于 0.07mm；$D > 600$mm 时，不大于 0.09mm。

活塞环的径向弹力允差在±20%范围内。

活塞环在磁性工作台上加工之后，应进行退磁处理。

二、活塞杆填料密封

为了密封活塞杆穿出气缸处的间隙，通常用一组密封填料来实现密封。填料是压缩机中易损件之一。在压缩机中，极少采用软质填料，一般采用硬填料，常用的填料有金属、金属与硬质填充塑料或石墨等耐磨材料。对填料的主要要求是：密封性好，耐磨性好，使用寿命长，结构简单，成本低，标准化、通用化程度高。

为了解决硬填料磨损后的补偿问题，往往采用分瓣式结构。在分瓣密封环的外圆周上，用拉伸弹簧箍紧，对柱塞杆表面，进一步压紧贴合，建立密封状态。

硬填料的密封面有三个，它的内孔圆柱面是主密封面，两个侧端面是辅助密封面，均要求具有足够的精度、平直度、平行度和粗糙度，以保持良好的贴合。

压缩机中的填料都是借助于密封前后的气体压力差来获得自紧密封的。它与活塞环类似，也是利用阻塞和节流实现密封的，根据密封前后气体的压力差，气体的性质，对密封的要求，可选用不同的填料密封结构形式。

硬填料主要分为两类，即平面填料和锥面填料。

(一) 平面填料

图 2-35 是常用的低、中压平面填料密封结构图。它有五个密封室，用长螺栓 8 串联在一起，并以法兰固定在气缸体上。由于活塞杆的偏斜与振动对填料工作影响很大，故在前端设有导向套 1，内镶轴承合金，压力差较大时还可在导向套内开沟槽起节流降压作用。填料和导向套靠注油润滑，注油还可带走摩擦热和提高密封性。注油点 A、B 一般设在导向套和第二组填料上方。填料右侧有气室 6，由填料漏出的气体和油沫自小孔 C 排出并用管道回收，气室的密封靠右侧的前置填料 7 来保证。带前置填料的结构一般用于密封易燃或有毒气体，必要时采用抽气或用惰性气体通入气室进行封堵，防止有毒气体漏出。

填料函的每个密封室主要由密封盒、闭锁环、密封圈和镯形弹簧等零件组成。密封盒用来安放密封圈及闭锁环。密封盒的两个端面必须研磨，以保证密封盒以及密封盒与密封圈之

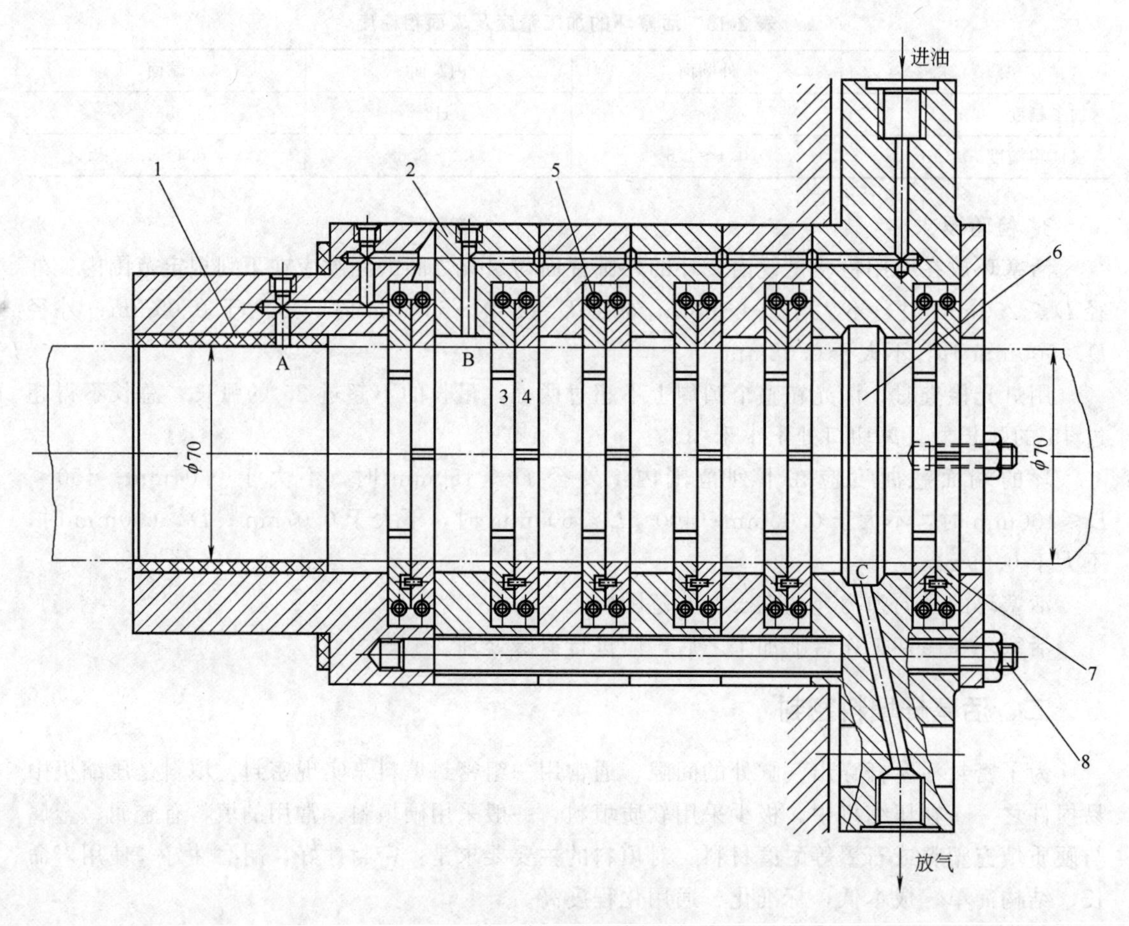

图 2-35　低、中压平面填料密封结构

1—导向套；2—密封盒；3—闭锁环；4—密封圈；5—镯形弹簧；6—气室；7—前置填料；8—长螺栓

间的径向密封。图 2-36 所示为三、六瓣平面填料，在密封盒内装有两种密封环，靠高压侧是三瓣闭锁环，有径向直切口；低压侧是六瓣密封圈，由三个鞍形瓣和三个月形瓣组成，两个环的径向切口应互相错开，由定位销来保证。环的外部都用镯形弹簧把环箍紧在活塞杆上。切口与弹簧的作用是产生密封的预紧力，环磨损后，能自动紧缩而不致使圆柱间隙增大。其中六瓣密封圈在填料函中起主要密封作用，其切口沿径向被月形瓣挡住，轴向则由三瓣环挡住。工作时，沿活塞杆来的高压气体可沿三瓣环的径向切口导入密封室，从而把六瓣环均匀地箍紧在活塞杆上而达到密封作用。气缸内压越高，六瓣环与活塞杆抱得越紧，因而也具有自紧密封作用。

六瓣密封圈三个鞍形瓣之间留有切口间隙，用来保证密封圈磨损后仍能在弹簧力作用下自动紧缩，而不致使径向间隙过大。但是，这个切口间隙构成了气体轴向泄漏的通道，为了挡住这些通道，必须设置闭锁环。闭锁环的主要作用就是挡住密封圈的切口间隙，此外还兼有阻塞与节流作用。在装配时必须注意：

① 应保证闭锁环恰好挡住密封圈的切口，决不允许它们的切口重合，否则，泄漏将大为增加；

② 为了让密封圈能自动地紧抱住活塞杆，密封圈、闭锁环装在密封盒内，应有适当的轴向间隙；

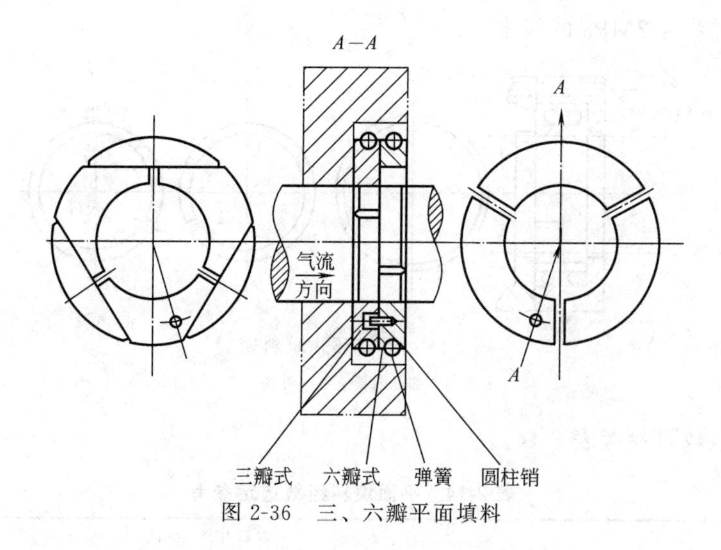

图 2-36　三、六瓣平面填料

③ 闭锁环与密封圈的位置不可装错，闭锁环靠近气缸，密封圈放在闭锁环外边，否则，起不到密封作用。

三、六瓣式平面填料主要用在压差在 10MPa 以下的中压密封。对压差在 1MPa 以下的低压密封也可采用图 2-37 所示的三瓣斜口密封圈平面填料。

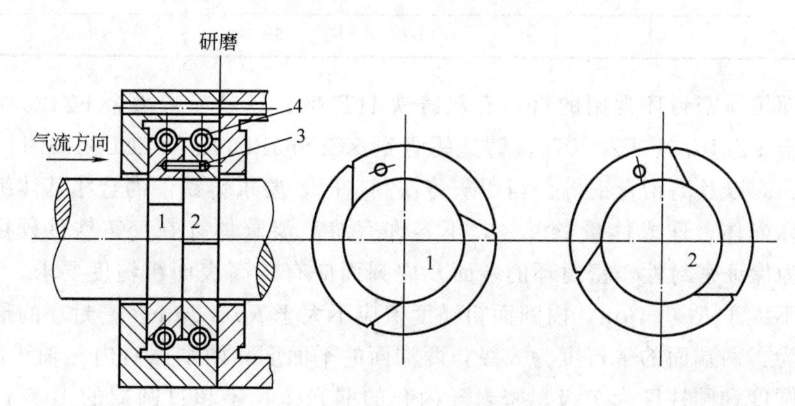

图 2-37　三瓣斜口密封圈平面填料

1，2—三瓣斜口密封圈；3—圆柱销；4—镯形弹簧

三瓣斜口环结构简单而坚固，容易制造，成本低廉；但介质可沿斜口结合面产生泄漏，而且环对活塞杆的贴合压力不均匀，其靠近锐角一侧的贴合压力大，所以，在工作过程中，磨损不会均匀并主要表现在靠近锐角一端。磨损后的活塞环内圆孔面不呈圆形，并使对磨损的补偿能力下降，泄漏量增加。故这种活塞环主要用于压差低于 1MPa 的低压压缩机活塞杆密封。

三瓣斜口硬填料采用两个环为一组。安装时，其切口彼此错开，使之能够互相遮挡，阻断轴向泄漏通道，提高密封性能。

除了上面两种形式的密封圈填料外，平面填料尚有活塞环式的密封圈，这种硬填料密封，每组由三道开口环组成，如图 2-38 所示。内圈 1、2 是密封环，用铂合金、青铜或填充聚四氟乙烯制成。外圈是弹力环，并用圈簧抱紧，装配时，三环的切口要错开，以免漏气。这种密封圈的结构和制造工艺都很简单，内圈可按动配合 2 级精度或过度配合公差加工，已成功地应用在压差为 2MPa 的级中。

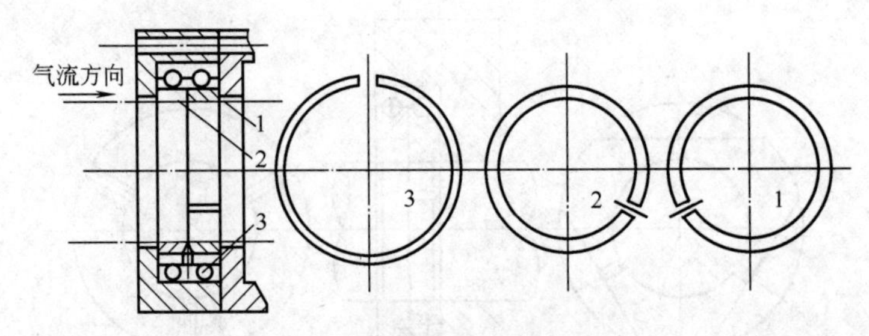

图 2-38　活塞环式填料密封

1，2—内圈；3—外圈

平面填料组数可参考表 2-14。

表 2-14　平面填料组数选定参考

活塞杆直径/mm	密封压力/MPa				
	1.0	2.5	4.0	6.4	10.0
	填料组数				
25～50	3	4	4～5	5～6	6～7
55～80	4	4～5	5～6	6～7	7～8
90～150	5	5～6	6～7	7～8	—

制造平面填料密封环常用的材料有灰铸铁 HT200，铁基粉末冶金 FZ12062、FZ13362，铜基粉末冶金 FZ21075、FZ22070，铸造锡青铜 ZCuSn5Pb5Zn5、ZCuSn10P1，铸造轴承合金 ZSnSb11Cu6 以及高铅青铜等。当用灰铸铁制造时，要求铸铁件的金相基体组织为细片状或中等片状珠光体，珠光体量≥95%，不容许有游离渗碳体存在。铸铁件硬度要求 180～230HBW。为保证密封性，密封环的端面及内圆面应有较高表面粗糙度要求，端面应研磨，粗糙度值应不大于 $Ra0.4\mu m$，内圆面粗糙度值应不大于 $Ra0.8\mu m$。密封环的形状和位置公差等级要求为：两端面的平行度为 5 级，两端面的平面度和两端面对内孔轴线的垂直度为 6 级，内孔的圆度和圆柱度为 7 级。密封环内孔的漏光弧长不超过圆周的 10%，每个切口密封面的漏光长度不得超过其长度的一半。密封环的表面不应有气孔、砂眼、裂纹、夹渣等缺陷；不允许有毛刺、掉边缺角；内孔不得有轴向划痕，两端面不得有径向划痕，切口密封面不得有任何划痕。密封环在填料函内的轴向间隙为 0.035～0.150mm。填料函深度按 H8 或 H9 级公差加工。

（二）锥面填料

在高压情况下，如果仍采用平面填料，则由于气体压力很高，而填料本身又不能抵消气体压力作用，致使填料作用在活塞杆上的比压过大而加剧磨损。为降低密封圈作用在活塞杆上的比压，在高压密封中，可采用锥面填料。

图 2-39 所示为锥面填料结构，主要用于压差超过 10～100MPa 的高压压缩机的活塞杆密封。它也是自紧式的密封，既有径向自紧作用，又有轴向自紧作用。密封元件是由一个径向切口的 T 形外环和两个径向开口的锥形环组成。前、后锥形环对称地套在 T 形外环内，安装时切口互成 120°，用定位销来固定，并装在支承环和压紧环里面，最后放入填料盒内。填料盒内装有轴向弹簧，其作用是使密封圈对活塞杆产生一个预紧力，以便开车时能造成最

初的密封。当气体压力 p 从右边轴向作用在压紧环的端面时，通过锥面分解成一径向分压力 $p\tan\alpha$，此力使密封环抱紧在活塞杆上。α 角越大，径向力也越大，因此这种密封也是靠气体压力实现自紧密封的。在一组锥面填料的组合中，靠气缸侧的密封环承受压差大，其径向分力也大。为使各组密封环所受径向分力较均匀，以使磨损均匀，可取前几组密封环的 α 角较小，后面的各组 α 较大，常取 α 角为 10°、20°、30°的组合。

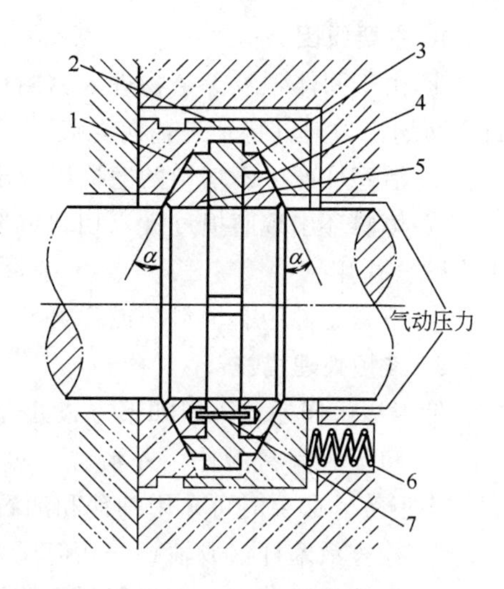

图 2-39　锥面填料结构

1—支承环；2—压紧环；3—T 形环；4—前锥环；5—后锥环；6—轴向弹簧；7—圆柱销

为保证在运转时润滑油楔入密封圈的摩擦面，减轻摩擦，提高密封性能，在锥形环的内圆外端加工成 15°的油楔角。安装时油楔角有方向性，应在每盒的低压端。

锥面填料的组数可参考表 2-15 选定。当锥面填料组数确定之后，还要给各组规定不同的锥面角 α。

不同锥面角锥面填料组数的搭配关系由表 2-16 确定。

表 2-15　锥面填料组数选定参考

密封压差/MPa	<10	10～40	40～80	80～100
填料组数	3～4	4～5	5～6	6～7

表 2-16　锥面填料的锥面角和组数

密封压差/MPa	锥面角 α		
	10°	20°	30°
	填料组数		
4.0～10	—	1	3
10～20	—	2	3
20～32	1	2	2

锥面填料的 T 形环与锥形环常用铸造锡青铜 ZCuSn5Pb5Zn5（用于 $p>27.4$MPa）或铸造轴承合金 ZSnSb11Cu6（用于 $p\leqslant27.4$MPa），当用铸造锡青铜 ZCuSn5Pb5Zn5 时，要求硬度为 60～65HBW。整体支承环与压紧环用碳钢。

锥面填料的技术要求如下：锥面填料的 T 形环及两个锥形环的锥面要同时加工；T 形环、两个锥形环对支承环和压紧环之间的锥面要保持良好贴合，贴合面不少于总面积的 75%；T 形环及两个锥形环内孔按 J7 级公差加工；两个锥形环的内孔直角部分，不允许倒角棱。

由于锥面填料密封圈结构复杂，随着耐磨工程塑料的应用，现在使用越来越少。

（三）填料函的使用与维护

密封工作进行时，填料函在实际的工作过程中可能出现过早损坏及产生泄漏介质的不正常情况，其主要原因及采取的维护处理措施如下。

1. 主要原因

① 由于固体颗粒等杂物进入密封面产生磨料磨损，并在填料环或活塞杆（或轴）的密封表面划出沟痕（特别是轴向沟痕）。

② 活塞杆产生不均匀的磨损以及出现不允许的圆柱度和圆度。

③ 填料环出现磨损过大，切口间隙减小，使其与活塞杆（或轴）的贴合能力下降，或失去贴合作用。

④ 填料组件中有填料环或弹簧发生损坏，引起整个填料函产生密封失效。

2. 维护处理措施

针对以上问题，采取如下方式处理。

① 卸下所有密封件，并清洗；对活塞杆（或轴）表面进行检查，是否有毛刺、划伤、磨损沟痕等，必要时可采用细锉和油石修复。

② 检查活塞杆（或轴）的几何尺寸并修复（满足其强度条件下）。

③ 检查填料环间隙并修复到原始尺寸。

④ 检查填料环和弹簧，如已损坏不能修复，则更换；弹簧一般需要更换。

填料的正常工作，离不开正常的润滑，它是保证活塞杆（或轴）表面与填料环密封面间不直接接触的润滑油膜正常存在的根本所在。只有良好的润滑，才能有良好的密封工作。

三、无油润滑活塞环、支承环及填料

活塞式压缩机实现无油或少油润滑，可减少气体污染、节约润滑油、改善操作环境及简化密封系统（如可以不设置冷却润滑等辅助系统）。无油润滑，不仅是当前化工发展中工艺上的需要，而且在现代空间技术、国防、食品和医药工业部门也是不可缺少的。

无油润滑压缩机中主要是无油润滑的活塞环、支承环及填料。

（一）无油润滑活塞环

无油润滑活塞环用石墨或填充聚四氟乙烯等自润滑材料制成，可以在无油条件下运行，能防止润滑油对气体的掺杂。早期的自润滑材料采用石墨，但因韧性差、易脆裂，现在主要采用填充聚四氟乙烯。

1. 类型

无油润滑活塞环按结构可分为整体开口式和分瓣式两种，如图 2-40 所示。整体开口式的形状与金属活塞环相同，也有直切口和斜切口之分，直切口较简单，应用较普遍。斜切口尖端易断，应用较少。分瓣式多用于石墨材料及大直径的塑料环，根据尺寸大小分为三瓣的（每段 120°）、四瓣的（每段 90°），有时也做成六瓣的。

无油润滑活塞环也可分为有背压和无背压两种。前面介绍的金属活塞环都是依靠本身弹力预紧，而且依靠环背气体的背压将活塞环与缸壁贴紧，都是有背压的。有背压的无油润滑活塞环是依靠弹力环的弹力预紧，然后工作时依靠气体背压压紧。图 2-41 所示为无背压活塞环，它是将整体（不开口）填充聚四氟乙烯活塞环以一定过盈量压入金属内衬环上，可以免除槽底进气的背压外张的作用，活塞环外圆加工成迷宫齿形起节流作用。因为常温下将无背压填充聚四氟乙烯活塞环压入薄壁金属环上，在工作温度下具有内应力，制止热膨胀。运行时外圆恰好与缸径在同一尺寸上，比石墨环式的容积效率提高了百分之几，容积效率和绝热效率都取得不亚于给油润滑压缩机的较好效果。

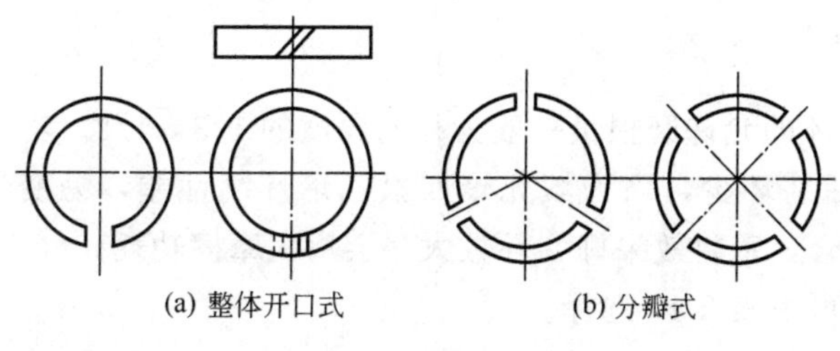

图 2-40　无油润滑活塞环

图 2-41　无背压活塞环

2. 无油润滑活塞环的特点

① 石墨和填充聚四氟乙烯的弹性低，不能自然地产生预紧的比压，需要在环背上配置金属弹力环，或者采用无背压活塞环。弹力环一般要有 0.07MPa 的弹力。弹力环的结构形式有波浪式、扁弹簧式和圆弹簧式等，如图 2-42 所示。

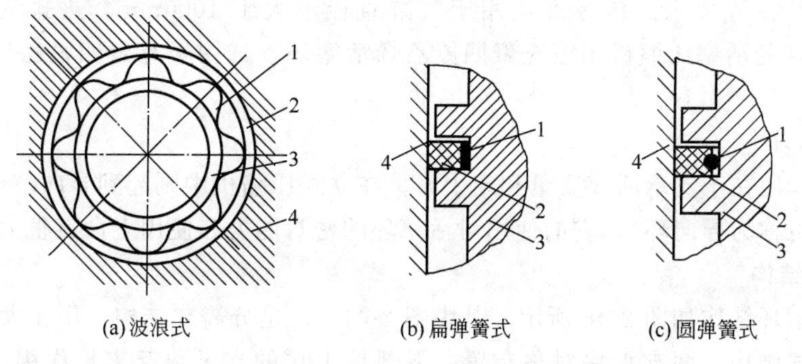

图 2-42　弹力环的结构形式

1—弹力环；2—活塞环；3—活塞；4—气缸

② 由于填充聚四氟乙烯材料的导热性差，热膨胀系数比金属的大，故设计时应考虑留出足够的间隙，其中包括周向开口间隙 e、侧面间隙 δ 和径向间隙 f（图 2-43）。间隙值可根据膨胀系数和温升值计算，但实际运行中要获得准确膨胀系数和温升有一定困难。对于填充聚四氟乙烯活塞环现推荐下列经验数据供选用。

周向开口间隙：$e=(2.8\sim3.2)\%D$；侧向间隙：$\delta=(2.5\sim3)\%b$；径向间隙：$f=1\%D$。

然而石墨的热膨胀系数比金属小（约为铸铁1/3），因此其环槽与环的轴向间隙则应较金属环为小。

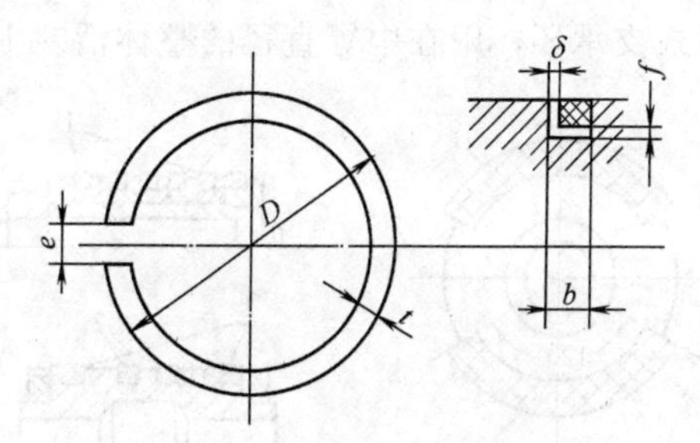

图 2-43　开口间隙 e 和侧面间隙 δ、径向间隙 f

③ 由于无油润滑材料硬度低、磨损量相对地大些，加之填充聚四氟乙烯在高压下易变形（冷流），故对缸壁的密封比压应远小于金属环，一般小于 0.01～0.02MPa，因而轴向高度应比金属环为大，有的甚至大一倍左右。环的断面尺寸可参照下列公式确定。

对于填充聚四氟乙烯环：$t=\sqrt{D}/1.5$　　$h=(0.5\sim1.0)t$

对于石墨环：$h=\sqrt{D}$　　$t=1.2h$

式中　t——活塞环径向厚度，mm；

h——活塞环轴向高度，mm；

D——活塞环外径，mm。

限制 pv 值不超过 0.5MPa·m/s。环的允许磨损量一般为径向厚度的 1/3～1/2。

④ 无油润滑活塞环的环数比金属活塞环少，因为填充聚四氟乙烯环刚性差，易变形，在径向力作用下易和气缸壁面很好的贴合，密封效果好，环数太多会增大摩擦功耗。

对于填充聚四氟乙烯活塞环的环数可由表 2-17 选择。

表 2-17 压差与环数的关系

进排气压差 Δp/MPa	≥0.1～0.3	>0.3～1.5	>1.5～3.2	>3.2～5	>5～15
环数 z	2	2～4	4～6	6～8	8～12

我国机械行业标准 JB/T 13632—2019《无油往复活塞压缩机用填充聚四氟乙烯活塞环》规定了无油往复活塞压缩机用填充聚四氟乙烯活塞环的分类和标记、要求、试验方法、检验规则、包装和贮存等要求。该标准适用于气缸直径不大于 1000mm，进排气压差不大于 15MPa 的无油往复活塞压缩机用填充聚四氟乙烯活塞环。选用填充聚四氟乙烯活塞环时可参考。

（二）支承环

支承环的作用在于支承活塞质量和定中心，在立式压缩机中则起到导向环作用（在卧式压缩机上有时也称为导向环），它的使用对活塞环的密封能力和使用寿命有很大的提高效果。

1. 支承环结构

常用的支承环结构如图 2-44 所示。其中图 2-44(a) 是分瓣式结构，用在大直径活塞上，又称为支承块式结构。两支承块对称布置，下部呈 120°的支承块起支承作用，上部一块起定位作用，防止活塞在往复运动中跳动，引起与气缸壁摩擦。这种结构加工较复杂，但环分上下两部分未形成封闭状，所以，压力气体可从活塞和缸壁间的间隙通过，避免了气体对支承环的附加力。图 2-44(b) 是整圈式结构，用于组合式活塞。图 2-44(c) 和 (d) 为整圈开口式支承环，用在中等直径的整体活塞上。

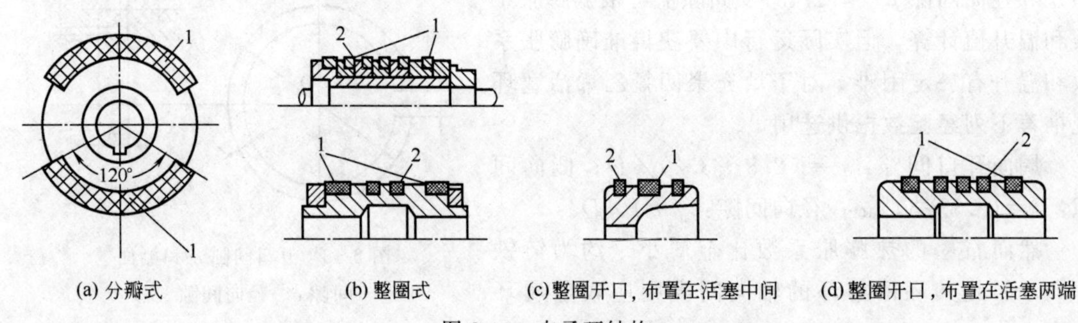

图 2-44 支承环结构

1—支承环；2—活塞环

图 2-45 所示为带有卸荷槽的矩形断面支承环，气体可通过槽使环两侧压力平衡。槽与轴线有一定夹角，在气体压力作用下，支承环可作径向缓慢转动，使磨损均匀，如开成人字槽则不产生转动，也可采用活塞开孔方式（图 2-46），使两侧压力平衡。

2. 支承环的结构尺寸

填充聚四氟乙烯支承环的结构尺寸参数如下：

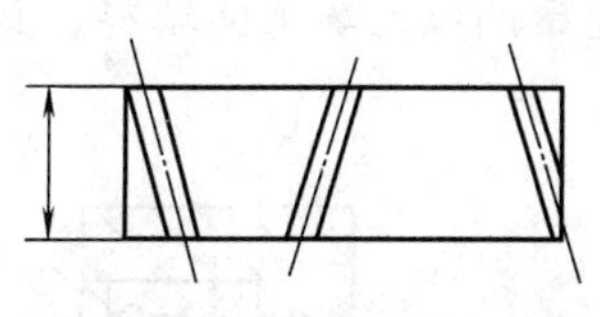

图 2-45　带卸荷槽的支承环

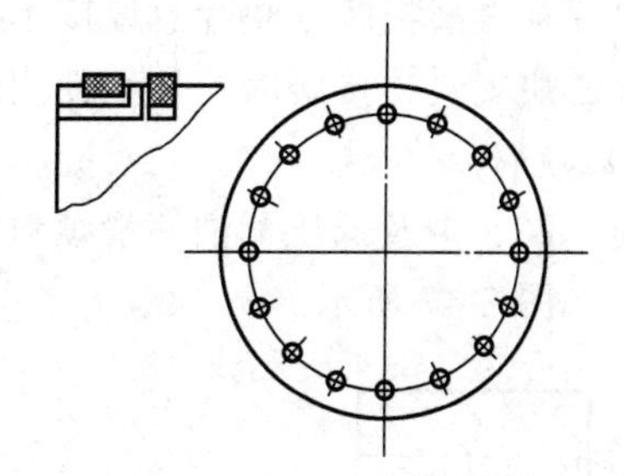

图 2-46　活塞开孔卸荷

① 密封面比压 p_c。$p_c=0.03\sim0.05\text{MPa}$，其值过大容易磨损，其值过小，轴向尺寸大，无法布置。

② 轴向长度 b。

$$b=\frac{W}{p_c h} \tag{2-14}$$

式中　b——支承环轴向长度，mm；

W——活塞部件与 1/2 活塞杆质量之和，N；

p_c——密封面比压，MPa；

h——支承环外径底部 120°弧长在水平方向上的投影，mm。

③ 径向厚度 t_z。与活塞环径向厚度 t 有关。

当 $t<10\text{mm}$ 时，$t_z=t$；当 $t>10\text{mm}$ 时，$t_z=(0.7\sim0.8)t$

④ 周向开口间隙 s。

$$s=(1.8\sim3.2)\%D \tag{2-15}$$

式中　s——支承环周向开口间隙，mm；

D——气缸内径，mm。

⑤ 轴向热胀间隙（侧间隙）δ。

$$\delta=(1.5\sim1.8)\%b \tag{2-16}$$

式中　δ——支承环轴向热胀间隙，mm；

b——支承环轴向长度，mm。

支承环轴向热胀间隙（侧间隙）比活塞环小，因为它只考虑热膨胀的余隙，而不必留气体通道间隙。

⑥ 配合尺寸。支承环与活塞的配合可介于过渡配合与动配合之间，不宜太松。支承环外径与气缸的配合可选用一般动配合，运转后升温可使配合紧些，若经短期跑合磨损则可获得合适的配合。

⑦ 允许磨损尺寸 Δ。一般取 $\Delta=\left(\frac{1}{3}\sim\frac{1}{2}\right)t_z$

填充聚四氟乙烯支承环安装时，扳开切口套入活塞的用力不能太大，以通过活塞端部即可。支承块若与气缸配合过紧，可用细砂纸打磨环外径，修整配合尺寸。

检修时，如果支承环外圆局部磨损，可将环转过一个位置装配，继续使用；如果环沿圆周均匀磨损，则在与活塞配合的圆柱面上垫铜箔或铝箔，使支承环外径扩大，可以继续使用。

用垫片补偿磨损时，垫片总厚度不得大于0.5mm，垫片层数不要多于2层。

与含乙炔气气体接触时，禁止使用铜垫。因为乙炔与铜生成的乙炔铜会引起爆炸。

（三）填料

目前，高、中及低压无油润滑填料密封件普遍采用填充聚四氟乙烯平面填料，其常用的结构形式如图2-47所示。

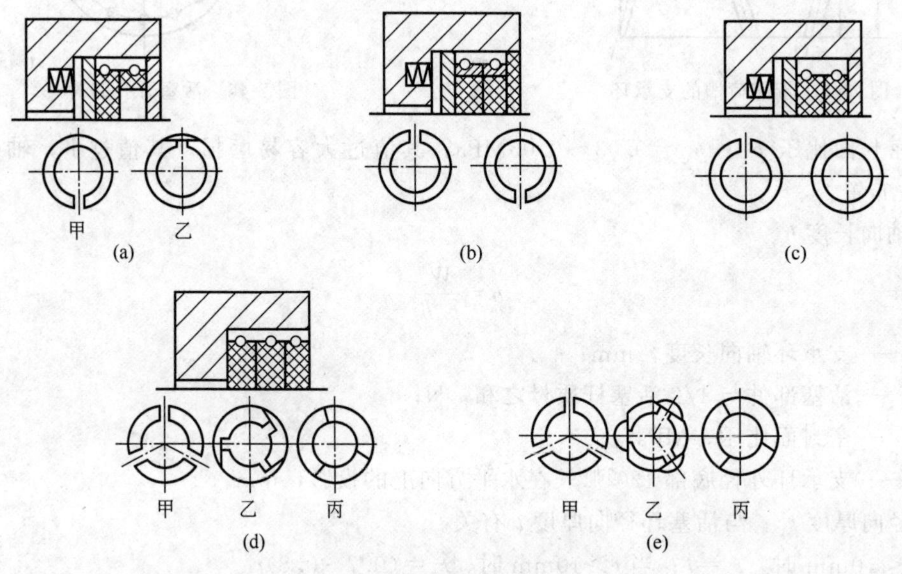

图2-47 常用平面填料函结构

图2-47(a)所示甲、乙密封环均为开口环，而乙环径向切口用小帽盖住，结构简单，加工、安装方便。但磨损后径向补偿不够均匀，会使密封环产生变形，导致密封性能下降。

图2-47(b)中的两环结构相同，只是在两环外周增加围带（用铜材料制造）结构，可以克服图2-47(a)的不足。因为采用铜做围带，还可以降低其刚性。

图2-47(c)为O形环结构，主密封环无切口，活塞杆与塑料环的配合略有一定的过盈量，经过跑合和温升会使环内径稍有膨胀，使它们之间的配合趋于合理。这种结构比较简单，但环磨损后得不到补偿。如果操作条件较好、磨损速度又很小，这种结构仍能具有较长的使用寿命。

图2-47(d)结构较复杂，密封环甲、乙分别为不同形状的三瓣结构。丙环是阻流环，无轴向弹簧，一般用于中、低压密封。图2-47(e)结构与(d)结构相似，仅乙环为六瓣，磨损较为均匀。

填充聚四氟乙烯填料密封组数可按表2-18选取。

表2-18 填充聚四氟乙烯填料密封的组数

活塞杆直径 D/mm	压差 Δp/MPa					
	1.0	1.6	2.5	4.0	6.4	10.0
	填料组数					
30～35	3	3	4	4	5	5
55～80	4	4	4	5	5	6
90～150	4	4	5	5	6	6

第三节　成型填料密封及油封

成型填料密封泛指用橡胶、塑料、皮革及软金属材料经模压或车削加工成型的环状密封圈。

成型填料密封是依靠填料本身受到机械压紧力或同时受到介质压力的自紧作用下产生的弹塑性变形而堵塞流体泄漏通道的。其结构简单紧凑，密封性能良好，品种规格多，工作参数范围广，是往复动密封及静密封的主要结构形式之一。部分成型填料也可作为旋转及螺旋运动密封件。

油封实质上也属于成型填料密封中的一种，但因其品种规格繁多，需要量大而另列一类。

一、成型填料密封

成型填料密封与软填料密封的区别，在于前者不仅依靠密封圈预先被挤压因弹塑性变形而产生预紧力，同时在工作时介质压力也挤压密封圈，使之变形产生压紧力。这就是说，成型填料密封属于自紧式密封。

（一）成型填料类型及适用范围

成型填料按工作特性分为挤压型密封圈及唇形密封圈两大类；按材质分为橡胶类、塑料类、皮革类及软金属类，其中应用最广的是橡胶密封圈，约占50%，有“密封之王”之称。

1. 挤压型密封圈

各种材质的挤压型密封圈中橡胶挤压型密封圈应用最广，类型最多。以其截面形状命名，有O形、方形、D形、三角形、T形、心形、X形、角-O形及多边形等，如图2-48所示。

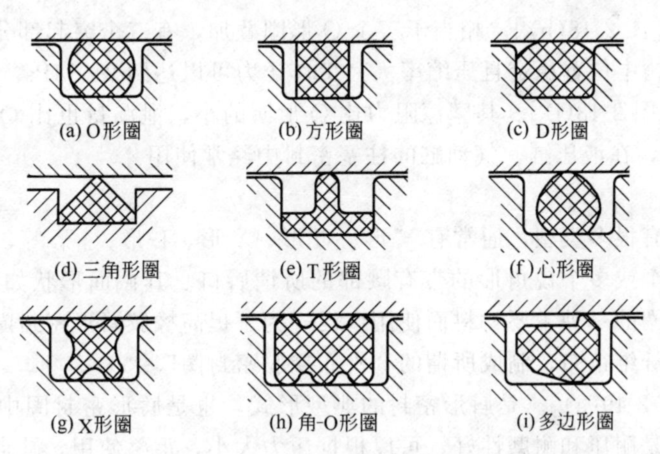

图2-48　橡胶挤压型密封圈类型

① O形圈［图2-48(a)］。O形密封圈一般多用合成橡胶制成，是一种断面形状呈圆形的密封组件。橡胶O形密封圈具有良好的密封性能，能在静止或运动条件下使用，可以单独使用即能密封双向流体；其结构简单，尺寸紧凑，拆装容易，对安装技术要求不高；在工作面上有磨损，高压下需要采用挡环或垫环，防止被挤出而损坏；O形密封圈工作时，在

其内外径上、端面上或其他任意表面上均可形成密封。因此其适用工作参数范围广，工作压力在静止条件下可达 400MPa 或更高，运动条件下可达 35MPa；工作温度约为－60～＋200℃；线速度可达 3m/s；轴径可达 3000mm。

O 形密封圈属于典型的挤压型结构形式，在各种挤压型密封结构中最简单，以它的应用最广。其在真空设备、液压及空压等系统的密封中得到广泛应用，也作为其他动密封（如机械密封、浮动环密封等）的重要辅助零件，还可作为容器法兰、管道法兰等接头部位的静密封件使用。

O 形密封圈用作往复动密封，有启动摩擦阻力大，易产生扭曲的缺点，特别是在间隙不均匀、偏心度较大以及较高速度下使用时，更容易扭曲破坏。随着直径的增大，扭曲倾向也增加。因此 O 形圈只是在轻载工况或内部往复动密封中使用较为合理。

② 方形圈［图 2-48(b)］。其容易成型，装填不便，密封性较差，摩擦阻力比较大，常作为静密封件使用。

③ D 形圈［图 2-48(c)］。它是为克服 O 形圈在沟槽内有滚动扭曲而改进的，工作时，其位置稳定，适用于变压力的场合。高压时要防止受到挤出破坏而引起密封失效。

④ 三角形圈［图 2-48(d)］。在沟槽中的位置与 D 形圈相同，但摩擦阻力比较大，使用寿命短，一般只适合于特殊用途的密封。

⑤ T 形圈［图 2-48(e)］。其在沟槽中的位置与 D 形圈相同，耐振动，摩擦阻力小，采用 5％的沟槽压缩率即能达到密封，一般用于中低压有振动的场合，高压时要防止被挤出破坏。

⑥ 心形圈［图 2-48(f)］。其断面与 O 形圈的相似，但摩擦系数比 O 形圈的小，一般适宜用于低压旋转轴的密封件。

⑦ X 形圈［图 2-48(g)］。形似两个 O 形圈叠加，有两个突起部分，在沟槽中位置稳定，摩擦阻力小，采用 1％的沟槽压缩率即达到密封，允许工作线速度较高。可用于旋转及往复运动而又要求摩擦阻力低的轴（或杆）的密封。

⑧ 角-O 形圈［图 2-48(h)］。相当于三个 O 形圈叠加，有三个突起部分，外侧两突起部分较高，使其在沟槽中位置稳定且压缩率大，工作压力可以达到 210MPa。

⑨ 多边形圈［图 2-48(i)］。其摩擦阻力比 O 形圈的小，泄漏量也比 O 形圈的低。工作压力可达到 14MPa，在液压缸、气动缸的柱塞密封中经常使用。

2. 唇形密封圈

唇形密封圈也有很多类型，通常有 V 形、U 形、Y 形、L 形、J 形等，在它们的截面轮廓中，都包含了一个或多个锐角形的带有腰部的所谓唇口。其截面形状如图 2-49 所示。橡胶也作为唇形密封圈的一种主要材料而使用广泛。为了提高橡胶唇形密封圈的耐压能力，也可在密封圈中增添纤维帘布，制成所谓的“夹布橡胶密封圈”。

① V 形圈［图 2-49(a)］。是唇形密封的典型形式，也是唇形密封圈中应用最早和最广泛的一种。其优点是耐压和耐磨性好，可以根据压力大小，重叠使用，缺点是体积大、摩擦阻力大。一般用于液压、水压和气动等机器的往复部分，很少用于转动中或作静密封。工作压力，纯胶 V 形圈可达 30MPa；夹布橡胶 V 形圈可达 60MPa；工作温度达 120℃。既可密封孔，又可密封轴。

② U 形圈［图 2-49(b)］。类似于 V 形圈，一般单个使用即能密封。其特点是结构简单，摩擦力小，耐磨性高，但唇口容易翻转，需加支承环，也有纯胶和夹布胶环两种。工作

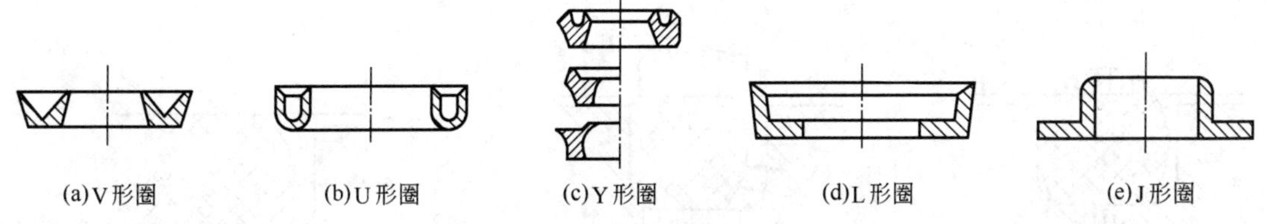

图 2-49　橡胶唇形密封圈类型

压力，纯胶U形圈可达10MPa；夹布橡胶U形圈可达32MPa。它适用于低速水压、油压的往复动密封，最大工作速度不超过30～50mm/s。当超过此值时可采用两只密封圈，使每只圈的负荷降低，而且一个圈坏了，另一个还可继续工作，这就提高了密封的可靠性，延长了寿命。但采用两只圈摩擦力势必增大。缓慢旋转时也可以使用。可密封孔或轴。

③ Y形圈［图 2-49(c)］。图 2-49(c) 中最上面的为等脚Y形圈（简称Y形圈），后两者为不等脚Y形圈（又称YX形圈，中间为轴用，最下面为孔用）。不等脚的Y形圈，其短脚与运动面接触可以减少摩擦力，长脚与静止面接触有较大的预压缩量，增加了摩擦力而不易窜动；而等脚Y形圈在沟槽内处于浮动状态。Y形圈的特点是使用中只要单个环就可以实现密封，可用于苛刻的工作条件。在压力波动很大时等脚Y形圈需用支承环，而不等脚Y形不需要用支承环。使用压力：丁腈橡胶圈在14MPa以下，若在14～30MPa下工作需要用支承环（挡环）；聚氨酯橡胶圈在30MPa以下，若在30～70MPa下工作要加挡环。

④ L形圈［图 2-49(d)］。常用于小直径的中低压气动或液动的往复运动（如活塞）密封。仅能密封孔。

⑤ J形圈［图 2-49(e)］。形同反L形，它也主要适用于中低压的气动或液动往复柱塞杆及旋转运动的密封，也可用为防尘密封件，仅能密封轴。

（二）O形密封圈

1. O形密封圈工作特性

橡胶O形圈用作静密封元件时，密封圈受到沟槽的预压缩作用，产生弹性变形，这一变形能就转变为对于接触面的初始压力［图 2-50(a)］，由此获得预密封效果。当作用介质压力 p_i 时，O形圈被压到沟槽的一侧，并改变其截面形状，密封面上的接触压力也相应变化［图 2-50(b)］。当其最大值 p_{max} 大于介质压力 p_i 时，便能堵塞流体泄漏的通道，而起到密封作用。介质压力越高，O形圈的变形量越大，对于密封面的接触压力 p_{max} 也越大，这就是O形密封圈的所谓自紧作用。实践证明，这种自紧作用对防止泄漏是很有效的。目前一个O形圈可以封住高达400MPa的静压而不发生泄漏。

但应该引起注意的是，随着压力的增大，O形圈的变形也随之增大，最后的可能就是把密封圈的一部分挤出到与其接触侧的间隙中去［图 2-50(c)］。假如此间隙足够大，那么在一定的静压力作用下，密封圈就可能因被挤出而破坏（亦称被咬伤或剪切断裂）从而产生密封失效，因此，沟槽间隙尺寸的合理设计至关重要。

从密封性来看，O形圈是非常理想的静密封件。但是当它的硬度和压缩变形率选择不当时，则可能发生泄漏。一般讲，内压越高，应选用硬度较高的O形圈。如果硬度不够高，把它的压缩变形率取大一些，也能获得同样的密封效果。通常根据经验来确定压缩变形率，对圆柱面上的静密封，压缩变形率取13％～20％；对平面或法兰上的静密封取15％～25％；真空设备用的O形圈静密封，取压缩变形率30％以上，但不能太大。

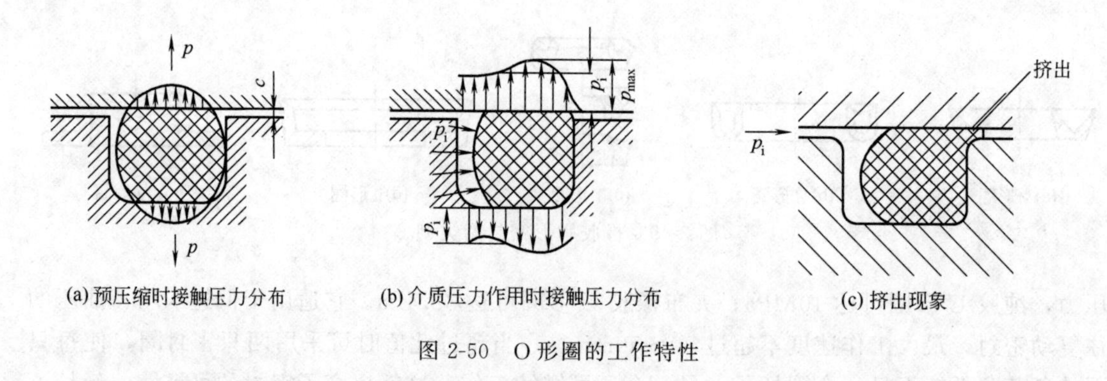

(a) 预压缩时接触压力分布　(b) 介质压力作用时接触压力分布　(c) 挤出现象

图 2-50　O 形圈的工作特性

橡胶 O 形圈用作往复运动密封件时，其预密封效果和自紧作用与静密封一样。但由于轴运动时很容易将流体带到 O 形密封圈与轴之间，导致发生粘附泄漏，因此，情况比静密封复杂。假设流体为润滑油，且压力只作用于 O 形圈一侧［图 2-51(a)］，若将 O 形圈与轴的接触处放大［图 2-51(b)］，其接触表面实际上是凹凸不平的，并非每一点都与金属表面相接触。O 形圈左方作用着油压 p_1，由于自紧作用，O 形圈对轴产生的接触压力大于 p_1 而达到密封效果。但当轴开始向右运动时，粘附在轴上的油被带到楔形狭缝［图 2-51(c)］，由于流体动压效应，这部分油的压力比 p_1 大，当它大于 O 形圈对轴的接触压力时，油便挤入 O 形圈的第一凹处［图 2-51(d)］，轴继续向右滑动时，油又进入下一个凹处，依次向右推移，油便沿着轴运动的方向泄漏。当轴向左运动时，由于轴运动方向与油压力方向相反，故不易泄漏。泄漏量是随油的黏度和轴的运动速度提高而增大，还与 O 形圈的尺寸、粗糙度，工作压力等因素有关。

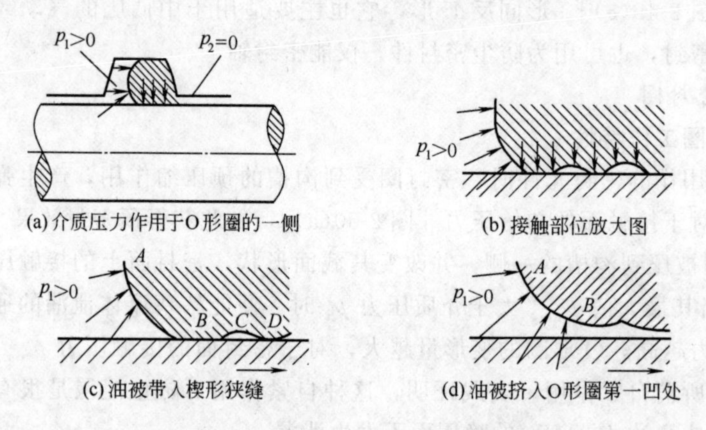

(a) 介质压力作用于O形圈的一侧　(b) 接触部位放大图
(c) 油被带入楔形狭缝　(d) 油被挤入O形圈第一凹处

图 2-51　往复运动中橡胶 O 形圈的泄漏

O 形圈在运动速度较慢、油的黏度较低或较高温度下时，一般不会泄漏或泄漏量很小。当密封介质为气体时，通常要在滑动面上涂以润滑剂（润滑脂或润滑油），使油在滑动面上阻塞气体通道，而起到防漏的作用。

2. 材料选择

由于橡胶 O 形圈的密封工作特性，要获得其良好的密封性能，除了其他方面的严格要求外，对其材料正确合理的选用也显得十分重要。O 形圈对橡胶材质的具体要求是：

① 能抵抗介质的侵蚀作用（如腐蚀、溶胀、溶解等）；

② 抗老化和耐热能力强，在工作温度下能完全稳定可靠；

③ 有良好的机械性能，特别是应该具有良好的耐磨性；

④ 成型加工工艺性能好，材料来源广，价格低廉；

⑤ 具有良好的弹性，一定的硬度，寿命时间内压缩变形小，这对其在工作时降低泄漏、达到良好的密封性能非常重要；

⑥ 适用范围广。

橡胶是一种具有高弹性的材料，具有变形复原的能力，并且可贮存大量的变形能，能长时期保存极好的弹性。因此，它具备了作为成型填料所必需的优良弹性和较好的机械性能，还有一定的耐蚀性、耐油性和耐温性，其组织致密、容易模压成型，是一种很好的密封结构材料。就密封用途而言，由于天然橡胶的耐高温性、耐矿物油性以及耐腐蚀性差，所以一般不能用为某些特殊用途的密封材料。然而，合成橡胶的开发与在密封件上的使用，可以说其在很大程度上弥补了天然橡胶的不足，而且其模压成型容易，使之在成型填料中应用非常广泛。但是橡胶的品种很多，而且不断有新胶种出现，使用者应对它们的特性、价格、来源有所了解，以便合理进行选择。常用 O 形密封圈材料的使用范围如表 2-19 所示。

表 2-19　常用 O 形密封圈材料的使用范围

材　　料	适用介质	使用温度/℃		备　　注
		运动用	静止用	
丁腈橡胶(NBR)	矿物油,汽油,苯	80	−30～120	—
氯丁橡胶(CR)	空气,水,氧	80	−40～120	运动时应注意
丁基橡胶(IIR)	动、植物油,弱酸,碱	80	−30～110	永久变形大,不适用矿物油
丁苯橡胶(SBR)	碱,动、植物油,水,空气	80	−30～100	不适用矿物油
天然橡胶(NR)	水,弱酸,弱碱	60	−30～90	不适用矿物油
硅橡胶(Si)	高、低温油,矿物油,动、植物油,氧,弱酸,弱碱	−60～260	−60～260	不适用蒸汽,运动部位避免使用
氯磺化聚乙烯(CSM)	高温油,氧,臭氧	100	−10～150	运动部位避免使用
聚氨酯橡胶(AU)	水,油	60	−30～80	耐磨,但避免高速使用
氟橡胶(FPM)	热油,蒸汽,空气,无机酸,卤素类溶剂	150	−20～200	—
聚四氟乙烯(PTFE)	酸,碱,各种溶剂	—	−100～260	不适用运动部位

3. 沟槽

O 形密封圈的压缩量与拉伸量是由密封沟槽的尺寸来保证的，O 形密封圈选定后，其压缩量、拉伸量及其工作状态就由沟槽决定，所以，沟槽对密封装置的密封性和使用寿命的影响很大。

(1) 沟槽形式。沟槽的形式有矩形、三角形、燕尾形、半圆形和斜底形等，常用形式为矩形槽及三角形槽，如图 2-52 所示，而应用最广的是矩形槽。

矩形槽适用于静密封和各种运动条件的动密封场合。静密封中使用的矩形槽，当流体压

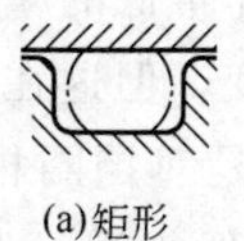

(a) 矩形

(b) 三角形

(c) 燕尾形

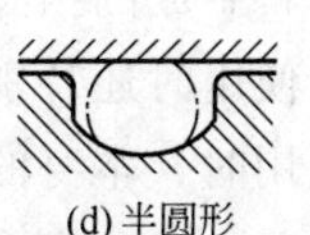

(d) 半圆形

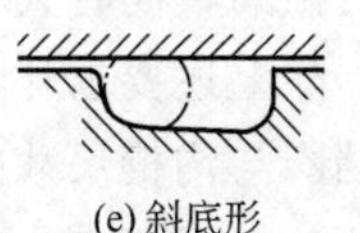

(e) 斜底形

图 2-52　O 形圈装填沟槽形式

力较低时，法兰面和压盖端面上可同时开槽；在流体压力较高时，槽应当开在圆筒上；如果是内压设备，其设计的沟槽外壁直径应与所选用的O形圈外径相等，以避免O形圈承受拉应力，使密封性能下降和寿命缩短；若是外压设备（如真空装置），应使沟槽内壁直径与O形圈的内径相等，主要是避免在外压作用下O形圈产生不规则的变形。

三角形槽尺寸紧凑，容易加工，能获得良好的密封性能，原因是三角形槽能对O形圈产生较大的预压缩量，可使O形圈几乎完全填满沟槽的空间，使流体不易泄漏。但安装使用后O形圈的永久变形大，很难对拆后的密封圈进行重复使用，须更换，所以，一般仅用于静密封条件。

燕尾槽内安装的O形圈不容易产生脱落，适合在特殊位置（如法兰面等）及要求摩擦阻力小的动密封场合安装使用，但其加工费用较其他形式高，一般不常用；半圆形槽一般仅用于旋转轴的密封；斜底形槽一般也少用，主要用于温度变化大，使O形圈有较大体积变化的场合，如用于对燃料油有润滑条件的密封。有的时候，在某些场合，为了安装和加工制造的方便，可将矩形沟槽设计成组合形式，如图2-53所示。

(2) 沟槽间隙和挡圈。往复运动的活塞与缸壁之间必须有间隙，其大小与介质工作压力和O形圈材料的硬度有关。一般内压越大，间隙越小；硬度越大，间隙越大。

由于间隙的存在，当介质压力过大，超过O形圈材料的强度极限之后，将造成O形圈的挤出破坏。防止挤出破坏的办法是正确选择胶料硬度及沟槽间隙，或当压力超过一定值时，采用保护用挡圈。挡圈是用比橡胶O形圈更硬的材料制成的一种支撑圈，须有足够的弹性，并在压力作用下产生变形以堵塞间隙。

对于动密封用O形圈，当工作压力高于10MPa时：如单向受压，就在O形圈受压方向的对侧设置一个挡圈［图2-54(a)］；如双向受压，则在O形圈两侧各放一个挡圈［图2-54(b)］。

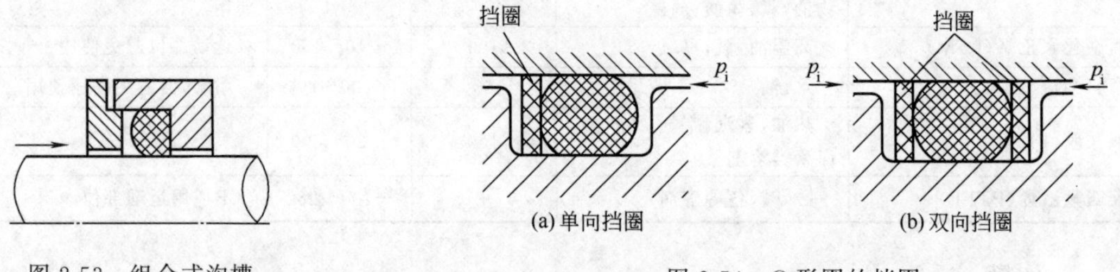

图2-53　组合式沟槽

图2-54　O形圈的挡圈

对于静密封用的O形圈，当工作压力高于32MPa时，也需要在O形圈受压方向的对侧设置一个挡圈。

O形圈使用挡圈后，工作压力可以大大提高。静密封压力能提高到200～700MPa，动密封压力也能提高到40MPa。

挡圈材料可用聚四氟乙烯塑料、皮革、尼龙、硬橡胶或者金属等。前一种尤其适合于一些尺寸小的挡圈，同时其材料制成的挡圈在动密封的场合使用，具有非常低的摩擦阻力。对一个挡圈，除上述要求外，使用时还特别要求其不会被压扁或发生蠕变，但这在很大程度上又取决于挡圈与沟槽尺寸配用时，本身的尺寸大小是否恰当；还有就是对挡圈材料的要求，因为它们要与O形圈接触，而材料的性能对O形圈的寿命有影响，一般来说，类似于黄铜、青铜和铝等的一些软金属，在低压密封装置中是适用的，但应避免将其用在动密封场合。而蒙乃尔合金和不锈钢材料通常也最好避免在O形圈动密封中用于挡圈材料，但其使用也有些例外。所以，使用时应该注意。

中国对液压用O形橡胶圈及其沟槽结构和尺寸等已制订了系列标准，标准目录参见附录一。

4. O形密封圈使用中应注意的问题

O形密封圈在安装及使用过程的前后，会因种种不当而造成密封失效，因此，必须引起足够重视。

(1) 首先应注意所使用的是旋转密封还是往复密封O形圈。由于旋转O形圈在受拉伸状态下摩擦受热不是膨胀而是收缩，即有焦耳热效应，应考虑采用压缩率较小的O形圈，圈内径应略大于轴径（约3%～5%），以防O形圈旋转。

(2) 在需要低摩擦运转用O形圈时要注意减少O形圈的启动摩擦力。减少O形圈启动摩擦力可以采取下列措施：

① 采用压缩率较小的O形圈；

② 采用浮动密封（图2-55），即在沟槽处底部O形圈呈浮动状态，采用浮动密封可使启动摩擦力降低为正常情况的1/5；

③ 采用低摩擦橡胶配方（加入二硫化钼、石墨等减磨剂和润滑剂），可降低摩擦力；

④ 涂敷填充四氟乙烯，橡胶O形圈表面喷涂或包敷聚四氟乙烯；

⑤ 采用滑环式O形圈组合密封（图2-56）；

⑥ 采用燕尾槽形密封圈沟槽；

⑦ 采用三角形截面密封圈；

⑧采用楔形截面O形圈挡圈。

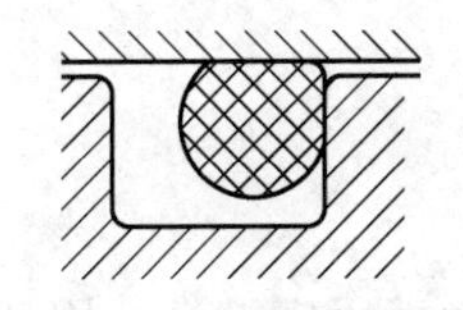

图2-55　O形圈浮动密封结构

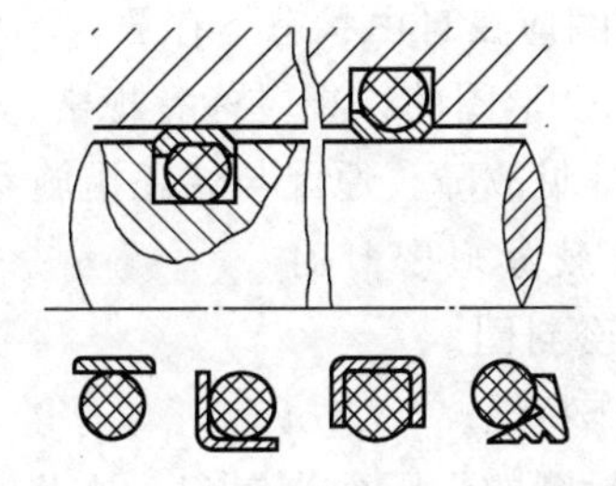

图2-56　滑环式O形圈组合密封结构

(3) 在使用真空密封用O形圈时应注意其特点。①降低密封接触表面粗糙度，密封沟槽的表面也要达到 $Ra=0.16\sim0.32\mu m$；②要选用硬度低、透气性小、不升华的O形圈材料。

(4) 在使用O形圈时应避免发生故障失效。

① O形圈的永久变形和弹力消失。O形圈失去密封能力的重要原因是永久变形和弹力消失，往往是由于压缩率和拉伸量大，长时间产生橡胶应力松弛而造成失弹，工作温度高使O形圈产生温度松弛与工作压力高长时间作用而永久变形。为此，在设计上应尽量保证O形圈具有适宜的工作温度，选择适当耐高压、高温、高硬度或低温的O形圈材料。此外，采用增塑剂可以改善O形圈的耐压性能、增强弹性（特别是增加低温下的弹性）。

② O形圈的间隙挤出破坏。O形圈的材质越软，工作压力越高，O形圈间隙挤出的现象就越严重。当压力超过一定限度时，O形圈就损坏而发生泄漏。为了消除这种故障，注

意O形圈的硬度和间隙，必要时可以采用挡圈。

③ O形圈扭转切断。密封沟槽偏心，O形圈截面直径过小且不均匀，润滑不足等，都会使O形圈的局部摩擦过大而造成O形圈扭转。为了防止O形圈扭转切断，可以采取措施，如限制沟槽的偏心度，模具加工和O形圈压制保证截面直径均匀、装O形圈前涂油脂润滑、降低缸壁或杆的表面粗糙度、加大O形圈截面直径和采用低摩擦系数的材料做O形圈等。

④ O形圈发生飞边。O形圈在分模面上留有溢出余胶所形成的飞边是不可避免的，但影响O形圈的密封性。为此，采用45°分模要比如90°分模好。我国规定飞边高度应小于0.10mm，厚度小于0.15mm。此外，可以采用冷冻滚修法、冷冻喷修法或液氮冷冻修边法来修整。

(5) 密封装置应适当润滑并设置防尘装置。

(6) O形圈应保证合适的尺寸精度。

(7) O形圈安装时应注意安装质量。

① 安装O形圈时应具有引入角和导向套，以防O形圈被尖角螺纹等锐边所切伤或划伤。一般引入角为15°～30°。在通过外螺纹时应备有薄壁金属导向套。

② 注意O形圈挡圈的安装位置，特别是单侧受压力时应将挡圈在朝向压力的对侧。

③ 切勿漏装或装入使用报废的O形圈。

(8) O形圈的保管。

① 避免放在阳光直射、潮湿及空气流通的地方，应存放在温度适宜的地方，温度为0～20℃，湿度为70%以上。

② 存放在离开加热设备1m以外，且不允许有酸、碱的室内。

③ O形圈应在自由状态下存放，不应加压，以免压缩引起永久变形。

④ 放置O形圈的口袋应标有规格、出厂日期。有效期一般为2～5年。

O形圈常见故障、原因与纠正措施参见附录三附表3-2。

(三) 橡胶唇形密封圈

1. V形密封圈

(1) 工作特性。

V形密封圈的受压面为唇口，在压力作用下，易与密封面紧密贴合。因此，较挤压型密封圈具有更强的自紧作用。

使用时可根据不同的工作压力，将几个V形密封圈重叠（图2-57），重叠个数越多，泄漏量越小，但数量过多，泄漏量的降低并不显著，摩擦阻力反而急剧升高，因此，一般选3～6个。因所有唇形密封圈都只有单向密封能力。故在双向压力中使用时（如双作用缸），须成对装填，分别以唇口朝向压力方向，切勿反装。

使用一段时间后，由于密封圈的磨损或变形而产生泄漏时，可增加密封圈的压紧力来消除。

V形圈既可密封缸的内表面（如活塞密封）也可密封轴杆的外表面（如活塞杆密封圈）。

(2) 使用注意事项。

为保证V形密封圈达到良好的密封效果，在使用中应注意以下事项。

① 考虑偏心载荷对V形密封圈的影响。通常情况下，V形圈对较小的偏心载荷不敏感，运转中轴有稍微振动或偏摆对其密封性并不影响，但因为V形圈本身承受径向载荷的

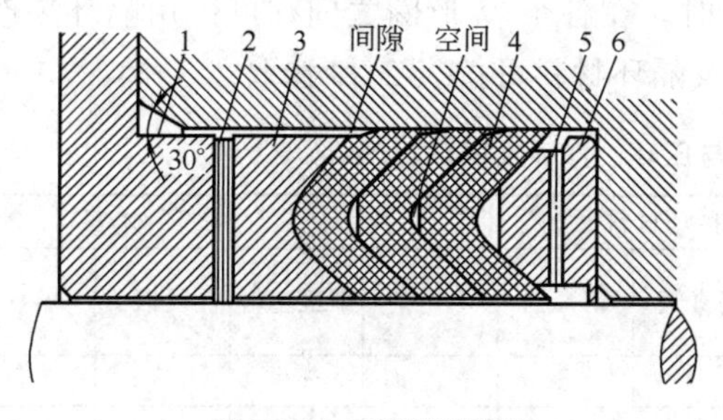

图 2-57　V 形密封圈

1—压盖；2—调节垫；3—压环；4—V 形圈；5—连通孔；6—撑环

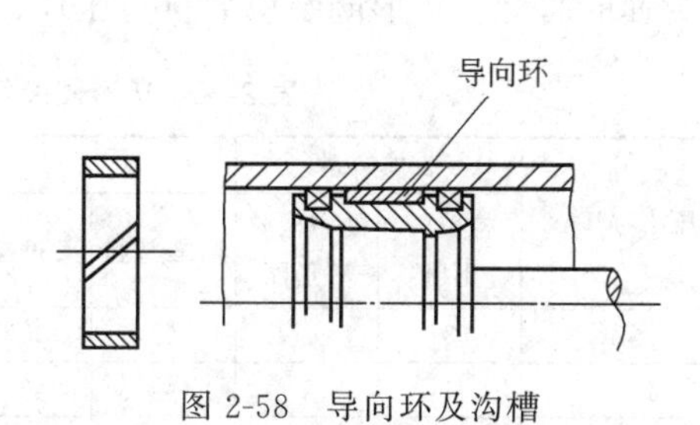

图 2-58　导向环及沟槽

能力有限，如果偏摆等因素引起的径向载荷过大，则势必增加 V 形圈的偏磨，并影响密封圈的密封性能，此时应把密封机构布置在轴承附近，以减小轴偏心对密封的影响。在有较大的径向载荷影响时，还可通过安装塑料或软金属材料的导向环来承受此作用，以减小偏磨对密封的影响，如图 2-58 所示。导向环半径方向厚度为 2～3mm；长径比为 1/3～1/4。

② 如图 2-57 所示，V 形圈一般需与压环、撑环成套安装，并且安装在撑环凸面和压环凹面之间，并用压盖压紧。也可在安装 V 形圈的沟槽两侧加工出压环和撑环的外形轮廓来替代。

撑环对 V 形圈的位置起决定性作用，同时维护唇的机能，因此它的形状和尺寸精度直接影响唇的工作，为此必须对它精加工，并与密封圈同角度。为了充分发挥唇的功能，并考虑到 V 形圈的膨胀及膨胀以后仍有效地工作，其外径应小于唇的外径，内径应大于唇的内径其间各有 0.25～0.40mm 间隙，如图 2-59(a) 所示。

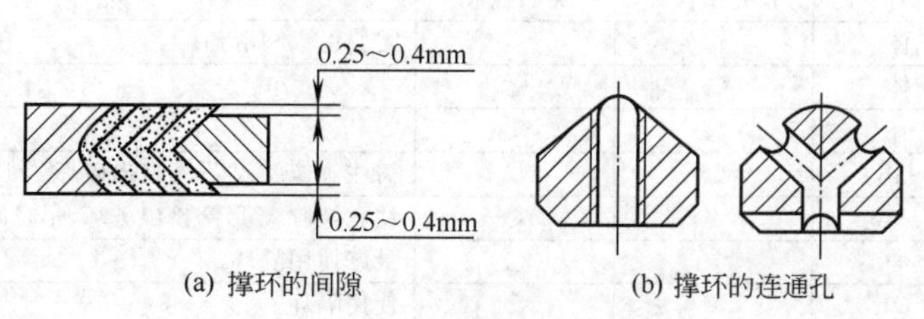

图 2-59　撑环结构及间隙

当需要 V 形圈的内、外唇同时起密封作用时，应在撑环上开几个连通孔［图 2-59(b)］，使作用在内外唇上的压力相等，此外 V 形圈顶端的小圆弧形槽安装时夹有空气，工作时应设法排除，方法是在撑环底部钻几个小孔。

压环有调节压力的作用，同时也对 V 形圈起定位作用。通常它的凹部与填料同角度，也需精加工。当内压低、要求摩擦小时，凹部的角度可以比密封圈的角度大一些，其角度最大可到 96°。为防止密封圈发生挤出现象，压环的内、外径必须有精确的尺寸，并取一定的配合。与撑环不同，它与滑动面之间不能有较大的间隙，压环间隙根据压力、速度、V 形圈硬度等因素来确定。一般情况下，压环间隙一定时，V 形密封圈材料硬度值与其能承受的介质压力高低成正比。如，当压环间隙大于或等于 0.1mm，V 形圈材料的邵氏硬度为 70、80、90 时，其能承受的压力分别为 15、17、20MPa。

③ 在高压场合，V 形圈用多个重叠装填。此时既要使泄漏量尽可能低，又不使摩擦阻力过高，这两个方面均需兼顾。V 形圈装填数量过多，对降低泄漏量的作用不显著，反而

使摩擦阻力急剧上升。当多个V形圈重叠装填时，在各个V形圈之间，可使用隔环来改善密封面的润滑。V形圈装填数量与压环、撑环及隔环材料可按表2-20选取。

表2-20　V形圈装填数量与压环、撑环及隔环材料

压力/MPa	装填数量		压环、撑环材料					隔环材料		
	橡胶V形圈	夹布橡胶V形圈	酚醛塑料	夹布橡胶	锡青铜	铝青铜	不锈钢	酚醛塑料	硬铝	锡青铜
<4	3	3	○	○	○	○	△	○	○	○
4～8	4	4	○	○	○	○	△	○	○	○
8～16	5	4	×	○	○	○	△	×	○	○
16～30	5	5	×	△	○	○	○	×	○	○
30～60		6	×	×	△	◎	○	×	△	○
>60		6	×	×	×	◎	○	×	△	○

注：1. 压力大于60MPa后，增加V形圈数量无明显效果，使用隔环效果较好。

2. 符号说明：◎最合适；○合适；△考虑其他使用条件后选用；×不可用。

④ V形圈仅能密封单向介质压力。装填时，应使V形圈的两唇部朝着压力方向。对双向介质压力，V形圈应装填两组，分别各自密封一向介质压力。

⑤ 必要时可对V形圈密封给予补充润滑。

⑥ 橡胶V形圈分为非夹布的和夹布的两类，它们的性能比较及使用场合见表2-21。非夹布的及夹布的V形圈可混合装填，这时把非夹布的放置在中间，夹布的放置在前后两侧。对非夹布的和夹布的其他橡胶唇形密封圈，也可参照表2-21确定它们的使用场合。

表2-21　非夹布橡胶V形圈及夹布橡胶V形圈比较

V形圈材料			非夹布橡胶	夹布橡胶	备　注
介质		气体	◎	△	需要引入润滑剂
		液体	◎	◎	—
压力/MPa		0～8	◎	◎	—
		8～16	○	◎	需注意橡胶V形圈挤出破坏
		16～30	△	◎	注意橡胶V形圈挤出破坏,尽量减少压环间隙
		3～60	×	○	最好使用隔环
		>60	×	○	使用隔环
速度/(m/s)	旋转	<0.05	○	○	—
		>0.05	×或○	×或○	如冷却和润滑充分,则可用
	往复	<0.05	◎	◎	—
		0.05～0.1	○	◎	—
		0.1～0.5	△	○	介质黏度大时,泄漏量增加
		>0.5	△	○	使用隔环,考虑冷却
其他特征		抗挤出破坏	弱	强	在高速、高压时要特别注意
		间隙	尽量减小	减小	—
		摩擦阻力	中等偏大	较大	—
		耐磨性	优	优	—
		耐冲击性	差～好	优	—
		轴容许偏心量	很好	小	—
		承受径向载荷	弱	强	—
		材料种类	范围广	大体限定	—

注：1. 符号说明同表2-20。

2. 选用的判断：在压力、速度二项使用条件中，若一项是△，另一项是○或◎，则可用；若两项都是△，则不可用。

3. 表中所列压力数值，指压力脉动较小的场合，如压力脉动大，会使使用条件苛刻数倍。

⑦ V形圈允许剖切使用。每个圈的切口只允许有一个，呈45°夹角斜切。各个圈的切口应错位90°～180°装填。

⑧ 轴或缸壁的表面质量（包括精度、表面粗糙度、硬度、耐腐蚀能力等）对V形圈密封寿命影响很大。条件允许时，应把它们的表面质量适当提高，表面粗糙度一般为$Ra1.6$。高压、高速条件的轴杆表面硬度不得低于60HRC。

⑨ 为避免V形圈唇部受到伤害，凡是装填途径上可能触及的台肩，填料函端面圆孔及轴肩等进行倒角或倒圆［图2-60(a)］。必要时，可使用带有圆滑导锥的专用套筒进行装填［图2-60(b)］。

在结构设计上，应尽可能避免V形圈装填途径上触及螺纹、键槽、径向孔等。必要时用薄铜皮包裹遮盖螺纹进行装填。

V形圈常见故障、原因与纠正措施参见附录三附表3-3。

2. 橡胶U形圈

U形圈有圆底和平底之分（图2-61），圆底U形圈的材质有橡胶、夹布橡胶和牛皮等；而平底U形圈是用夹布橡胶制成的，它有较低的摩擦力和较高的耐磨性，强度和寿命均比橡胶、牛皮高。

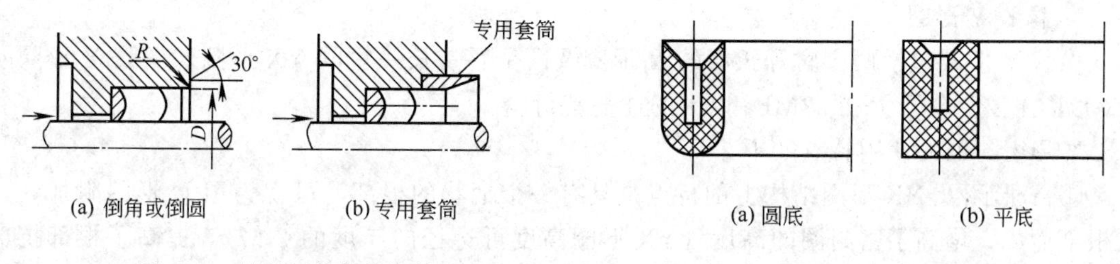

(a) 倒角或倒圆　(b) 专用套筒

图2-60 填料函的结构设计

(a) 圆底　(b) 平底

图2-61 U形密封圈

U形圈的密封作用主要靠液体压力把它的唇边紧压在运动件的表面上，随着运动速度的增加密封能力有所下降。这是由于密封圈横截面形状恢复能力较差，造成密封不易填充在工作表面的微小低凹处所致。随着液体的压力增高将有所改善。

橡胶U形圈使用的基本特点如下。

① 可单个使用，不用压环，撑环可用也可不用，尺寸较紧凑，摩擦阻力较低。

② U形圈除唇部工作面的磨耗外，兼有一种特殊磨损形式，即根部磨损，如图2-62(a)所示。在压力较高时，为减轻U形圈的这种磨损，可采用塑料或金属对其根部增强，如图2-62(b)所示；或采用带有弹性体O形圈的改良型U形圈，以补偿其密封唇部的磨损，改善初始密封效果，其主要用于静密封或旋转轴运动的密封，如图2-62(c)所示。

③ 撑环及挡圈的使用。U形圈用于往复动密封时（如活塞与缸之间），常常使用L形撑环，如图2-63所示，其不但能消除回程压力，又能防止U形圈被压坏或产生扭曲，还能保

(a) 根部磨损　(b) 根部增强　(c) 唇部增强

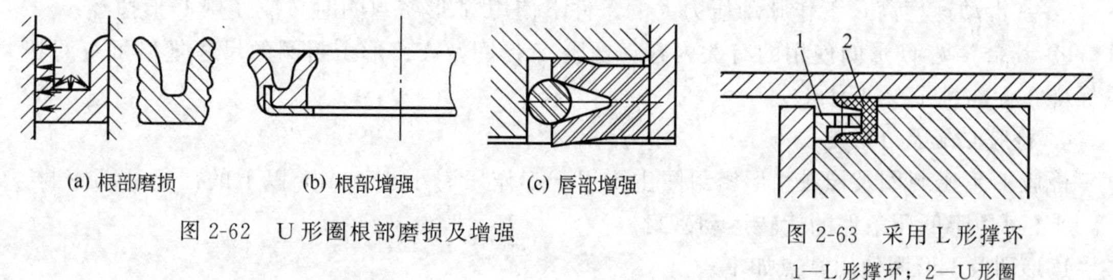

图2-62 U形圈根部磨损及增强

图2-63 采用L形撑环

1—L形撑环；2—U形圈

持U形圈的工作位置不变。当工作压力较高时，为防止密封圈被挤出破坏，除相应地减小沟槽根侧间隙外，还可在密封圈根侧底部的沟槽内设置挡圈（与O形圈时相似）。

④ 同V形圈安装一样，必要时，安装U形圈也使用导向环。目的也是为了减轻径向载荷对密封圈的偏磨。导向环尺寸要求与V形圈的一样，结构形式如前图2-58所示。装填导向环的沟槽外径根据U形圈尺寸而定，沟槽内径及公差等于导向环的内径和公差，沟槽长度等于导向环长度，沟槽两侧的半径间隙一般为0.25～0.40mm。

⑤ 沟槽尺寸的确定。安装U形圈的沟槽内、外壁直径以U形圈的公称尺寸确定；沟槽轴向长度应大于U形圈高度1.5～3mm；而沟槽的根侧径向间隙（密封圈根侧的沟槽外壁与壳体密封面之间）一般按H8/f8或H9/d9配合间隙确定，沟槽的唇侧径向间隙（密封圈唇侧的沟槽外壁与壳体密封面之间）则为：当U形圈公称内径分别为小于30mm、在30～80mm之间及大于80mm时，沟槽唇侧径向间隙分别取1、1.5和2mm。

⑥ 在U形密封圈的空气侧安装防尘密封，以提高工作寿命。

⑦ U形圈的安装有时需用专用圆滑导锥。

⑧ 其余参见V形圈使用的有关内容。橡胶U形圈及夹布橡胶U形圈的尺寸规格可查阅相关标准，标准目录参见附录一。

3. 橡胶Y形圈

橡胶Y形圈包括两个唇等长度的Y形圈及两个唇一长一短的YX形圈。橡胶Y形圈及YX形圈主要用作压力在32MPa以下的往复密封。

Y形密封圈的使用特点如下。

① Y形圈及YX形圈结构上的特点是具有一个柄状的根部，可视为用U形圈附加一柄状根部而成，增高了密封圈的高度（YX形圈高度可达径向厚度的2倍），提高了根部抗磨损能力和避免在装填沟槽中翻滚扭曲，使装填位置及工作性能均能稳定。以柄状根部代替压环，简化了结构，方便了装填。

YX形圈可视为Y形圈的改进形式，把等长的双唇，改为长短唇，在往复运动中，YX形圈在沟槽内作正常的小量窜动时，它以根部或长唇抵紧沟槽侧壁，保护了短唇（工作唇）不被沟槽间隙咬伤。

② YX形圈仅有一个工作唇（短唇），根据唇在外径或内径的位置可分为孔用或轴用两类，二者不可互换。Y形圈有两个工作唇，孔或轴密封通用。

③ 往复气动专用Y形圈在润滑充分和滑动表面光滑的条件下使用时，其寿命很长。

④ 安装密封圈的沟槽长度一般比所用的Y形圈或YX形圈的高度大0.5～2mm；沟槽的根侧径向间隙及唇侧径向间隙，都按H8/f8或H9/f9确定；而沟槽的内壁与外壁直径，则分别根据所用的Y形圈或YX形圈的公称外径或内直径确定。一般，沟槽内壁直径公差按d10选定，外壁直径公差选为H10。

⑤ 在滑动速度高，工作脉动压力大的条件下使用Y形密封圈时，应使用L形撑环。

⑥ 其余参见U形圈使用的有关内容。橡胶Y形圈及YX形密封圈的尺寸规格可查阅相关标准，标准目录参见附录一。

4. 橡胶L形及J形圈

橡胶L形密封圈及橡胶J形密封圈主要用于工作压力小于1MPa以下的往复运动密封。J形圈还可用于低压条件的旋转运动密封。

L形圈及J形圈使用特点如下。

① 与 YX 形圈一样，L 形圈和 J 形圈也只有一个工作唇，L 形圈仅用于密封孔，J 形圈仅用于密封轴。它们一般都在密封直径较小的场合下使用。

② L 形圈与 J 形圈的抗挤出破坏能力比较强，因此，沟槽间隙尺寸可稍大些。但其有根部磨损的破坏形式存在，如图 2-64 所示。

③ 为改善 L 形圈工作唇部的摩擦条件，可以在其唇的工作面上按相应的设计要求加工出润滑沟槽。

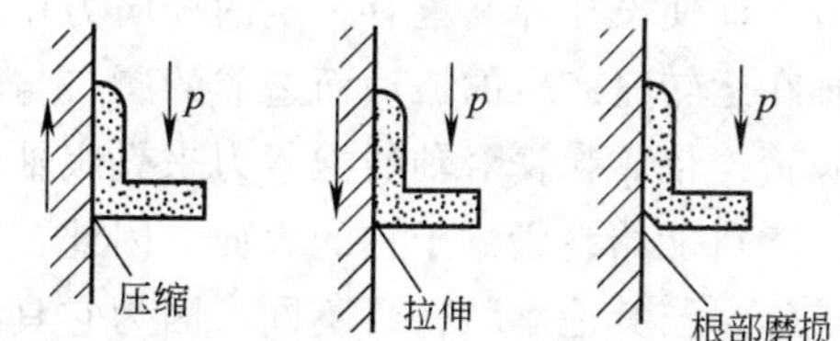

图 2-64　L 形圈的根部磨损

④ 安装 L 形圈和 J 形圈时应对其环垫部分夹紧，以防止介质在此处产生泄漏。工作时，密封圈接触介质后可能有溶胀现象，特别是其唇部的非工作面的溶胀，它需要有相应的沟槽空间容纳，所以，安装时需要考虑。

⑤ 其他情况参见 V 形、U 形的有关内容。橡胶 L 形圈及橡胶 J 形圈的尺寸规格可查阅相关标准，标准目录参见附录一。

（四）塑料密封圈及皮革密封圈

1. 塑料密封圈

在石油、化工、机械等行业中，当温度较低或较高，压力较高，腐蚀性较强时，不能使用橡胶密封圈。这时，可考虑选用塑料密封圈。

塑料密封圈的形式有 O 形、V 形及楔形，材料有聚四氟乙烯、尼龙、聚乙烯、聚氯乙烯等。成型方法主要是车削或模压成型。塑料密封圈弹性不如橡胶圈，且热膨胀系数大（聚四氟乙烯约为钢的 7 倍以上），导热能力亦差（聚四氟乙烯约为钢的 3/1000），作为成型填料材料不如橡胶、皮革等适宜。但因它在其他方面的优良特性，仍然在某些场合中作为唇形密封圈应用。以聚四氟乙烯为例，它具有优异的化学稳定性、耐溶胀性和自润滑性，较好的耐热耐寒性，极低的摩擦系数等优点。其工作压力可达 32MPa 以上，工作温度－100～250℃，密封面线速度 3m/s。

2. 皮革密封圈

皮革密封圈一般用丹宁革、铬革或混合革制造，皮革是做密封圈最古老的材料，它有良好的韧性和耐磨性，对于油和水有一定浸润性，所以在油、水中工作时有良好的润滑作用，使用寿命长，且耐高压。另外，皮革密封圈还能用于轴表面粗糙度和精度较差的环境中。皮革密封圈的缺点是工作温度极限低，在高温热油中易变形变质，皮革密封圈弹力较差，有时需采取补充弹力措施。

皮革仅适宜制作唇形密封圈。皮革唇形密封在必要时采用橡胶垫、菊花形板簧、钢丝圈补充弹力。皮革密封圈适宜于压力＜100MPa，温度－70～100℃的油、水和空气中使用。

二、油封

油封即润滑油的密封，多用于润滑油系统中作为油泵的轴承密封。其功用是把油腔和外界隔离，对内封油，对外防尘。但它有时也可以用来密封水或其他弱腐蚀性介质和低压往复杆或摇动球面的密封件。油密实际上也是一种唇形密封，又称为旋转轴唇形密封圈，因与其他唇形密封相比，有其明显的特点，且品种规格繁多而另列为一类。

（一）油封的基本结构及工作原理

油封的密封圈都是由各种合成橡胶制成，其基本结构如图 2-65 所示。它主要由油封本体、加强用骨架6及自紧用弹簧3组成。油封本体各部位又分为底部5、腰部4、冠部2和唇口1。

油封在自由状态下，其内径比轴径小，即具有一定的过盈量。当油封装到油封座和轴上以后，即使没有弹簧也有一定的径向力作用在轴上。为了保证密封的可靠性，减少或者弥补因轴在运转时产生的振动而造成的唇口与轴颈产生的局部间隙，在油封冠部的上方，加装一个弹簧。依靠弹簧对轴的抱紧力来克服轴在旋转状态下，因振摆、跳动所造成的间隙，使油封的唇口能始终紧贴于轴的表面。因此，油封能以较小的径向力获得良好的密封效果。

油封与其他唇状密封不同，因为它具有回弹能力更大的密封唇部，密封面接触宽度很窄(小于0.5mm)，而且接触压力的分布图形呈尖角形（图2-65）。径向力大小并不是油封结构最佳设计方案的唯一因素。径向力分布应保证有“峰值”状态，且尖峰越锐，密封效果越好。最理想的情况应当是，尽量采用最小的径向力而得到最尖锐的“峰值”压力分布，以获得最佳的密封效果。

油封的工作原理，目前比较普遍地认为是油封唇口与轴接触面之间存在着一层很薄的黏附油膜的结果（图2-66）。这层油膜的存在一方面起到密封流体介质的作用，另一方面还可以起到唇与轴之间的润滑作用。但是油封在使用过程中，由于油封唇的作用，轴表面及转动情况和密封介质性质的不同，以及三者的相互作用和相互配合条件是经常会发生变化的，所以在轴旋转的动态过程中，油膜的厚度也在不断变化，其变动量一般约在20％～50％之间。油膜过厚，容易泄漏；油膜过薄，则会导致干摩擦。

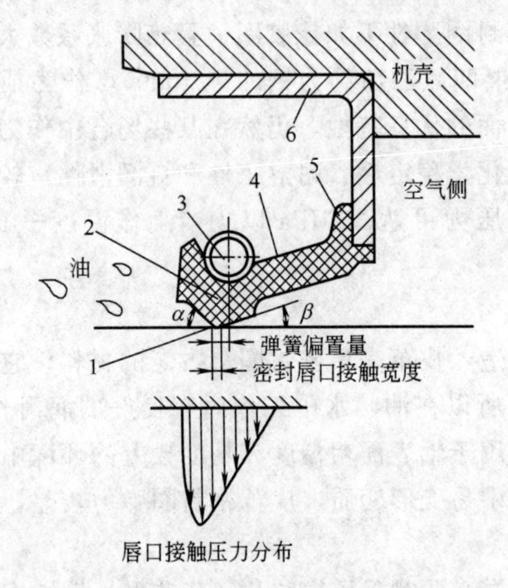

图2-65 油封的基本结构及接触压力分布

1—唇口；2—冠部；3—弹簧；4—腰部；5—底部；6—骨架

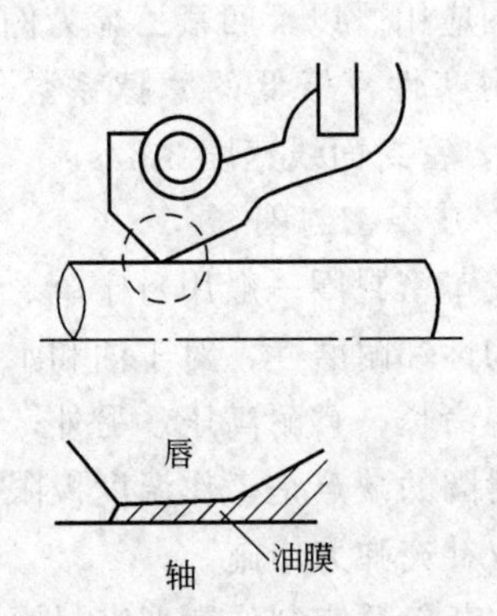

图2-66 油封唇口的油膜

油膜厚度变化的原因是维持油膜存在的表面张力在不断波动。当表面张力大于某一定值时，油膜将破裂，密封失效。油膜的表面张力与油的黏度、运动速度等因素有关。油封工作时最理想的油膜厚度，即临界膜厚的形成与保持，与油封对轴的径向力的大小及其分布状况直接有关。最理想的情况是：油封密封副的滑移面，始终保持临界润滑状态，即保持“临界油膜厚度”。

（二）油封的特点及类型

油封一般以橡胶为主体材料，有的带金属骨架和弹簧。其结构简单、尺寸紧凑、装卸容易、成本低廉。对工作环境条件及维护保养的要求不苛刻，密封性能较好，适宜大批量生产。油封广泛地应用在起重运输机械、工程矿山机械、船舶、飞机、机床及多种油压装置上。它通常的工作范围是：工作压力，普通油封一般不超过 0.05MPa，耐压油封国外可达 10MPa，国内产品约为 1～3MPa；密封面线速度，低速型＜4m/s，高速型 4～15m/s；工作温度范围为－40～＋120℃（与橡胶种类有关）；适用介质为油品、水、弱腐蚀性介质；寿命约为半年。

油封的类型很多，按工作原理分为普通型及流体动压型油封；按允许工作线速度分为低速型及高速型；按材质分为橡胶油封、皮革油封及塑料油封；按结构形式分为粘接结构、装配结构、骨架结构和全胶结构；按唇口密闭方向分为内向油封、外向油封（或称封孔油封）、端面油封；还有断面形状特殊的各种异型油封。具有不同特点，用于不同场合的油封类型多达二十几种。其中，以骨架式有簧橡胶油封应用最广，为常用的油封类型。图 2-67 所示为油封的不同结构形式。

① 粘接结构。这种结构的特点在于橡胶部分和金属骨架可以分别加工制造，再用胶粘接在一起，成为外露骨架型。有制造简单，价格便宜等优点。美、日等国多采用此种结构。它们的截面形状如图 2-67(a) 所示。

② 装配结构。它是把橡胶唇部、金属骨架和弹簧圈三者装配起来而组成油封［图 2-67(b)］。它有内外骨架把橡胶唇部夹紧。通常还有一挡板，以防弹簧脱出。

③ 包骨架结构。它是把冲压好的金属骨架包在橡胶之中，成为内包骨架型［图 2-67(c)］。其制造工艺较为复杂一些，但刚度好，易装配，且钢板材料要求不高。

④ 全胶结构。这种油封无骨架，有的甚至无弹簧，整体由橡胶模压成型［图 2-67(d)］。其特点是刚度差，易产生塑性变形。但是它可以切口使用，这对于不能从轴端装入而又必须用油封的部位是仅有的一种形式。

中国常用油封的结构形式与尺寸规格可参阅相关标准，标准目录参见附录一。

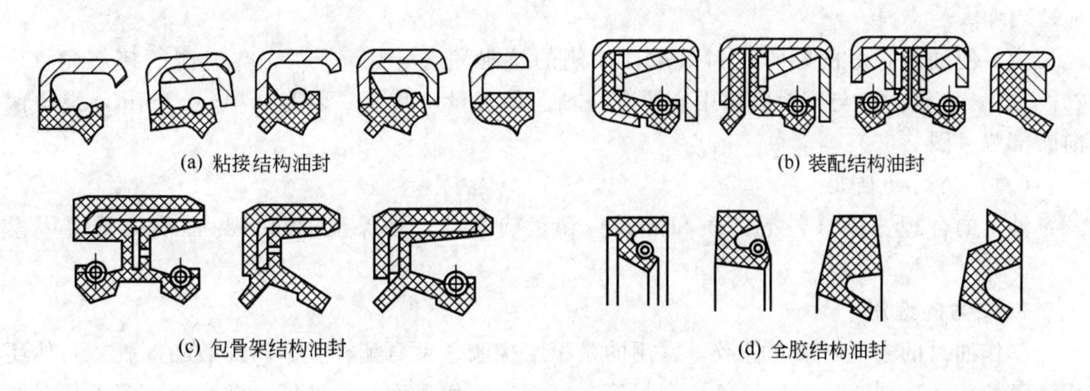

图 2-67　油封结构形式

（三）油封的主要性能参数

要使油封在理想状态下工作，即既要使油封的泄漏量少，又要使其磨损量小，工作寿命长，就要使油封对于轴有足够的径向箍紧力和对轴偏心有较好的追随补偿性。同时使唇口与轴的接触面处于良好的润滑状态。

1. 唇口比压

唇口比压是指在单位圆周上的油封唇口对轴的箍紧力，它是表征唇口摩擦面上线接触应力大小的重要特性参数。对于唇口摩擦工况及密封寿命有直接影响。必须有足够的唇口比压，才能获得密封效果；但唇口比压过大，唇口把轴箍得过紧，会使摩擦面上的油膜遭到破坏，油封的寿命将会大大缩短。因此必须将油封的唇口比压控制在适当的范围内，其常用数值，根据经验推荐：低速型为150～220N/m；高速型为95～130N/m。

2. 过盈量

油封的过盈量是指在自由状态（未装弹簧）时唇口直径与轴径之差。过盈量可产生一部分径向比压，并能补偿轴的偏心，过盈量过小会降低密封性，过大会产生大量的摩擦热，从而引起橡胶材料的焦耳热效应，加速唇口老化龟裂。这对高速型油封更加明显。一般应根据使用条件确定适当的过盈量，通常为0.2～0.5mm。油封形式及轴径的不同过盈量的取值也不同，轴径大而无簧时，选大过盈量；轴径小而无簧时，可选稍大过盈量；低速型选用稍小值；高速型选取小值。

3. 弹簧的工作载荷

弹簧的工作载荷主要取决于密封介质的压差，当压差小于0.1MPa时，可不必设置弹簧，采用无弹簧型油封。由于油封在运转中唇部胶料会因摩擦发热而软化，增大热变形及磨损，造成应力松弛。单靠唇口的过盈和弹性变形难以保证足够的唇口径向力，所以当密封介质压力大于0.1MPa，便需加设弹簧来维持一定的径向压力，使油膜稳定，且对轴的偏心能起一定的补偿作用。对于有弹簧的油封，由弹簧产生的径向力约占整个径向力的60%，说明弹簧力的大小对油封的密封性有很大的影响。

4. 唇口结构尺寸

为了使唇口径向接触压力呈尖角形分布，减少唇口摩擦热的产生，有利于润滑油膜的稳定，油封唇口应与轴呈线接触状态。密封唇口接触宽度典型值为0.1～0.15mm，经500～1000h的跑合运转后，接触宽度增至0.2～0.3mm。在含磨粒性的介质环境中，接触宽度可能进一步增加至0.5～0.7mm，甚至更多。如果密封介质的压力增大，则唇口的接触面宽度应适当增大。

为了使油封获得良好的密封效果，油侧的接触角$\alpha=40°\sim60°$，空气侧的接触角$\beta=20°\sim35°$，弹簧中心与密封唇口中心要有一轴向偏置量，其值一般为0.4～0.7mm，弹簧偏向腰部侧（图2-65）。

（四）油封的使用

油封的合理选用（包括材质和形式）和正确安装，是保证油封密封性能的重要因素之一。

1. 油封的选用

制作油封的主要材质是橡胶，常用的是丁腈橡胶、聚氨酯橡胶、丙烯酸酯橡胶。其他还用到氟橡胶、硅橡胶、聚四氟乙烯塑料等。应根据工作温度、线速度（轴转速）等条件对油封材质进行选择。

油封形式的主要选择依据是：主机的工作特性，工作条件与环境，介质性质。另外还需考虑材料来源及成本费用等。

2. 油封的安装

安装油封时应注意以下各点。

(1) 安装前的检查与清理。

根据具体的所需密封部位的工况，包括介质性质等，检查油封胶料与结构的选择是否合适。轴径应等于油封公称内径，公差按 f9 选取，表面粗糙度值不大于 $Ra1.6\mu m$；轴表面宜淬硬或镀铬，表面硬度要求达到 30～50HRC，壳体上的装填孔等于油封公称外径，公差按 H8 选取，表面粗糙度值不大于 $Ra3.2\mu m$，装填孔与轴的同轴度应小于 0.1mm。清理工作主要包括清洗与被安装件的合理归位等，这与其他密封装置的安装要求相似。

（2）油封的安装。

① 安装时，油封可能触及的轴肩，或安装孔的端面等应加工成倒角或倒圆，即加工成圆滑导锥结构，否则，需另外使用加工有圆滑导锥的套筒协助装填。

油封唇口可能接触轴的键槽、螺纹等，应包裹薄铜皮后，让油封顺利通过。对安装油封的孔壁，应尽可能避免开孔或槽，以免损伤油封外圆面。对于装填孔壁上必须开的孔或槽应尽可能径向开设，且需避免触及油封的外圆面。

② 为防止油封在油压作用下发生位移，可采用在油封座孔后端装设挡环，或直接做出台肩。

③ 油封前后压差大于 0.05MPa 时，需用垫圈支撑增强（图 2-68）。油封用于圆锥滚柱轴承部位时，应在轴承外径处钻减压孔（图 2-69）。

④ 在通常情况下，不能装设挡油器、甩油环等，避免阻挡润滑油液流入油封部位。但若有激溅油流冲刷油封时，则油封前应装设挡油环（图 2-70）或选用带挡油片的异型油封。

⑤ 轴的终加工痕迹尽可能不呈螺纹状。避免与油封唇口共同产生泵送效应而影响密封性能。

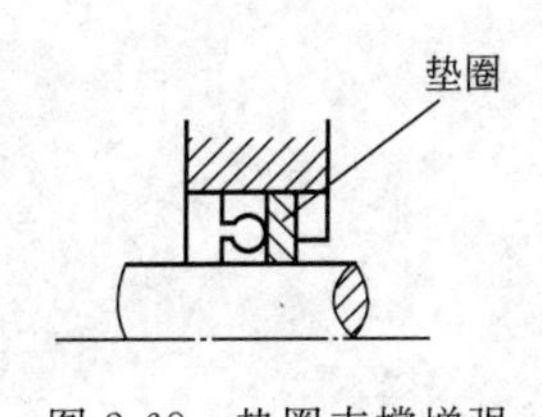

图 2-68　垫圈支撑增强

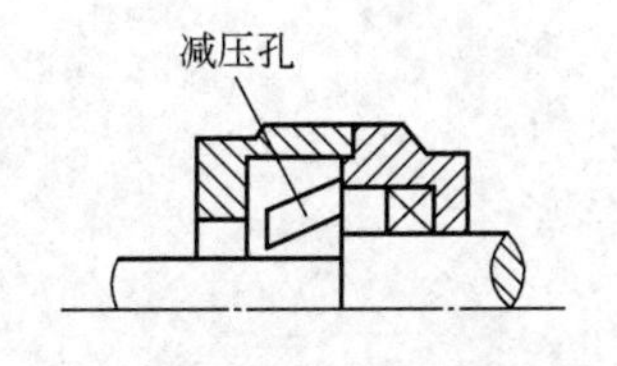

图 2-69　带减压孔的轴承座

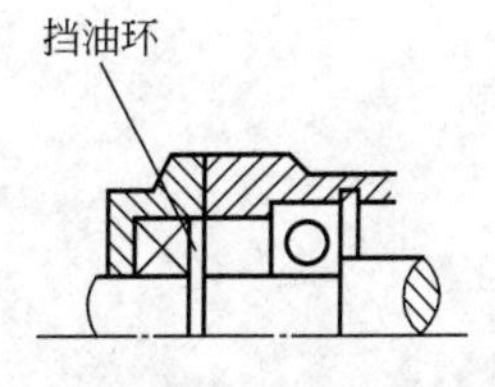

图 2-70　挡油环的安装

3. 油封常见故障、原因及排除方法

对油封密封性能的影响因素很多，它们可能引起油封的故障。因此，在油封的保存、选型、安装、使用等诸多方面必须重视。油封常见故障、原因与纠正措施参见附录三附表 3-4。

【学习反思】

1. 填料密封的使用在我国已有上千年的历史，是比较古老的技术。如今填料密封技术在生产实践中广泛运用，一方面是因为相关技术的日渐成熟，另一方面也得益于广大科技工作者的辛勤耕耘。作为未来的密封技术实践者，我们应时刻准备着。

2. 正确熟练地安装填料密封，需要经过反复地动手实践。动手实践是高等职业教育教学中重要的环节之一。如果没有热爱实践、勇于实践、勤于实践的学习态度，则很难提升自己的职业素养。

复习思考题

2-1　简述软填料密封的基本结构及密封原理。

2-2　通过何种方法才能获得良好的软填料密封的密封性能？

2-3　简述软填料密封材料的基本要求及主要材料。

2-4　典型的软填料结构形式主要有哪几种？并简述它们特点。

2-5　软填料密封存在的主要问题有哪些？可以采取哪些改进措施？

2-6　软填料密封安装时应注意哪些要求？

2-7　活塞环开口的切口形式主要有哪几种？最常用的是哪种？为什么？

2-8　简述活塞环的密封原理。

2-9　成型填料密封与软填料密封的主要区别是什么？成型填料按工作特性可分为哪几类？

2-10　简述O形密封圈的工作特性。

2-11　V形密封圈使用时应注意哪些事项？

2-12　油封作用是什么？主要结构形式有哪些？

2-13　怎样才能使油封获得最佳的密封效果？为什么？

第三章

机 械 密 封

学习目标

1. 掌握机械密封的基本结构、作用原理和特点。
2. 了解机械密封的分类。
3. 了解机械密封端面摩擦机理及摩擦状态。
4. 掌握机械密封主要零件的结构形式。
5. 了解机械密封的典型结构与循环保护系统。
6. 掌握机械密封失效的定义及外部症状。
7. 了解机械密封的失效形式及典型实例。
8. 能根据机械密封的实物或结构图判别机械密封的基本类型。
9. 能正确计算机械密封的主要性能参数。
10. 能根据使用要求正确选择机械密封的材料及类型。
11. 能规范合理保管机械密封件，能正确安装机械密封。
12. 能初步分析机械密封失效的原因。
13. 会查阅机械密封的相关资料、图表、标准、规范、手册等，具有一定的运算能力。
14. 培养环境保护意识、节能意识和规范操作意识。
15. 培养解决生产实际问题的本领，追求新技术的热情。
16. 培养团队协作精神和精益求精的态度。

机械端面密封是一种应用广泛的旋转轴动密封，简称机械密封，又称端面密封。近几十年来，机械密封技术有了很大的发展，在石油、化工、轻工、冶金、机械、航空等工业中获得了广泛的应用。据我国当代石化行业统计，80%～90%的离心泵采用机械密封。工业发达国家里，在旋转机械的密封装置中，机械密封的用量占全部密封使用量的90%以上。特别是近年来机械密封发展很快，已成为流体密封技术中极其重要的动密封形式。

第一节　机械密封的基本原理

一、机械密封的基本结构、作用原理和特点

机械密封按国家有关标准定义为：由至少一对垂直于旋转轴线的端面在流体压力和补偿机构弹力（或磁力）的作用以及辅助密封的配合下保持贴合并相对滑动而构成的防止流体泄

漏的装置。

机械密封一般主要由四大部分组成：

① 由静止环（静环）和旋转环（动环）组成的一对密封端面，该密封端面有时也称为摩擦副，是机械密封的核心；

② 以弹性元件（或磁性元件）为主的补偿缓冲机构；

③ 辅助密封机构；

④ 使动环和轴一起旋转的传动机构。

机械密封的结构多种多样，图 3-1 所示为一种常见的机械密封基本结构。机械密封安装在旋转轴上，密封腔内有紧定螺钉 1、弹簧座 2、弹簧 3、推环 4、动环辅助密封圈 5、动环 6，它们随轴一起旋转。机械密封的其他零件，包括静环 8、静环辅助密封圈 7 和防转销 9 安装在端盖内，端盖与密封腔体用螺栓连接。轴通过紧定螺钉、弹簧座、弹簧、推环带动动环旋转，而静环由于防转销的作用而静止于端盖内。动环在弹簧力和介质压力的作用下，与静环的端面紧密贴合，并发生相对滑动，阻止了介质沿端面间的径向泄漏（泄漏点 1），构成了机械密封的主密封。摩擦副磨损后在弹簧和密封流体压力的推动下实现补偿，始终保持两密封端面的紧密接触。动、静环中具有轴向补偿能力的称为补偿环，不具有轴向补偿能力的称为非补偿环。图 3-1 中动环为补偿环，静环为非补偿环。动环辅助密封圈阻止了介质可能沿动环与轴之间间隙的泄漏（泄漏点 2）；而静环辅助密封圈阻止了介质可能沿静环与端盖之间间隙的泄漏（泄漏点 3）。工作时，辅助密封圈无明显相对运动，基本上属于静密封。端盖与密封腔体连接处的泄漏点 4 为静密封，常用 O 形圈或垫片来密封。

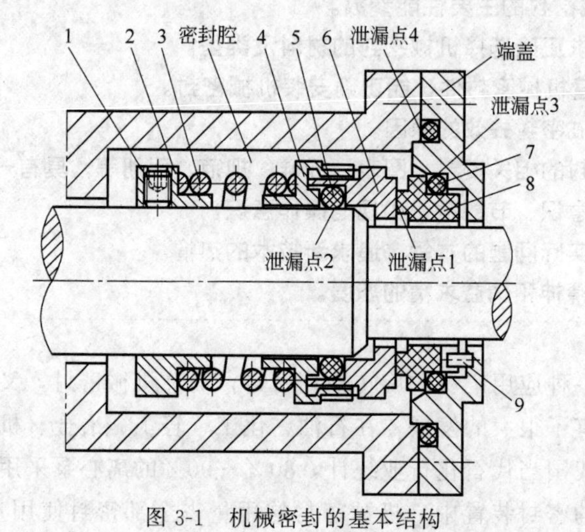

图 3-1 机械密封的基本结构

1—紧定螺钉；2—弹簧座；3—弹簧；4—推环；5—动环辅助密封圈；6—动环；7—静环辅助密封圈；8—静环；9—防转销

图 3-1 所示的机械密封为“分离式”结构，即密封的动、静环以及与安装相关的轴套、密封端盖等各自为一体，在安装时才组装在一起。这种分离式结构不但安装不便，而且要求维修人员具有一定的安装经验和熟练的操作技能，即便如此，密封的安装质量也不一定能得到保证。从我国石油、化工等行业的泵用机械密封使用情况统计资料来看，约 38%的机械密封失效是由于安装不当造成的。为克服分离式机械密封安装要求较高的缺点，可采用集装式结构。

图 3-2 所示为一种常见的集装式机械密封的基本结构。集装式机械密封是指将密封环、

补偿元件、辅助密封圈、密封端盖和轴套等，在安装前组装在一起并调整好的机械密封。集装式机械密封也称为卡盘式机械密封，各零件集成为一个整体，并可预留冷却、冲洗等接口，出厂前已将各部位的配合及比压调整好。使用时只需将整个装置清洗干净、同时将密封腔及轴清洗干净，即可将整套密封装置装入密封腔内，拧紧密封端盖螺栓和驱动环紧定螺钉最后取下限位块就可使用。集装式机械密封中的驱动环是安装在集装式密封装置的外部零件，用于将转矩传递给密封轴套，并阻止密封轴套相对于轴产生轴向位移。

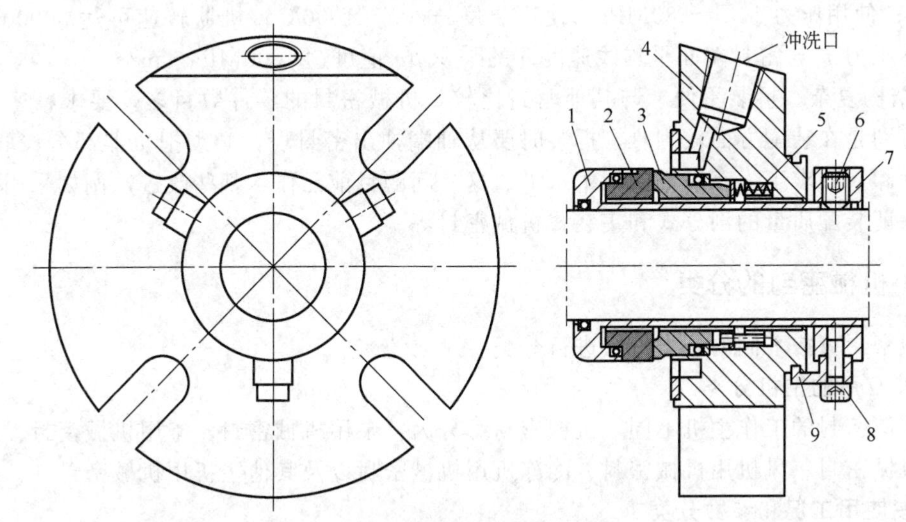

图 3-2　集装式机械密封

1—密封轴套；2—动环；3—静环；4—端盖；5—弹簧；
6—驱动环紧定螺钉；7—驱动环；8—定位螺钉；9—限位块

从结构上看，机械密封主要是将极易泄漏的轴向密封，改变为不易泄漏的端面密封。由动环端面与静环端面相互贴合而构成的动密封，是决定机械密封性能和寿命的关键。据统计，机械密封的泄漏大约有 80％～95％是由于密封端面摩擦副造成的。因此，对动环和静环的接触端面要求很高，我国机械行业标准 JB/T 4127.1—2013《机械密封　第 1 部分：技术条件》中规定：密封端面平面度公差应不大于 0.0009mm；硬质材料密封端面粗糙度 Ra 值应不大于 0.2μm，软质材料密封端面粗糙度 Ra 值应不大于 0.4μm。

机械密封与其他形式的密封相比，具有以下特点。

① 密封性好。在长期运转中密封状态很稳定，泄漏量很小，据统计约为软填料密封泄漏量的 1％以下。

② 使用寿命长。机械密封端面由自润滑性及耐磨性较好的材料组成，还具有磨损补偿机构。因此，密封端面的磨损量在正常工作条件下很小，一般的可连续使用 1～2 年，特殊的可用到 5～10 年以上。

③ 运转中不用调整。由于机械密封靠弹簧力和流体压力使摩擦副贴合，在运转中即使摩擦副磨损后，密封端面也始终自动地保持贴合。因此，正确安装后，就不需要经常调整，使用方便，适合连续化、自动化生产。

④ 功率损耗小。由于机械密封的端面接触面积小，摩擦功率损耗小，一般仅为填料密封的 20％～30％。

⑤ 轴或轴套表面不易磨损。由于机械密封与轴或轴套的接触部位几乎没有相对运动，

因此对轴或轴套的磨损较小。

⑥ 耐振性强。机械密封由于具有缓冲功能，因此当设备或转轴在一定范围内振动时，仍能保持良好的密封性能。

⑦ 密封参数高，适用范围广。当合理选择摩擦副材料及结构，加之设置适当的冲洗、冷却等辅助系统的情况下，机械密封可广泛适用于各种工况，尤其在高温、低温、强腐蚀、高速等恶劣工况下，更显示出其优越性。目前机械密封技术参数可达到如下水平：轴径 5～1000mm；使用压力 10^{-6}～80MPa；使用温度 −200～1000℃；机器转速可达 50000r/min；密封流体压力 p 与密封端面平均线速度 v 的乘积 pv 值可达 1000MPa · m/s。

⑧ 结构复杂、拆装不便。与其他密封比较，机械密封的零件数目多，要求精密，结构复杂。特别是在装配方面较困难，拆装时要从轴端抽出密封环，必须把机器部分（联轴器）或全部拆卸，要求工人有一定的技术水平。这一问题目前已作了某些改进，例如采用拆装方便并可保证装配质量的剖分式和集装式机械密封等。

二、机械密封的分类

机械密封可按不同的分类方法进行分类。

1. 按应用的主机分类

按使用密封的工作主机不同，机械密封可分为：泵用机械密封、釜用机械密封、透平压缩机用机械密封、风机用机械密封、冷冻机用机械密封以及其他主机用机械密封。

2. 按使用工况和参数分类

机械密封可按不同的使用工况和参数分类，如表 3-1。

表 3-1　机械密封按使用工况和参数分类

<table>
<tr><th>分类依据</th><th>分类</th><th>使用工况和参数</th><th>分类依据</th><th>分类</th><th>使用工况和参数</th></tr>
<tr><td rowspan="4">按密封腔不同温度</td><td>高温机械密封</td><td>$t>150℃$</td><td rowspan="3">按轴径大小</td><td>大轴径机械密封</td><td>$d>120mm$</td></tr>
<tr><td>中温机械密封</td><td>$80℃<t\leqslant150℃$</td><td>一般轴径机械密封</td><td>$25mm\leqslant d\leqslant120mm$</td></tr>
<tr><td>普温机械密封</td><td>$-20℃\leqslant t\leqslant80℃$</td><td>小轴径机械密封</td><td>$d<25mm$</td></tr>
<tr><td>低温机械密封</td><td>$t<-20℃$</td><td rowspan="12">按参数和轴径</td><td rowspan="6">重型机械密封</td><td rowspan="6">通常指满足下列参数和轴径之一的机械密封：密封腔压力大于 3MPa；密封腔温度小于 −20℃ 或大于 150℃；密封端面平均线速度大于 25m/s；密封轴径大于 120mm</td></tr>
<tr><td rowspan="5">按密封腔压力</td><td>超高压机械密封</td><td>$p>15MPa$</td></tr>
<tr><td>高压机械密封</td><td>$3MPa<p\leqslant15MPa$</td></tr>
<tr><td>中压机械密封</td><td>$1MPa<p\leqslant3MPa$</td></tr>
<tr><td>低压机械密封</td><td>常压$\leqslant p\leqslant1MPa$</td></tr>
<tr><td>真空机械密封</td><td>负压</td></tr>
<tr><td rowspan="3">按密封端面平均线速度</td><td>超高速机械密封</td><td>$v>100m/s$</td><td rowspan="5">轻型机械密封</td><td rowspan="5">通常指满足下列参数和轴径的机械密封：密封腔压力小于 0.5MPa；密封腔温度大于 0℃、小于 80℃；密封端面平均线速度小于 10m/s；密封轴径不大于 40mm</td></tr>
<tr><td>高速机械密封</td><td>$25m/s\leqslant v\leqslant100m/s$</td></tr>
<tr><td>一般速度机械密封</td><td>$v<25m/s$</td></tr>
<tr><td rowspan="3">按被密封介质</td><td>耐磨粒介质用机械密封</td><td>含磨粒介质</td></tr>
<tr><td>耐强腐蚀介质机械密封</td><td>强酸、强碱及其他强腐蚀介质</td></tr>
<tr><td>耐油、水及其他弱腐蚀介质机械密封</td><td>耐油、水、有机溶剂及其他弱腐蚀介质</td><td>中型机械密封</td><td>通常指不满足重型和轻型的其他机械密封</td></tr>
</table>

3. 按作用原理和结构分类

机械密封按作用原理和结构不同，有以下几种分类方法。

① 按密封端面的对数分类。分为单端面、双端面和多端面机械密封。由一对密封端面组成的为单端面机械密封（图 3-1），由两对密封端面组成的为双端面机械密封（图 3-3），由三对或三对以上密封端面组成的为多端面机械密封。

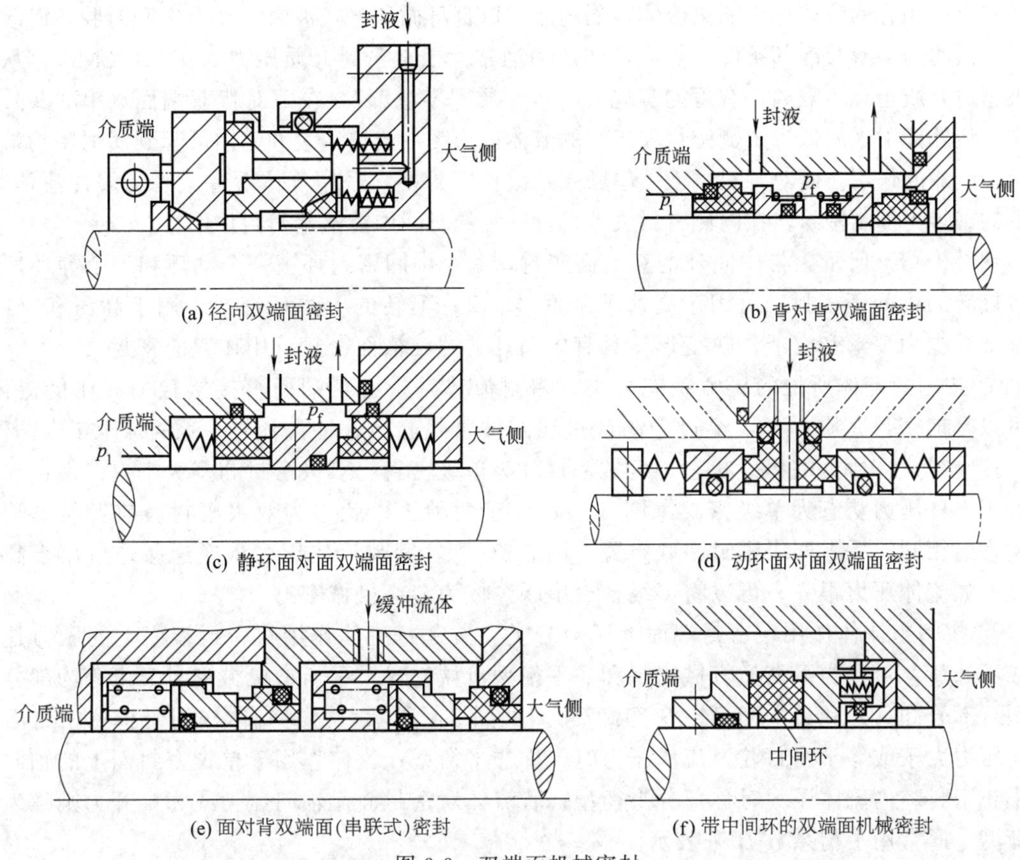

图 3-3　双端面机械密封

单端面密封结构简单，制造、安装容易，应用广，适合于一般液体场合，如油品等，与其他辅助装置合用时，如设置冲洗系统，可用于带悬浮颗粒、高温、高压液体等场合。但当介质有毒、易燃、易爆以及对泄漏量有严格要求时，不宜使用。

双端面密封适用于腐蚀、高温、液化气带固体颗粒及纤维、润滑性能差的介质，以及有毒、易燃、易爆、易挥发、易结晶和贵重的介质。当被密封介质本身润滑性差或含有固体颗粒或为有毒、易燃、易爆介质时，只能从外界向密封腔连续供给洁净、起润滑、冷却作用，并与被密封介质相容的辅助流体（封液）。实现这种独立的辅助流体循环系统的结构一般采用双端面机械密封。

根据两对密封端面的布置形式，双端面机械密封可分为径向双端面密封和轴向双端面密封。径向双端面密封［图 3-3（a）］的两对密封端面沿径向布置，密封结构较轴向双端面密封紧凑，用于径向空间大而轴向空间小的场合。

轴向双端面机械密封的两对密封端面沿轴向相对或相背布置，用于轴向空间大而径向空间小的场合。轴向双端面密封有背对背、面对面和面对背三种布置方式。两个补偿元件装在两对密封环之间的为背对背双端面密封［图 3-3（b）］；两对密封环均装在两个补偿元件之间的为面对面双端面密封［图 3-3（c）、（d）］，静环面对面轴向双端面密封可适用于高速；

两个补偿元件之间装有一对密封环，且一个补偿元件装在两对密封环之间的为面对背双端面（串联式）密封［图 3-3（e)］。另外，轴向双端面密封按对其封液压力有无要求而分为有压双端面密封和无压双端面密封。在有压双端面密封中，从外部引入的高于内侧密封腔压力、并与被密封介质相容的流体称为隔离流体，隔离流体以自身循环方式被引入和引出密封腔，以改善密封端面间的润滑及冷却条件。隔离流体压力通常大于被密封介质压力 0.05～0.2MPa，从而使被密封介质与环境隔离，有可能实现被密封介质“零泄漏”。在面对背双端面（串联式）密封中，从外部引入的低于内侧密封腔压力的流体称为缓冲流体，缓冲流体可起到润滑密封端面和稀释泄漏的作用。面对背双端面（串联式）机械密封中，采用气体缓冲或者无缓冲流体时，外侧的密封为抑制密封，在内侧密封失效后，一定的时间内能够起密封作用。

图 3-3（f）所示为带中间环的双端面密封，一个中间密封环被一个动环和一个静环所夹持。旋转的中间环密封，可用于高速下降低 pv 值；不转的中间环密封，用于高压和（或）高温下减少力变形和（或）热变形。具有中间环的螺旋槽面密封可用作双向密封。

② 按密封流体所处的压力状态分类。密封流体是指密封端面直接接触的高压侧流体。它可以是被密封介质本身，经过分离或过滤的被密封介质、冲洗流体、缓冲流体或隔离流体。按密封流体所处的压力状态，机械密封分为单级密封、双级密封和多级密封。使密封流体处于一种压力状态为单级密封（图 3-1)；处于两种压力状态为双级密封。前者与单端面机械密封相同，后者两级密封串联布置［图 3-3(e)］，密封流体压力依次递减，可用于高压工况。如流体压力很高，可以将多级密封串联，成为多级机械密封。

③ 按密封流体作用在密封端面上压力分类。按密封流体作用在密封端面上的压力是卸荷或不卸荷，可分为平衡型机械密封和非平衡型机械密封。平衡型机械密封又可分为部分平衡型（部分卸荷）和过平衡型（全部卸荷）。如图 3-4 所示，密封流体作用于单位密封面上轴向压力大于或等于密封腔内流体压力时，称非平衡型；流体作用于单位密封面上的轴向压力小于密封腔内流体压力时称部分平衡型；若流体对密封面无轴向压力或为推开力则称为过平衡型。通常用平衡系数 B 来表示。

$$B=\frac{A_e}{A}=\frac{d_2^2-d_b^2}{d_2^2-d_1^2} \tag{3-1}$$

式中 A——密封环带面积，指较窄的那个密封端面外径 d_2 与内径 d_1 之间环形区域的面积，$A=\frac{\pi}{4}(d_2^2-d_1^2)$；

A_e——密封流体压力作用在补偿环上，使之对于非补偿环趋于闭合的有效作用面积，$A_e=\frac{\pi}{4}(d_2^2-d_b^2)$；

d_b——平衡直径，指密封流体压力在补偿环辅助密封圈处的有效作用直径。

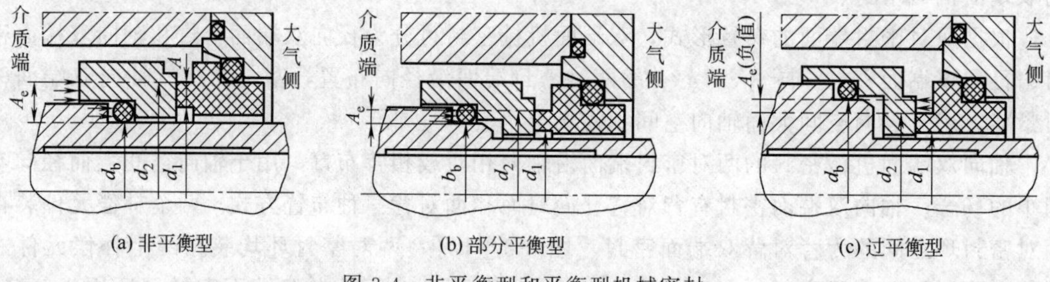

(a) 非平衡型 (b) 部分平衡型 (c) 过平衡型

图 3-4 非平衡型和平衡型机械密封

非平衡型机械密封 $B\geqslant1$；部分平衡型机械密封 $0<B<1$；过平衡型机械密封 $B\leqslant0$。非平衡型机械密封，其密封端面上的作用力随密封流体压力升高而增大，因此只适用于低压密封，对于一般液体可用于密封压力≤0.7MPa；对于润滑性差及腐蚀性液体可用于密封压力≤0.5MPa。而平衡型机械密封能部分或全部平衡流体压力对端面的作用，其密封端面上的作用力随密封流体压力变化较小，能降低端面上的摩擦和磨损，减小摩擦热，承载能力大，因此它适用于压力较高的场合，对于一般液体可用于0.7～4.0MPa，甚至可达10MPa；对于润滑性较差、黏度低、密度小于600kg/m^3 的液体（如液化气），可用于液体压力较高的场合。

④ 按静环与密封端盖（或相当于端盖的零件）的相对位置分类，或按弹簧是否置于密封流体之内分类。静环装于密封端盖（或相当于端盖的零件）内侧（即面向主机工作腔的一侧）的机械密封称为内装式机械密封［图3-5(a)］；静环装于密封端盖（或相当于端盖的零件）外侧（即背向主机工作腔的一侧）的机械密封称为外装式机械密封［图3-5(b)］。弹簧置于密封流体之内的机械密封称为弹簧内置式机械密封；弹簧置于密封流体之外的机械密封称为弹簧外置式机械密封。

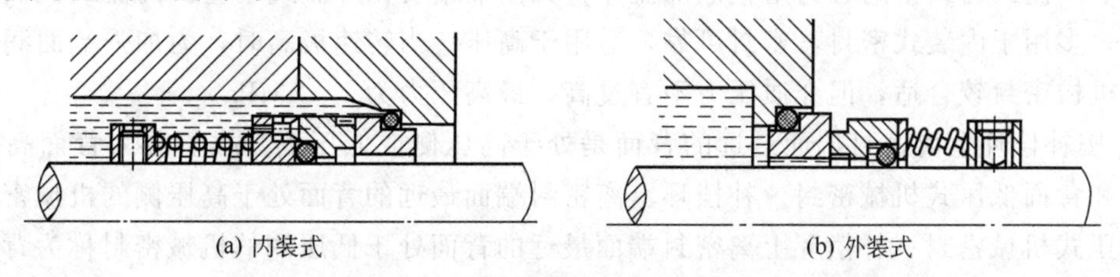

(a) 内装式　　(b) 外装式

图3-5　内装式和外装式机械密封

内装（或内置）式机械密封可以利用密封腔内流体压力来密封，机械密封的元件均处于密封流体中，密封端面的受力状态以及冷却和润滑条件好，是常用的结构形式。外装（或外置）式机械密封的大部分零件不与密封流体接触，暴露在设备外，便于观察及维修安装。但是，由于外装（或外置）式结构的密封流体作用力与弹性元件的弹力方向相反，当流体压力有波动，而弹簧补偿量又不大时，会导致密封环不稳定甚至严重泄漏。外装（或外置）式机械密封仅用于强腐蚀、高黏度和易结晶介质以及介质压力较低的场合。

⑤ 按补偿机构中弹簧的个数分类。分为单弹簧式机械密封和多弹簧式机械密封。补偿机构中只有一个弹簧的机械密封称为单弹簧式机械密封或大弹簧式机械密封（图3-1）；补偿机构中含有多个弹簧的机械密封称为多弹簧式机械密封或小弹簧式机械密封（图3-6）。单弹簧式机械密封端面上的弹簧压力，尤其在轴径较大时分布不均，而且高速下离心力使弹簧偏移或变形，弹簧力不易调节，一种轴径需用一种规格弹簧，弹簧规格多，轴向尺寸大，径向尺寸小，安装维修简单，因此，它多用于较小轴径（不大于80～150mm）、低速密封；多弹簧式机械密封的弹簧压力分布则相对较均匀，受离心力影响较小，弹簧力可通过改变弹簧个数来调节，不同轴径可用数量不同的小弹簧，使弹簧规格减少，轴向尺寸小，径向尺寸大，安装烦琐，适用于大轴径高速密封。但多弹簧的弹簧丝径细，在腐蚀性介质或有固体颗粒介质的场合下，易因腐蚀和堵塞而失效。

⑥ 按补偿环是否随轴旋转分类。分为旋转式机械密封和静止式机械密封。补偿环随轴旋转的称为旋转式机械密封（结构如图3-1）；补偿环不随轴旋转的称为静止式机械密封（图3-7）。

由于静止式机械密封的弹性元件不受离心力影响，常用于高速机械密封。旋转式机械密封的弹性元件装置简单，径向尺寸小，常用于一般机械密封，但不宜用于高速。因高速情况下转动件的不平衡质量易引起振动和介质被强烈搅动。因此，线速度大于30m/s时，宜采

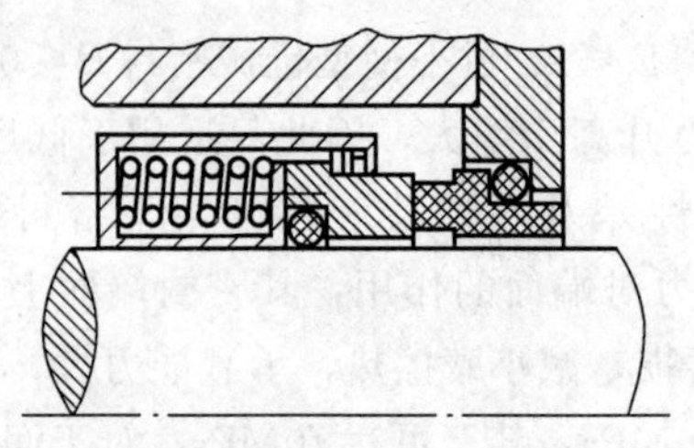

图 3-6 多弹簧式机械密封

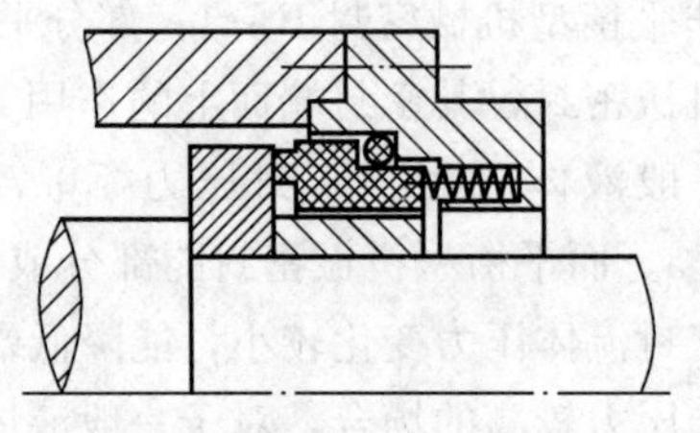

图 3-7 静止式机械密封

用静止式机械密封。

⑦ 按密封流体在密封端面间的泄漏方向与离心力方向分类。分为内流式机械密封和外流式机械密封。密封流体在密封端面间的泄漏方向与离心力方向相反的机械密封称为内流式机械密封；密封流体在密封端面间的泄漏方向与离心力方向相同的机械密封称为外流式机械密封。图 3-5(a) 所示的机械密封为内流式，图 3-5(b) 所示的机械密封为外流式。

由于内流式密封中离心力阻止泄漏流体，其泄漏量要比外流式小些。内流式机械密封应用较广，多用于内装式密封，密封可靠，适用于高压。当转速极高时，为加强端面润滑采用外流式机械密封较合适，但介质压力不宜过高，最高压力为 1～2MPa。

⑧ 按补偿环上离密封端面最远的背面是处于高压侧或低压侧分类。分为背面高压式机械密封和背面低压式机械密封。补偿环上离密封端面最远的背面处于高压侧的机械密封称为背面高压式机械密封；补偿环上离密封端面最远的背面处于低压侧的机械密封称为背面低压式机械密封。图 3-1、图 3-5(a)、图 3-6 所示的机械密封均为背面高压式机械密封，图 3-5(b)、图 3-7 所示的机械密封均为背面低压式机械密封。背面高压式机械密封是常用结构，而背面低压式机械密封的弹性元件一般都置于低压侧，可避免接触高压侧密封流体，而高压侧密封流体往往是被密封介质，这种结构解决了弹簧受介质腐蚀的问题。因此，强腐蚀机械密封常采用背面低压式。

⑨ 按密封端面接触状态分类。分为接触式机械密封和非接触式机械密封。接触式机械密封是指靠弹性元件的弹力和密封流体的压力使密封端面紧密贴合，即密封面微凸体接触的机械密封；非接触式机械密封是指靠流体静压或动压作用，在密封端面间充满一层完整的流体膜，迫使密封端面彼此分离不存在硬性固相接触的机械密封。非接触式机械密封又分为流体静压式和流体动压式两类。流体静压式机械密封是指密封端面设计成特殊的几何形状，应用外部引入的压力流体或被密封介质本身通过密封界面的压力降，产生流体静压效应的密封（图 3-8）；流体动压式机械密封是指密封端面设计成特殊的几何形状，利用端面相对旋转，自行产生流体动压效应的密封，如螺旋槽端面机械密封（图 3-9）。

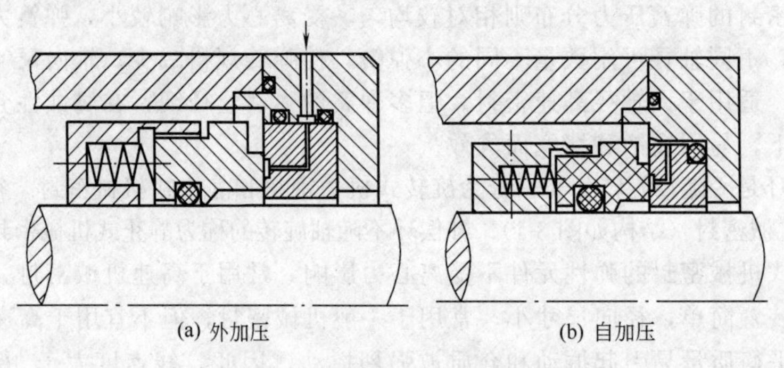

(a) 外加压　(b) 自加压

图 3-8 流体静压式机械密封

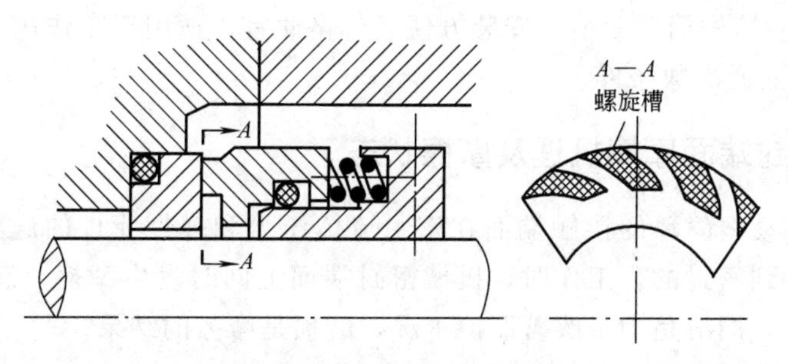

图 3-9　流体动压式机械密封

接触式机械密封的密封面间隙 $h=0.5\sim1\mu m$，摩擦状态一般为混合摩擦和边界摩擦；非接触式机械密封的密封面间隙，对于流体动压密封 $h>2\mu m$，对于流体静压密封 $h>5\mu m$，摩擦状态为流体摩擦，也有弹性流体动力润滑。

普通机械密封大都是接触式密封，密封结构简单、泄漏量小，使用广泛，但磨损、功耗、发热量都较大，在高速、高压下使用受一定限制。一般来说，非接触式机械密封泄漏量较大、结构复杂，但发热量、功耗小，正常工作时没有磨损，大多在高压、高速等苛刻工况下使用或作多级密封的前置密封。采用表面改形技术做成的可控间隙非接触式机械密封，可以达到工艺流体零泄漏和零逸出。

（10）波纹管型机械密封按波纹管材料不同分类。分为金属波纹管型机械密封、聚四氟乙烯波纹管型机械密封和橡胶波纹管型机械密封。波纹管是指在补偿环组件中能在外力或自身弹力作用下伸缩并起补偿环辅助密封作用的波纹状管形弹性零件。波纹管型机械密封在轴上没有相对滑动，对轴无磨损，追随性好，适用范围广。追随性是指当机械密封存在跳动、振动、转轴的窜动和密封端面磨损时，补偿环对于非补偿环保持贴合的性能。

金属波纹管又可分为液压成型金属波纹管和焊接金属波纹管［图 3-10(a)、(b)］。金属波纹管本身能代替弹性元件，耐蚀性好，可在高、低温下使用。聚四氟乙烯波纹管型机械密封［图 3-10(c)］由于聚四氟乙烯耐腐蚀性好，可用于各种腐蚀介质中。橡胶波纹管型机械

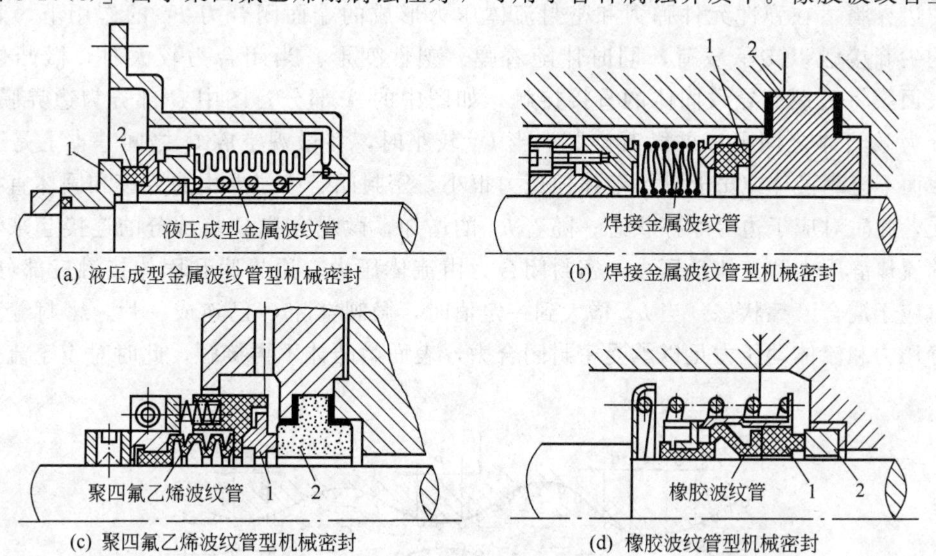

图 3-10　波纹管型机械密封

1—动环；2—静环

密封［图 3-10(d)］结构简单紧凑，安装方便且价格便宜，适用于工作压力不大于 1.5MPa、温度不大于 100℃的低参数条件。

三、机械密封端面摩擦机理及摩擦状态

机械密封是靠动、静环的接触端面在密封流体压力和弹性元件的压紧力作用下紧密贴合，并相对滑动达到密封的。工作时，机械密封端面上同时发生摩擦、润滑与磨损等现象，其中摩擦是基本的，润滑是为了改善摩擦工况，磨损是摩擦的结果。

1. 摩擦副密封端面特征

随着摩擦学的深入发展，人们认识到实际上机械密封的密封端面都是凹凸不平的粗糙表面。如图 3-11 所示，密封端面的真实几何形状是由表面形状误差、表面波度和表面粗糙度三部分组成。而普通机械密封端面间的液膜极薄，基本上是与表面粗糙度处于同一数量级，因此表面形貌中的高频粗糙度、低频波度和整体形状误差都对机械密封的性能有很大影响。

表面形状误差是密封件在加工成型时所具有的宏观几何形状误差。对于机械密封其端面形状误差用平面度表示。此外，由于压差和温差的作用，密封面具有径向表面锥度。

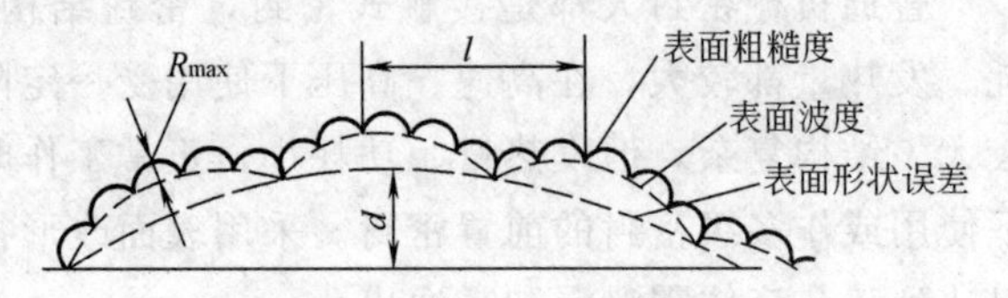

图 3-11　密封端面的真实几何形状示意图

表面波度是指密封表面形成较长而有规律的波浪形纹理，如加工时机床-工具-工件系统的低频振动所引起的密封件表面几何形状误差，具有一定的波高、波距和波数。此外，结构和受力不匀称也会产生表面波度。

表面粗糙度是指加工时在表面波纹上形成较小的几何轮廓。它是微观形状误差，而表面形状误差是宏观形状误差，波度是介乎两者之间的形状误差。

2. 机械密封端面摩擦机理

图 3-12 是机械密封端面摩擦机理的微观模型，h_0 是液膜的平均厚度，表面存在一层很薄的边界膜，在弹性元件弹力和密封流体压力形成的端面闭合力 F_c 的作用下，表面微凸体的尖峰接触以支承载荷，同时伴随着弹、塑性变形。当闭合力较大时，微凸体尖峰处的表面膜将破裂而导致固体的直接接触，如图中的 A 部分。图中 B 部分为边界膜接触，C 部分为微凸体之间形成的微观空腔。当 h_0 较小时，各微观空腔 C 之间基本上是不连续的，因而不充满液体或虽充满了液体但压力很小，密封闭合力主要由边界膜和固体直接接触来承受，此时对应于边界摩擦状态；随着 h_0 的增加，微观空腔 C 将部分的连接起来，产生较大的流体静压力和流体动压力，密封闭合力由流体压力、边界膜和固体接触三部分承受，此时对应于混合摩擦状态；当 h_0 增大到一定值时，微观空腔 C 已连成一片，密封缝隙中的流体静压力和流体动压力足以承受密封闭合力，表面微凸体不再接触，此时对应于流体摩擦状态。

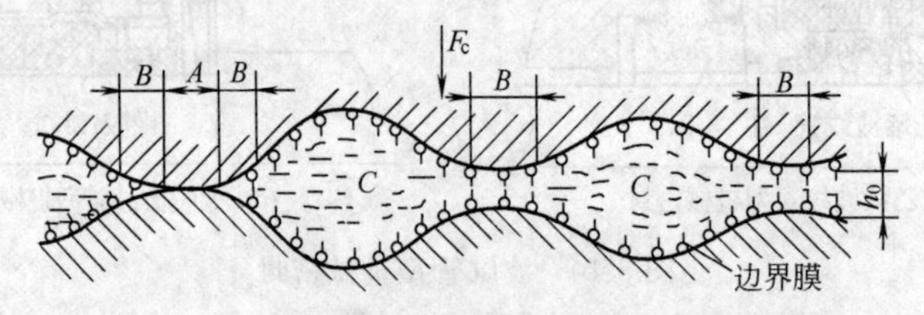

图 3-12　机械密封端面摩擦机理的微观模型

由以上分析可知：边界摩擦状态时摩擦力主要由固体摩擦力和边界膜摩擦力两部分组成；混合摩擦状态时摩擦力由固体摩擦力、边界膜摩擦力和流体内摩擦力三部分组成；流体摩擦状态时摩擦力主要是流体内摩擦力。因为在法向载荷一定时有：流体摩擦力＜边界摩擦力＜固体摩擦力，所以在密封端面闭合力 F_c 一定时摩擦系数有：$f_{流}<f_{混}<f_{边}$，磨损量有：$\delta_{流}<\delta_{混}<\delta_{边}$。

3. 机械密封端面摩擦状态分析

机械密封的工作状况首先取决于密封面间的摩擦状态。机械密封可能处于流体摩擦、混合摩擦、边界摩擦或干摩擦状态下工作。

① 干摩擦状态。在两密封端面间不存在润滑膜，摩擦主要取决于滑动面的固体相互作用。在一般工程条件下，密封面上还可能吸附有气体（或介质的蒸汽）或氧化层。此时固体与固体的接触磨损很大，并主要取决于载荷和配合材料。

② 边界摩擦状态。两密封端面摩擦时，其表面吸附着一种流体分子的边界膜。此流体膜非常薄，使两端面处于被极薄的分子膜所隔开的状态。这种状态下的摩擦称为边界摩擦。边界摩擦中起润滑作用的是边界膜，可是测不出任何液体压力来。一般来说，边界膜的分子有 3～4 层，其厚度为 200Å（1Å＝10^{-10} m）左右，并且部分是不连续的，局部地方发生固体接触，载荷几乎都由表面的高峰承担，如图 3-13(a) 所示。液膜介质的黏度对摩擦性质没有多大影响，摩擦性能主要取决于膜的润滑性和摩擦副材料。

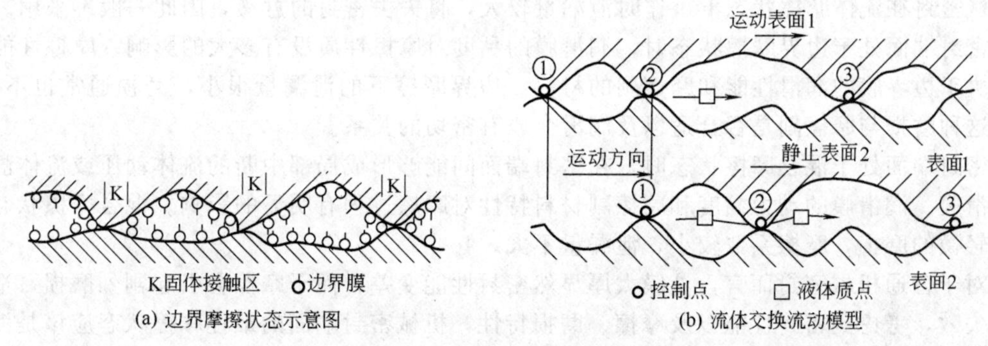

图 3-13　流体交换流动理论

迈尔基于边界摩擦学说，在研究了机械密封端面缝隙中没有明显的缝隙压力情况下泄漏流动的真实状态后，建立了流体交换流动理论。该理论认为：液体主要通过单个的没有相互连通的细沟或者空隙渗入到密封面上。由于在密封面整个宽度上都存在粗糙不平的不连续的迷宫形凹隙，所以当密封环旋转时，在残余压力和离心压力的作用下，液体在两个摩擦面上相互碰到的极小的空隙和沟槽间发生交换。在载荷作用下，滑动表面的情况看上去更像群湖的高空照片，密封端面间的各微观空隙彼此之间很少连通，当两个环中之一旋转时，可以像人通过旋转门或物体经由计量机器那样，液体从一个空隙转移到另一个空隙中去，一直到液体质点达到缝隙的终端，从而导致泄漏，如图 3-13(b) 所示。

③ 流体摩擦状态。在理想的条件下，两密封端面由一层足够厚的润滑膜所隔开，滑动面之间不直接接触。此时摩擦仅由黏性流体的剪切产生，故其大小通常要比固体摩擦小得多，而且也不存在固体的磨损。这种润滑状态为流体润滑，这种状态下的摩擦称为流体摩擦。在完全流体摩擦状态下，润滑剂的动力黏度影响摩擦的性质。此时，润滑剂流体表现出它的体积特性，摩擦发生在润滑剂的内部，是属于润滑剂的内摩擦。

④ 混合摩擦状态。这是介于上述三种摩擦状态之间的一种摩擦状态，在密封端面间，能够形成局部中断的流体动压或流体静压的润滑膜，即接触表面间几种摩擦同时出现。

4. 端面摩擦状态对机械密封性能的影响

机械密封在运行过程中最重要的现象是摩擦，端面摩擦状态决定了端面间的摩擦、磨损和泄漏。为减少摩擦功耗，降低磨损，延长使用寿命，提高机械密封工作的可靠性，端面间应该维持一层液膜，且保持一定的厚度，以避免表面微凸体的直接接触。因此，液膜的特性和形态对研究端面摩擦有重要的意义。一般认为，端面间液膜形成原因是表面粗糙度、不平度、热变形等产生了不规则的微观润滑油楔，引起动压效应，减少了端面摩擦，改善了密封端面的摩擦性能。又由于在沿密封端面宽度上形成不连续的凹隙，当两密封环相对运动时，在介质压力和离心力的作用下，在两密封端面的空隙内会产生流体的交换作用。可见，液膜的形态、性能与端面的粗糙度、比压、相对滑动速度以及离心力的大小和方向都有着密切的关系，即液膜的形成与端面摩擦状态有密切的关系。

密封端面的不同摩擦状态，对密封装置的泄漏和磨损有着不同的影响。密封端面处于干摩擦状态时，两端面间的固体直接接触，磨损很大。随着磨损的加剧泄漏量增大，机械密封应避免在干摩擦状态下工作。

密封端面处于流体摩擦状态时，摩擦仅由黏性流体的剪切产生，故其大小通常要比固体摩擦小得多，而且也不存在固体的磨损，摩擦发生在润滑剂的内部，是属于润滑剂的内摩擦。但流体液膜越厚，泄漏量越大，因此减少摩擦和磨损必须付出泄漏量增大的代价。普通的机械密封在流体摩擦状态下工作时泄漏量较大，将失去密封的意义，因此一般不采用。

密封端面处于边界摩擦状态时，润滑膜的黏度对摩擦性质没有多大的影响。摩擦性能主要取决于边界膜的润滑性能和摩擦副的材料。边界摩擦下的泄漏量很小，磨损通常也不大，可是这种磨损与摩擦副是否合适以及润滑介质有密切的关系。

密封端面处于混合摩擦状态时，在密封端面间能够形成局部中断的流体动压或流体静压的润滑膜。润滑膜的动力黏度和摩擦副材料特性对摩擦过程有明显的影响。混合摩擦状态下存在轻微的磨损，摩擦系数较小，泄漏量不大。

对于普通机械密封而言，液膜太厚显然密封性能变差，而干摩擦会引起剧烈磨损，造成早期失效，考虑到密封性能以及摩擦、磨损特性，机械密封端面的最佳摩擦状态应该是混合摩擦状态，如密封性能要求很高，则应该是边界摩擦状态。

四、机械密封的主要性能参数

（一）端面比压

作用在密封环带上单位面积上净剩的闭合力称为端面比压，以 p_c 表示，单位为 MPa。端面比压大小是否合适，对密封性能和使用寿命影响很大。比压过大，会加剧密封端面的磨损，破坏流体膜，降低寿命；比压过小会使泄漏量增加，降低密封性能。

1. 端面比压的计算

端面比压可根据作用在补偿环上的力平衡来确定。它主要取决于密封结构形式和介质压力。现以内流式单端面机械密封为例来说明端面比压的计算方法，对补偿环作受力分析，其轴向力平衡见图 3-14。

① 弹簧力 F_s。由弹性元件产生的作用力，其作用总是使密封环贴紧。用弹簧力 F_s 除以密封环带面积 A，即弹性元件施加到密封环带单位面积上的力，称为弹簧比压 p_s，单位为 MPa。

$$p_s=\frac{F_s}{A} \tag{3-2}$$

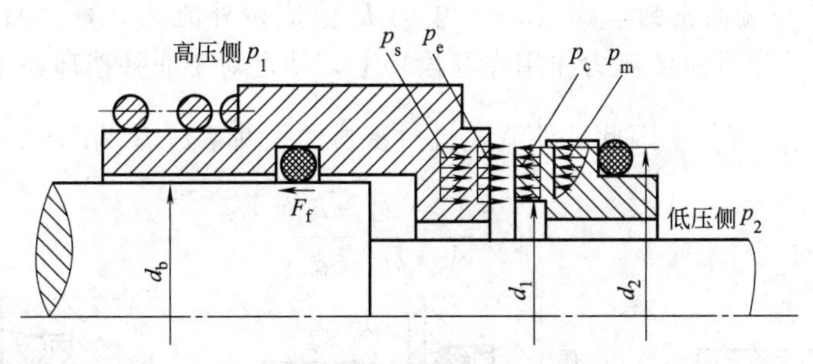

图 3-14　内流式单端面机械密封补偿环轴向力平衡

② 密封流体推力 F_p。在图 3-14 结构中，密封流体压力在轴向的作用范围是从 d_b 到 d_2 的环形面，其效果是使密封环贴紧。显然，由于密封流体压力而产生的轴向推力为

$$F_p=\frac{\pi(d_2^2-d_b^2)}{4}p=A_e p \tag{3-3}$$

式中　A_e——密封流体压力有效作用面积，mm^2；

p——密封流体压力，指机械密封内外侧流体的压力差，MPa。

$$p=p_1-p_2 \tag{3-4}$$

密封流体推力 F_p 在密封面上引起的压力，称为密封流体压力作用比压 p_e，单位为 MPa。

$$p_e=\frac{F_p}{A}=\frac{A_e p}{A}$$

由式（3-1）可得

$$p_e=Bp \tag{3-5}$$

③ 端面流体膜反力 F_m。密封端面间的流体膜是有压力的，这种压力必然产生一种推开密封环的力，这种力称为流体膜反力。端面流体膜反力 F_m 可由下式计算

$$F_m=p_m A=\lambda p A \tag{3-6}$$

式中　p_m——密封端面间流体膜平均压力，MPa；

λ——膜压系数，指密封端面间流体膜平均压力 p_m 与密封流体压力 p 之比。

$$\lambda=\frac{p_m}{p} \tag{3-7}$$

④ 补偿环辅助密封的摩擦阻力 F_f。F_f 的方向与补偿环轴向移动方向相反。补偿环向闭合方向移动时，F_f 为负值；反之，则为正值。影响摩擦阻力 F_f 的因素很多，目前还难以准确计算 F_f 值。在稳定工作条件下，F_f 一般较小，可忽略。

以上诸力都沿着轴向作用，它们的合力就是实际作用在密封端面上的净剩的闭合力 F'_c。当忽略补偿环辅助密封的摩擦阻力 F_f 时，净闭合力 F'_c 为

$$F'_c=F_s+F_p-F_m=p_s A+p_e A-p_m A \tag{3-8}$$

上式两边同除以密封环带面积 A，则得端面比压 p_c 为

$$p_c=\frac{F'_c}{A}=p_s+p_e-p_m=p_s+(B-\lambda)p \tag{3-9}$$

需要说明的是，上述计算式是根据内流式单端面密封推导出来的，对其他情况仍然适用，但需作适当处理。

① 对于外流式单端面密封，式（3-9）中的 B 值应按外流式计算。如图 3-15 所示，对于外流式机械密封，密封流体压力作用在补偿环上，使之对于非补偿环趋于闭合的有效作用面积为：$A_e=\frac{\pi}{4}(d_b^2-d_1^2)$。因此，外流式机械密封的平衡系数 B 为

$$B=\frac{A_e}{A}=\frac{d_b^2-d_1^2}{d_2^2-d_1^2} \tag{3-10}$$

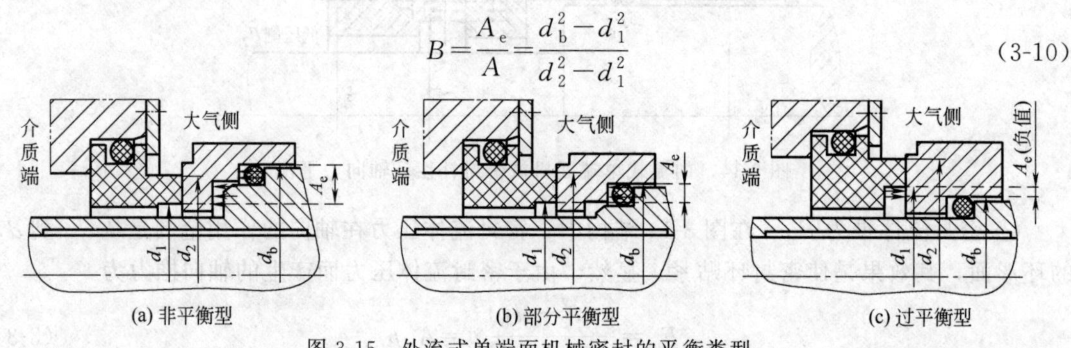

(a) 非平衡型　(b) 部分平衡型　(c) 过平衡型

图 3-15　外流式单端面机械密封的平衡类型

② 双端面机械密封端面比压的计算。如图 3-3(b)、(c) 所示的轴向双端面密封，靠大气侧的密封端面受力情况与内流式一样，其端面比压的计算式为

$$p_c=p_s+(B-\lambda)p_f \tag{3-11}$$

式中　p_f——封液压力，MPa。

对于介质端，可以看作压力为 p_f 的封液向压力为 p_1 环境泄漏的内流单端面密封，其端面比压的计算式为

$$p_c=p_s+(B-\lambda)p=p_s+(B-\lambda)(p_f-p_1) \tag{3-12}$$

③ 对于波纹管式机械密封，端面比压的计算和弹簧式机械密封完全相同，只是在计算平衡系数 B 时，采用波纹管的有效直径 d_e 代替弹簧式机械密封的平衡直径 d_b。波纹管的有效直径 d_e 与波纹管的工作状态、波形、波数及材料等有关，可近似按下列公式计算。

矩形波（如车制的聚四氟乙烯波纹管）为

$$d_e=\sqrt{\frac{1}{2}(d_i^2+d_o^2)} \tag{3-13}$$

锯齿形波（如焊接金属波纹管）为

$$d_e=\sqrt{\frac{1}{3}(d_i^2+d_o^2+d_id_o)} \tag{3-14}$$

U 形波（如挤压成型的金属波纹管）为

$$d_e=\sqrt{\frac{1}{8}(3d_i^2+3d_o^2+2d_id_o)} \tag{3-15}$$

上述三式中 d_i 和 d_o 分别为波纹管的内外直径，且计算值与实际值有一定偏差，压力越高，偏差越大。

2. 端面比压中各项参数的确定

① 弹簧比压 p_s。弹簧力的主要作用是保证主机在启动、停车或介质压力波动时，使密封端面能紧密贴合。同时用以克服补偿环辅助密封圈与相关元件表面间的摩擦阻力，使补偿环能追随端面的磨损沿轴向移动。显然，p_s 值过小，难以起到上述作用；p_s 过大，则会加剧端面磨损。对于内流式机械密封，通常取 $p_s=0.05\sim0.3$MPa，常用范围 0.1～0.2MPa。介质压力小或介质波动较大者，取较大值；反之，取小值。

对于外流过平衡型结构，弹簧力除克服端面液膜压力和辅助密封圈与相关元件间的摩擦阻力外，还需克服介质压力对密封端面产生的开启力，故需较大的弹簧压力才能保证足够的端面压力。此种结构的弹簧比压通常比介质压力大 0.2～0.3MPa。对于外流部分平衡型或背面高压式结构，由于介质进入背端面区域，起压紧端面的作用，故弹簧比压可比外流过平衡型取得小些或按内流式结构的弹簧比压范围选取，通常可取 0.15～0.25MPa。

真空条件下的弹簧比压 p_s 取 0.2～0.3MPa；补偿环辅助密封圈为橡胶 O 形圈者，p_s 取较小值，辅助密封为聚四氟乙烯 V 形圈者，p_s 取较大值。

② 平衡系数 B。平衡系数表示了密封流体压力变化时，对端比面压 p_c 影响的程度。其数值大小由结构尺寸决定，通常可通过在轴或轴套上设置台阶，减小 A_e 改变 B 值。采用平衡型的目的主要是为了减少被密封介质作用在密封端面上的压力，使端面比压在合适范围内，以扩大密封适用的压力范围。平衡系数对机械密封的密封性、使用寿命和可靠性等有很大影响。从密封性角度考虑希望平衡系数大一些，可得到较高的端面比压，密封的稳定性和可靠性都较好。但是平衡系数大产生的摩擦热多，如不能及时散去，将导致密封端面温度过高。当温度达到被密封液体汽化温度时，将发生汽化，液膜破坏，磨损加大，使用寿命缩短。尤其是在压力较高的工作条件下，采用平衡系数大于或等于 1.0 的非平衡型密封是不允许的。

一般对于内流非平衡型结构，$B=1.1\sim1.3$；内流平衡型 $B=0.55\sim0.85$；外流平衡型 $B=0.65\sim0.8$；外流过平衡型 $B=-0.15\sim-0.30$。在上述 B 值范围内，当介质压力和 pv 值较小时，B 可选较大值（指绝对值），反之则选较小值。

介质黏度较低时，由于液膜的润滑性较差，在其他条件相同的情况下，B 值应选较小值。在 pv 值较高的情况下，通常按介质黏度大小选取 B 值。低黏度介质（如丙烷、丁烷、氨等），B 值近于 0.5；中等黏度介质（如水、水溶液、汽油等），$B=0.55\sim0.6$；高黏度介质（如油类），$B=0.6\sim0.7$。

B 值一般不应 $\leqslant 0.5$，否则介质压力作用在密封端面上的轴向载荷过小；易使端面被液膜压力等推开而增大泄漏量。

③ 膜压系数 λ。端面间流体膜反力的计算是一个复杂而困难的问题，不仅与密封流体有关，还与摩擦状态有关。在实际运行工况下，密封端面间的流体膜还会出现局部不连续等复杂因素，因此膜压系数 λ 值还不能准确地进行计算，一般通过实验确定。只有在流体摩擦和混合摩擦状态下，密封面间存在流体膜厚，存在膜压。此时，推荐的经验数值为：一般液体 $\lambda=0.5$；黏度较大的液体 $\lambda=1/3$；气体、液态烃等易挥发介质 $\lambda=\sqrt{2}/2$。在密封端面处于边界摩擦状态时，界面的边界膜多为一层极薄（小于 0.1μm）的吸附膜。它是由吸附在金属表面的极性分子形成的定向排列的分子栅。当吸附膜达到饱和时，极性分子紧密排列，分子间的内聚力使其具有一定的承载能力，并可防止两端面直接接触而起到润滑的效果，但并无推开端面的作用。也就是说，在边界摩擦状态下，膜压系数 $\lambda=0$。

上述端面比压的计算，尽管比较粗略，但由于引入了大量经验数据而具有一定可靠性。从端面比压计算公式的推导过程可见，端面比压实质上表明了接触式机械密封必要的密封面微凸体承载能力，只有接触式机械密封才存在端面比压。端面比压数值的大小，对端面间的摩擦、磨损和泄漏起着重要作用。端面上的比压过大，将造成摩擦面发热，磨损加剧和功率消耗增加；端面比压过小，易于泄漏，密封破坏。因此，为保证机械密封具有长久的使用寿命和良好的密封性能，必须选择合理的端面比压。

端面比压可按下列原则进行选择：

① 为使密封端面始终紧密地贴合，端面比压必须为正值，即 $p_c>0$；

② 端面比压不能小于端面间温度升高时的密封流体或冲洗介质的饱和蒸气压，否则会导致液态的流体膜气化，使磨损加剧，密封失效；

③ 端面比压是决定密封端面间存在液膜的重要条件，因此一般不宜过大，以避免液膜气化，磨损加剧。当然从泄漏量角度考虑，也不宜过小，以防止密封性能变差。推荐的端面比压值见表 3-2。

表 3-2　推荐的端面比压值　　MPa

设备种类	密封形式		一般介质	低黏度介质	高黏度介质
泵	内装式		0.3～0.6	0.2～0.4	0.4～0.7
	外装式		0.15～0.4		
釜	外装式	平衡型	0.2～0.5		
		非平衡型	0.3～0.7		

（二）端面摩擦热及功率消耗

机械密封在运行过程中，不仅摩擦副因摩擦生热，而且旋转组件与流体摩擦也会生热。摩擦热不仅会使密封环产生热变形而影响密封性能，同时还会使密封端面间液膜气化，导致摩擦工况的恶化，密封端面产生急剧磨损，甚至密封失效。

机械密封的功率消耗包括密封端面的摩擦功率 N_f 和旋转组件对流体的搅拌功率 N_s。一般情况后者比前小得多，而且难以准确计算，通常可以忽略，但对于高速机械密封，则必须考虑搅拌功率及其可能造成的危害。

端面摩擦功率常用下式近似计算

$$N_f = f p_c v A \tag{3-16}$$

式中　N_f——端面摩擦功率，W；

f——密封端面摩擦系数；

p_c——端面比压，MPa；

v——密封端面平均线速度，m/s；

A——密封环带面积，mm^2。

摩擦系数 f 与许多因素有关，表 3-3 列出不同摩擦工况下 f 值的范围。对于普通机械密封，当无实验数据时，可取 $f=0.1$ 进行估算。

表 3-3　机械密封端面摩擦系数范围

摩擦工况	摩擦系数 f	摩擦工况	摩擦系数 f
全液摩擦	0.001～0.05	边界摩擦	0.05～0.15
混合摩擦	0.005～0.1	干 摩 擦	0.1～0.6

（三）pv 值

密封端面的摩擦功率同时取决于压力和速度，因此，工程上常用两者的乘积表示，即 pv 值。pv 值常被用作选择、使用和设计机械密封的重要参数。但实际中由于所取的压力不同，pv 值的含义和数值就有所不同，即表达机械密封的功能特性不同。

1. 工况 pv 值

工况 pv 值是密封腔工作压力 p 与密封端面平均线速度 v 的乘积，说明机械密封的使用条件、工况和工作难度。密封的工况 pv 值应小于该密封的最大允许工况 pv 值。产品样本或选用手册中所给出的 pv 值一般即为最大允许工况 pv 值，该值也是密封技术水平的体现。

2. 工作 $p_c v$ 值

工作 $p_c v$ 值是端面比压 p_c 与密封端面平均线速度 v 的乘积，表征密封端面实际工作状态。端面的发热量和摩擦功率直接与 $p_c v$ 成正比，该值过大时会引起端面液膜的强烈气化或者使边界膜失向（破坏了极性分子的定向排列）而造成吸附膜脱落，结果导致端面摩擦副直接接触产生急剧磨损。它是设计时考虑的一个重要指标，其值必须小于许用的 $[p_c v]$ 值。

3. 许用 $[p_c v]$ 值

许用 $[p_c v]$ 值是极限（$p_c v$）除以安全系数获得的数值。所谓极限（$p_c v$）是指密封失效时达到的 $p_c v$，它是密封技术发展水平的主要标志。不同材料组合具有不同的许用 $[p_c v]$ 值，表 3-4 为常用材料组合的许用 $[p_c v]$ 值，它是以密封端面磨损速度小于或等于 0.4μm/h 为前提的试验结果。

表 3-4 常用摩擦副材料的许用 $[p_c v]$ 值

摩擦副	SiC-石墨	SiC-SiC	WC-石墨	WC-WC	WC-填充四氟	WC-青铜	Al_2O_3-石墨	Cr_2O_3 涂层-石墨
$[p_c v]$/(MPa・m/s)	18	14.5	7～15	4.4	5	2	3～7.5	15

（四）泄漏率

机械密封的泄漏率是指单位时间内通过主密封和辅助密封泄漏的流体总量，是评定密封性能的主要参数。泄漏率的大小取决于许多因素，其中主要的是密封运行时的摩擦状态。在没有液膜存在而完全由固体接触情况下机械密封的泄漏率接近为零，但通常是不允许在这种摩擦状态下运行，因为这时密封环的磨损率很高。为了保证密封具有足够寿命，密封面应处于良好的润滑状态。因此必然存在一定程度的泄漏，其最小泄漏率等于密封面润滑所必需的流量，这种泄漏是为了在密封面间建立合理的润滑状态所付出的代价。所有正常运转的机械密封都有一定泄漏，所谓“零泄漏”是指用现有仪器测量不到的泄漏率，实际上也有微量的泄漏。如果泄漏介质为水溶液或液态烃，它在离开密封面边缘时，就可能已被摩擦热蒸发成气相而逸出，从而看不到液相泄漏。但对于烃类流体，泄漏即使是看不见的气体，也必须进行监控。

对处于全流体膜润滑的机械密封，如流体静压或流体动压机械密封，泄漏率一般较大，但近年已出现一些泄漏率很低，甚至泄漏率为零的流体动压润滑非接触机械密封。

机械密封允许的泄漏率，实际使用主要取决于密封介质的特性以及密封运行的环境。我国国家标准 GB/T 33509—2017《机械密封通用规范》规定：泵用机械密封，密封流体为液体时，泄漏率应符合表 3-5 的规定；釜用机械密封，密封流体为液体时，轴径不大于 80mm 时，泄漏量应不大于 5mL/h，轴径大于 80mm 时，泄漏率应不大于 8mL/h。

表 3-5 泵用机械密封的泄漏率 mL/h

工作压力 p/MPaG	轴(或轴套)外径 d/mm	
	$d \leqslant 50$	$50 < d \leqslant 120$
$0 < p \leqslant 5.0$	≤3.0	≤5.0
$5.0 < p \leqslant 10.0$	≤15.0	≤20.0

（五）磨损量

磨损量是指机械密封运转一定时间后，密封端面在轴向长度上的磨损值。磨损量的大小要满足机械密封使用寿命的要求。GB/T 33509—2017《机械密封通用规范》规定：泵用机械密封以清水为介质进行试验，运转 100h 软质材料的密封环磨损量不大于 0.02mm；釜用机械密封，以清水或20号机油为介质进行试验，运转100h软质材料的密封环磨损量不大于0.03mm。

磨损率是材料是否耐磨，即在一定的摩擦条件下抵抗磨损能力的评定指标。当发生粘着磨损或磨粒磨损时，材料的磨损率与材料的压缩屈服极限或硬度成反比，即材料越硬越耐磨。而有一类减摩材料则是依靠低的摩擦系数，而不是高硬度获得优良的耐磨特性。例如具有自润滑性的石墨、聚四氟乙烯等软质材料就具有优异的减摩特性，在某些条件下，甚至比硬材料有更长的寿命。在轻烃等易产生干摩擦的介质环境中，软密封环选用软质的高纯电化石墨就比选用硬质碳石墨能获得更低的磨损率。值得注意的是，材料的磨损特性并不是材料的固有特性，而是与磨损过程的工作条件（如载荷、速度、温度）、配对材料性质、接触介质性能、摩擦状态等因素有关的摩擦学系统特性。合理选择配对材料，提供良好的润滑和冷却条件是保证机械密封摩擦副获得低磨损率的重要措施。

（六）使用寿命

机械密封的使用寿命是指机械密封从开始工作到失效累积运行的时间。机械密封很少是由于长时间磨损而失效的，其他因素则往往能促使其过早地失效。因此，密封的寿命应视为一个统计学量，难以得到精确值。密封的有效工作时间在很大程度上取决于应用情况。GB/T 33509—2017《机械密封通用规范》规定：在选型合理、安装使用正确的情况下，被密封介质为清水、油类及类似介质时，机械密封的使用期不少于8000h；被密封介质为腐蚀性介质时，机械密封的使用期不少于4000h；但在使用条件苛刻时不受此限。泵用干气密封使用期不少于16000h。美国石油学会制定的石油、化工类泵用机械密封标准API 682—2014《泵 离心泵和转子泵的轴封系统》规定机械密封要连续运行25000h不用更换。

为延长机械密封使用寿命应注意以下几点：

① 在密封腔中建立适宜的工作环境，如有效地控制温度，排除固体颗粒，在密封端面间形成有效液膜（在必要时应采用双端面密封和封液）；

② 满足密封的技术规范要求；

③ 采用具有刚性壳体、刚性轴、高质量支撑系统的机泵。

第二节 机械密封的主要零件及材料

一、主要零件的结构形式

（一）密封环

密封环包括动环和静环，它们是机械密封中最主要的零件，其性能好坏直接关系到密封效果和寿命。密封环的结构形式很多，主要根据使用要求确定。

1. 动环的结构形式

动环常用的结构形式如图3-16所示。图3-16(a) 比较简单，省略了推环，适合采用橡胶O形辅助密封圈，缺点是密封圈沟槽直径不易测量，使加工与维修不便；图3-16(b) 对于各种形状的辅助密封圈都能适应，装拆方便，且容易找出因密封圈尺寸不合适而发生泄漏的原因；图3-16(c) 只适合用O形密封圈，对密封圈尺寸精度要求低，容易密封，但密封圈易变形；图3-16(d) 和图3-16(e) 为镶嵌式结构，这种结构是将密封端面做成矩形截面的环状零件（称为动环），镶嵌在金属环座内（称为动环座），从而可节约贵重金属。图3-16(d) 为采用压装和热装的刚性过盈镶嵌结构，加工简便，但由于动环与动环座材料的线膨胀系数不同，高温时易脱落，一般适用于轴径小于 100mm、使用压力小于 5MPa、密封端面平均线速度小 20m/s 的场合。图 3-16(e) 为柔性过盈镶嵌结构，其径向不与动环座接触，而是支承在柔性的辅助密封圈上，并采用柱销连接，从而克服了图 3-16(d) 的缺点，但加工困难，在标准型机械密封中很少采用。图 3-16(f) 为喷涂结构，是将硬质合金粉或陶瓷粉等离子喷涂于环座上，该结构特点是省料，但由于涂层往往不致密，使用中存在涂层开裂及剥落现象，因此，粉料配方及喷涂工艺还有待改进。上述各种结构中，图 3-16(d) 是国内目前采用最普遍的一种。

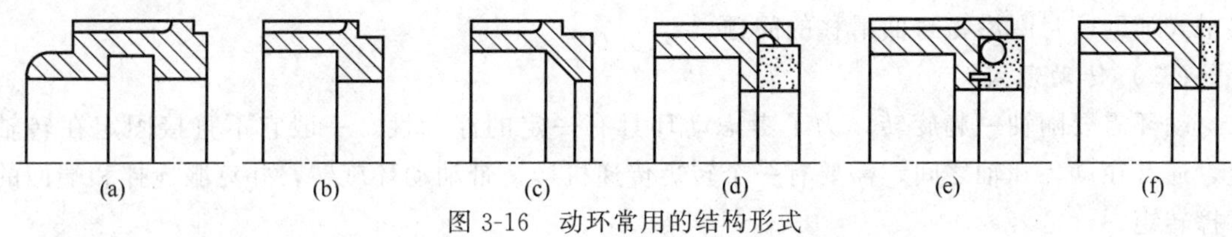

图 3-16　动环常用的结构形式

2. 静环的结构形式

静环常用的结构形式如图 3-17 所示。图 3-17(a) 为最常用的形式，O 形、V 形辅助密封圈均可使用；图 3-17(b) 的尾部较长，安装两个 O 形密封圈，中间环隙可通水冷却；图 3-17(c) 也是为了加强冷却；图 3-17(d) 形式的静环两端均是工作面，一端失效后可调头使用另一端；图 3-17(e) 为 O 形圈置于静环槽内，从而简化了静环座的加工；图 3-17(f) 为采用端盖及垫片固定在密封腔体上，多用于外装式或轻载的简易机械密封上。

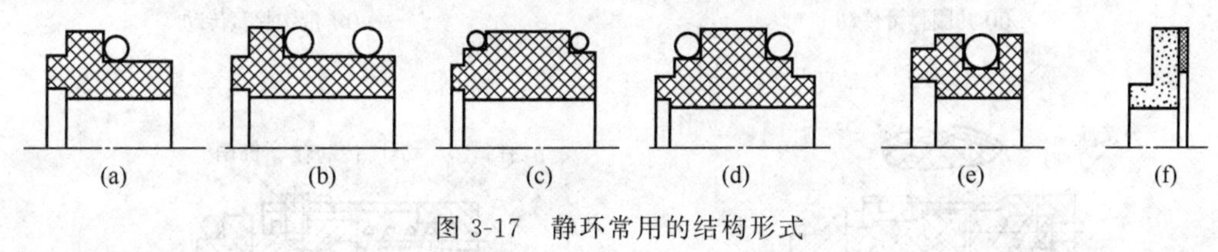

图 3-17　静环常用的结构形式

（二）辅助密封

摩擦副的动、静环的结构形式往往取决于所采用的辅助密封元件的形式。辅助密封元件有两类：径向接触式辅助密封与波纹管辅助密封。

1. 径向接触式辅助密封

径向接触式辅助密封包括动环密封圈和静环密封圈，它们分别构成动环与轴、静环与端盖之间的密封。同时，由于密封圈材料具有弹性，能对密封环起弹性支撑作用，并对密封端面的歪斜和轴的振动有一定的补偿和吸振效果，可提高密封端面的贴合度。当端面磨损后，在弹性力作用下，密封圈随补偿环沿轴向做微小的补偿移动。

用作动环及静环的辅助密封圈主要有如图 3-18 所示的几种断面形状。最常用的有 O 形和 V 形两种，还有方形、楔形、矩形、包覆形等几种。一般是根据使用条件决定。如一般介质可以采用 O 形，溶剂类、强氧化性介质可用聚四氟乙烯制的 V 形圈，高温下可用柔性石墨或氟塑料制的楔形环，矩形垫一般只用在图 3-17(f) 形式。氟塑料全包覆橡胶 O 形圈

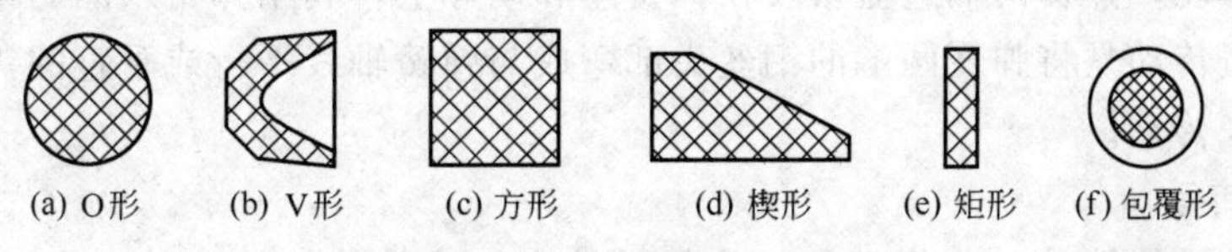

图 3-18　几种密封圈断面形状

可应用在普通橡胶O形圈无法适应的某些化学介质环境中。它既有橡胶O形圈所具有的低压缩永久变形性能，又具有氟塑料特有的耐热、耐寒、耐油、耐磨、耐天候老化、耐化学介质腐蚀等特性，可替代部分传统的橡胶O形圈，广泛应用于−60～200℃温度范围内，除卤化物、熔融碱金属、氟碳化合物外各种介质的密封场合。

2. 波纹管辅助密封

波纹管有辅助密封的功能（图3-10）。波纹管密封的特点就是摩擦副挠性安装环的所有相对位移可以由弹性波纹管来补偿，这就允许安装摩擦副密封环有较大的偏差。不存在径向接触式辅助密封圈沿密封面滑移的问题。

（三）传动形式

动环需要随轴一起旋转，为了考虑动环具有一定的浮动性，一般它不直接固定在转轴上，通常在动环和轴之间，需要有一个转矩传递机构，带动动环旋转，并克服搅拌和端面的摩擦转矩。

转矩传递机构在有效传递转矩的同时，不能妨碍补偿机构的补偿作用和密封环的浮动减振能力。转轴将转矩传递到密封组件的常见机构有紧定螺钉、销钉、平键及分瓣环等。密封组件将转轴传递来的转矩传递给动环的常见机构有如图3-19所示的几种形式。

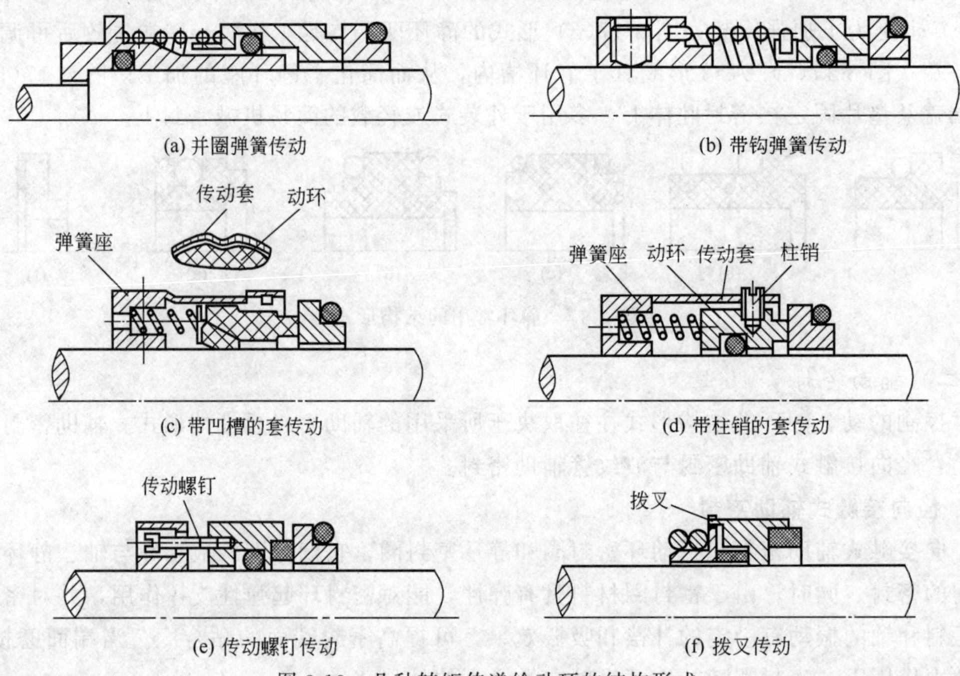

图3-19 几种转矩传递给动环的结构形式

1. 弹簧传动

弹簧传动中有并圈弹簧传动和带钩弹簧传动［图3-19(a)、(b)］。弹簧传动结构简单，但传动转矩一般较小，且只能单方向传动，其旋转方向与弹簧的旋向有关，应使弹簧越转越紧。并圈弹簧传动，弹簧两端过盈安装在弹簧座和动环上，利用弹簧末圈的摩擦张紧来传递转矩；带钩弹簧传动是将弹簧两端的钢丝头部弯成与弹簧轴线平行或垂直的钩子，分别钩住弹簧座和动环来传动。

2. 传动套传动

传动套传动结构简单，工作可靠，常与弹簧座组成整体结构。传动套传动包括带凹槽

(亦称耳环) 的套结构和带柱销的套结构 [图 3-19(c)、(d)], 后者的传动套厚度比前者要厚一些, 以便过盈镶配柱销。

3. 传动螺钉传动

如图 3-19(e) 所示, 利用螺钉传动, 结构简单, 在传递转矩时仅存在切向力, 常用于多弹簧的结构中。

4. 拨叉传动

如图 3-19(f) 所示, 拨叉传动结构简单, 常与弹簧座组成冲压件整体结构。由于拨叉径向尺寸小 (较薄)、且冲压后冷作硬化, 易断裂, 常用于中性介质。

5. 波纹管传动

波纹管是集弹性元件、辅助密封和转矩传动机构于一身的密封元件。其转矩的传动方式是波纹管机械密封所特有的, 波纹管的两端分别与传动座和动环连接、至于连接方式依波纹管材料而定。例如, 对于金属波纹管, 则采用焊接; 对于橡胶波纹管和聚四氟乙烯波纹管, 则采用整体或其他方法连接。转轴通过紧定螺钉、键等机构将转矩传递到传动座, 传动座通过波纹管即把转矩传递到动环。

(四) 静环支承方式

如果密封环的支承方式不合理, 在受介质压力、弹簧力及支承反力作用下, 可能会引起密封环过大的变形而使密封失效。一般金属材料的弹性模量较大, 即使在较高压力作用下, 环的变形也不显著。而对于弹性模量低的材料如石墨、塑料环等, 当处于较高的压力时, 往往会发生不可忽视的力变形。机械密封中常将石墨、塑料等软材料作静环, 对于给定结构尺寸的静环, 在一定载荷条件下, 其变形程度主要取决于环的支承方式。

静环一般由腔体支承。支承方式应使静环密封可靠, 受力合理, 尽量减少变形。静环常用的支承方式有如图 3-20 所示的几种形式。

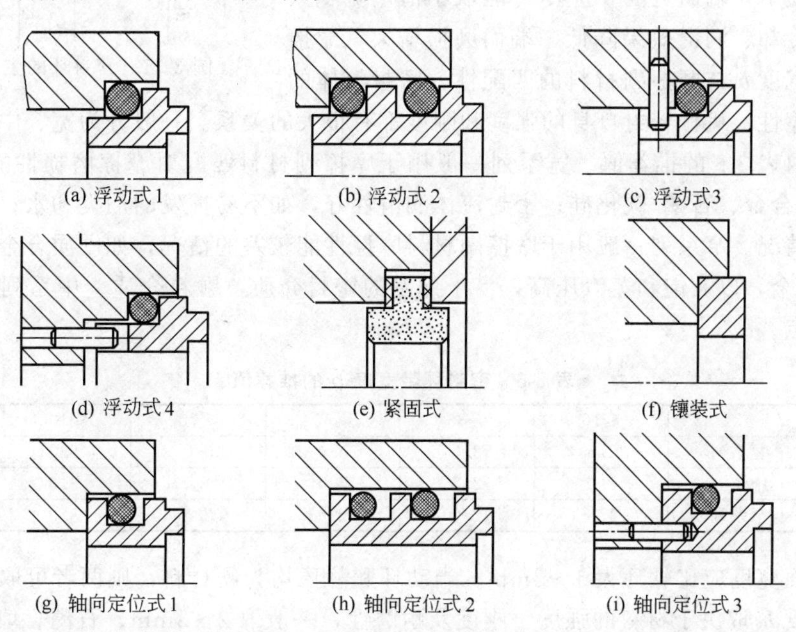

图 3-20 静环常用的支承方式

1. 浮动式

静环靠柔性件 (如 O 形圈等) 的压缩变形支承在密封腔体上, 并允许轴向和径向略做浮动［图 3-20(a)］。密封要求严格时，可安装两道密封［图 3-20(b)］。高黏度介质和高压、高速条件下应设置防转销［图 3-20(c)、(d)］。浮动式支承方式结构简单，拆装方便，能吸收部分轴和腔体的振动。但柔性体把静环隔离，不利于热传导。

2. 紧固式

静环靠机械方法支承［图 3-20(e)］。结构简单，传热好，但不能吸收腔体振动。

3. 镶装式

静环过盈配合在密封腔体上［图 3-20(f)］。结构简单，传热好。但配合部位精度和粗糙度要求高，不能吸收腔体的振动，端面磨损后不易更换。

4. 轴向定位式

静环由密封腔体定位，靠柔性件的压缩变形支承［图 3-20(g)］。密封要求严格时，可安装两道密封［图 3-20(h)］。高黏度介质和高压、高速条件下，应设置防转销［图 3-20(i)］。轴向定位式结构简单，拆装方便，传热好，但不能吸收腔体轴向振动。

二、主要零件尺寸确定

1. 密封环的主要尺寸

密封环的主要尺寸如图 3-21 所示，有密封端面宽度 b、端面内直径 d_1、外直径 d_2，以及窄环高度 h 和密封环与轴配合间隙。

动环和静环密封端面为了有效地工作，相应地做成一窄一宽。软材料做窄环，硬材料做宽环，使窄环被均匀地磨损而不嵌入宽环中去。此时，软材料的端面宽度为密封端面宽度 b［其值为 $(d_2-d_1)/2$］。在强度、刚度允许的前提下，端面宽度 b 应尽可能取小值，宽度太大，会导致冷却、润滑效果降低，端面磨损增大，摩擦功率增加。宽度 b 与摩擦副材料的匹配性、密封流体的润滑性和摩擦性、机械密封自身的强度和刚度都有很大的关系。一般分为宽、中、窄 3 个尺寸系列，可取表 3-6 的推荐值。宽系列一般用于摩擦副材料匹配对摩擦磨损性能好的情况，如石墨/硬质合金、石墨/碳化硅；密封流体润滑性好，如不易挥发的油类和水；机械密封需刚性良好的情况。窄系列一般用于摩擦副材料摩擦性能较差的情况，如硬质合金/硬质合金、青铜/硬质合金，以及饱和蒸汽压高，易于挥发的密封介质，颗粒介质。中系列具有兼顾宽窄系列的优点。

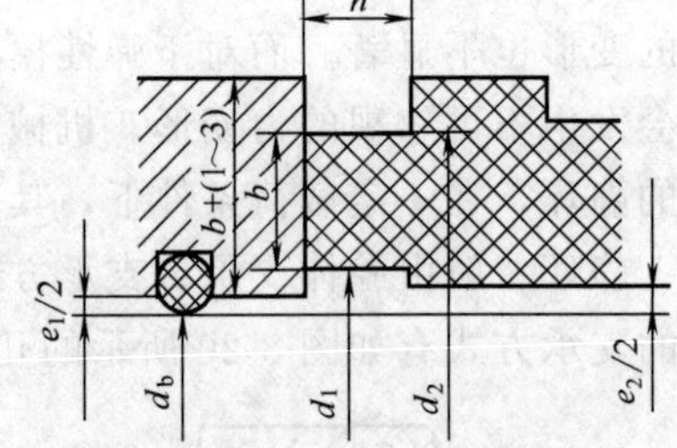

图 3-21 密封环的主要尺寸

表 3-6 密封环带宽度 b 的推荐值 mm

轴径 d		≤16	≤35	≤55	≤70	≤100	≤120
宽度 b	宽系列	2.5	3.0	4.0	5.0	6.0	7.0
	中系列	2.0	2.5	3.0	4.0	5.0	5.0
	窄系列	1.5	2.0	2.0	2.5	3.0	3.0

硬环端面宽度应比软环大 1～3mm。当动环和静环均为硬材料，则两者可取相等宽度。

窄环高度 h 取决于材料的强度、刚度及耐磨性，一般取 2～3mm。石墨、填充聚四氟乙烯、青铜等可取 3mm，硬质合金可取 2mm。

当平衡系数 B、端面宽度 b 及平衡直径 d_b 或有效直径 d_e 确定后，即可由平衡系数 B 的计算公式(3-1) 或式(3-10) 算出端面内径 d_1 及外径 d_2。窄环端面内、外径处不允许倒角、倒棱。

对于密封环与轴的配合间隙，动环与静环取值不同。对于动环，虽然与轴无相对运动，但为了保证具有一定浮动性以补偿轴与静环的偏斜和轴振动等影响，取直径间隙 $e_1=0.5\sim1$mm。对于静环，因为它与轴有相对运动，其间隙值应稍大，一般取直径间隙 $e_2=1\sim3$mm。石墨环、青铜环、填充聚四氟乙烯环，当轴径为 16～100mm 时取 e_2 为 1mm，轴径 110～120mm 时取 2mm。硬质合金环当轴径为 16～100mm 时取 2mm，轴径 110～120mm 时取 3mm。

2. 密封圈尺寸

常用的密封圈有橡胶 O 形圈及聚四氟乙烯 V 形圈，为使二者可互换，设计时直径方向公称尺寸应相同。

安装在动环或静环上的橡胶 O 形圈的压缩量要掌握适当，过小会使密封性能差，过大会使安装困难，摩擦阻力加大，且浮动性差。如图 3-22(a) 所示，压缩率为$\frac{a_1-a}{a_1}$，一般取 6%～10%。

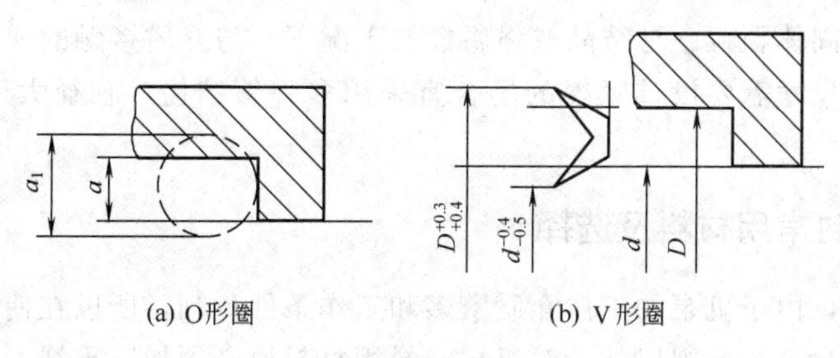

图 3-22　密封圈及相关尺寸

聚四氟乙烯 V 形圈由两侧密封唇进行密封，属自紧式密封，介质压力越高，密封性能越好。为使低压时也有良好的密封性能，V 形圈的内径必须比轴径小，外径比安装尺寸大。V 形圈一般与推环或撑环一起安装，以使 V 形圈两侧密封唇紧贴在内外环形的密封表面。V 形圈的安装尺寸如图 3-22(b) 所示，内径比轴径尺寸小 0.4～0.5mm，外径比安装处尺寸大 0.3～0.4mm。

3. 弹性元件的确定

机械密封中采用的弹性元件有圆柱螺旋弹簧、波形弹簧、碟形弹簧和波纹管。波形弹簧和碟形弹簧具有轴向尺寸小，刚度大，结构紧凑的优点，但轴向位移和弹簧力较小，一般适用于轴向尺寸要求很紧凑的轻型机械密封。波纹管常用于高温、低温、强腐蚀等特殊条件。圆柱螺旋弹簧使用最广，又可分为普通弹簧、并圈弹簧和带钩弹簧，后两者用于动环采用弹簧传动的机械密封。

我国机械行业标准 JB/T 11107—2011《机械密封用圆柱螺旋弹簧》规定了机械密封用冷卷圆截面圆柱螺旋压缩弹簧的分类、弹簧设计、术语代号、技术要求、检验方法、检验规则及标志、包装、运输和贮存等。该标准适用于机械密封用冷卷圆截面圆柱螺旋弹簧，弹簧材料的截面直径（简称线径）$d\geqslant0.6$mm。机械密封用圆柱螺旋弹簧端部结构形式分类见表 3-7。机械密封用圆柱螺旋弹簧设计计算按国家标准 GB/T 23935—2009《圆柱螺旋弹簧设计计算》的规定进行。机械密封常用圆柱螺旋弹簧的技术参数可参阅 JB/T 11107—2011《机械密封用圆柱螺旋弹簧》附录 A。

表 3-7 机械密封用圆柱螺旋弹簧端部结构形式分类

代号	简图	端部结构形式
MyⅠ	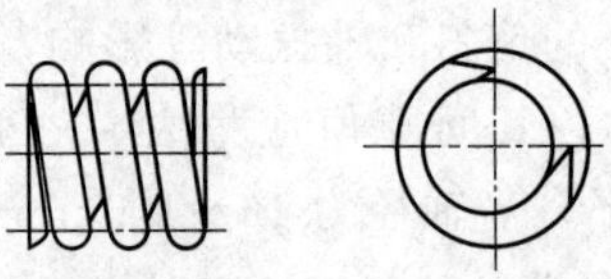	两端圈并紧且磨平
MyⅡ	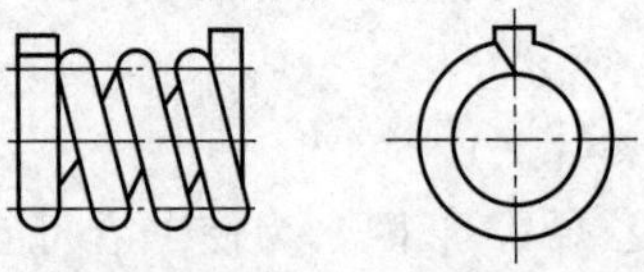	两端径向钩弹簧(向内或向外)
MyⅢ	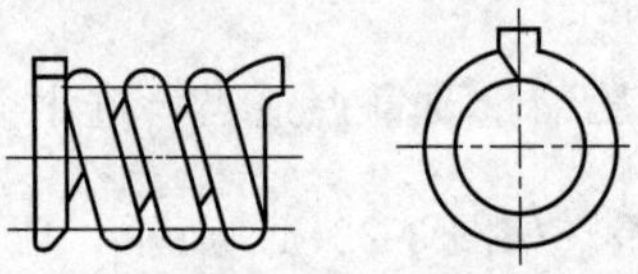	一端径向、一端轴向钩弹簧

我国国家标准 GB/T 33509—2017《机械密封通用规范》中对泵用机械密封弹簧规定：在介质黏度高、含固体颗粒、易结晶或强腐蚀的工况下，与介质接触的弹簧宜采用单弹簧结构；机械密封轴向尺寸需要设计紧凑的场合宜采用多弹簧结构；轴径大于 70mm 时，宜采用多弹簧结构。

三、机械密封常用材料及选择

在过程工业中，由于机泵的工作介质繁多和工作条件苛刻，所以在使用机械密封时，除了对密封结构和密封系统重视以外，对机械密封用材料也必须加以重视，而且必须根据具体的用途、介质性质和工作条件，采用不同的密封材料。机械密封材料包括摩擦副、辅助密封、加载弹性元件及其他零件材料。正确合理地选择各种材料，特别是端面摩擦副材料，对保证机械密封工作的稳定性，延长其使用寿命、降低成本等有着重要意义。材料的选择往往成为一个十分关键的问题，甚至决定密封的成败。

(一) 摩擦副材料

摩擦副材料是指动环和静环的端面材料。机械密封的泄漏 80%～95%是由于密封端面引起的，除了密封面相互的平行度和密封面与轴心的垂直度等以外，密封端面的材料选择非常重要。

1. 摩擦副材料的基本要求

通常摩擦副的动环和静环材料选用一硬一软两种材料配对使用，只有在特殊情况下（如介质有固体颗粒等）才选用硬对硬材料配对使用。摩擦副组对是材料物理力学性能、化学性能、摩擦特性的综合应用。在选择摩擦副材料组对时，应注意以下几点基本要求。

① 物理力学性能。弹性模量大，机械强度高，密度小，导热性好，热膨胀系数低，耐热裂和热冲击性好，耐寒性和耐温度的急变性好。

② 化学性能。耐腐蚀性好，抗溶胀、老化。

③ 摩擦学性能。自润滑性好，摩擦系数低，能承受短时间的干摩擦，耐磨性好，相容性好。由于摩擦副密封端面要进行相对滑动，仅各自的材料耐磨性好还不够，还要考虑摩擦副材料组对的相容性问题。相容性差的两种材料组成摩擦副时，易发生黏着磨损。只有相容性良好的材料组对，才能得到良好的自润滑性和耐磨性。

④ 其他性能。切削加工性好，成型性能好，材料来源方便。

目前用作摩擦副的材料很多。软质材料主要有：石墨、聚四氟乙烯、铜合金等；硬质材料主要有：硬质合金、工程陶瓷、金属等。

2. 密封面软材料

① 石墨。石墨是机械密封中用量最大、应用范围最广的摩擦副组对材料。它具有许多优良的性能，如良好的自润滑性和低的摩擦系数，优良的耐腐蚀性能（除了强氧化性介质如王水、铬酸、浓硫酸及卤素外，能耐其他酸、碱、盐类及一切有机化合物的腐蚀），导热性好、线膨胀系数低、组对性能好，且易于加工、成本低。石墨是用焦炭粉和石墨粉（或炭黑）作基料，用沥青作黏结剂，经模压成型在高温下烧结而成。根据所用原料及烧结时间、烧结温度的不同，常见的有碳石墨和电化石墨两种。前者质硬而脆，后者质软、强度低、滋润性好。密封面软材料中应用最普遍的是碳石墨。

然而，碳石墨存在着气孔率大（18%～22%），机械强度低的缺点。因此，碳石墨用作密封环材料时，需要用浸渍等办法来填塞孔隙，并提高其强度。浸渍剂的性质决定了浸渍石墨的化学稳定性、热稳定性、机械强度和可应用温度范围。目前常用的浸渍剂有合成树脂和金属两大类。当使用温度小于或等于170℃时，可选用浸合成树脂的石墨。常用的浸渍树脂有酚醛树脂、环氧树脂和呋喃树脂。酚醛树脂耐酸性好，环氧树脂耐碱性好，呋喃树脂耐酸性和耐碱性都较好，因此浸呋喃树脂石墨环应用最为普遍。当使用温度大于170℃时，应选用浸金属的石墨环，但应考虑所浸金属的熔点，耐介质腐蚀特性等。常用的浸渍金属有巴氏合金、铜合金、铝合金、锑合金等。浸锑碳石墨抗弯与抗压强度高，分别达30MPa和90MPa，使用温度可达500℃；浸铜或铜合金的碳石墨使用温度为300℃；浸巴氏合金的碳石墨使用温度为120～180℃。

对密封用碳石墨来说，抗疱疤是个很重要的问题。对疱疤较普遍的解释是一定量的流体被碳石墨基层所吸收，由于摩擦热形成基层压力顶出，形成疤状凹坑。疱疤通常在烃类产品或温度交变的场合下使用时可以发现。采用碳化硅作为配对材料，可以减少甚至消除这一疱疤问题。

② 聚四氟乙烯。聚四氟乙烯具有优异的耐腐蚀性（几乎能耐所有强酸、强碱和强氧化剂的腐蚀），自润滑性好，具有很低的摩擦系数（仅0.04），较高的耐热性（高至250℃）和耐寒性（低至−180℃），耐水性、抗老化性、不燃性、韧性及加工性能都很好。但它也存在着导热性差（仅为钢的1/200），耐磨性差，成型时流动性差，热膨胀系数大（约为钢的10倍），长期受力下容易变形（称为冷流性）等缺点。为克服这些缺点，通常是在聚四氟乙烯中加入适量的各种填充剂，构成填充聚四氟乙烯。最常用的填充剂有玻璃纤维、石墨等。填充聚四氟乙烯密封环常用于腐蚀性介质环境中。

填充玻璃纤维20%的聚四氟乙烯环可以与多种陶瓷材料组对，如与铬刚玉陶瓷组对，在稀硫酸泵中应用效果很好。填充15%玻璃纤维、5%石墨的密封环常与氧化铝陶瓷组对，用于强腐蚀介质。填充15%钛白粉、5%玻璃纤维的密封环与碳化硅组对适用于硫酸、硝酸介质等。食品、医药机械用密封，不应选用碳石墨或填充石墨的聚四氟乙烯作摩擦副材料，因为被磨损的石墨粉有可能进入产品，形成对产品的污染。即使石墨无害，也会使产品染色，影响产品的纯净度和外观质量。对这种情况，填充玻璃纤维的聚四氟乙烯是优选材料。

③ 铜合金。铜合金（青铜、磷青铜、铅青铜等的铸品）具有弹性模量大、导热性好、

耐磨性好、加工性好和与硬面材料对磨性好的特点。与碳石墨相比强度高、刚度好。但耐蚀性差，无自润滑性并容易烧损。主要用于低速及海水、油等中性介质。

3. **密封面硬材料**

(1) 硬质合金。硬质合金是一类依靠粉末冶金方法制造获得的金属碳化物。它依靠某些合金元素，如钴、镍、钢等，作为黏结相，将碳化钨、碳化钛等硬质相在高温下烧结黏合而成。硬质合金具有硬度高（87～94HRA）、强度大（其抗弯强度一般都在1400MPa以上）、耐磨损、耐高温、导热率高、线膨胀系数小，摩擦系数低和组对性能好，且具有一定的耐腐蚀能力等综合优点，是机械密封不可缺少的摩擦副材料。常用的硬质合金有钴基碳化钨（WC-Co）硬质合金、镍基碳化钨（WC-Ni）硬质合金、镍铬基碳化钨（WC-Ni-Cr）硬质合金、钢结碳化钛硬质合金。

钴基碳化钨（WC-Co）硬质合金是机械密封摩擦副中应用最广的硬质合金，但由于其黏结相耐腐蚀性能不好，不适用于腐蚀性环境。为了克服钴基碳化钨硬质合金耐蚀性差的缺陷，出现了镍基碳化钨（WC-Ni）硬质合金，含镍6%～11%，其耐蚀性能有很大提高，但硬度有所降低，在某些场合中使用受到了一定限制。因此出现了镍铬基碳化钨（WC-Ni-Cr）硬质合金，它不仅有很好的耐腐蚀性，其强度和硬度与钴基碳化钨硬质合金相当，是一种性能良好的耐腐蚀硬质合金。

钢结硬质合金是以碳化钛（TiC）为硬质相，合金钢为黏结相的硬质合金，其硬度与耐磨性与一般硬质合金接近，机加工性能与一般金属材料类同。金属坯材烧结后经退火即可加工，加工后再经高温淬火与低温回火等适当热处理后，便具有高硬度（69～73HRC）、高耐磨性和高刚性（弹性模量较高），并具有较高的强度与一定的韧性。另外，由于TiC颗粒呈圆形，所以它的摩擦系数大大降低，且具有良好的自润滑性。同时它还有良好抗冲击能力，可用在温度有剧烈变化的场合。

硬质合金的高硬度、高强度，良好的耐磨性和抗颗粒性，使其广泛适用于重负荷条件或用在含有颗粒、固体及结晶介质的场合。

(2) 工程陶瓷。工程陶瓷具有硬度高、耐腐蚀性好、耐磨性好，及耐温变性好的特点，是较理想的密封环端面材料。缺点是抗冲击韧性低、脆性大、硬度高及加工困难。目前用于机械密封摩擦副的主要是氧化铝陶瓷（Al_2O_3）、氮化硅陶瓷（Si_3N_4）和碳化硅陶瓷（SiC）。

① 氧化铝陶瓷。氧化铝陶瓷的主要成分是 Al_2O_3 和 SiO_2，Al_2O_3 超过60%的叫刚玉瓷。目前用作机械密封环较多的是（95%～99.8%）Al_2O_3 的刚玉瓷，分别被简称为95瓷和99瓷。Al_2O_3 含量很高的刚玉瓷除氢氟酸、氟硅酸及热浓碱外，几乎耐各种介质的耐蚀。但抗拉强度较低，抗热冲击能力稍差，易发生热裂。其热裂主要由于温度变化引起的热应力达到了材料的屈服极限。

在95%Al_2O_3 刚玉瓷坯料中加入0.5%～2%的 Cr_2O_3，经1700～1750℃高温焙烧可制得呈粉红色的铬刚玉陶瓷，它的耐温度急变性能好，脆性减低，抗冲击性能得到提高。铬刚玉陶瓷与填充玻璃纤维聚四氟乙烯组对，用于耐腐蚀机械密封时性能很好。

氧化铝陶瓷密封环由于优良的耐腐蚀性能和耐磨性能，被广泛应用于耐腐蚀机械密封中。但值得注意的是，一套机械密封的动静环不能都使用氧化铝陶瓷制造，因有产生静电的危险。

② 氮化硅陶瓷。氮化硅陶瓷（Si_3N_4）是20世纪70年代我国为发展耐腐蚀用机械密封而开发的材料。通过反应烧结法生产的氮化硅陶瓷（Si_3N_4）应用较多。能耐除氢氟酸以外

的所有无机酸及30%的碱溶液的腐蚀，热膨胀系数小、导热性好，抗热冲击性能优于氧化铝陶瓷，且摩擦系数较低，有一定的自润滑性。

在耐腐蚀机械密封中，Si_3N_4 与碳石墨组对性能良好，而与填充玻璃纤维聚四氟乙烯组对时，Si_3N_4 的磨耗大，其磨损机理有待深入研究。Si_3N_4 与 Si_3N_4 组对的性能也不太好，会导致较大的磨损率。

③ 碳化硅陶瓷。碳化硅陶瓷（SiC）是新型的、性能非常良好的摩擦副材料。它质量轻、比强度高、抗辐射能力强；具有一定的自润滑性，摩擦系数小；硬度高、耐磨损、组对性能好；化学稳定性高、耐腐蚀，它与强氧化性物质只有在500～600℃高温下才起反应，在一般机械密封的使用范围内，几乎耐所有酸、碱；耐热性好（在1600℃下不变化，极限工作温度可达2400℃），导热性能良好、耐热冲击。自20世纪80年代以来，国内外各大机械密封公司纷纷把碳化硅作为高 pv 值的新一代摩擦副组对材料。

根据制造工艺不同，碳化硅分为反应烧结SiC、常压烧结SiC和热压SiC三种。机械密封中常用的为反应烧结SiC。

(3) 金属材料。铸铁和模具钢、轴承钢等特殊钢不耐腐蚀，不能用于水类液体和药液，通常用于低负荷、油类液体，一般工艺过程中很少用它。斯太利特（钴铬钨合金）也属于此类。

(4) 表面复层材料。随着表面工程技术和摩擦学的发展，机械密封材料也发展到通过表面技术来改进材料的性能。

① 表面堆焊硬质合金。在金属表面堆焊硬质合金可以有效地改善耐磨性能及耐腐蚀性能。目前机械密封上使用的堆焊硬质合金主要有钴基合金、镍基合金和铁基合金。这类合金具有自熔性和低熔点的特性，有良好的耐磨和抗氧化特性，但不耐非氧化性酸和热浓碱。它的硬度不算高，抗热裂能力也较差，不宜用于带颗粒介质的密封和高速密封，比较适宜在中等负荷的条件下作摩擦副材料。

② 表面热喷涂。热喷涂是利用一种热源，将金属、合金、陶瓷、塑料及复合材料、组合材料等粉末或丝材、棒材加热到熔化或半熔化状态，并用高速气流雾化，以一定的速度喷洒于经预处理过的工作表面上形成喷涂层。如将喷涂层再用火炬或感应加热方法重熔，使之与工件表面呈冶金结合则称为热喷焊。机械密封用的热喷涂硬质材料多为各种陶瓷。将高熔点的陶瓷喷涂在基体金属上，其表面可获得耐磨、耐蚀的涂层，涂层厚度可以控制，一般能从几十微米到几毫米，这样材料就兼有基体材料的韧性和涂层的耐蚀及耐磨性，并且可以大大降低密封环的成本。

③ 表面烧覆碳化钨耐磨层。表面烧覆碳化钨耐磨层是用铸造碳化钨（WC）粉为原料，以铜或NiP合金作黏结剂，直接冷压在金属（不锈钢或碳钢）表面，然后经高温烧结而成。在金属的表面烧覆碳化钨而获得耐磨层，国外称为RC合金（Ralit Copper）。它制成密封环既节省碳化钨又缩短加工工时，可大大降低成本，同时还可克服常用热套或加密封垫镶嵌环在高温下可能出现从座圈中脱出的缺点，或密封垫材料蠕变、碳化而失效的弊端。同时根据需要能方便地控制耐磨层厚度（可控制在1～4mm）。实际使用结果表明，在高温（>290℃）油类介质和含固体磨粒的场合，RC合金是一种具有优良耐磨性和热稳定性的密封材料。国内采用渗透法工艺研制出RC(WC-Cu)合金和WC-NiP合金。其中RC合金比钴基碳化钨（WC-Co）类硬质合金有更好的热稳定性，不易发生热裂，主要使用于油类、海水、盐类、大多数有机溶剂及稀碱溶液等，而WC-NiP合金主要是针对大多材料均不耐非氧化

性酸而提出的，同时它在碱溶液、水及其他介质中与 RC 合金和 WC-Co 硬质合金的耐蚀性能相近。

④ 真空烧结环。真空熔结工艺是一种表面冶金工艺。它是以自熔性镍基合金在金属母体表面扩散、润湿，在真空炉中熔结于母体（环坯）表面而成的。镍基合金与母体在短时间加热的过程中，充分扩散互熔，成为冶金结合。其合金层与母体材料结合强度高，耐热冲击性能好，且母材对合金层的影响小。由于表面采用镍基合金，故具有良好的耐磨性和耐腐蚀性。真空熔结环的硬度适中，摩擦系数低，耐磨性好，耐腐蚀性接近斯太利特合金，且有良好的耐温度剧变性能，加工量小，成品率高，成本低，用于机械密封环已取得满意的效果。

（二）辅助密封圈材料

机械密封的辅助密封圈包括动环密封圈和静环密封圈。根据其作用，要求辅助密封材料具有良好的弹性、较低的摩擦系数，耐介质的腐蚀、溶解、溶胀、耐老化，在压缩后及长期的工作中永久变形较小，高温下使用具有不黏着性，低温下不硬脆而失去弹性，具有一定的强度和抗压性。

辅助密封圈常用的材料有合成橡胶、聚四氟乙烯、柔性石墨、金属材料等。合成橡胶是使用最广的一种辅助密封圈材料，常用的有丁腈橡胶、氟橡胶、硅橡胶、氯丁橡胶、乙丙橡胶等。不同种类的橡胶有不同的耐腐蚀性能、耐溶剂性能和耐温性能，在选用时需加以注意。辅助密封圈材料，在一般介质中可使用合成橡胶制成的 O 形圈；在腐蚀性介质中可使用聚四氟乙烯制成的 V 形圈、楔形环等；在高温下（输送介质温度不低于 200℃）时可优先采用柔性石墨，但柔性石墨的强度较低，应注意加强和保护；在高压下，尤其是高压和高温同时存在时，前几种材料并不能胜任，这时只有选用金属材料来制作辅助密封。根据不同的工作条件有不同的金属材料供选用，金属空心 O 形圈的材料有 06Cr19Ni10，06Cr17Ni12Mo3Ti、06Cr18Ni11Ti 等，对于端面为三角形的楔形环，则常采用铬钢，如 06Cr13。

（三）弹性元件材料

机械密封弹性元件有弹簧和金属波纹管等。要求材料强度高、弹性极限高、耐疲劳、耐腐蚀以及耐高（或低）温，使密封在介质中长期工作仍能保持足够的弹力维持密封端面的良好贴合。

泵用机械密封的弹簧多用 06Cr19Ni10、12Cr18Ni9、07Cr17Ni7Al 和 06Cr17Ni12Mo2；在腐蚀性较弱的介质中，也可以用碳素弹簧钢；磷青铜弹簧在海水、油类介质中使用良好。60Si2Mn 和 65Mn 碳素弹簧钢可用于常温无腐蚀性介质中。50CrV 用于高温油泵中较多。在耐酸泵和耐碱泵中宜采用铬镍钢和铬镍钼钢。对于强腐蚀性介质，可采用耐蚀合金（如镍基合金等）或弹簧加聚四氟乙烯保护套或涂覆聚四氟乙烯，来保护弹簧使之不受介质腐蚀。

金属波纹管常用材料有耐蚀合金、高温合金、沉淀硬化型不锈钢、钛合金等，在−40℃～176℃时，推荐采用 NS3304（C-276），在−40℃～400℃时，推荐采用 GH4169（Inconel 718）。

（四）其他零件材料

机械密封其他零件，如动静环的环座、推环、波纹管座、弹簧座、传动销、紧定螺钉、轴套、集装套等，虽非关键部件，但其设计选材也不能忽视，除应满足机械强度要求外，还要求耐腐蚀。这些零件材料中，对于密封介质为清水、油类及一般性介质，宜采用铬钢、铬镍钢等，腐蚀性介质宜采用铬镍钢、铬镍钼钢、镍基合金等。常用的材料有 12Cr13、20Cr13、30Cr13、40Cr13、12Cr18Ni9、06Cr19Ni10、06Cr17Ni12Mo2、022Cr17Ni12Mo2、06Cr17Ni12Mo3Ti、NS3304（C-276）等。根据密封介质的腐蚀性也可以采用其他的耐腐蚀材料。

（五）机械密封主要零件材料选择

机械密封所选用的材料对密封的使用寿命和运转可靠性具有重大的意义。然而，机械密封材料的选择却是一个复杂的问题。

对于接触式机械密封，摩擦副材料的选择和组对最重要，必须考虑其配对性能。在应用过程中，可靠性比经济性更为重要，在可能的情况下，应优先考虑选择高等级的配对材料。端面摩擦副材料组对方式多种多样，下面为几种常用的组对规律。

对于轻载工况（$v \leqslant 10m/s$，$p \leqslant 1MPa$），优先选择一密封环材料为浸树脂石墨，而另一配对密封环材料，则可根据不同的介质环境进行选择。例如，油类介质可选用球墨铸铁，水、海水可选用青铜，中等酸类介质可选用高硅铸铁、含铝高硅铸铁等。轻载工况也可选择等级更高的材料，如碳化钨、碳化硅等。

对于高速、高压、高温等重载工况，石墨环一般选择浸锑石墨，与之配对材料通常选择导热性能很好的反应烧结或无压烧结碳化硅，当可能遭受腐蚀时，选择化学稳定性更好的热压烧结碳化硅。

对于同时存在磨粒磨损和腐蚀性的工况，端面材料必须均选择硬材料以抵抗磨损。常用的材料组合为碳化硅对碳化钨，或碳化硅对碳化硅。碳化钨材料一般选择钴基碳化钨，但有腐蚀危险时，选择更耐腐蚀的镍基碳化钨。对于强腐蚀且无固体颗粒的工况，可选择填充玻璃纤维聚四氟乙烯对超纯氧化铝陶瓷（99%Al_2O_3）。

随着材料开发研究和科学技术水平的不断提高，可以研制出更加合适的机械密封用材料。机械密封常用材料的性能及组合示例参见附录四。

第三节　机械密封的典型结构与循环保护系统

一、典型结构

（一）泵用机械密封

1. 我国泵用机械密封标准形式简介

① 泵用机械密封的基本形式。我国国家标准 GB/T 33509—2017《机械密封通用规范》中将泵用机械密封分成七种基本形式，如图 3-23 所示。

Ⅰ型密封为内装、弹簧、非平衡型；

Ⅱ型密封为内装、弹簧、平衡型；

Ⅲ型密封为内装、弹簧、旋转式、橡胶波纹管；

Ⅳ型密封为内装、弹簧、静止式、聚四氟乙烯波纹管；

Ⅴ型密封为外装、弹簧、旋转式、聚四氟乙烯波纹管；

Ⅵ型密封为内装、金属波纹管、集装式，辅助密封件为O形橡胶圈；

Ⅶ型密封为内装、金属波纹管、集装式，辅助密封件为柔性石墨。

泵用机械密封参数见表 3-8。

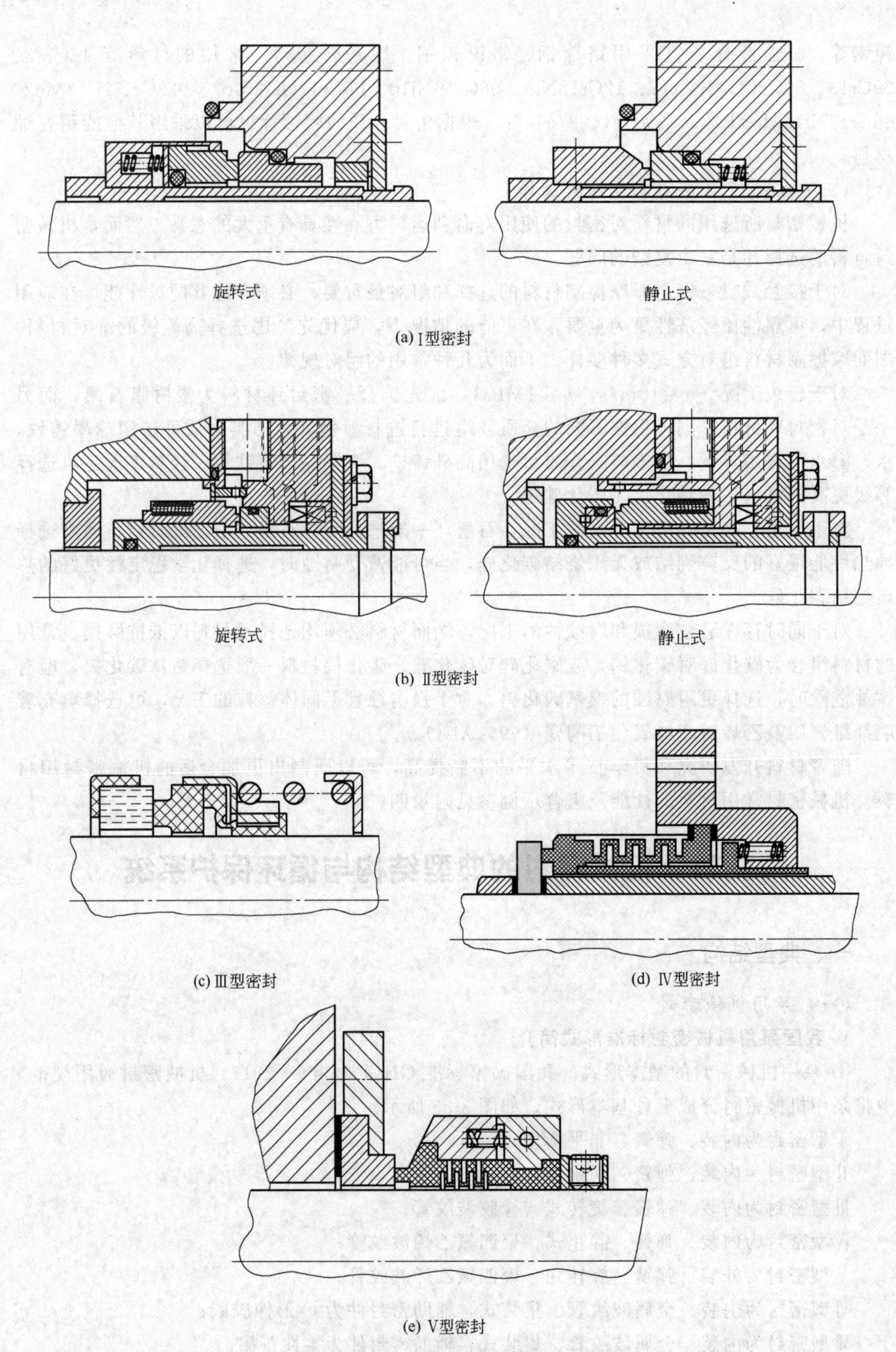

(a) Ⅰ型密封

(b) Ⅱ型密封

(c) Ⅲ型密封

(d) Ⅳ型密封

(e) Ⅴ型密封

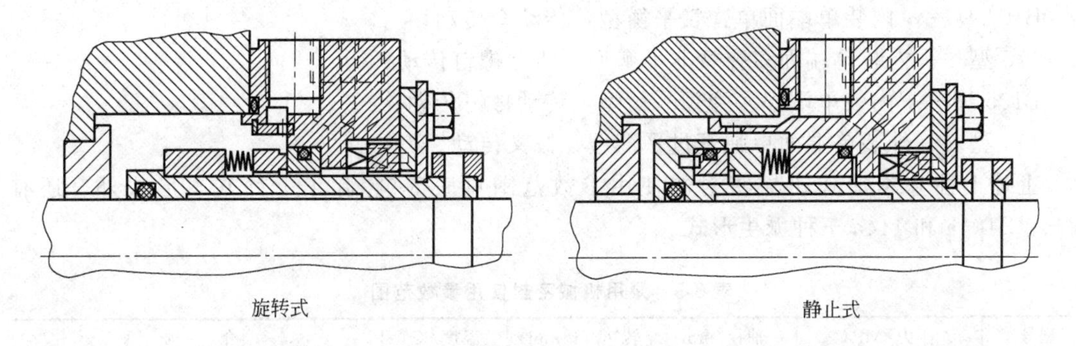

(f) Ⅵ型密封

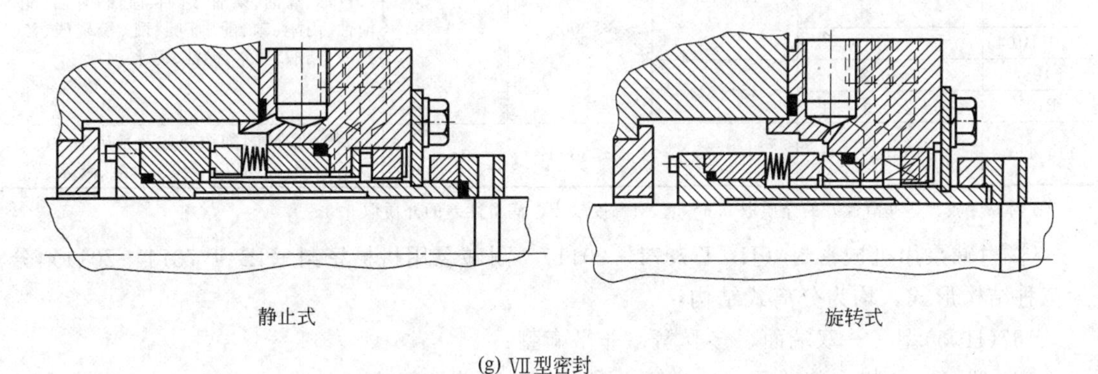

(g) Ⅶ型密封

图 3-23 泵用机械密封基本形式

表 3-8 泵用机械密封基本参数

密封形式	密封介质压力/MPa	密封介质温度/℃	线速度/(m/s)	轴径/mm	介质
Ⅰ	0～0.8	−40～176	≤30	10～120	水,油、有机溶剂及其他一般腐蚀性介质
Ⅱ	0～10.0	−40～176	≤30	10～120	
Ⅲ	0～0.8	−20～100	≤10	10～80	水,油类及其他弱腐蚀性介质
Ⅳ	0～0.5	0～80	≤10	35～70	腐蚀性介质(氢氟酸、发烟硝酸除外)
Ⅴ	0～0.5	0～80	≤10	30～70	强酸、强碱等强腐蚀介质
Ⅵ	≤4.0	−40～176	≤50	20～120	水,油、溶剂类及其他一般腐蚀性介质
Ⅶ	≤4.0	−40～400	≤50	20～120	

② 泵用机械密封（JB/T 1472—2011）。泵用机械密封（JB/T 1472—2011）适用于离心泵、旋涡泵及其他类似泵的机械密封，分为七种基本结构形式，均为分离式结构：

103 型——内装单端面单弹簧非平衡型，并圈弹簧传动；

B103 型——内装单端面单弹簧平衡型，并圈弹簧传动；

104 型——内装单端面单弹簧非平衡型，传动套传动；

B104 型——内装单端面单弹簧平衡型，传动套传动；

105 型——内装单端面多弹簧非平衡型，传动螺钉传动；

B105 型——内装单端面多弹簧平衡型，传动螺钉传动；

114 型——外装单端面单弹簧过平衡型，拨叉传动。

上述七种基本形式机械密封的使用参数范围见表 3-9。除了七种基本形式外，还有 104a、B104a 和 114a 三种派生形式。

表 3-9　泵用机械密封使用参数范围

型号	压力/MPa	轴径/mm	转速/(r/min)	温度/℃	介　质
103	0～0.8	16～120	≤3000	－20～80	汽油、煤油、柴油、蜡油、原油、重油、润滑油、丙酮、苯、酚、吡啶、醚、稀硝酸、浓硝酸、脂酸、尿素、碱液、海水、水等
B103	0.6～3,0.3～3①				
104、104a	0～0.8				
B104、B104a	0.6～3,0.3～3①				
105	0～0.8	35～120			
B105	0.6～3,0.3～3①				
114、114a	0～0.2	16～70	≤3000	0～60	腐蚀性介质，如浓硫酸及稀硫酸、40%以下硝酸、30%以下盐酸、磷酸、碱等

① 对黏度较大、润滑性好的介质取 0.6～3，对黏度较小、润滑性差的介质取 0.3～3。

③ 耐碱泵用机械密封（JB/T 7371—2011）。耐碱泵用机械密封（JB/T 7371—2011）分为三种结构形式，均为分离式结构：

167(I105)型——双端面、多弹簧、非平衡型；

168 型——外装、单端面、单弹簧、聚四氟乙烯波纹管式；

169 型——外装、单端面、多弹簧、聚四氟乙烯波纹管式。

工作参数为：密封介质压力 0～0.5MPa；密封介质温度不高于 130℃；转速不大于 3000r/min；轴径 167 型为 28～85mm，168 型为 30～45mm，169 型为 30～60mm；介质为氢氧化钠、氢氧化钾、碳酸钠、碳酸氢钠、碳酸钙、碳酸钾等碱性液体，其中苛性碱浓度不大于 42%，固相颗粒含量小于 20%。

④ 耐酸泵用机械密封（JB/T 7372—2011）。耐酸泵用机械密封（JB/T 7372—2011）分为四种基本结构形式，均为分离式结构：

151 型——外装、外流、单端面、单弹簧、聚四氟乙烯波纹管型；

152 型——外装、外流、单端面、多弹簧、聚四氟乙烯波纹管型；

153 型——内装、内流、单端面、多弹簧、聚四氟乙烯波纹管型；

154 型——内装、内流、单端面、单弹簧、非平衡型。

除了四种基本形式外，还有 152a、153a 和 154a 三种派生形式。工作参数见表 3-10。

表 3-10　耐酸泵用机械密封工作参数

型号	压力/MPa	温度/℃	转速/(r/min)	轴径/mm	介　质
151	0～0.5	0～80	≤3000	30～60	酸性液体
152				30～70	
152a				30～70	
153				35～55	酸性液体（氢氟酸、发烟硝酸除外）
153a				35～70	
154	0～0.6			35～70	
154a				35～70	

⑤ 焊接金属波纹管机械密封（JB/T 8723—2022）。焊接金属波纹管机械密封（JB/T 8723—2022）适用于离心泵及类似机械旋转轴用焊接金属波管机械密封，适用范围为：轴径 20～150mm；介质温度－75～400℃；密封腔压力，单层波纹管≤2.2MPa，双层波纹管≤4.0MPa；速度，旋转型端面平均线速度≤25m/s，静止型端面平均线速度≤50m/s；介质，水、油、溶剂类及一般腐蚀性液体。

焊接金属波纹管机械密封（JB/T 8723—2022）分为四种基本形式：

Ⅰ型——内装式、波纹管组件为旋转型，辅助密封为O形圈，见图 3-24(a)。

Ⅱ型——内装式、波纹管组件为旋转型，辅助密封为柔性石墨，见图 3-24(b)。

Ⅲ型——内装式、波纹管组件为静止型，辅助密封为O形圈，见图 3-24(c)。

Ⅳ型——内装式、波纹管组件为静止型，辅助密封为柔性石墨，见图 3-24(d)。

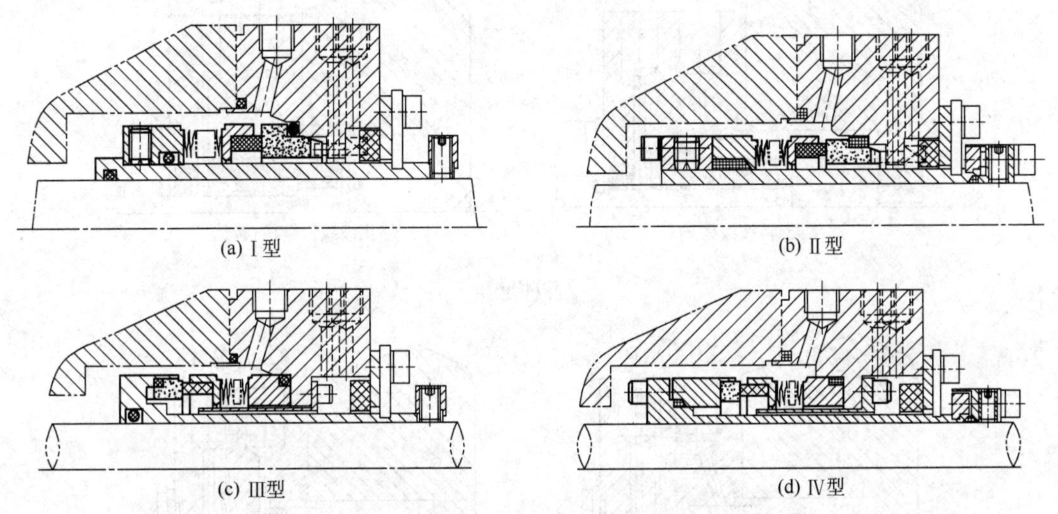

图 3-24 焊接金属波纹管机械密封基本形式

上述几类标准泵用机械密封的具体结构及尺寸参数，可参阅相关标准和手册。

2. 离心泵和转子泵用轴封系统

我国国家标准 GB/T 34875—2017《离心泵和转子泵用轴封系统》使用翻译法等同采用国际标准化组织标准 ISO 21049：2004《离心泵和转子泵用轴封系统（Pumps—Shaft Sealing Systems for Centrifugal and Rotary Pumps）》。

GB/T 34875—2017 标准规定了石油、天然气、化学工业用离心泵和转子泵用密封系统的技术要求并给出了推荐性意见。该标准主要适用于危险、易燃和/或有毒场合的密封系统，为了改善设备完好率和减少向大气中的排放量以及降低寿命周期的密封成本，这些场合要求设备有更高的可靠性。该标准规定的泵密封轴径范围为 20～110 mm。

GB/T 34875—2017 密封标准要求机械密封全部采用集装式结构，并规定了 A、B 及 C 型三种基本形式的标准机械密封，其基本结构如图 3-25 所示。

A 型密封为内装式、平衡型、集装式、多弹簧、滑移式补偿结构（弹性补偿结构默许为旋转式、备选为静止式），辅助密封件为橡胶O形圈；B 型密封为内装式、平衡型、集装式、金属波纹管密封（波纹管结构默许为旋转式、备选为静止式），辅助密封件为橡胶O形圈；C 型密封为内装式、平衡型、集装式、金属波纹管密封（波纹管结构默许为静止式、备选为旋转式），辅助密封件为柔性石墨。密封使用温度，A 型和 B 型为－40～176℃，C 型为

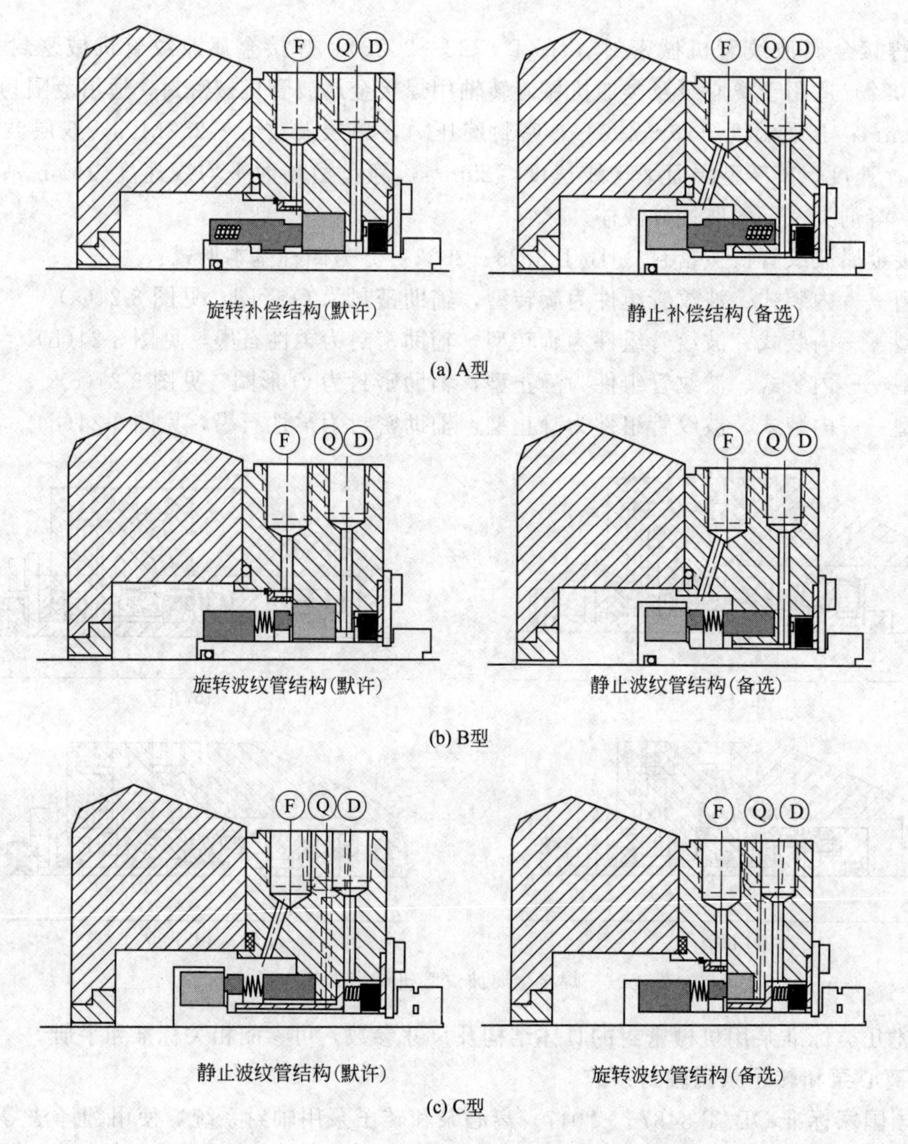

图 3-25　GB/T 34875 标准机械密封

F—冲洗口；Q—急冷口；D—排液口

−40～400℃。

密封端面材料为反应烧结或常压烧结碳化硅对优质抗疱疤碳石墨，密封轴套、密封腔和密封端盖材料一般使用 316、316L、316Ti 不锈钢，其他金属零件部件材料一般使用 316 不锈钢。A 型密封多弹簧材料使用 C-276 合金或 C4 合金；B 型密封金属波纹管材料使用 C-276 合金，在某些应用中用于提高其耐腐蚀性能也可采用 718 合金；C 型密封金属波纹管材料使用 718 合金。

此外，密封端盖内还配有优质碳石墨浮环作为抑制密封，保证密封达到工艺流体零逸出。C 型密封中还装有供背冷蒸汽用的抗结焦青铜折流套。

对于大多数用途，可选用 A 型标准密封；对于高温情况，可选用 C 型标准密封；而 B 型密封可作为其他许多用途可以接受的任选标准密封。

3. 特殊工况的泵用机械密封

（1）高温油泵用机械密封。在石油化工和炼油装置中所应用的温度较高的热油泵有塔底热油泵、热载体泵、油浆泵、渣油泵、蜡油泵、沥青泵、熔融硫黄和增塑剂泵等，均采用机械密封。

在高温油泵中采用硬对硬摩擦副解决低压含固体颗粒的减压塔底热油泵机械密封，采用焊接金属波纹管机械密封解决不同压力下的热油泵密封，采用密封腔冷却套降低温度解决热油泵密封，采用翅片冷却密封腔保护辅助密封解决热油泵密封以及采用双端面密封和加强冲洗等措施。

图 3-26 所示为减压塔底热油泵用静止式焊接金属波纹管机械密封。这种密封的特点是：

① 采用金属波纹管代替了弹簧和辅助密封圈，兼作弹性元件和辅助密封元件，解决了高温下辅助密封难解决的问题，保证密封工作稳定性；

② 波纹管密封本身就是部分平衡型密封，因此适用范围广，在低（负）压下有冲洗液，波纹管密封具有耐负压和抽空能力，在高压下波纹管在耐压限内可以工作；

③ 采用蒸汽背冷措施除了起到启动前起暖机和正常时起冷却作用，减少急剧温变和温差外，还可冲洗动、静环内部析出物，洗净凝聚物，以及防止泄漏严重时发生火灾；

④ 采用静止式结构对高黏度液体可以避免由于高速搅拌产生热量；

⑤ 采用双层金属波纹管，可以保持低弹性常数且能耐高压，在低压下外层磨损，内层仍然起作用（单层波纹管耐压 0.5MPa，而双层波纹管耐压达 3.0～7.0MPa）。采用双层金属波纹管弹性好。使用时必须注意由于操作条件变化，波纹管外围沉积或结焦会使波纹管密封失效。

（2）高黏度液体用机械密封。在石油及石油化工工业中，有高黏度液体、易凝固的液体和附着性强的液体（如塑料、橡胶原液等），一般机械密封不能适应，因为密封面宽，这类液体易在密封面间生成凝固物，从而使密封丧失工作能力。图 3-27 所示为密封面做成刀刃状的刃边密封。这种密封的特点是：

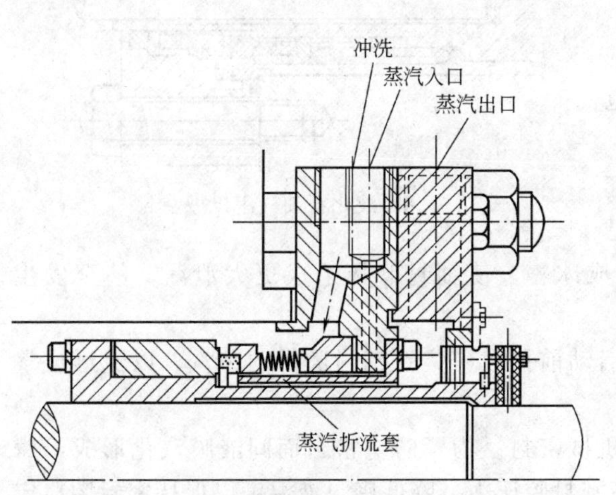

图 3-26　减压塔底热油泵用静止式焊接金属波纹管机械密封

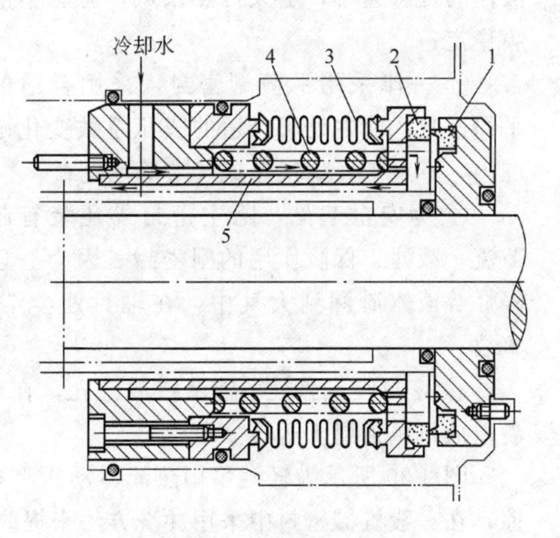

图 3-27　刃边机械密封

1—刃边动环；2—平面静环；3—波纹管；4—弹簧；5—折流套

① 密封的非补偿环端面宽度极小，犹如刀刃一样；

② 弹簧比压为普通密封的 10～60 倍，可以把密封面间生成的凝聚物切断排除，以保证正常密封性能；

③ 由于刃边窄，散热性好，内外侧温差小，受热变形和压力变形的影响较小，从而使密封性能稳定；

④ 弹性元件采用液压成型 U 形波纹管，有较大的间距，避免凝聚物、沉淀物填塞间隙而失去弹性。刃边密封首先用于密封乳胶液，现在逐渐被广泛用于阳离子涂料工业以及沥青和食品等领域难于密封的高黏度液体。

(3) 易挥发液体机械密封。在石油化工及炼油厂中，有许多泵是在接近介质沸点下工作，例如轻烃泵、液化气泵、液氨泵、热水泵等。因此，这些泵的机械密封有可能在液相、汽（气）相或汽液混相状态下工作。因为这些介质的常压沸点均低于一般泵的周围环境，而且周围压力都是大气压力，因此，必须注意勿使这类密封干运转或不稳定工作，在结构、辅助措施和工作条件控制方面采取有力的措施，例如，加强冲洗保证密封腔压力和温度，可使密封处于液相状态下工作或处于似液相状态下工作，采用流体动压密封可以使密封在良好的润滑状态下工作，采用加热方法可以使密封在稳定的汽相状态下工作。此外还可以采用串级式机械密封。

图 3-28 所示为一种液化石油气用机械密封。这种密封是采用多点冲洗的旋转式单弹簧平衡型机械密封。这种密封的特点是：

① 采用多点冲洗，要比一般单点冲洗沿圆周分布均匀、变形小、散热好、端面温度均匀稳定，有利于密封面润滑、冷却和相态稳定；

② 采用多点冲洗可以降低液体向周围液体的传热速率，增大传热系数，有利于液膜稳定；

③ 一律采用平衡型密封，采用合适的平衡系数，使之处于合适的膜压系数变化范围内，不至于发生气振或气喷等问题；

④ 为安全起见，除主密封外还装有起节流、减漏、保险作用的副密封。因为一旦轻烃等液体泄漏到大气中，在轴封处会结成冰霜，使轴封磨坏造成更大泄漏，甚至发生事故；

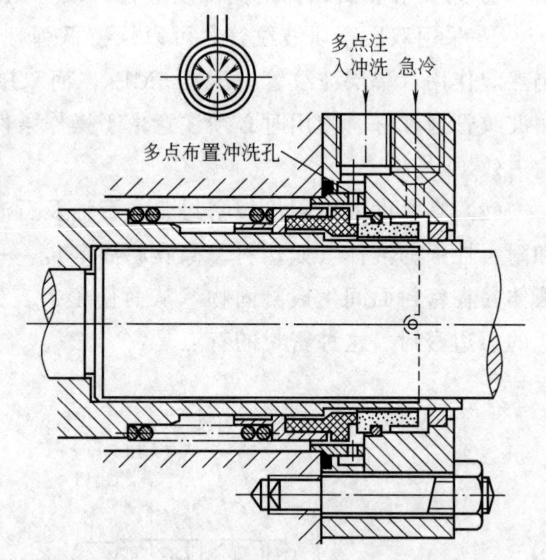

图 3-28　液化石油气用机械密封

⑤ 密封腔端盖处备有蒸汽放空孔，在启动前排放聚集在密封腔内的蒸汽，以免形成气囊造成机械密封干运转。

图 3-29 所示为轻烃泵用热流体动压型机械密封。为了防止密封面间液膜汽化形成干摩擦，在一般机械密封中采用冲洗方法来提高密封腔压力、降低密封液温度以保持密封腔稳定的运转条件。但由于近年来轻烃泵的介质趋向轻质、高蒸气压、高吸入压力方向发展，开发了动环密封面开半圆形槽的热流体动压密封，又称流体动压垫密封。流体动压垫使密封面承载能力提高，改善了密封面润滑状态，使之在稳定状态下长期运转。一般流体动压垫有六个

到十几个。

(4) 含固体颗粒介质机械密封。介质含有固体颗粒及纤维对机械密封的工作十分不利。固体颗粒进入摩擦副，会使密封面发生剧烈磨损而导致失效。同样纤维进入摩擦副也将引起密封严重的泄漏。因此，必须进行专门设计来解决含固体颗粒介质或溶解成分结晶或聚合等问题。解决这类问题要考虑结构（双端面，串级密封等）、冲洗及过滤，以及材料的选择。另外解决结晶或聚合等问题可分别采用不同办法。加热密封腔中介质，使之高于结晶温度，待结晶物溶解后方可开车。背冷处腔内使用溶剂来溶解，也可采用水或蒸汽。加热时可采用带夹套的端盖。

图 3-30 所示为一种含固体颗粒介质用机械密封。这种密封的特点是：

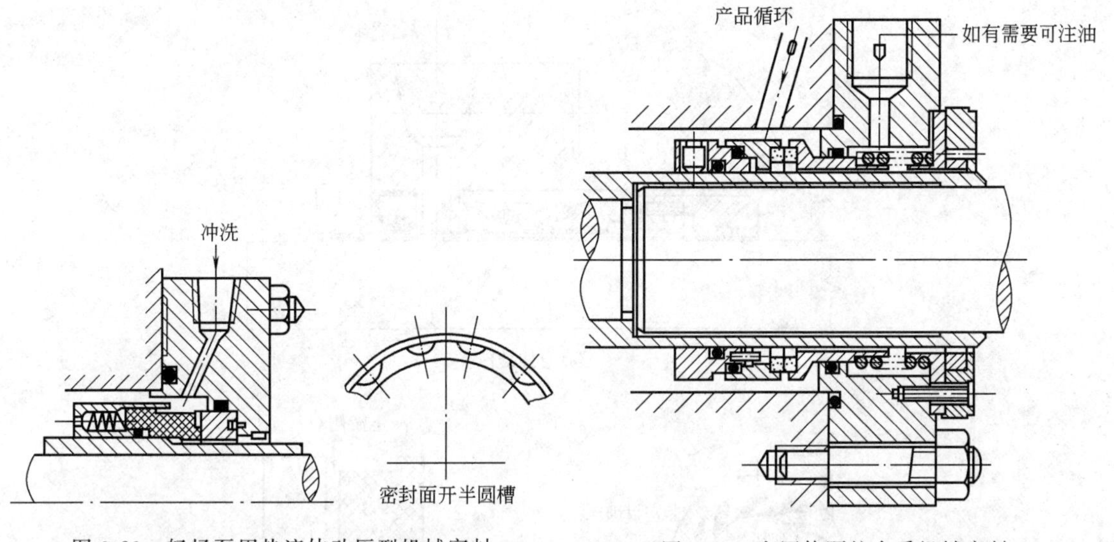

图 3-29　轻烃泵用热流体动压型机械密封

图 3-30　含固体颗粒介质机械密封

① 采用静止式大弹簧机械密封，且使弹簧置于端盖内不与固体颗粒接触，可以减少磨损和避免弹簧堵塞；

② 采用硬对硬材料摩擦副，减少材料磨损（密封面硬度应比固体颗粒大），并且密封面带锐边，防止固体颗粒进入密封面间；

③ O 形圈移置于净液处可以防止结焦或堵塞。

(5) 上游泵送机械密封。接触式机械密封两密封端面直接接触，一般处于边界摩擦或混合摩擦状态，在润滑性能较差的工况下（如高速、高压、低黏度介质等）应用时，常因摩擦磨损严重而寿命很短，甚至根本无法正常工作。利用流体膜使两密封端面分开形成非接触，能有效地改善密封端面的润滑状态。上游泵送液膜润滑非接触式机械密封（简称上游泵送机械密封）是基于现代流体动压润滑理论的新型非接触式机械密封，国外已在各种转子泵上推广应用。

上游泵送机械密封的工作原理是依靠开设流体动压槽的一个端面与另一平行端面在相对运动时产生的泵吸作用把低压侧的液体泵入密封端面之间，使液膜的压力增加并把两密封端面分开。上游泵送机械密封的端面流体动压槽是把由高压侧泄漏到低压侧的密封介质再反输至高压侧，或者把低压侧的隔离流体微量地泵送至高压密封介质侧，可以消除密封介质由高压侧向低压侧的泄漏。

图 3-31 所示为典型的内径开螺旋槽式上游泵送机械密封，由一内装式机械密封和装于外端的唇形密封所组成，唇形密封作为隔离流体的屏障，将隔离流体限制在密封端盖内。机械密封的动环端面开有螺旋槽，根据密封工况的不同，其深度从 $2\mu m$ 到十几微米不等。动环外径侧为高压被密封介质（规定为上游侧或高压侧），内径侧为低压隔离流体（规定为下游侧或低压侧）。当动环以图示方向旋转时，在螺旋槽黏性流体动压效应的作用下，动静环端面之间产生一层厚度极薄的液膜，这层液膜的厚度 h_0 一般在 $3\mu m$ 左右。在内外径压力差的作用下，高压被密封介质产生由外径上游侧指向内径下游侧的压差流 Q_p，而端面螺旋槽流体动压效应所产生的黏性剪切流 Q_s 由内径下游侧指向外径上游侧，与压差流 Q_p 的方向相反，实现上游泵送功能。

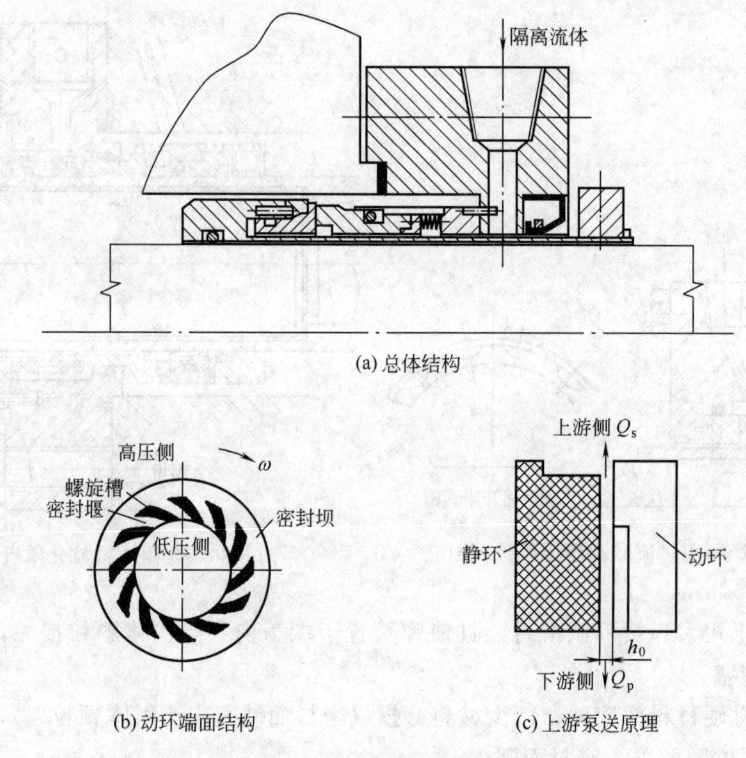

图 3-31　上游泵送机械密封

当 $Q_s=Q_p$ 时，密封可以实现零泄漏。若低压侧无隔离流体，则可以实现被密封介质的零泄漏，但不能保证被密封介质以气态形式向外界逸出。当 $Q_s>Q_p$ 时，低压侧流体向高压侧泄漏。若低压侧有隔离流体，则有少量隔离流体从低压侧泵送至高压侧，不仅可以实现高压被密封介质的宏观零泄漏，而且可以达到被密封介质向外界的零逸出。

上游泵送概念是 20 世纪 80 年代中期才提出来的，进入 20 世纪 90 年代对上游泵送机械密封的研究才逐渐增多。理论、试验研究和工业应用均表明，与普通的接触式机械密封相比，上游泵送机械密封具有以下明显的技术优势：

① 可以实现被密封介质的零泄漏或零逸出，消除环境污染；

② 由于密封摩擦副处于非接触状态，端面之间不存在直接的固体摩擦磨损，使用寿命大大延长；

③ 能耗约降低 5/6，而且，用于降低端面温升的密封冲洗液量和冷却水量大大减少，提

高了运行效率；

④ 无须复杂的封油供给、循环系统及与之相配的调控系统，对带隔离液的零逸出上游泵送机械密封，隔离液的压力远远低于被密封介质的压力，且无须循环，消耗量也小，因此，相对简单且对辅助系统可靠性的要求不高；

⑤ 可以在更高 pv 值、高含固体颗粒介质等条件下使用。

上游泵送机械密封由于能通过低压隔离流体对高压的工艺介质流体实现密封，可以代替密封危险或有毒介质的普通双端面机械密封，从而使双端面机械密封的高压隔离流体系统变成极普通的低压或常压系统，降低了成本，提高了设备运行的安全可靠性。上游泵送机械密封已在各种场合获得应用，如防止有害液体向外界环境的泄漏、防止被密封液体介质中的固体颗粒进入密封端面、用液体来密封气相过程流体，或者普通接触式机械密封难以胜任的高速高压密封工况等。此类密封应用的线速度已达 40m/s，泵送速率范围为 0.1～16mL/min，将少量低压隔离流体泵送入的被密封介质压力已高达 10.34MPa。

我国机械行业标准 JB/T 13387—2018《上游泵送液膜机械密封　技术条件》规定了上游泵送液膜机械密封的术语和定义、基本形式、参数与形式代号、要求、试验方法与检验规则、仪器仪表、安装和使用要求、标志、包装、运输与贮存等，选用上游泵送机械密封时可参考。

（二）釜用机械密封

釜用机械密封与泵用机械密封的密封原理相同，但釜用机械密封有以下特点。

① 釜用机械密封大部分密封介质是气体而不是液体（只有满釜操作时才是液体密封），故密封端面的工作条件比较苛刻，端面磨损较大。由于气体渗透性强，故要求较高的弹簧比压，并应考虑润滑与冷却。可采用偏心静环或动环，以及加润滑液槽等方法以取得良好的密封。

② 转轴的速度，大都是在 500r/min 以下，甚至有的在 200～300r/min。

③ 釜轴多半是立轴，转轴较泵轴大且长，而轴承间距较短、轴距伸长，故搅拌轴的摆动量较大，影响动环与静环的紧密贴合，为此，必须控制搅拌轴轴封处的振摆，通常在轴底部安装非金属（石墨、四氟塑料）或金属（青铜、铸铁等）轴瓦以控制摆动。

④ 釜用机械密封尺寸大，零件重，更换比较复杂，必须考虑更换密封件时的拆装条件。釜用机械密封一般为外装式，搅拌轴以活动联轴器（对半结构）连接于传动轴，搅拌轴与传动轴间应留有空挡，其尺寸大于密封件零件最高尺寸，以便检修密封时仅需拆卸联轴器的空挡垫块即可更换密封件。

⑤ 反应釜工艺条件变化大、压力经常波动，开、停车频繁和间歇操作。

图 3-32 所示为立式双端面多弹簧平衡型釜用机械密封。这种密封具有上述特点。此外上密封的负荷要比下密封大，因为上端靠大气侧，压差比靠介质侧大。

我国化工行业标准 HG/T 2098—2011《釜用机械密封类型、主要尺寸及标志》规定了釜用机械密封的类型、主要尺寸及识别标志，该标准适用于钢制釜用搅拌轴及类似立式旋转轴的机械密封。其工作参数为：釜内使用压力为 0～10MPa；釜内使用温度为不大于 350℃；搅拌轴（或轴套）外径 30～220mm；速度不大于 2m/s；釜内介质为除强氧化性酸、高浓度碱以外的各种流体。釜用机械密封的类型、产品代号、结构特点及使用压力见表 3-11，具体结构及主要尺寸可参阅标准 HG/T 2098—2011。

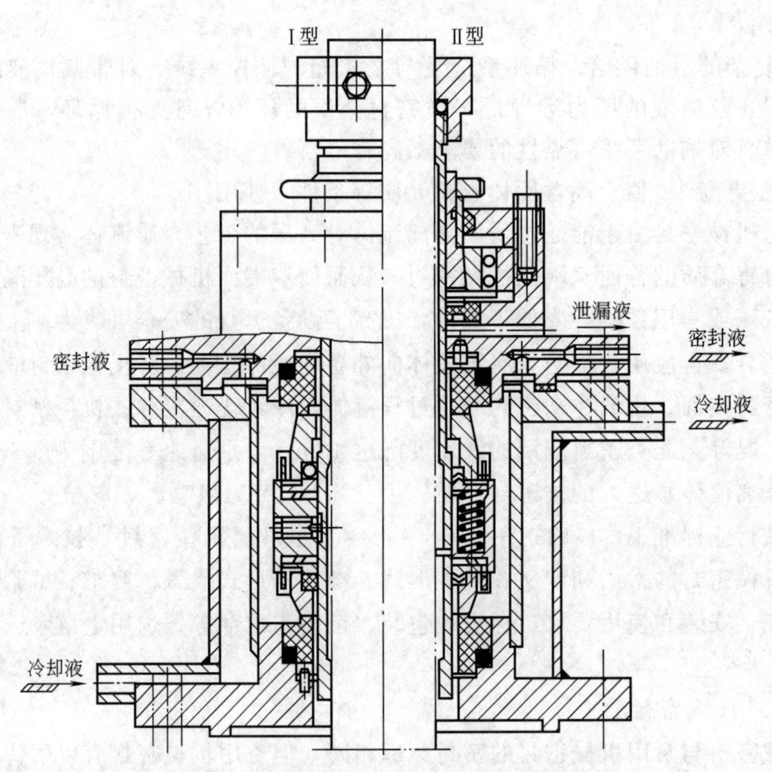

图 3-32 立式双端面多弹簧平衡型釜用机械密封

表 3-11 釜用机械密封的类型、产品代号、结构特点及使用压力

类型	产品代号	结构特点	使用压力/MPa
单端面机械密封	212	不带轴承	≤0.25
	204	不带轴承	≤0.6
	2001	不带轴承、集装式	≤0.6
	2002	带轴承、集装式	≤0.6
轴向双端面机械密封	205	带轴承、集装式	≤0.6
	2004	不带轴承、集装式	≤1.6
	206、2005	带轴承、集装式	≤1.6
	207	带轴承、集装式	≤2.5
	208	带轴承、集装式	≤6.4
	209	带轴承、集装式	≤10
径向双端面机械密封	222	不带轴承	≤1.6

注：带轴承的机械密封应当可以承受搅拌轴轴向力或径向力，轴承型号及数量根据搅拌轴轴承支点设计要求合理选择。

标准 GB/T 33509—2017《机械密封通用规范》规定：釜用机械密封优先采用带轴承集装式结构；对易燃、易爆、有毒介质，应采用双端面机械密封，当安装密封部位的轴向尺寸较短时，宜采用径向双端面结构；当搅拌轴偏摆量或窜动量较大时，应采用带轴承的密封结构；搅拌轴侧入式釜用机械密封，应采用双端面密封，在高温及温度变化较大的工况，应在密封壳体外设置补偿装置；搅拌轴底部插入式釜用机械密封，应采用双端面密封，当要求在不排除釜内物料情况下更换机械密封时，密封结构中应带有停车阻断物料泄漏的隔离密封。GB/T 24319—2009《釜用高压机械密封技术条件》规定：釜用高压机械密封（釜内压力≥6.3MPa）应根据工况选用双端面或多端面结构，大气侧均应采用平衡型结构。

（三）压缩机用机械密封

在过程工业中所采用的透平压缩机等的机械密封，由于线速度高，摩擦副的 pv 值高，发热、磨损和振动将是稳定工作的主要问题。此外，动环旋转时弹簧受离心力的影响，介质受搅拌的影响。通常采用静止式结构，转动零件几何形状对称，减小宽度，以减小摩擦热或采用可控膜机械密封。高速密封也可采用中间环密封（差动环式机械密封），以降低密封面轴速（大约降低一半）。

1. 石油气机械密封

图 3-33 所示为催化裂化气压缩机用机械密封。它是面对面静止式双端面密封，阻塞液（封油）为 22 号透平油，转速达 8500r/min，内、外压差为 0.05MPa 及 0.14MPa，密封端面内外径为 $d_1=121.2\text{mm}$，$d_2=127\text{mm}$，平衡系数为 $B=0.729$，使用寿命达 1 年以上，泄漏量<150mL/h。

这种机械密封的特点和要求是：

① 由于催化瓦斯中有凝缩油，必须选择耐凝缩油的辅助密封圈，例如采用聚四氟乙烯密封圈；

② 为了保持密封面的垂直度，严格控制旋转环的振摆；

③ 为了避免晃动，将中间旋转环夹持固定并用楔形圈密封防止轴套处泄漏；

④ 为了保持静环的追随性，应正确选择弹簧的刚度和弹簧个数；

⑤ 为了减少摩擦热，采用窄碳石墨密封环。

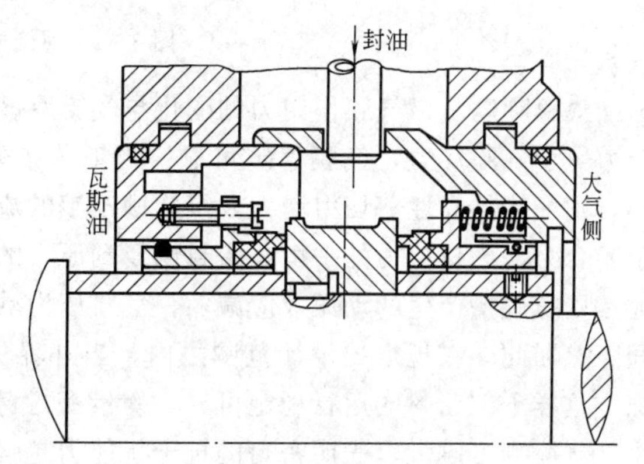

图 3-33　催化裂化气压缩机用面对面静止式双端面机械密封

2. 干气密封

干气密封一般指依靠几微米的气体薄膜润滑的机械密封，也称为气膜密封或气体密封。随着现代工业的迅速发展，干气密封被广泛地用于离心式压缩机、膨胀机、蒸汽透平以及高速和高压的流体机械中，其中应用最广泛的是螺旋槽干气密封。与其他密封相比，干气密封具有结构简单、磨损小、寿命长、能耗低，操作简单可靠，不用封油（省掉了庞大的封油系统），停车时无泄漏（无须另用停车密封），被密封的流体不受油污染等优点，它与磁力轴承技术结合，可以做到全无油润滑。

① 工作原理。干气密封和传统上的液相用机械密封类似，只不过干气密封的两端面被一稳定的薄气膜分隔开，成为非接触状态。由于气体的黏度很小，需要依靠强有力的流体动压效应来产生分离端面的流体压力，同时使气膜具有足够的刚度以抵抗外界载荷的波动，保持端面的非接触。

典型的干气密封结构如图 3-34 所示，其动环的端面加工有深度约为 2.5～10μm 的螺旋形浅槽。螺旋槽起着泵送作用，形成流体膜，产生流体膜承载能力（螺旋槽产生流体膜静、动压承载能力）。端面上位于螺旋槽内侧未开槽部分称为密封坝，它的作用是限制气体向低压侧泄漏。动环旋转时，气体进入螺旋槽并被压向中心，由于密封坝的节流作用，进入密封面的气体被压缩，因压力增大而推开挠性定位的静环，流动的气体在两个密封面之间形成一层稳定的有一定厚度的气膜，膜厚约为 3～5μm。当由气膜压力形成的开启力与由弹簧力和介质作用力形成的闭合力相等时，气膜厚度十分稳定，该气膜具有一定的刚度，保证密封的平稳可靠。

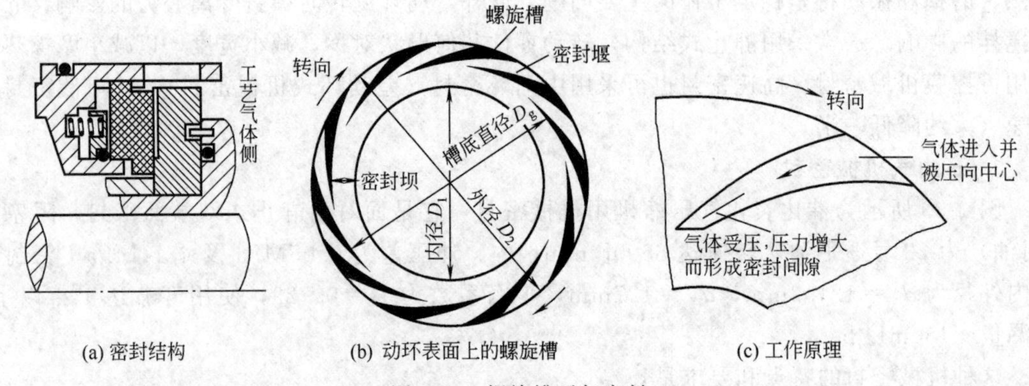

(a) 密封结构　(b) 动环表面上的螺旋槽　(c) 工作原理

图 3-34 螺旋槽干气密封

气膜刚度是指气膜作用力的变化与气膜厚度的变化之比，正常运转条件下密封面上的闭合力等于气膜反力，气膜稳定可靠。当工艺条件波动时，若气膜厚度（即密封面间隙）减小，则气体的黏性剪切力增大，螺旋槽产生的流体动压效应增强，气膜压力增大，开启力大于闭合力，为保持力的平衡，密封恢复到原来的间隙；反之，若密封受到干扰，气膜厚度增大，则螺旋槽产生的动压效应减弱，气膜压力减小，开启力小于闭合力，密封恢复到原来的间隙。因此，在规定的设计范围之内，当外界干扰消除后，密封即能恢复到设计的工作间隙，这样干气密封的运行稳定可靠，衡量密封稳定性的主要指标就是密封产生气膜刚度的大小。气膜刚度越大，表明密封的抗干扰能力越强，即密封运行越稳定。

② 典型结构。干气密封的设计选用主要取决于气体成分、气体压力、工艺状况和安全要求等工况条件。实际应用中，干气密封主要有三种布置形式：单端面、串联式和双端面。

单端面又称单级密封，主要用于中、低压条件下，输送空气、氮气、二氧化碳等即便有少量气体泄漏到大气中也没有危害的场合。当压力不高，对于易燃、有毒或其他重要场合，可采用单端面密封与迷宫密封组合，并注入洁净干燥的密封气，如图 3-35 所示。在迷宫密封和干气密封之间形成一个空腔，密封气可流入压缩机内，也能穿过密封面与经隔离密封内侧漏出的隔离气一同由泄漏气口引出。密封气还可作为冷却剂，用于温度较高的场合。连续、洁净干燥的密封气供应对于整个干气密封装置的运行至关重要。密封气的选取要从安全、经济两方面考虑。一般情况下，对于输送空气、氮气、二氧化碳等工艺气体时，采用经过滤、干燥后的压缩机出口工艺气作为密封气气源。当输送石油气或气体含烃类物质较多时，密封气一般采用氮气。隔离密封是为避免承轴润滑油污干气密封本体所采用的一种密封形式，位于干气密封本体与轴承箱之间，隔离密封常用结构为迷宫密封或碳环密封。碳环密封是用碳石墨作浮动环，依靠浮动环与轴或轴套之间的环形间隙内的流体阻力效应而达到阻漏目的的一种密封形式。隔离气一般采用氮气，也可采用仪表风。隔离气必须先于润滑油系统启动前通入，后于润滑油系统停用后关闭。

串联式干气密封是应用最普遍的一种结构形式。通常情况下采用两级结构，按照相同的方向首尾相连，介质侧的前级（一级）密封为主密封，大气侧的后级（二级）密封为安全密封，如图 3-36（a）所示。在一般的操作中，一级密封承受了全部压差，当一级密封失效时，二级密封可作为安全密封承担密封能力。正常运行时，一般采用压缩机出口端工艺气经过

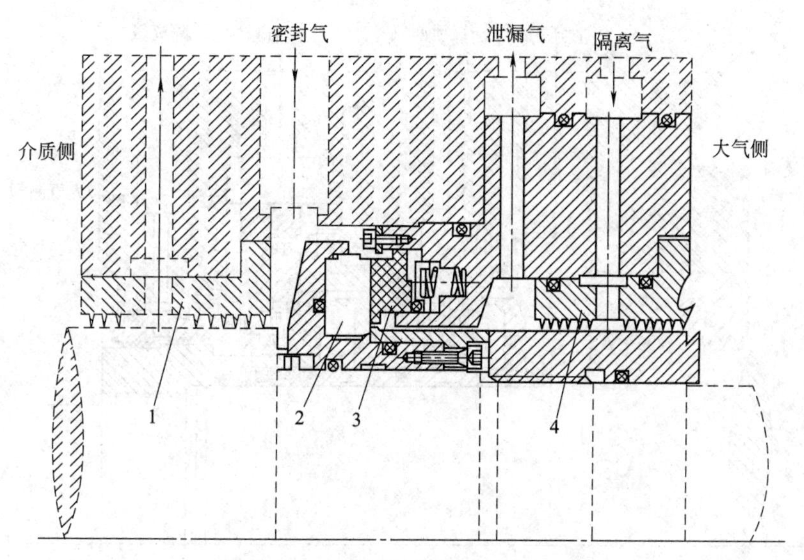

图 3-35 压缩机用单端面干气密封

1—迷宫密封；2—动环；3—静环；4—隔离密封

滤、干燥后作为密封气气源。串联式干气密封适用于允许微量工艺气泄漏到大气的工况，应用领域主要包括天然气管线压缩机等。

如果工艺气体不允许泄漏到大气中、缓冲气体不允许泄漏到工艺气体中，此时串联结构的两级密封间可加迷宫密封，即构成带中间迷宫密封的串联式干气密封，如图 3-36（b）所示。此种的密封工作时，工艺气体的压力通过介质侧一级密封被降低，泄漏的工艺气体与经中间迷宫漏出的气体一同由一级泄漏气口引出。大气侧密封通过被引入的二级密封气（缓冲气体）加压。二级密封气的压力应保证有连续的气流通过中间迷宫密封。正常运行时，一级密封气一般采用经过滤、干燥后的压缩机出口工艺气，二级密封气一般采用氮气。带中间迷宫密封的串联式干气密封适用于酸性、腐蚀性或易燃、易爆、危险性大的工艺气体，可以做到完全无外漏。如氢气压缩机、硫化氢含量较高的天然气压缩机（酸性气体）、乙烯压缩机和丙烯压缩机等。

双端面干气密封主要采用面对面结构，通过采用惰性气体（一般为氮气）作密封气而成为一个性能可靠的阻塞密封系统，如图 3-37 所示。由于密封气的压力总是维持在比被密封的工艺气体压力高的水平，因此气体泄漏的方向便朝着工艺气体，这就保证了工艺气体不会向大气泄漏。对于双端面干气密封，当被密封工艺气体较脏时，需要在介质侧密封端面与压缩机气腔室间引入洁净干燥的前置气。前置气一般采用氮气，根据被密封的工艺气体特点，也可采用经过滤、干燥后的压缩机出口工艺气。双端面干气密封主要应用于工艺气不允许泄漏到大气，但允许少量密封气泄漏到机内的工况，可用于炼油装置中的催化、焦化富气压缩机，化工装置的低压氯气压缩机等。

我国机械行业标准 JB/T 11289—2012《干气密封技术条件》规定了干气密封的术语和定义、基本形式、参数、技术要求、试验方法与检验规则、安装和使用要求、标志、包装、运输与贮存等，选用干气密封时可参考。

二、循环保护系统

为机械密封本身创建一个较理想的工作环境而设置的具有润滑、冲洗、调温、调压、除

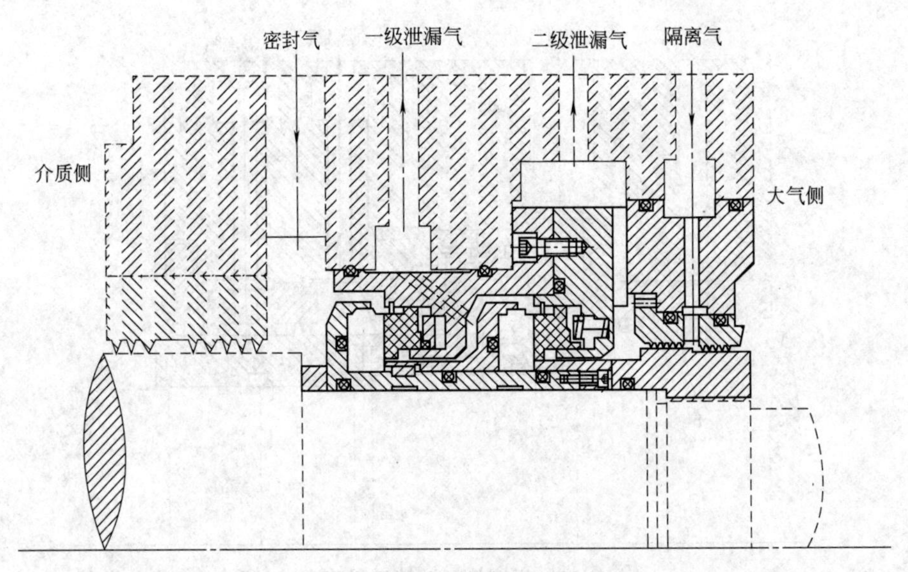

(a) 一般形式的串联式干气密封

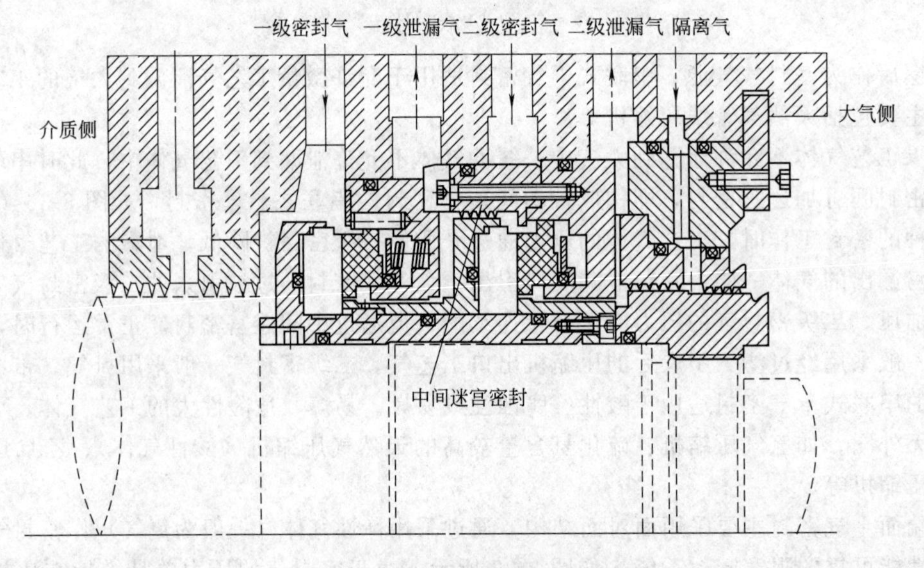

(b) 带中间迷宫密封的串联式干气密封

图 3-36　压缩机用串联式干气密封

杂、更换介质、稀释和冲掉泄漏介质等功能的系统，称为机械密封循环保护系统，简称机械密封系统。机械密封系统由储罐、蓄能器、增压罐、冷却器、过滤器、旋液分离器、限流孔板等辅助装置构成。广义的机械密封系统还包括密封腔、端盖、轴套、密封腔喉部节流衬套、端盖辅助密封件、泵送环、管件、阀件、仪表等。

机械密封系统也常被称为机械密封辅助设施（装置、系统），机械密封冲洗、冷却及管线系统等。

（一）循环保护系统的作用

机械密封的循环保护系统主要包括冲洗、冷却、过滤、封液装置等。这些装置同机械密封配套使用，可以大大改善原有的恶劣、苛刻的工况条件，为机械密封创造一个良好的工作环境，对保证机械密封长久可靠的工作起着重要的作用。

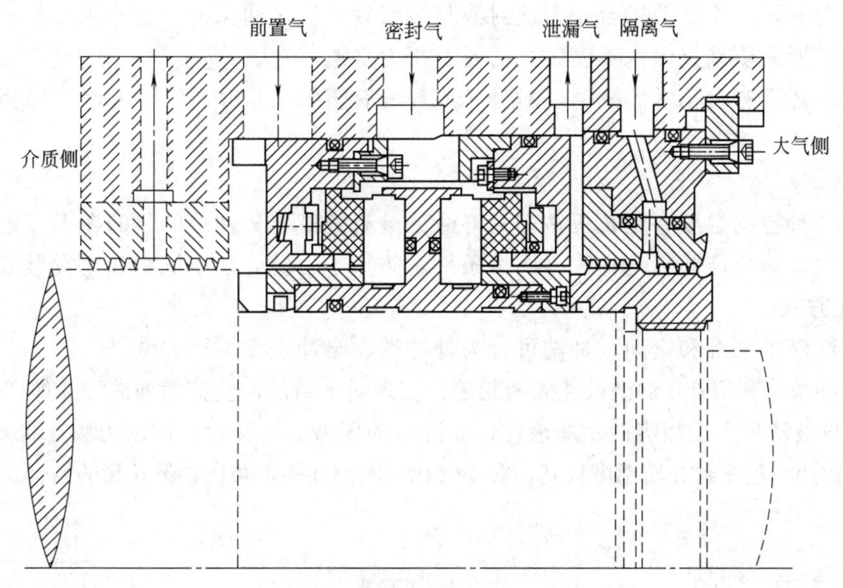

图 3-37 压缩机用双端面干气密封

由于密封介质温度高或密封端面相互摩擦而产生热量，都会使密封端面温度升高，如不采取冷却措施，会导致密封失效或加速密封装置的损坏，降低其寿命，具体表现如下：

① 密封端面间的液膜黏度降低，气化甚至使液膜失稳或破坏，从而加剧密封端面磨损，密封失效；

② 使密封环变形、热裂，碳石墨环浸渍剂被烧化或熔化；

③ 加速了介质对密封零件的腐蚀作用；

④ 造成由橡胶、塑料等材料构成的密封圈老化、分解；

⑤ 密封面间介质压力增大，使端面打开而造成泄漏。采取冷却措施后，可以降低因机械密封端面摩擦而产生的热量和密封腔内流体的温度，从而保证机械密封的正常工作。而对于易结晶、易凝固的介质，则需要采取保温措施，使介质不结晶、不凝固。

被密封介质中的微细固体颗粒、污垢等杂质对机械密封有极大的危害性。当杂质进入机械密封端面时，会使密封环端面产生剧烈磨损。杂质集结在密封圈和弹簧周围，会使密封环失去浮动性，弹簧失去弹性，造成密封失效。因此，必须采取适当的措施加以克服或降低影响。除从机械密封本身结构形式及材料选择上加以考虑外，很重要的一条就是要采取冲洗和过滤等措施。冲洗主要是利用被密封介质或其他与被密封介质相容的有压力流体，引入密封腔，进行不断循环，这样，既可以起到冷却作用，又可以防止杂质等沉积。另一个积极可靠的方法是设置必要的过滤装置，以清除被密封介质及管道中的杂质，保证机械密封正常的工作。

直接密封气相介质，高温、有毒、贵重、易气化、易结晶及含固体颗粒液相介质具有较大难度，可借助机械密封系统，采用双端面机械密封来更换密封介质。在双端面机械密封中，需要从外部引入与被密封介质相容的密封流体，通常称作封液。封液在密封腔体中不仅有改善润滑条件和冷却的作用，还起封堵隔离的作用。由于封液压力稍高于被密封介质压力，故工作介质端密封端面两侧的压力差很小，密封容易解决，且发生泄漏时，只能是封液向设备内漏，而不会发生被密封介质外漏。因此，它被广泛用于易燃、易爆、有害气体、强腐蚀介质等密封要求严格的场合。为使封液与被密封介质之间保持一定的压力差，并当介质压力波动时，所需压差仍保持不变，则需要有压力平衡装置。

密封系统还具有将正常泄漏的、对健康或环境有害的微量介质进行冲洗、稀释、转移等作用。

（二）冲洗

冲洗是一种控制温度、延长机械密封寿命的最有效措施。冲洗的目的在于带走热量、降低密封腔温度，防止液膜气化，改善润滑条件，防止干运转、杂质沉积和气囊形成。

1. 冲洗方式

根据冲洗液的来源和走向，冲洗可分为外冲洗、自冲洗和循环冲洗。

（1）外冲洗。利用外来冲洗液注入密封腔，实现对密封的冲洗称为外冲洗［如图 3-38(a)］。冲洗液应是与被密封介质相容的洁净液体，冲洗液的压力应比密封腔内压力高 0.05～0.1MPa。这种冲洗方式用于被密封介质温度较高，容易气化，腐蚀性强，杂质含量较高的场合。

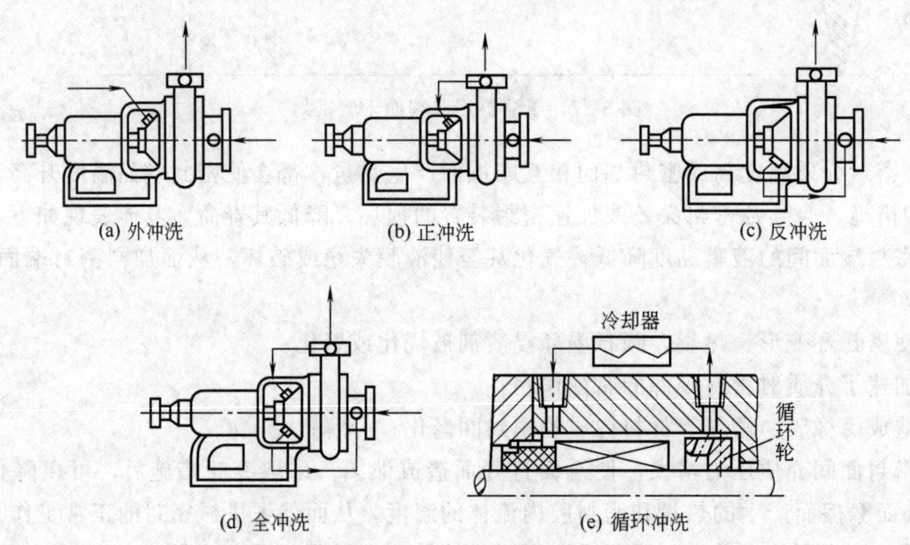

图 3-38　各种冲洗方式

（2）自冲洗。利用被密封介质本身来实现对密封的冲洗称为自冲洗，适用于密封腔内的压力小于泵出口压力，大于泵进口压力的场合。具体有正冲洗、反冲洗和全冲洗。

① 正冲洗。利用泵内部压力较高处（通常是泵出口）的液体作为冲洗液来冲洗密封腔［如图 3-38(b)］。这是最常用的冲洗方法。为了控制冲洗量，要求密封腔底部有节流衬套，管路上装孔板。

② 反冲洗。从密封腔引出密封介质返回泵内压力较低处（通常是泵入口处），利用密封介质自身循环冲洗密封腔［如图 3-38(c)］。这种方法常用于密封腔压力与排出压力差极小的场合。

③ 全冲洗。从泵高压侧（泵出口）引入密封介质，又从密封腔引出密封介质返回泵的低压侧进行循环冲洗［如图 3-38(d)］。这种冲洗又叫贯穿冲洗。对于低沸点液体要求在密封腔底部装节流衬套，控制并维持密封腔压力。

（3）循环冲洗。利用循环轮（套）、压力差、热虹吸等原理实现冲洗液循环使用的冲洗方式称为循环冲洗。图 3-38(e) 为利用装在轴（轴套）上的循环轮的泵送作用，使密封腔内介质进行循环，带走热量，此法适用于泵进、出口压差很小的场合，一般热水泵采用它，可以降低密封腔和轴封的温度。

冲洗液的注入位置应尽可能设在使冲洗液直接射到密封端面处。

2. 冲洗液流量

冲洗液流量按密封装置的热平衡核算原理确定，具体计算方法可参阅我国国家标准GB/T 33509—2017《机械密封通用规范》。我国机械行业标准JB/T 6629—2015《机械密封循环保护系统及辅助装置》规定：除内循环装置产生循环量较小外，每套机械密封冲洗液流量不应低于8L/min。

（三）冷却

当密封装置依靠自然散热不能维持密封腔工作允许温度时，以及采用热介质进行自冲洗时，应进行强制冷却。冷却是温度调节设施中的重要组成部分，是经常采用的一种辅助设施，对及时导出机械密封的摩擦热及减少高温介质的影响有很大作用。冷却可分为直接冷却和间接冷却两种。前面介绍的冲洗实质上是一种直接冷却。

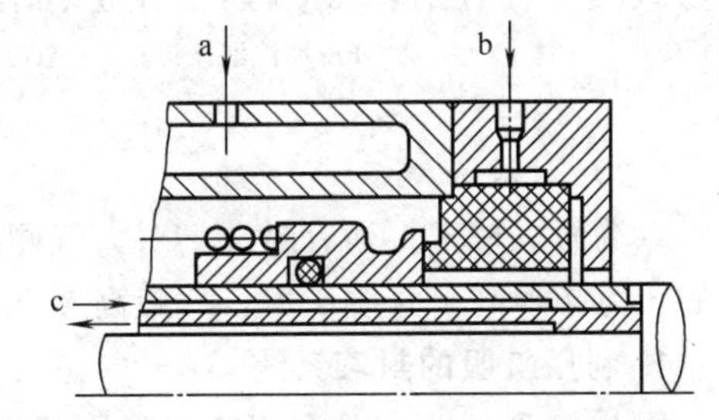

图 3-39 夹套、静环外周及轴套冷却示意图

a—夹套冷却；b—静环外周冷却；c—轴套冷却

1. 间接冷却

间接冷却有密封腔夹套冷却、静环外周冷却、轴套冷却和换热器冷却等方式。换热器冷却中有密封腔内置式换热器和外置式冷却器、蛇（盘）管冷却器、套管冷却器、翅片冷却器以及缺水地带用的蒸发冷却器。常用的传热介质是水、蒸汽和空气。图3-39和图3-40为几种间接冷却的示意图。

间接冷却的效果比直接冷却要差一些，但冷却液不与介质接触，不会被介质污染，可以循环使用，同时也可以与其他冷却措施配合在一起，实现综合冷却。

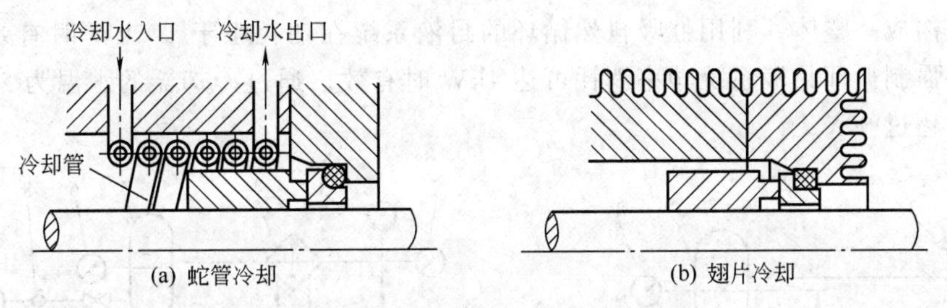

(a) 蛇管冷却　(b) 翅片冷却

图 3-40 蛇管和翅片冷却示意图

对于密封易结晶、易凝固的液体介质，有时需要加热或保温。密封高黏度介质，在启动前需要预热，以便减少启动转矩。对于实现间接冷却的结构，同样可以用来实现加热或保温。

2. 急冷或阻封

向密封端面的低压侧注入液体或气体被称为急冷或阻封，具有冷却密封端面（注入蒸汽时则为保温），隔绝空气或湿气，防止或清除沉淀物，润滑辅助密封，熄灭火花，稀释和回收泄漏介质等功能。

为了防止注入流体的泄漏，需要采用辅助密封，如衬套密封、油封或填料密封。急冷或阻封流体一般用水、蒸汽或氮气。液体的压力通常为0.02～0.05MPa，进出口的温差控制在3～5℃为宜。图3-41为典型机械密封系统配管接口，其中包含急冷（阻封）接口及密封急冷液的辅助密封。

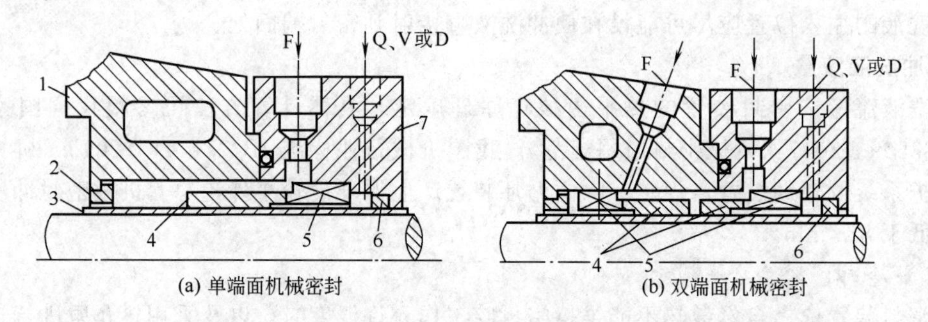

图 3-41 机械密封系统配管接口

1—密封腔；2—底衬套；3—轴套；4—补偿环组件；5—非补偿环组件；6—辅助密封装置或节流衬套；7—端盖
F—冲洗液接口；Q—急冷液接口；D—排液接口；V—排气接口

（四）封液系统

双端面机械密封须有封液，对大气侧端面进行冷却、润滑，对介质侧端面进行液封。封液的压力必须高于介质压力，一般高 0.05～0.2MPa。封液系统有以下几种。

1. 利用虹吸的封液系统

图 3-42 所示为一种利用热虹吸原理的封液系统。该系统利用密封腔的压力和虹吸罐的位差，保证封液与介质间具有稳定压差。由于温差相应地有了密度差而造成热虹吸封液循环供给系统。为了产生良好的封液循环，罐内液位可以比密封腔高出 1～2m（不允许管路上有局部阻力），系统循环液体量为 1.5～3L（即在密封腔和管路内的液体量），罐的容量通常为循环液体量的 5 倍。

2. 封闭循环的封液系统

图 3-43 所示为一种封闭循环的封液系统。内置泵送机构通常为螺旋轮，此外，冷却器和封液系统构成一整体。利用虹吸自然循环的封液系统在功耗小于 1.5kW 时有效，而利用泵送机构的强制循环封液系统功率消耗可达 4kW 时有效。通过冷却器的水温为 20℃，出密封腔液温不超过 60℃。

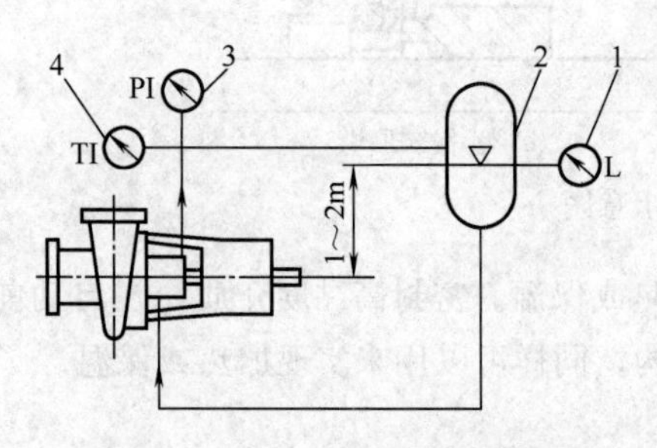

图 3-42 利用热虹吸的封液系统

1—液位计；2—虹吸罐（蓄压器）；3—压力表；4—温度计

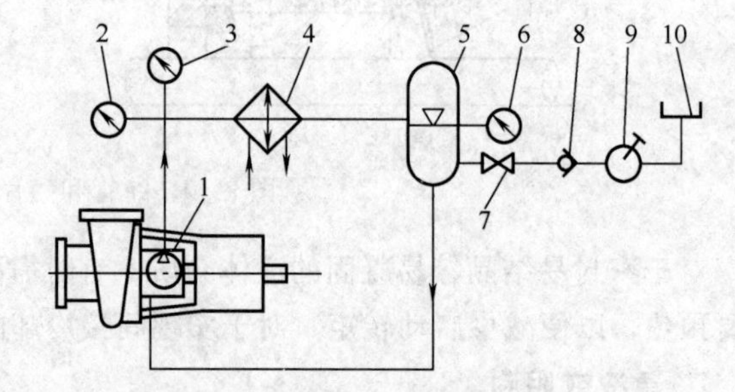

图 3-43 封闭循环的封液系统

1—内置泵送机构；2—压力表；3—温度计；4—冷却器；5—储液罐；6—液位计；7—截止阀；8—止回阀；9—手动泵；10—供液罐

3. 利用工作液体压力的封液系统

图 3-44 所示为工业上广泛采用的利用工作液体压力的封液系统。其中差级活塞的面积

比为1∶1.15，缸下方由泵出口加压，依靠差级活塞将压力提高到要求值。当液位低于允许值时限位开关动作停泵。图3-44(b)中采用与图3-44(a)不同的带弹簧的液力蓄压器，最大压力可达6MPa，容量为6L。当泵出口无液压时，封液压力由弹簧保证。蓄压器中封液补给可以通过双位分配器自动地由加油站提供。

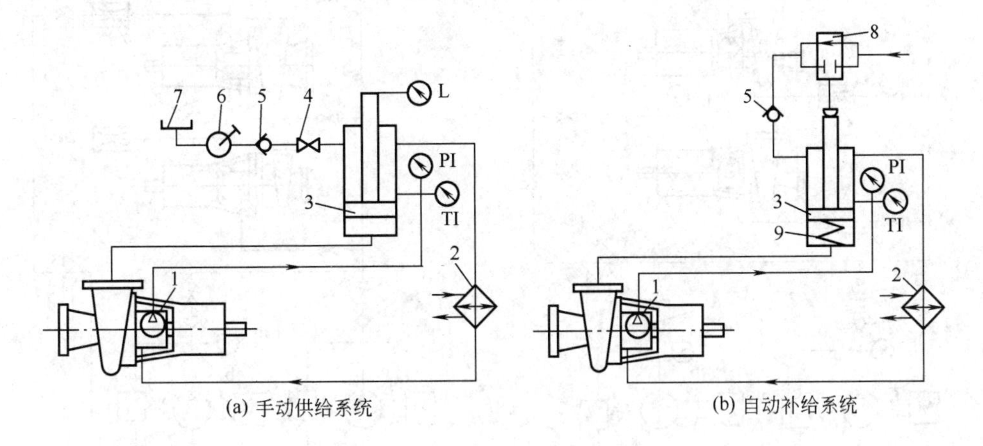

图3-44　利用工作液体压力的封液系统

1—内置泵送轮；2—冷却器；3—差级活塞；4—截止阀；5—止回阀；6—手动泵；7—补给罐；8—双位分配器；9—弹簧；L—限位开关；PI、TI—压力及温度指示计

4. 循环集中供液系统

图3-45(a)所示为闭式循环集中供液系统；图3-45(b)所示为开式循环多用户供液系统。前者由集中系统提供相同压力，而后者分别由流量调节控制器控制不同用户的需要。

（五）杂质过滤

密封介质中往往会由于介质本身（如浆液、油浆等）含有固体颗粒、易结晶、结焦等性质，在一定工作条件下出现固体颗粒，还有一些特殊用途泵的密封（如塔底泵、釜底泵的密封）在系统中有残渣、铁锈、污垢，甚至于安装时有残留杂物，都会给机械密封带来较大的危害。除去固体颗粒等杂质是机械密封系统的一种基本功能，可采用过滤器或旋液分离器来除去系统中的杂质。机械密封系统用过滤器有滤网过滤器，磁环加滤网过滤器，适用于固体成分密度接近或小于密封流体的情况，其分离精度为10～100μm，但易堵塞，应并联两台使用。加磁环的过滤器能除去磁性微粒。旋液分离器（旋流器）是利用离心沉降原理来分离固体颗粒（颗粒密度大于密封流体的密度）的器件。含有固体颗粒的流体沿切向进入旋液分离器后，由于存在压差，流体沿锥形内表面高速流动，形成沿锥形腔的漩涡。在漩涡产生的离心力的作用下，密度比流体大的微小颗粒被抛向锥形壁面，然后逐渐沉积到位于锥顶的出口处，成泥浆状排除。分离后清洁的液体从旋液分离器的上部出口流出。其分离精度可达微米级。

我国机械行业标准JB/T 6629—2015《机械密封循环保护系统及辅助装置》规定了机械密封循环保护（支持）系统的分类与构成、冲洗冷却系统、急冷（吹扫）系统、冷却水系统、管道配置、辅助装置及检验等。该标准适用于工作温度－100℃～400℃，轴径不大于120mm，工作压力为0～6.3MPa的泵用机械密封循环保护系统。该标准附录A中给出了31种具体的机械密封冲洗布置方案。化工行业标准HG/T 2122—2003《釜用机械密封辅助装

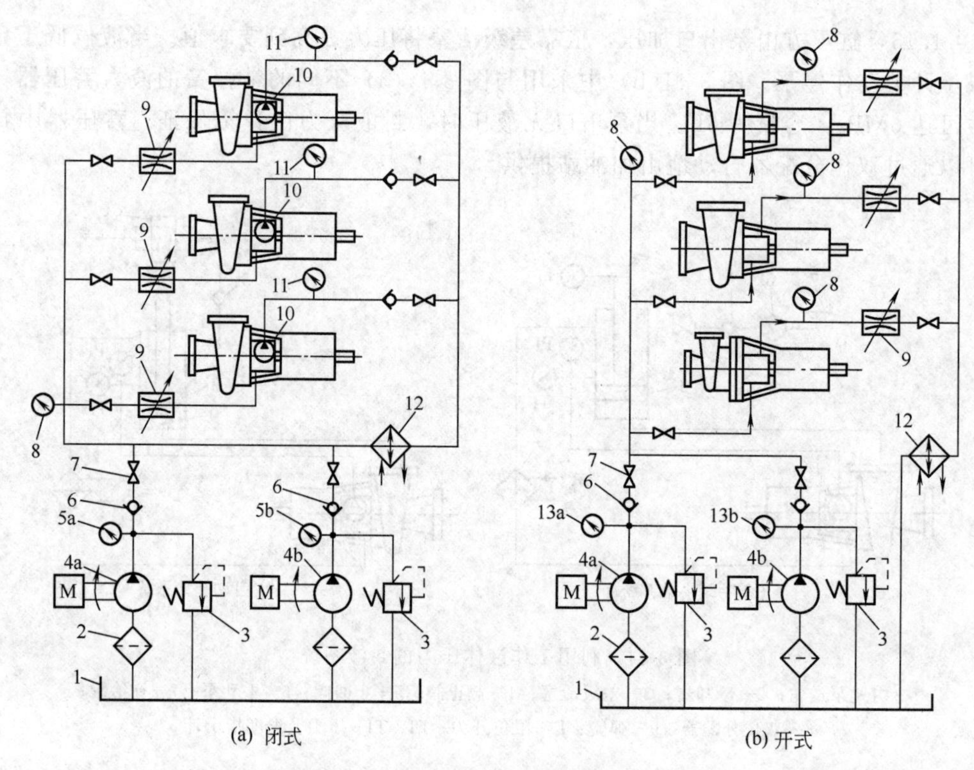

图 3-45 双端面密封循环集中供液系统

1—容器；2—过滤器；3—安全阀；4a—主泵；4b—备用泵；5a—主泵电接触压力表；5b—备用泵电接触压力表；6—止回阀；7—截止阀；8—压力表；9—流量调节器；10—内置叶轮；11—封液低位压力降低跳闸电接触压力表；12—冷却器；13a—最低压力电接触压力表；13b—最高压力电接触压力表

置》规定了釜用机械密封辅助装置的组合形式、结构、技术要求、试验方法及标记和包装。该标准适用于碳钢和不锈钢反应釜搅拌轴及类似的立式旋转轴的机械密封辅助装置。该机械密封辅助装置适用于介质压力 1.33×10^{-5}MPa（绝压）～6.3MPa（表压）；介质温度不大于 350℃；搅拌轴（或轴套）外径 30～220mm；线速度不大于 2m/s；介质为除强氧化性酸、高浓度碱以外的各种流体。在选用机械密封循环保护系统及辅助装置时可参考以上两个标准。

第四节 机械密封的选择、使用及维修

机械密封是精密的部件。其密封性能和使用寿命取决于许多因素，如选型、机器的精度、正确的安装使用等。

一、机械密封的选择

机械密封的结构形式多种多样，针对某一具体的过程装备，正确合理地选择机械密封，无论对密封的最终用户、还是过程装备的设计制造者，甚至对密封件的制造者来说，都不是一项简单的工作，尤其是对于新工艺过程装备更是如此。

1. 影响机械密封选择的主要因素

（1）过程装备的特点。过程装备的特点对机械密封的选择有重要影响。必须考虑过程装备的重要程度、种类、规格、安装和运行方式等。不同类型的过程装备要求选择不同类型的机械密封。比较典型的有泵用机械密封、釜用机械密封、压缩机用机械密封等。

（2）被密封介质的性质。有化学性质、物理性质及危险性等。

① 化学性质。密封介质不仅要与所接触的密封元件产生化学、物理作用，而且其泄漏可能对环境、人体产生严重危害。详细而全面地了解密封介质的化学性质对密封选型十分重要。

密封部件材料要能耐介质的腐蚀。腐蚀性较弱的介质，通常选用内装式机械密封，其端面受力状态和介质泄漏方向都比外装式合理。对于强腐蚀性介质，由于弹簧选材较困难，可选用外装式或聚四氟乙烯波纹管式机械密封，但其一般只适用于密封腔处介质压力 $p \leqslant 0.2 \sim 0.3$MPa 的范围内。

介质的挥发特性，也必须加以考虑。机械密封的泄漏量通常很小，泄漏介质由于挥发而形成的溶质结晶，或泄漏介质与空气形成的任何沉积物（如烃类的结焦）都会对密封产生重要的影响，决定着密封形式和材料的选择。在输送易挥发性介质时，应考虑如何保持密封面的液相润滑。当有汽化危险时，过程装备的主密封应采用平衡型结构和低摩擦系数的密封面材料，以减少摩擦热量，并采用导热性能良好的材质，以便将摩擦产生的热量迅速传离可能汽化的区域，同时应尽可能提供良好的冲洗方式和冲洗流程。

易燃、易爆、有毒、有害介质，为了保证介质不外漏，一般应采用有封液（隔离液）的双端面结构。

② 物理性质。选择机械密封时需要重点考虑的介质物理性质有饱和蒸气压、凝固点、结晶或聚合点、黏度、密度、固体颗粒、溶解的固体。

介质的饱和蒸气压决定着其沸腾或起泡的条件，要使密封正常操作，必须保证密封腔内液体的温度和压力在介质沸点或起泡点之间要有足够的裕度。凝固点、结晶或聚合点决定着介质出现固体颗粒的条件，同样，密封腔内介质温度必须高于介质出现固体颗粒的温度，并有一定的裕度。

介质黏度直接影响着密封的启动力矩及摩擦功耗，也影响着密封腔体内的传热和界面液膜的形成；用于正位移泵（如螺杆泵、齿轮泵等）的机械密封，可能遇到黏度很大的工况，其操作黏度和启动黏度都必须加以考虑，而且还应注意某些介质可能具有很特殊的黏度特性。而对于黏度很低的介质，如液氨、高温高压水、轻烃等，普通密封端面间则难以形成良好的润滑膜，必须加以特别注意。

易结晶、易凝固和高黏度的介质，应采用大弹簧旋转式结构。因为小弹簧容易被固体物堵塞，高黏度介质会使小弹簧轴向补偿移动受阻。

介质的密度虽不直接影响机械密封的操作性能，但能预示可能存在的其他影响因素。烃类的密度低，挥发性高，因此可用于与蒸气压数据相校核。水溶液的密度高表明有大量的溶解物。另外，密封制造厂总是考虑压力的大小，但泵的特性曲线仅反映压头（扬程）的大小，需要知道介质的密度，以便进行两者的换算。

介质中的固体颗粒会对机械密封产生不良的影响。纤维状物体能使密封腔体及封液的循环线路堵塞，导致密封的适应性降低，因此密封结构及其装配均需考虑预防措施。大颗粒的固体会在密封和固体的接触侧造成冲击性损伤，所以必须仔细考虑封液的循环方式、布置与密封结构的关系。小颗粒的固体能进入密封端面，并可能对密封端面造成严重磨损，不过，微米级以下的颗粒不易造成太大的问题，大多数的损伤是由粒度与液膜厚度相近的颗粒

(0.5～20μm）造成的。

含有固体溶解物的液体似乎不会给密封造成困难，但是当介质沿密封端面向大气侧泄漏时，由于泄漏液体的逐渐蒸发而使局部溶液浓度提高，有可能生成固体沉积。沉积物对密封的影响取决于其性质。硬结晶有潜在磨损能力，需采用抗磨损的端面材料。沉积物如沉积在密封外面，有可能在停车时将密封面黏合，妨碍密封端面的自由接触而卡住。排液管中生成的沉积物也会使管子堵塞。

③ 危险性。危险性分为三类：毒性、可燃性和易爆性、腐蚀性。对介质的危险性必须进行充分评估，根据对潜在危险的评估情况，提出密封的选型要求，并对过程装备及现场公用工程进行改造。在关键设备、安全标准和密封选择者的改造措施等方面，需要密封制造厂、过程装备制造厂、密封件的最终用户之间很好地合作与协商。

(3）操作条件。除被密封介质特性外的其他操作条件或运行工况，对机械密封的选择也具有非常重要的影响。这些条件包括压力、速度、温度、密封腔体、寿命、泄漏等。

① 压力。密封腔的压力 p 决定着选择单级密封还是多级密封；选择非平衡型机械密封，还是平衡型机械密封。也决定着安装的某些方面，如端盖结构、循环方式、清洁冲洗液注入压力、双端面机械密封用封液的注入压力等。当介质黏度高、润滑性能好，$p \leqslant 0.7$MPa，或低黏度、润滑性较差的介质，$p \leqslant 0.5$MPa 时，通常选用非平衡型结构。p 值超过上述范围时，应考虑选用平衡型结构。当 $p > 15$MPa 时，一般单端面平衡型结构很难达到密封要求，此时可选用串联式多端面密封。

② 速度。在高速情况下，离心力对密封元件可能产生不良影响，必须保证密封的旋转元件能正常发挥作用，同时，轴加工时的缺陷通常要求密封有更高的轴向追随能力，以保持稳定的液膜。当转速超过 4500r/min，或圆周平均线速度 v 超过 20m/s 时，通常选择静止式结构。在密封界面上边界润滑条件起主要作用时，必须注意选择密封面的材料。另外，许多密封面材料的抗拉强度低，在高速情况下必须考虑对密封环的有效支撑，不能在无支撑的条件下使用。

压力和速度的乘积 pv 值，也会对密封的选择产生较大的影响。不同类型、不同结构的密封具有不同的 pv 极限值，考虑一定的安全裕度后，即得到许可的 pv 值。操作工况的 pv 值应在密封许可的 pv 值范围内。

③ 温度。温度对密封材料的选择有重要的影响，尤其是对摩擦副材料、辅助密封材料、波纹管材料的选择；同时，也决定着冷却或保温方法及其辅助装置。密封材料具有高低温的限制，例如丁腈橡胶密封圈的安全使用温度是－30～100℃，氟橡胶是－20～200℃。通过温度数据可以帮助选择何种材料适用运行工况。在高温操作时，许多密封界面呈气液混合相，端面材质应能承受此工况。密封用于高温烃类时，还会出现结焦问题，即泄漏的物质氧化而形成固体沉积物。对此，需选择不易被卡住的密封类型、并采用低压饱和蒸气阻封以防止结焦。

④ 密封腔体。密封腔体的详细尺寸，包括径向尺寸、轴向尺寸，腔体内各种影响放置密封的障碍，密封端盖的空间位置等对密封结构形式的选择有重要影响，只有获得这些尺寸信息，才能确定密封的尺寸，或确定能否将密封装入而不必改动密封腔体，并判断是否有足够的径向间隙以形成合理的流道。

⑤ 密封寿命。不同的密封工况对密封寿命有不同的要求，有的只需要几分钟，如火箭发射装置；有的则要求能无故障运行许多年，如核电站泵用的密封。合理的寿命要求影响着

密封结构和材料的选择。昂贵的端面密封材料和特殊的密封设计（如金属波纹管密封、集装式密封）通常都能延长密封寿命。

⑥ 泄漏。允许泄漏的限制条件也影响着密封的选择。对需要严格控制泄漏的场合，一般都得采用双端面机械密封。

（4）外部公用工程。在需要详细考虑密封的选用问题时，对能提供冷却水、阻封蒸气和清洁注入液的公用工程应充分关注，获取公用工程的介质特性、温度和压力等是十分有用的。例如，对于高黏度液体在启动时可能需要加热；液体中能沉积出蜡或胶体的工况，可能需要蒸气阻封，以延长密封寿命。

（5）密封标准。在选择密封时，应关注相关的标准，包括允许泄漏的标准，安装密封结构尺寸标准，密封技术要求标准等，其中有国际标准、国家标准、部颁标准、某些公司或协会标准等。附录一列了我国有关密封标准的目录。

（6）其他因素。除上面介绍的因素外，安装维修的难易程度、密封的购置成本和运行成本、获取密封件的难易程度等，都可能影响选型。因此，机械密封的选型需要综合判断分析。

2. 机械密封选择的主要程序

① 获取数据。尽可能获取上面介绍的影响选型因素的各种数据，并注意对交货前的检验要求和验收指标规定，也需要注意某些特殊要求，如核准机构、交货期和包装等。

② 结构形式及其循环保护系统的选择。根据获得的各种数据可对密封的结构形式、材料匹配和循环保护系统进行合理而恰当的选择。许多机械密封制造厂或有关机械密封的手册均提供有机械密封的选型用表格。一般根据介质和工况数据，可选择出密封类型、各种合适的结构材料、冲洗方式和措施等。但往往有多种方案可满足特定的密封工况，这就需要在众多方案中进行充分比较，以确定最合理的一种。

二、机械密封的保管

（1）仓库保管的环境。机械密封是精密的制品，因而要妥善保管。仓库的环境必须注意如下几点：

① 要避开高温或潮湿的场所；

② 要尽可能选择温度变化小的地方；

③ 选择粉尘少的地方；

④ 在海岸附近，不要直接受海风吹拂，如有可能需要加密闭；

⑤ 选择没有阳光直射的地方。

（2）保管注意事项。机械密封保管中应注意以下事项：

① 在备品、备件的入库和出库中，用先入库者先出库的方法进行保管；

② 尽可能不要用手去触摸摩擦副的工作端面，汗渍能造成硬质合金腐蚀；

③ 橡胶件长期存放会老化，应贮存在温度为－15～35℃、相对湿度不大于80%的环境中，贮存期为一年。

三、机械密封的安装

机械密封是较精密的部件，安装质量的好坏对其使用寿命有很大的影响。

机械密封本身是设备的一个部件，设备的安装及运转情况无疑要对密封产生较大影响。对安装机械密封的设备有一定的要求。

1. 对设备的精度要求

对安装机械密封部位的轴或轴套的径向圆跳动、表面粗糙度、外径公差、运转时轴的轴向窜动等都有一定的要求，对于安装普通工况机械密封轴或轴套的精度要求如表 3-12 所示，密封腔体与端盖（或釜口法兰）结合定位端面对轴（或轴套）表面的跳动要求如表 3-13 所示。由于反应釜转轴速度较低，机械密封对设备的精度要求可以适当降低。

表 3-12　安装普通工况机械密封轴或轴套的精度要求

类　别	轴径或轴套外径/mm	径向圆跳动公差/mm	表面粗糙度 Ra/μm	外径尺寸公差	转轴轴向窜动/mm
泵用	10～50	≤0.04	≤3.2	h6	≤0.3
	>50～120	≤0.06			
釜用	d	$\leqslant\sqrt{d}/100$	≤1.6	h9	≤0.5

表 3-13　密封腔体与密封端盖（或釜口法兰）结合定位端面对轴（或轴套）表面的跳动要求

类　别	轴径或轴套外径/mm	跳动公差/mm
泵用	10～50	≤0.04
	>50～120	≤0.06
釜用	20～130	≤0.1

2. 安装前的准备工作及安装注意事项

① 检查要进行安装的机械密封的型号、规格是否正确无误，零件是否完好，密封圈尺寸是否合适，动、静环表面是否光滑平整。若有缺陷，必须更换或修复。

② 检查机械密封各零件的配合尺寸、粗糙度、平行度是否符合要求。

③ 使用多弹簧机械密封时，应检查各弹簧的长度和刚性是否相同，同一套机械密封中各弹簧之间的自由高度差应不大于 0.5mm。对于动环采用弹簧传动的单弹簧机械密封，须注意弹簧与轴的旋向应使弹簧越转越紧，其判别方法是：面向动环端面，视转轴为顺时针方向旋转者用右旋弹簧；转轴为逆时针旋转者，用左旋弹簧。

④ 检查设备的精度是否满足安装机械密封的要求。

⑤ 清洗干净密封零件、轴表面、密封腔体，并保证密封液管路畅通。

⑥ 安装过程中应保持清洁，特别是动、静环的密封端面及辅助密封圈表面应无杂质、灰尘。不允许用不清洁的布擦拭密封端面。为了便于装入，装配时应在轴或轴套表面、端盖与密封圈配合表面涂抹机油或黄油。动环和静环密封端面上也应涂抹机油或黄油，以免启动瞬间产生干摩擦。

⑦ 安装过程中不允许用工具敲打密封元件，以防止密封件被损坏。

⑧ 在密封环就位时，应避免扭折 O 形辅助密封圈，不要将 O 形圈“滚入”静环座上，可以轻轻地将 O 形圈拉大。在安装过程中，需要通过孔、台阶、键槽时，要注意避免一切可能的划伤。必要时可将聚四氟乙烯 O 形圈先放入开水中，使其膨胀一些再安装。在轴或轴套上可涂些润滑剂，但必须注意润滑剂是否与弹性材料相容。即：矿物油不能与 EP 橡胶（二元乙丙橡胶）配合使用。硅油对大多数材料是可用的，但不能用于硅橡胶。如果不便使用润滑油，可使用水或软性肥皂。注意，在辅助密封面上不要涂油。

3. 分离式机械密封的安装顺序

安装准备完成后，就可按一定顺序实施安装，完成静止部件在端盖内的安装和旋转部件在轴上的安装，最后完成密封的总体组合安装。以图 3-46 所示的离心泵用单端面内装非平衡型分离式机械密封为例，其安装顺序如下。

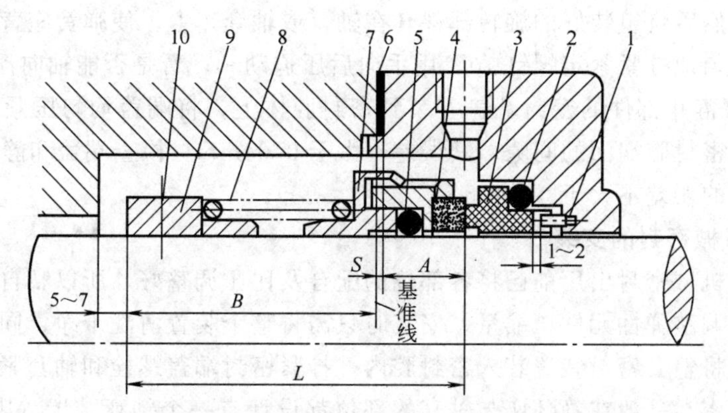

图 3-46　单端面内装非平衡型分离式机械密封的安装示例

1—防转销；2—静环辅助密封圈；3—静环；4—动环；5—动环辅助密封圈；
6—密封端盖垫片；7—推环；8—弹簧；9—弹簧座；10—紧定螺钉

① 静止部件的安装。将防转销 1 插入密封端盖相应的孔内，再将静环辅助密封圈 2 从静环 3 尾部套入，如采用 V 形圈，注意其安装方向，如是 O 形圈，则不要滚动。然后，使静环背面的防转销槽对准防转销装入密封端盖内。防转销的高度要合适，应与静环保留 1～2mm 的间隙，不要顶上静环。最后，测量出静环端面到密封端盖端面的距离 A。

静环装到端盖中去以后，还要检查密封端面与端盖中心线的垂直度及密封端面的平面度。对输送液态烃类介质的泵，垂直度误差不大于 0.02mm，油类等介质可控制在 0.04mm 以内。检查方法是用深度尺（精度 0.02mm）测量密封端面与端盖端面的高度，沿圆周方向对称测量 4 点，其差值应在上述范围内，如图 3-47 所示。

用光学平晶检查密封端面的平面度时，如发现变形，则用与之配对的动环研磨，注意此时不放任何研磨剂，保持清洁，直到沿圆周均匀接触为止，清洗干净待装。也可直接用光学平晶检查装配后的静环端面。

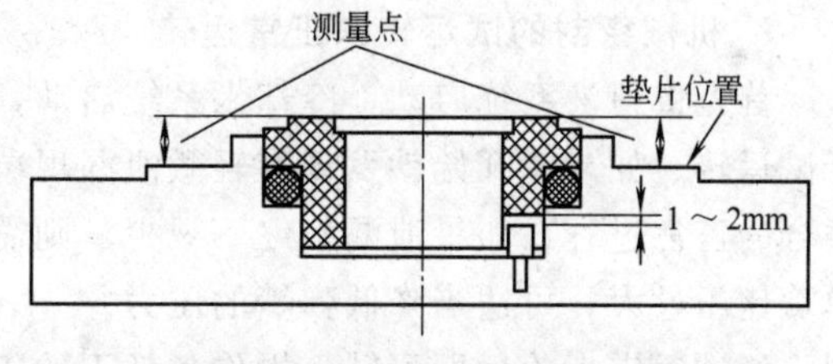

图 3-47　静环端面垂直度测量

② 确定弹簧座在轴上的安装位置。确定弹簧座的安装位置，应在调整定好转轴与密封腔壳体的相对位置的基础上进行。首先在沿密封腔端面的泵轴上正确地划一条基准线。然后，根据密封总装图上标记的密封工作长度，由弹簧座的定位尺寸调整弹簧的压缩量至设计规定值。弹簧座的定位尺寸（图 3-46）可按下式得出

$$B=L-(A+S) \tag{3-17}$$

式中　B——弹簧座背端面到基准线的距离；

L——旋转部件工作位置总高度，$L=L'-H$；

L'——旋转部件组装后的自由高度；

H——弹簧压缩量；

A——静环组装入密封端盖后，由静环端面到端盖端面的距离；

S——密封端盖垫片厚度。

③ 旋转部件的组装。将图 3-46 的弹簧 8 两端分别套在弹簧座 9 和推环 7 上，并使磨平的弹簧两端部与弹簧座和推环上的平面靠紧。再将动环辅助密封圈 5 装入动环 4 中，并与推环组合成一体，然后将组装好的旋转部件套在轴（或轴套）上，使弹簧座背端面对准规定的位置，分几次均匀地拧紧紧定螺钉 10，用手向后压迫动环，看是否能轴向浮动。

④ 将安装好静止部件的密封端盖安装到密封腔体上，将端盖均匀压紧，不得装偏。用塞尺检查端盖和密封腔端面的间隙，其误差不大于 0.04mm。检查端盖和静环对轴的径向间隙，沿圆周各点的误差不大于 0.1mm。

4. 集装式机械密封的安装

由于集装式机械密封出厂前已将各部位的配合及比压调整好，所以私自不要打开机械密封的动静环重新调整弹性元件压缩量。安装时只需将整个装置清洗干净、同时将密封腔及轴清洗干净，即可将整套密封装置装入密封腔内，拧紧密封端盖螺栓和轴套紧定螺钉。

集装式机械密封一般在静环座与轴套的部位都设计有一个锁死装置（限位块），在设备运转前一定要将锁死装置解开，不然机械密封会瞬间烧毁。

5. 安装检查

安装完毕后，应予盘车，观察有无碰触之处，如感到盘车很重，必须检查轴是否碰到静环，密封件是否碰到密封腔，否则应采取措施予以消除。对十分重要设备的机械密封，必须进行静压试验和动压试验，试验合格后方可投入正式使用。

四、机械密封的运转

1. 启动前的注意事项及准备

启动前，应检查机械密封的辅助装置、冷却系统是否安装无误；应清洗物料管线，以防铁锈、杂质进入密封腔内。最后，用手盘动联轴器，检查轴是否轻松旋转。如果盘动很重，应检查有关配合尺寸是否正确，设法找出原因并排除故障。

2. 机械密封的试运转和正常运转

首先将封液系统启动，冷却水系统启动，密封腔内充满介质，然后就可以启动主密封进行试运转。如果一开始就发现有轻微泄漏现象，但经过 1～3h 后逐步减少，这是密封端面的磨合的正常过程。如果泄漏始终不减少，则需停车检查。如果机械密封发热、冒烟，一般为弹簧比压过大，可适当降低弹簧的压力。

经试运转考验后即可转入操作条件下的正常运转。升压、升温过程应缓慢进行，并密切注意有无异常现象发生。如果一切正常，则可正式投入生产运行。

3. 机械密封的停车

机械密封停车应先停主机，后停密封辅助系统及冷却系统。如果停车时间较长，应将主机内的介质排放干净。

五、机械密封的维修

1. 机械密封运转维护内容

机械密封投入使用后也必须进行正确的维护，才能使它有较好的密封效果及长久的使用寿命。一般要注意以下几方面。

① 应避免因零件松动而发生泄漏，注意因杂质进入端面造成的发热现象及运转中有无异常响声等。对于连续运行的泵，不但开车时要注意防止发生干摩擦，运行中更要注意防止

干摩擦。不要使泵抽空，必要时可设置自动装置以防止泵抽空。对于间歇运行的泵，应注意观察停泵后因物料干燥形成的结晶，或降温而析出的结晶，泵启动时应采取加热或冲洗措施，以避免结晶物划伤端面而影响密封效果。

② 冲洗冷却等辅助装置及仪表是否正常稳定工作。要注意突然停水而使冷却不良，造成密封失效，或由于冷却管、冲洗管、均压管堵塞而发生事故。

③ 机器本身的振动、发热等因素也将影响密封性能，必须经常观察。当轴承部分破坏后，也会影响密封性能，因此要注意轴承是否发热，运行中声音是否异常，以便可及时修理。

2. 机械密封零件的检修

(1) 动、静环。机械密封的动、静环在每次检修时都应取下来进行认真检查，端面不得有划痕、沟槽，平面度要符合要求。否则应根据动、静环的技术要求进行重新研磨和抛光。不过，在修复时，通常还要遵循下面的一些具体规定。

① 动、静环环端面不得有内外缘相通的划痕和沟槽，否则不再进行修复。

② 动、静环端面发生热裂一般不予修复。

③ 动、静环有腐蚀斑痕一般不予修复。

④ 软质材料容易在使用安装中造成崩边、划伤，一般不允许有内外相通的划道，允许的崩边如图 3-48 所示，要求$\frac{b}{a}\leqslant\frac{1}{5}$。

⑤ 动、静环的端面当磨损量超过下面的数值时一般不予修复，而磨损量小于下面所示的数值时，则可进行重新研磨修复，当达到技术要求后可重新使用。

a. 堆焊司太立合金的端面磨损量为 0.8mm。

b. 堆焊超硬合金或哈氏合金的端面磨损量为 0.5mm。

c. 喷涂陶瓷的端面磨损量为 1.0mm。

d. 硬质合金或陶瓷的端面磨损量为 1.8mm。

e. 石墨环的凸台为 3mm 的端面磨损量为 1.0mm，石墨环的凸台为 4mm 的端面磨损量为 1.5mm。

修复动、静环端面时，可先在平面磨床上磨削，然后在平板上研磨和抛光来修复。不同的动、静环材料应采用不同的磨料和研磨工具。

① 粗磨硬质合金、陶瓷环时，用 100～200 号碳化硅金刚砂研磨粉加煤油搅拌均匀；精磨时用 M20 碳化硼或 240～300 号碳化硅金刚砂加煤油拌匀。研磨时将环放在平板上把磨料放在环孔内，然后用手按着以“8”字形的运动轨迹进行研磨（图 3-49），这样可以避免环面上纹路的方向性，直至看不出划痕为止。波纹管式轴封研磨密封面和底板时要用工具定位。研磨后以汽油洗净，用布擦干，再进行抛光。抛光时用 M2～M3 金刚砂研磨膏加工业甘油（约 1∶18）搅拌均匀后，将少量磨料刷在研磨盘上，仍按“8”字形研磨，其表面粗糙度可达 $Ra0.1\mu m$。

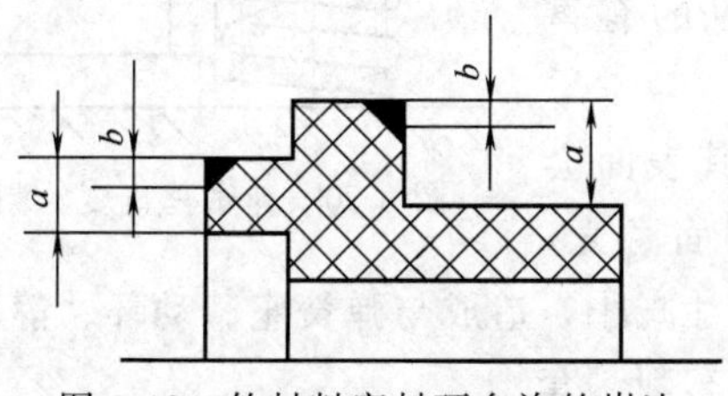

图 3-48　软材料密封环允许的崩边

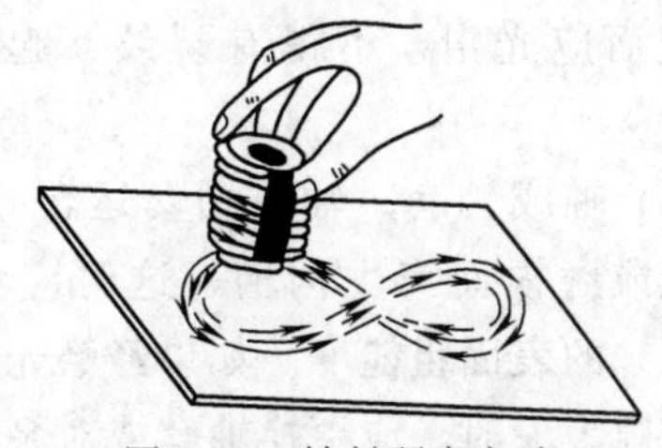
图 3-49　轴封研磨方法

② 粗磨不锈钢、铸铁及聚四氟乙烯时，用M20白刚玉粉加混合润滑剂（煤油二份和汽油、锭子油各一份），混合拌匀，放在平板上研磨；精磨时用M10白刚玉粉加上述混合润滑剂，放在具有一定硬度（240～280HBW）的平板上研磨；抛光时用M1～M3白刚玉粉或M10氧化铬加同样混合润滑剂，放在衬有白纺绸布的平板上进行研磨。在研磨过程中，如润滑剂干涸，只需补充汽油即可。

③ 粗、精磨石墨环时，不用磨料，只需用航空汽油作润滑剂在平板上进行研磨，抛光时干磨即可。

经修复后的动、静环表面粗糙度 Ra 值在0.1～0.2μm之间。表面平面度要求不大于1μm，平面对中心线的垂直度允许偏差为0.04mm，动环与弹簧接触的端面对中心线的垂直度允许偏差0.04mm。检验动环、静环的研磨质量，可用简便方法，即使动环、静环两摩擦面紧贴，如吸住不掉，即表明研磨合格。

现场检修时，若无平板或研磨机，对于软质材料环可用反应釜上“视镜”玻璃作研磨平板，然后用刀口尺检查。或用涂色法把密封环互相对研，对研时，接触轨迹必须闭合、连续，要求接触面积>密封环带面积的80%方可使用。

(2) 密封圈。使用一定时间后，密封圈常常溶胀或老化，因此检修时一般要更换新的密封圈。

(3) 弹簧。弹簧损坏多半因腐蚀或使用过久，使弹簧失去弹力而影响密封。弹簧损坏后应更换新弹簧。检修时将弹簧清洗干净后，要测其弹力，弹力变化应小于20%。

我国机械行业标准JB/T 11107—2011《机械密封用圆柱螺旋弹簧》中对机械密封用圆柱螺旋弹簧的检验方法作了如下规定。

① 弹簧特性。弹簧特性的测量在精度不低于1%的弹簧试验机上进行。

② 外径（或内径）、自由高度。外径（或内径）用通用或专用量具测量。自由高度用通用或专用量具测量（精度为0.05mm），测量弹簧最高点。

③ 垂直度。垂直度用2级精度平板、3级精度直角尺和专用量具测量，如图3-50所示。在无负荷状态下，将被测弹簧竖直放在平板上，贴靠直角尺，自转一周后再检查另一端（端头至1/2圈处考核相邻第二圈）外圆素线与直角尺之间的最大距离 Δ，即为垂直度偏差。两端面经过磨削的弹簧，在自由状态下，弹簧轴心线对两端面的垂直度偏差应 $\leqslant 0.05H_0$。H_0 为弹簧自由高度。

④ 节距、端面粗糙度、外观。在相应的弹簧试验机上将弹簧压至全变形量的80%，弹簧在正常节距圈范围内不应接触。

端面粗糙度采用与粗糙度样块对比的方法。

弹簧外观质量的检查采用目测或用5倍放大镜进行。弹簧表面应光滑，不得有裂纹、起刺等肉眼可见的有害缺陷。

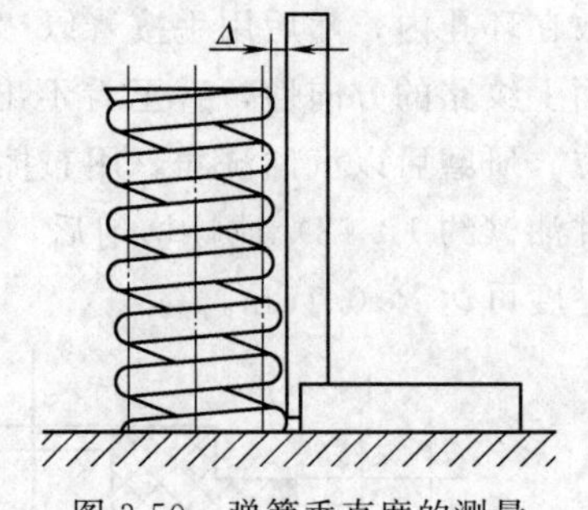

图3-50 弹簧垂直度的测量

(4) 轴或轴套。轴或轴套运转一段时间后，其表面会因腐蚀或磨损而产生沟槽，这时应将轴或轴套表面磨光，恢复原来的表面粗糙度。如果经磨光后，其直径尺寸减小，造成与弹簧座、动环、静环间的配合间隙太大时，应更换轴套或对泵轴进行补焊或车削镶套。

第五节　机械密封的失效及分析

一般说来，轴封是流体机械的薄弱环节，它的失效是造成设备维修的主要原因。对机械密封的失效原因进行认真分析，常常能找到排除故障的最佳方案，从而提高密封的使用寿命。

一、密封失效的定义及外部症状

1. 密封失效的定义

被密封的介质通过密封部件并造成下列情况之一者，则认为密封失效。

① 从密封系统中泄漏出的介质量超标。

② 密封系统的压力降低的值超标。

③ 加入密封系统的阻塞流体或缓冲流体（如双端面机械密封的封液）的量超标。

2. 密封失效的外部症状

在密封件处于正常工作位置，仅从外界可以观察和发现到的密封失效或即将失效前的常见症状有以下几种。

① 密封持续泄漏。泄漏是密封最易发现和判断的密封失效症状。机械密封实际工作中总会有一定程度的泄漏，但泄漏率可以很低，采用了先进材料和先进技术的单端面机械密封，其典型的质量泄漏率可以低于1g/h。所谓“零泄漏”一般是指“用现有仪器测量不到的泄漏率”，采用带封液的双端面机械密封可以实现对被密封介质的零泄漏，但封液向系统内的泄漏和向外界环境的泄漏总是不可避免的。

不同结构形式的机械密封判断密封泄漏失效的准则可以不同，但在实践中，往往还依赖于工厂操作人员的目测。就比较典型的滴漏频率来说，对于有毒、有害介质的场合，即使滴漏频率降低到很低的程度，也是不允许的；同样，如果预料密封滴漏频率会迅速加大，也应该判定密封失效。对于非关键性场合（如水），即使滴漏频率大一些，也常常是允许的。目前生产实践中判定密封失效，既依赖于技术，也依赖于操作人员的经验。

机械密封出现持续泄漏的原因主要有：密封端面问题，如端面不平、端面出现裂纹、破碎、端面发生严重的热变形或机械变形；辅助密封问题，如安装时辅助密封被压伤或擦伤、介质从轴套间隙中漏出、O形圈老化、辅助密封屈服变形（变硬或变脆）、辅助密封出现化学腐蚀（变软或变黏）；密封零件问题，如弹簧失效、零件发生腐蚀破坏、传动机构发生腐蚀破坏。

② 工作时密封尖叫。密封端面润滑状态不佳时，可能产生尖叫，在这种状态下运行，将导致密封端面磨损严重，并可能导致密封环裂、碎等更为严重的失效。此时应设法改善密封端面的润滑状态，如设置或加大旁路冲洗等。

③ 密封面外侧有石墨粉尘积聚。可能是密封端面润滑状态不佳，或者密封端面间液膜气化或闪蒸，此时应考虑改善润滑或尽量避免闪蒸出现。某些情况下可能是留下残渣造成石墨环的磨损。也可能是密封腔内压力超过该密封和密封流体允许的范围，此时必须纠正密封腔压力。

④ 工作时密封发出爆鸣声。有时可以听到密封在工作时发出爆鸣声，这可能是由于密封端面间介质产生汽化或闪蒸。改善的措施主要是为介质提供可靠的工作条件，包括在密封的许可范围内提高密封腔压力；安装或改善旁路冲洗系统，降低介质温度，加强密封端面的

冷却等。

⑤ 密封泄漏和密封环结冰。某些场合，观察到密封周围结有冰层，这是由于密封端面间的介质气化或闪蒸。改善的措施同上。应注意结冰可能会擦伤密封端面（尤其是石墨材料），气化问题解决后应将密封端面重新研磨或予以更换。

⑥ 泵和（或）轴振动。原因是未对中或叶轮和（或）轴不平衡、汽蚀或轴承问题。这些问题虽然可能不会立刻使密封失效，但会降低密封的使用寿命。可以根据维护修理标准来纠正上述问题。

⑦ 密封寿命短。在目前技术水平情况下，一般要求机械密封的寿命在普通介质中不低于一年，在腐蚀介质中不低于半年，但比较先进的密封标准，如 API682，要求密封寿命不低于25000h。某些情况下，即使是一年或半年的寿命都难以达到，形成了机械密封的过早失效。造成机械密封过早失效的原因是多方面的，常见的有：设备整体布置不合理，在极端情况下，可能造成密封与轴的直接摩擦；密封介质中含有固体悬浮颗粒，而又未采取消除固体悬浮颗粒的有效措施或未选用抗颗粒磨损机械密封，结果导致密封端面的严重磨损；密封运行时因介质温度过高或润滑不充分而过热；密封所选型式或密封材料与密封工况不相适应。

二、机械密封的失效形式

对失效的机械密封进行拆卸、解体，可以发现密封失效的具体形式多种多样。常见的有腐蚀失效、热损伤失效和磨损失效。

1. 腐蚀失效

机械密封因腐蚀引起的失效为数不少，而构成腐蚀的原因错综复杂。机械密封常遇到的腐蚀形态及需考虑的影响因素有以下几种。

① 表面腐蚀。如果金属表面接触腐蚀介质，而金属本身不耐蚀，就会产生表面腐蚀，严重时也可发生腐蚀穿透，弹簧件更为明显，采用不锈钢材料，可减轻表面腐蚀。

② 点蚀。金属材料表面各处产生的剧烈腐蚀点叫作点蚀。通常有整个面出现点蚀和局部出现深坑点蚀两种。采用不锈钢时，钝化了的氧化铬保护膜局部破坏时就会产生点蚀。防止的办法是金属成分中限制铬的含量而增添镍和铜。弹簧套常出现大面积点蚀或区域性点蚀，有的导致穿孔。点蚀的作用要比表面均匀腐蚀更危险。

③ 应力腐蚀。应力腐蚀是金属材料在承受应力状态下处于腐蚀环境中产生的腐蚀现象。容易产生应力腐蚀的材料是铝合金、铜合金、钢及奥氏体不锈钢。一般应力腐蚀都是在高拉应力下产生，先表现为沟痕、裂纹，最后完全断裂。金属焊接波纹管、弹簧、传动套的传动耳环等机械密封构件最易因产生应力腐蚀而失效。

④ 晶间腐蚀。晶间腐蚀是仅在金属的晶界面上产生的剧烈腐蚀现象。尽管其重量腐蚀率很小，但却能深深地腐蚀到金属的内部，而且还会由于缺口效应而引起切断损坏。对于奥氏体不锈钢，晶间腐蚀在450～850℃之间发生，在晶界处有碳化铬析出，使材料丧失其惰性而产生晶间腐蚀。为了防止这种腐蚀，材料要在1050℃下进行热处理，使铬固溶化而均匀地分布在奥氏体基体中。碳化钨环不锈钢环座以铜焊连接，使用中不锈钢座易发生晶间腐蚀。

⑤ 缝隙腐蚀。当介质处于金属与金属或非金属之间狭小缝隙内而呈停滞状态时，会引起缝隙内金属的腐蚀加剧，这种腐蚀形态称为缝隙腐蚀。机械密封弹簧座与轴之间，补偿环辅助密封圈与轴之间（当然此处还存在微动腐蚀），螺钉与螺孔之间，以及陶瓷镶环与金属环座间均易产生缝隙腐蚀。补偿环辅助密封圈与轴之间出现的腐蚀沟槽，将可能导致补偿环

不能做轴向移动而使其丧失追随性，使端面分离而泄漏。一般在轴（或轴套）表面喷涂陶瓷，镶环处表面涂以黏结剂可以减轻缝隙腐蚀。

⑥ 磨损腐蚀。磨损与腐蚀交替作用而造成的材料破坏，即为磨损腐蚀。磨损的产生可源于密封件与流体间的高速运动，冲洗液对密封件的冲刷，介质中的悬浮固体颗粒对密封件的磨粒磨损。腐蚀的产生源于介质对材料的化学及电化学的破坏作用。磨损促进腐蚀，腐蚀又加速磨损，彼此交替作用，使得材料的破坏比单纯的磨损或单纯腐蚀更为迅速。磨损腐蚀对密封摩擦副的损害最为巨大，常是造成密封过早失效的主要原因。用于化工过程装备中的机械密封就经常会遇到这种工况。

⑦ 电化学腐蚀。实际上，机械密封的各种腐蚀形态，或多或少都同电化学腐蚀有关。就机械密封摩擦副而言，常常会受到电化学腐蚀的危害，因为摩擦副组对常用不同种材料，当它们处于电解质溶液中，由于材料固有的腐蚀电位不同，接触时就会出现不同材料之间的电偶效应，即一种材料的腐蚀会受到促进，另一种材料的腐蚀会受到抑制。例如铜与镍铬钢组对，用于氧化性介质中时，镍铬钢发生电离分解。盐水、海水、稀盐酸、稀硫酸都是典型电解质溶液，密封件易于产生电化学腐蚀，因而最好是选择电位相近的材料或陶瓷与填充玻璃纤维聚四氟乙烯组对。

2. 热损伤失效

机械密封件因过热而导致的失效，即为热损伤失效，最常见的热损伤失效有端面热变形、热裂、疱疤、炭化、弹性元件的失弹，橡胶件的老化、永久变形、龟裂等。

密封端面的热变形有局部热变形和整体热变形。密封端面上有时会发现许多细小的热斑点和孤立的变色区，这说明密封件在高压和热影响下，发生了局部变形扭曲；有时会发现密封端面上有对称不连续的亮带，这主要是由于不规则的冷却，引起了端面局部热变形。有时会发现密封端面在内侧磨损很严重，半径越大接触痕迹越浅，直至不可分辨。密封环的内侧棱边可能会出现掉屑和蹦边现象。轴旋转时，密封持续泄漏，而轴静止时，不泄漏。这是因为密封在工作时，外侧冷却充分，而内侧摩擦发热严重，从而内侧热变形大于外侧热变形，形成了热变形引起的内侧接触型（正锥角）端面。

硬质合金、工程陶瓷、碳石墨等脆性材料密封环，有时端面上会出现径向裂纹，从而使密封面泄漏量迅速增加，对偶件急剧磨损，这大多是由于密封面处于干摩擦、冷却突然中断等原因引起端面摩擦热迅速积累形成的一种热损害失效。

在高温环境下的机械密封，常会发现石墨环表面出现凹坑、疤块。这是因为当浸渍树脂石墨环超过其许用温度时，树脂会炭化分解形成硬粒和析出挥发物，形成疤痕，从而极大地增加摩擦力，并使表面损伤出现高泄漏。

高温环境可能使弹性元件弹性降低，从而使密封端面的闭合力不足而导致密封端面泄漏严重。金属波纹管的高温失弹即是该类机械密封的一种普遍而典型的失效形式。避免出现该类失效的有效方法是选择合理的波纹管材料及对其进行恰当的热处理。

高温是橡胶密封件老化、龟裂和永久变形的一个重要原因。橡胶老化，表现为橡胶变硬、强度和弹性降低，严重时还会出现开裂，致使密封性能丧失。过热还会使橡胶组分分解，甚至炭化。在高温流体中，橡胶圈有继续硫化的危险，最终使其失去弹性而泄漏。橡胶密封件的永久变形通常比其他材料更为严重。密封圈长期处于高温之中，会变成与沟槽一样的形状，当温度保持不变，还可起密封作用；但当温度降低后，密封圈便很快收缩，形成泄漏通道而产生泄漏。因此，应注意各种胶种的使用温度，并应避免长时间在极限温度下使用。

3. 磨损失效

虽然机械密封纯粹因端面的长期磨损而失效的比例不高，但碳石墨环的高磨损情况也较常见。这主要是由于选材不当而造成的。目前，在机械密封端面选材时普遍认为硬度越高越耐磨，无论何种工况，软环材料均选择硬质碳石墨，然而，有些工况却并非如此。在介质润滑性能差、易产生干摩擦的场合，如轻烃介质，采用硬质碳石墨，会导致其磨损速率高，而采用软质的高纯电化石墨，其磨损速率会很小。这是因为由石墨晶体构成的软质石墨在运转期间会有一层极薄的石墨膜向对偶件表面转移，使其摩擦面得到良好润滑而具有优良的低摩擦性能。

值得注意的是，若介质中固体颗粒含量超过5%时，碳石墨不宜作单端面密封的组对材料，也不宜作串联布置的主密封环。否则，密封端面会出现高磨损。在含固体颗粒介质中工作的机械密封，组对材料均采用硬质材料，如硬质合金与硬质合金或与碳化硅组对，是解决密封端面高磨损的一种有效办法，因为固体颗粒无法嵌入任何一个端面，而是被磨碎后从两端面之间通过。

三、机械密封的失效分析方法

通常失效原因最好的、最重要的标志从目测检查开始，一旦失效原因判明，有效解决办法通常也就清楚了。

必须注意：若征兆或迹象在拆卸时丢失，就无法追回。失效分析主要是通过诊断（经验的和检测的）确定故障的部位，再经过调整或修换进行排除。

一般失效分析过程大致可分为以下四个步骤。

① 资料收集。正确的诊断来源于周密的调查研究。这个调查过程就是通过对现场状况的询问、观察、检查及必要的测试，即收集现场资料（情况）的过程（包括对历史的维修记录及设备档案资料的了解和研究），还要注意资料的真实性和完整性，必须有认真、实事求是的态度，深入细致地进行现场观察、询问及各项检测工作，防止主观臆断和片面性。

② 综合分析。要完全反映故障的原因及其发生、发展规律，就必须将调查所得的资料进行归纳整理，去粗取精，去伪存真，抓住主要问题加以综合、分析和推论，排除那些数据不足的表面现象，抓住一个或两个最符合实质的症状，作出初步诊断（同时也要注意那些看来与现时故障无密切关系的潜伏故障）。

③ 初步诊断。从全面研究所得的资料出发，抓住各种故障现象的共性和特殊性进行归纳、分析，找出其相互间的内在联系和发生、发展的规律，得出故障原因的分析结论，就是故障的初步诊断。初步诊断要列举已确定的故障部位和进行故障机理分析，包括对故障零件的材料、故障系统的诊断。排除故障时，如同时发生多种故障，则应分清主次，顺序排列。对设备精度、性能或安全影响最大的故障是主要故障，列在最前；在故障机理上与主要故障有密切关系的其他故障，称为并发故障，列于主要故障之后，视生产形势随机排除；与主要故障无关且同时存在的其他故障，称为伴发故障，排列在最后，视生产情况随机排除或列入计划排除。

④ 在维修实践中验证诊断。对故障的认识，需要经过“实践、认识、再实践、再认识”的过程。在建立初步诊断之后，欲肯定其是否正确，须在维修实践中和其他有关检查中验证，最后确定诊断。由于维修人员的主观性和片面性，或由于客观条件所限，或由于故障本身的内在问题还没有充分表现出来等，初步诊断可能不够完善（甚至还会有错误），所以，作出初步诊断以后，在修理过程中还需注意故障的变化和其波及面的演变，如发现新的情况与初步诊断不符，应及时作出补充或更正，使诊断更符合于客观实际。现场维修人员只有通过反复的维修实践，在技术上精益求精，不断地提高对故障的认识，才能尽快地排除故障，提高维修效率，更好地为企业生产服务。

在对机械密封进行失效分析时，应注意正确和全面地反映出故障的现象（做好记录、保存好损坏的密封元件，这点往往被忽视），应注意解体前、后有的放矢地拆开密封腔检验和判断，切忌急于拆卸而造成不必要的元件损坏和人力浪费。

表 3-14 所示为机械密封失效记录表，用以记录密封失效的细节。显然这将有助于减少遗漏任何有关失效的重要信息。

表 3-14　机械密封失效记录表

公司名称		公司地址		时间	
装置名称		维修性质		装置编号	
设备名称		密封制造厂		密封型号	
拆卸密封原因				有毒/危险介质	是/否*
失效密封的寿命(小时、天、启动次数)					
操作工况	①密封流体				
	②轴封处压力				
	③轴封处流体温度				
	④密封腔内流体的流速				
	⑤特殊操作条件(工况变化等)				
	⑥密封腔内流体的沸点				
	⑦轴转速				
	⑧机器振动				
	⑨机器图号				
	⑩密封图号				
密封泄漏状态					
静压试验结果					
可能的泄漏途径					
尺寸检查	①密封工作长度				
	②密封端面与轴线的垂直度				
	③密封端面与轴线的同轴度				
	④轴端窜量				
	⑤轴的径向跳动及挠度				
	⑥其他装配尺寸				
沉积物和碎片					
密封是否被卡住					
密封端面是否有可见损伤					是/否*
是否将密封件返回生产厂家					是/否*
直观检查的详细情况	①静环端面材质				
	②动环端面材质				
	③静环端面浮动				
	④动环端面浮动				
	⑤接触形式				
	⑥破裂、擦伤、破碎情况				
	⑦磨损、沟槽、冲蚀情况				
	⑧磨损量	动环			
		静环			
	⑨热疲劳				
	⑩化学磨蚀				
	其他				

		漏装或误装	物理损伤	热疲劳	化学腐蚀	其他
辅助密封	静环辅助密封					
	动环辅助密封					
	轴套辅助密封					
	端盖辅助密封					
密封件	轴套					
	弹簧					
	旋转体					

注：1. 请逐项填写此表，其中“√”表示是；“×”表示否；“—”表示情况不明。
2. 表内“*”表示如不适用可以删去。
3. 专项特殊检查要求还可进行：压力试验检查；石蜡油处理试验检查；光学试检查。

四、机械密封失效的诊断检查

机械密封失效的诊断与其他零部件的失效分析非常相似。如果在拆卸过程中，一旦忽视了某些失效症状，那么就很难再追溯复原了。为了尽量减少这种可能性，建议采用下列步骤进行检查：密封失效的外部症状；拆卸前检查；拆卸中检查；密封的直观检查，其中包括密封端面、辅助密封和密封零件。

1. 拆卸前检查

分析密封失效现象对解决故障是十分有价值的，而拆卸前的检查，无论对直接分析还是事后诊断都很有意义。这种检查多数是由现场技术人员进行的，检查内容如表 3-15 所示。

表 3-15 拆卸前检查

检查项目	检查内容
有毒/有害介质	在这种情况下，应在拆卸前及拆卸中做好各种必要的防范保护措施
密封工作时间	工作小时数、工作周期、停车/启动等
工况条件变化	任何变化都应辨别出来，这常常是解决问题的主要线索，如：按照理论工况要求选择的密封，有可能与实际工况不相符；介质的压力、温度或组分发生变化；工况条件发生变化或产生波动
所需背景材料	①被密封介质（包括污染物质）的情况 ②密封流体压力及系统压力 ③密封流体温度及系统温度 ④密封腔内流体的流速 ⑤被密封流体的汽化压力及温度等数据 ⑥轴的转速 ⑦特殊操作条件 ⑧机器装配图 ⑨密封装配图 ⑩密封设计数据
机器振动	即使还未立刻出现振动问题，但此项内容很重要，如轴承座或轴的轴向及径向振动 可以对不平衡、不同心等问题进行频谱分析，直到设备停车进行全面检查为止
密封泄漏状态	在进行泄漏检查时，应采取各种必要的防范措施，特别是对有毒有害介质更应如此。应注意： ①异常泄漏的性质及数量 ②泄漏状况是否稳定 ③停车时是否有泄漏 ④开车时是否有泄漏 ⑤泄漏是否与轴的转速、介质压力和温度变化有关
可能的泄漏途径	装配图有助于寻找泄漏途径。如有可能，应在设备运行时辨别出异常泄漏源 从设备的外露表面查找泄漏途径，例如沿轴/轴套、密封环/密封座等查找 检查应按装配次序依次进行。在密封拆卸过程中仍需逐项检查，直到泄漏途径全部找到为止 典型的泄漏途径为 ①端面泄漏 ②密封环的辅助密封泄漏 ③密封座的辅助密封泄漏 ④密封组件上的密封垫泄漏 ⑤轴套密封垫泄漏 ⑥密封腔内元件发生裂纹或损伤产生泄漏
水压试验	如有可能，对双端面密封可利用台架试验确定泄漏途径，对其他密封形式的大批量密封进行检查，则可采用适合压力试验的简单试验装置

2. 拆卸中的检查

拆卸检查分为总体检查、早期失效检查和中期失效检查，其检查内容及要点如表 3-16、

表 3-17、表 3-18 所示。

表 3-16 总体检查

检查项目	检查内容
密封端面	应避免改变密封端面的原状。在安全拆卸的情况下，应避免对密封端面进行不必要的清洗或冲洗。对密封面直观检查
尺寸检查	做必要的标记和测量以便确定： ①密封工作长度 ②密封端面对轴线的垂直度 ③密封端面对轴线的同轴度 ④轴向窜量 ⑤轴的径向跳动、晃动及挠度
可能的泄漏途径	对零件表面进行检查，可找出全部可能产生异常泄漏的原因
沉积物及碎片	清洗前应检查： ①外来的杂质污物 ②磨损颗粒、屑、片等 ③破损元件产生的小碎片或碎渣等 ④腐蚀产物 ⑤其他碎片/沉积物
密封浮动性	沿密封安装长度的方向上，在上部和下部轻轻掀动密封，检查是否可以浮动
密封部件的清洗	清洗时应避免清除任何有助于对密封失效机理进行分析的重要证据（特别是密封端面） 避免使用硬刷子、尖硬工具、有研磨料的清洗剂或强力溶剂（它们有可能损坏弹性元件）
包装	返回密封生产厂家进行检查或修理 许多密封生产厂家收集非正常失效的密封，以进行失效分析和诊断 应用高标准包装（就像对待新密封一样） 避免使用铁丝捆扎，以防在运输过程中损坏零件

表 3-17 早期失效检查

检查项目	检查内容
密封端面	密封端面检查咬伤、擦痕及裂纹，使用低倍数放大镜进行检查 检查端面的接触状况： ①外来物卡在端面之间 ②一个或两个端面变形 ③端面抛光不良（参见光学平晶检查） 检查热疲劳： ①干摩擦状态下运行 ②龟裂/热裂纹 ③点蚀、开槽、撕脱、脱皮、疱疤等
辅助密封	应检查： ①是否漏装辅助密封 ②咬伤、擦痕、硬切伤及撕裂等 ③静密封是否扭曲、挤压或畸变 ④辅助密封与配合表面之间由于旋转运动而引起的擦伤痕迹 ⑤过量的体积变化或压缩屈服变形 ⑥与辅助密封接触的密封件表面的磨损
传动机构	应检查： ①装配是否正确 ②错误的标定 ③是否有遗漏件 检查与辅助密封相关的，有时还作为传动件的辅助密封件的损伤，例如静密封件和波纹管
端面加载附件	应检查： ①型号是否正确 ②装配是否正确 ③错误的标定 ④是否有遗漏件

表 3-18　中期失效检查

检查项目	检查内容
密封端面	应检查： ①总体腐蚀状况 ②是否有析出物 ③异常沟槽 ④腐蚀磨损 ⑤点蚀、撕脱及裂纹 ⑥热损伤，如热变形、热裂、龟裂、疱疤、固体物质沉积及热变色(或出现色斑) 用下列方法检查磨损状态： ①肉眼检查 ②利用低入射角光线仔细检查外形 ③先用 10 倍放大镜，然后用 50 倍放大镜进行检查 ④测量磨损量
辅助密封	应检查： ①挤压情况 ②对密封配合表面的化学腐蚀 ③过量的体积变化 ④过量的压缩屈服变形 ⑤变硬或开裂
传动机构	应检查： ①是否失效 ②过量磨损 检查与辅助密封相关的，有时还作为传动件的辅助密封件的损伤，例如静密封件和波纹管

五、根据密封端面磨损痕迹分析失效原因

磨损痕迹可以反映运动件的运动情况和磨损情况，每一个磨损痕迹都可以为失效分析提供有用线索。当密封端面完全磨损时机械密封的运转寿命就告结束。当机械密封失效时，应认真细致检查密封端面磨损痕迹来确定失效的原因。如果密封端面完全磨损，失效原因很明显，就没必要做进一步检查，除非在很短时间内完全磨损。如果两个密封端面都完整无缺，那么就应该利用失效分析方法对整个部件做进一步检查。

密封端面的常见的磨损痕迹如表 3-19 所示。

表 3-19　根据密封端面磨损痕迹分析失效原因

磨损痕迹	特征	图例	原因/检查/解决方法
正确磨损痕迹	无泄漏密封的典型磨损痕迹。密封端面 360°全面接触，硬环密封端面上的磨损痕迹宽度与软(窄)环宽度相等，一个环上有轻微磨损或无明显磨损 如果发生泄漏，泄漏的原因不在密封端面上，就应该检查辅助密封。有的情况是无论轴旋转还是静止，密封都呈持续泄漏状态，则泄漏原因可能均出自辅助密封	硬环　软环 接触痕迹	原因：主要是辅助密封造成的泄漏 检查： ①辅助密封在安装时是否被压伤或擦伤。如果有的话，则检查安装倒角是否正常，在去除毛刺后换上新辅助密封 ②辅助密封是否有损伤、气孔、热损伤或化学腐蚀 ③O 形密封圈的压缩变形 ④辅助密封材料是否合适 ⑤O 形密封圈的浮动性 ⑥管路变形

续表

磨损痕迹	特　征	图　例	原因/检查/解决方法
无接触磨损痕迹	动环与静环紧贴无相对转动或动环与静环没有接触	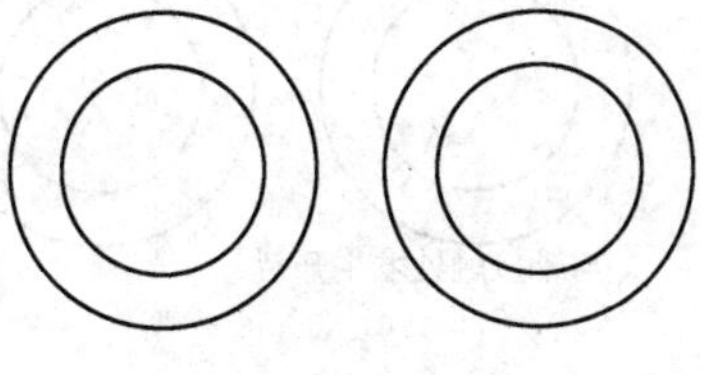	原因： ①传动装置打滑。有的传动座有定位螺钉固定在轴套上，这种传动方式常温下尚可使用，对热油泵，在温度和离心力的作用下定位螺钉打滑传动失效 ②安装失误，如动环与静环没接触，动环与密封腔体接触面卡住，静环防转销松脱或未装上 ③在采用镶嵌式动环时，碳化钨环松脱 解决方法：传动座由定位螺钉传动改为键传动，或其他可靠的传动方式；为解决安装失误，应仔细复查压缩量；采用热膨胀系数小的材料制造环座，并适当加大镶装的过盈值
硬环密封面外径处接触较重的磨损痕迹	动、静环端面在外侧接触，半径越小，接触痕迹越淡，直到不能分辨。软环外侧可能有切边 在低压下持续泄漏，而在高压下小量泄漏或无泄漏	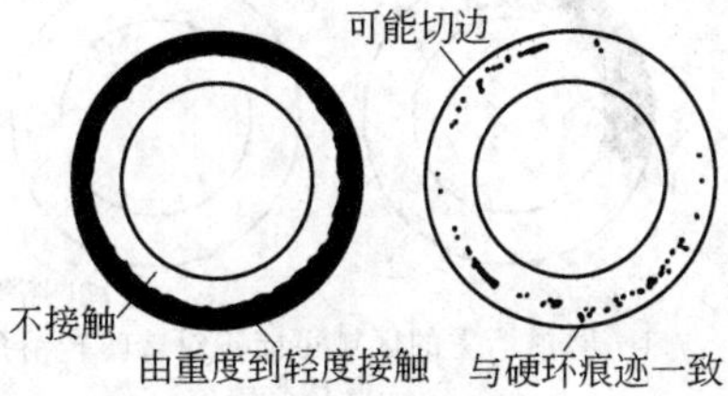 可能切边 不接触 由重度到轻度接触 与硬环痕迹一致	原因：通常是过大的密封压紧力造成密封端面变形（负锥度或负转角）所致 检查： ①密封面研磨是否不正常而造密封端面不平 ②辅助密封有无过度膨胀造成锥面 ③密封环支承面是否正确 ④密封面间是否侵入外来杂质 ⑤是否由机械效应形成力变形
硬环密封面内径处接触较重的磨损痕迹	动、静环端面在内侧接触力很大，半径越大，接触痕迹越淡，直到不能分辨。软环内缘可能有切边 轴旋转时，密封持续泄漏；轴静止时，通常无泄漏	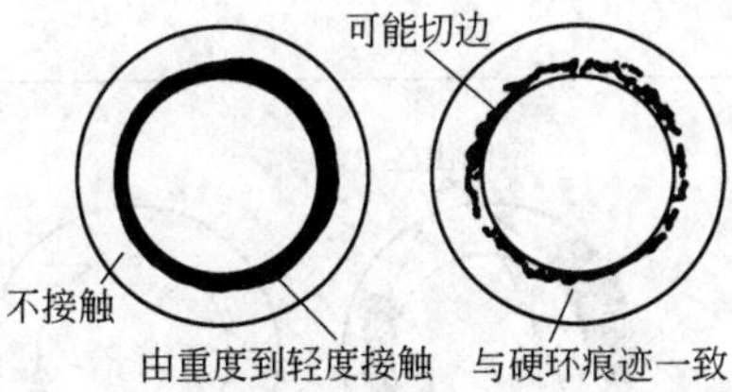 可能切边 不接触 由重度到轻度接触 与硬环痕迹一致	原因：密封面热变形造成密封端面不平 检查：与上述外径处接触较重的磨损痕迹的内容相同，只是热效应形成热变形 解决方法： ①改善密封的冷却系统 ②更换密封环材料
密封端面的磨损痕迹大于软环宽度	这表明一种硬环宽带磨损。动环上若有传动凹槽，可能磨损 轴静止时密封不漏，但轴旋转时则出现泄漏	 带宽比软环宽度大 传动凹槽可能磨损	原因： ①泵振动大。使动环运转中产生径向和轴向振摆，液膜厚度变化较大，有时密封端面被推开，造成泄漏增大 ②动、静环不同心。在一般的旋转型密封中，静环安装在端盖上。端盖和密封腔配合时的同心度靠止口保证。实际上止口间隙往往过大，使静环下沉，造成动、静环不同心。在静止式波纹管密封中，由于静环组件重量引起静环“下沉”，也造成动、静环不同心。此外，轴承箱的配合间隙过大，轴弯曲等都能使摩擦痕迹过宽 解决方法： ①要消除泵的振动，将转子做动平衡 ②采用不易引起振动的联轴器 ③校正泵和电动机的同心度 ④调整泵各止口间隙至合适值 ⑤在静止式波纹管中，采取在静环下方加支承的方法防止“下沉”

续表

磨损痕迹	特　征	图　例	原因/检查/解决方法
偏心接触磨损痕迹	静(硬)环端面接触痕迹呈现偏心状态，而沿圆周360°的痕迹宽度与动环端面宽度相等。静环的内孔表面可能与轴摩擦，从而产生磨痕或局部裂纹。如果静环无损伤，动环端面往往无异常磨损。如果轴未与静环内孔接触，则无泄漏现象。如果静环损坏，则无论轴静止还是旋转都会产生泄漏	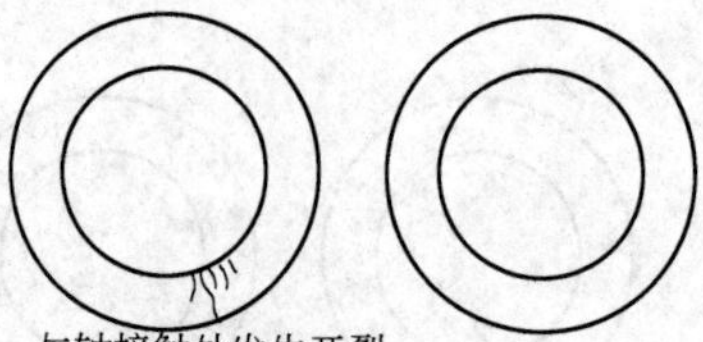 与轴接触处发生开裂	原因：通常是由于静环与轴不同心所致 检查： ①静环的结构设计及其配合间隙是否正确 ②端盖与密封腔的间隙是否正确 ③轴套外径与密封腔内径的同轴度是否超差
具有一处外凸区的接触磨损痕迹	静(硬)环端面在360°圆周上的接触宽度略大于动环端面宽度。在静环上可能出现一个外凸区(例如在防转销没有很好插入销孔的位置) 静环座在密封腔中能够多移动，动环传动凹槽可能出现磨损现象 轴静止时，密封不泄漏，但在轴旋转时，则出现泄漏	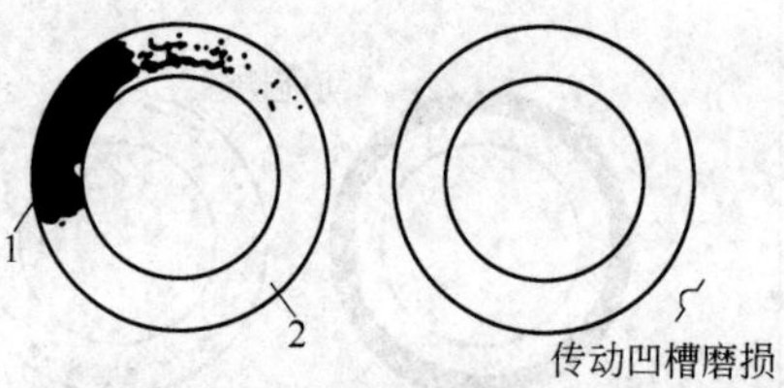 1　2　传动凹槽磨损 1—磨损严重的区域可能正对着防转销孔；2—摩擦带略宽	原因：相互配合的密封面互相不平行 检查： ①密封端盖与静环接触表面有无槽纹及毛刺，并作涂蓝着色检验，以说明与静环接触是否良好。若静环发蓝，可见整圈痕迹 ②防转销是否正确插入静环中 ③防转销是否插到静环销孔的底部 ④防转销的外伸长度是否正确 ⑤轴是否对中(避免轴成角度倾斜通过密封腔) ⑥泵体在管路应力作用下是否变形
具有两处或两处以上外凸区的接触磨损痕迹	静(硬)环的机械变形造成几个外凸接触区，磨损痕迹在两个外凸区之间逐渐消失 动(软)环在短时间动、静态试验后状况良好。如轴静止，则动环可能出现扇状侵蚀；如果动环旋转，则可能出现钢丝刷式的磨痕。因为密封端面不平直有尘粒进入密封区 无论轴旋还是静止，密封均有持续性泄漏	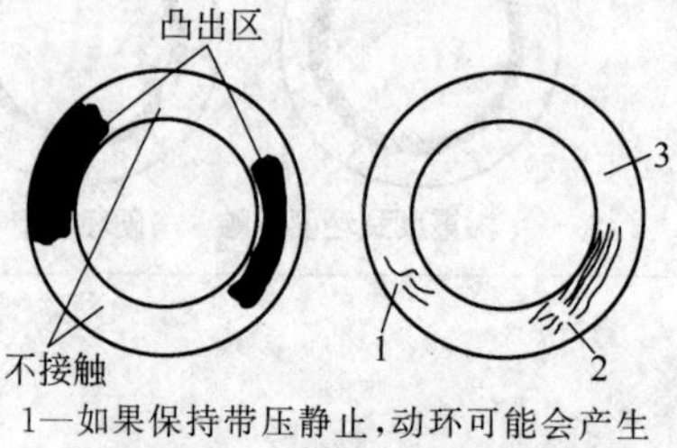 凸出区　不接触　3　1　2 1—如果保持带压静止，动环可能会产生扇状磨损；2—如果运转，由于外部颗粒进入密封端面，会使动环端面产生钢丝刷式磨损；3—在短时间动、静态试验后状况良好	原因：密封端面不平直 检查： ①是否由于螺栓力矩过大，造成密封端盖变形 ②用光学平晶检查密封面平直度 ③固定静环的静环座与轴的垂直度 ④水平剖分式泵体中开面密封腔端面的平直度 ⑤密封端盖与静环接触表面有无槽纹及毛刺，并作涂蓝着色检验，以说明与静环接触是否良好
270°接触磨损痕迹	密封环由于机械变形造成圆周上约270°接触，磨损痕迹在低凹区逐渐减弱 密封环的失效症状与上述机械变形的情况相同 无论轴旋转还是静止，密封均有持续漏泄	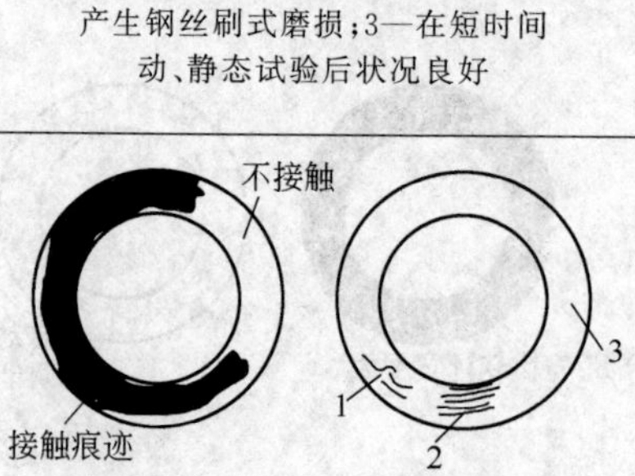 不接触　接触痕迹　3　1　2 1—如果保持带压静止，动环可能会产生扇状磨损；2—如果运转，由于外部颗粒进入密封端面，会使动环端面产生钢丝刷式磨损；3—在短时间动、静态试验后状况良好	原因：密封端面不平直 检查： ①如上述“具有两处或两处以上外凸区的接触磨损痕迹”内容 ②密封腔内是否压力超高

续表

磨损痕迹	特　征	图　例	原因/检查/解决方法
端盖螺栓处密封面接触磨损痕迹	在每个端盖螺栓位置，静环端面因机械变形产生外凸区 由于初始泄漏量大，不可能长期运行。无论轴静止还是旋转，密封均有持续泄漏	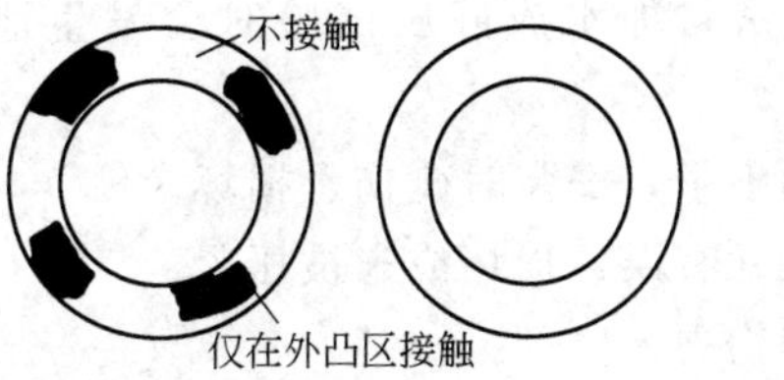 不接触 仅在外凸区接触	原因：密封端面不平直 检查：是否由于螺栓力矩过大而造成密封端盖变形 解决方法： ①在密封腔和密封端盖之间改用较软的垫片材料 ②应保证垫片表面整体接触，并保证在螺栓的中心线上接触良好，以防止密封端盖变形
磨出深槽的磨损痕迹	静（硬）环磨损严重，动环使静环磨出360°的均匀深槽。金属密封环由于摩擦过热可能呈现蓝色 动环在360°圆周上均有严重磨损，并带有唱片状的刻槽。较软的石墨环可能出现切边现象，对于硬质密封环，如碳化钨环，则边缘被磨圆。传动机构或传动凹槽均可能磨损，也可能出现其他过热现象，如O形圈硬化或出现裂纹 这种情况下，密封将持续泄漏	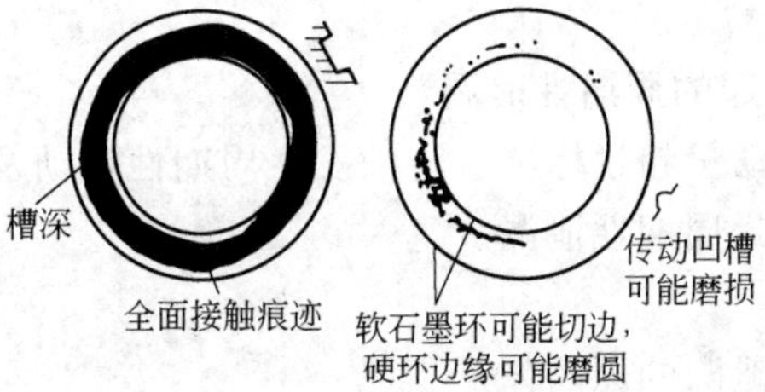 槽深 全面接触痕迹 软石墨环可能切边，硬环边缘可能磨圆 传动凹槽可能磨损	原因：密封端面的干摩擦状态所致 检查： ①输入密封腔的液体是否充足，密封腔的输出通道是否通畅 ②泵所吸入的介质的流动情况和过滤器 ③循环冲洗管路是否堵塞 解决方法： ①如果无循环管路，应考虑予以安装 ②增大密封的循环流量 ③检查操作程序是否有误
表面热裂或严重磨损痕迹	硬环沿360°圆周严重磨损，或产生热裂。其表现形式为径向裂纹，有时带有环向擦伤或过热产生的变色现象。如有必要，采用浸润染色法可有助于显示表面裂纹 石墨环磨损严重，有时会出现凹坑并带有扫帚状痕迹。端面的开启与闭合容易造成环内、外缘切边其他现象如密封靠大气侧有碳石墨粉末堆积，辅助密封处的轴或轴套表面发生磨损或腐蚀 无论轴静止还是旋转，密封均有持续泄漏。运转时常伴有端面闪蒸所产生的爆鸣声	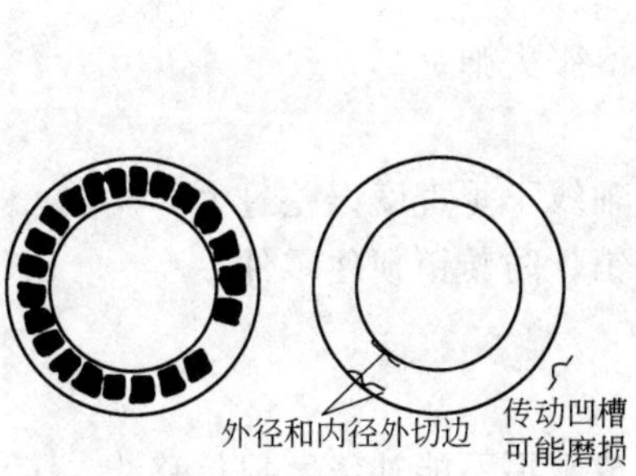 外径和内径外切边 传动凹槽可能磨损	原因：密封环未能导走热量，产品温度高、摩擦或产品间歇地汽化与液体产品大量地冷却密封相偶合 解决方法：利用密封面冲洗和冷却，降低温度，改变材质或改变密封结构

六、安装、运转等引起的故障分析

1. 加水或静压试验时发生泄漏

由于安装不良，机械密封加水或静压试验时会发生泄漏。安装不良主要包括以下几方面。

① 动、静环接触端面不平，安装时碰伤、损坏。

② 动、静环密封圈尺寸有误、损坏或未被压紧。

③ 动、静环端面有异物夹入。

④ 动、静环 V 形密封圈方向装反，或安装时反边。

⑤ 紧定螺钉未拧紧，弹簧座后退。

⑥ 轴套处泄漏，密封圈未装或压紧力不够。

⑦ 如用手转动轴泄漏有方向性则有以下 2 方面原因：弹簧力不均匀，单弹簧不垂直，多弹簧长短不一或个数少；密封腔端面与轴垂直度不够。

⑧ 静环压紧不均匀。

2. 由安装、运转等引起的周期性泄漏

运转中如转轴轴向窜动量超过标准、转轴发生周期性振动及工艺操作不稳定，密封腔内压力经常变化均会导致密封周期性泄漏。

3. 经常性泄漏

机械密封发生经常性泄漏的原因如下。

① 动环、静环接触端面变形会引起经常性泄漏。如端面比压过大，摩擦热引启动、静环的热变形；密封零件结构不合理，强度不够产生变形；由于材料及加工原因产生的残余变形；安装时零件受力不均等，以上均是密封端面发生变形的主要原因。

② 镶装或黏接的动、静环接缝处泄漏造成的经常性泄漏。由于镶装工艺不合理引起残余变形、用材不当、过盈量不合要求、黏结剂变质均会引起接缝泄漏。

③ 摩擦副损伤或变形而不能跑合引起泄漏。

④ 摩擦副夹入颗粒杂质。

⑤ 弹簧比压过小。

⑥ 密封圈选材不正确，溶胀失弹。

⑦ V 形密封圈装反。

⑧ 动、静环密封端面对轴线不垂直度误差过大。

⑨ 密封圈压紧后，传动销、防转销顶住零件。

⑩ 大弹簧旋向不对。

⑪ 转轴振动。

⑫ 动、静环与轴套间形成水垢不能补偿磨损位移。

⑬ 安装密封圈处轴套部位有沟槽或凹坑腐蚀。

⑭ 端面比压过大，动环端面龟裂。

⑮ 静环浮动性差。

⑯ 循环保护系统有问题。

4. 突发性泄漏

由于以下原因，机械密封会出现突然的泄漏。

① 设备强烈振动、抽空破坏了摩擦副。

② 弹簧断裂。

③ 防转销脱落或传动销断裂而失去作用。

④ 循环保护系统有故障使动、静环冷热骤变导致密封端面变形或产生裂纹。

⑤ 由于温度变化，摩擦副周围介质发生冷凝、结晶影响密封。

5. 停机一段时间再启动时发生泄漏

摩擦副附近介质的凝固、结晶；摩擦副上有水垢；弹簧锈蚀、堵塞而丧失弹性，这些均可引起重新启动时发生泄漏。

七、机械密封失效典型实例分析

机械密封的失效实例中，以摩擦副、辅助密封圈引起的失效所占比例最高。

1. 闪蒸引起的密封端面破坏

在液化石油气密封中容易出现这种情况。所谓闪蒸，即端面间的液膜发生局部沸腾，变成气液混合相，瞬时逸出大量蒸气，同时产生大量泄漏并损坏密封面。出现这种情况是密封面过热，密封的工作压力低于介质的饱和蒸气压造成的。这一现象可以通过密封环发音或冒气（间歇振荡）表现出来。有时（在密封水时）轴封被吹开并保持开启状态。

闪蒸引起密封端面破坏的症状如图 3-51 所示。静环（碳石墨密封面）被轻微地咬蚀，产生彗星状纹理。液体转变成蒸气后使密封面倾斜并形成了碳石墨环外缘切边。动环硬密封面上产生径向裂纹（热裂），是由于密封面间稳定液膜转变为蒸气状态的温差所形成。这就使两密封面分开，然后冷却器的液体进入密封面间使之合拢。在密封端盖背面或其周围有炭灰集积（由于碳石墨密封面的咬蚀和爆裂所形成）。这些炭灰随蒸气被吹出。水和水溶液的这些症状表现严重，而烃的标志不是很清晰，特别是在边缘情况下。

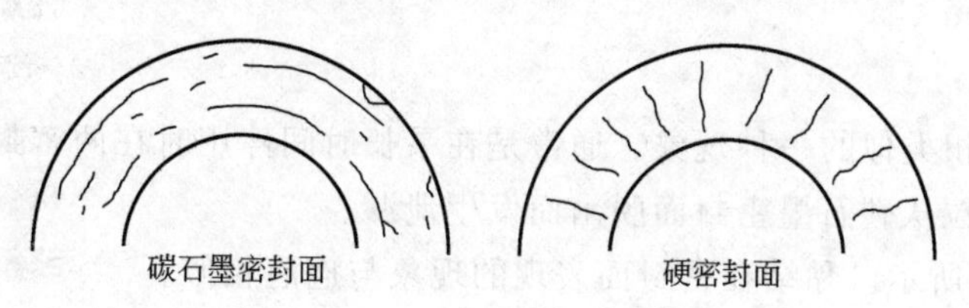

图 3-51　闪蒸引起的密封端面破坏

纠正措施：

① 根据原始条件校核被密封产品条件；

② 采用窄密封面的碳石墨环；

③ 检查循环线是否畅通，并查明有无堵塞现象；

④ 检查循环液量是否足够，如有需要可增大循环液量。

2. 干运转

当密封面间液体不足或无液体时就会发生干运转。症状如图 3-52 所示。静环有严重的磨损和凹槽。金属密封环表面有擦亮的伤痕，有的有径向裂纹（热裂）和变色。其他过热症状有：O 形圈硬化和开裂等。碳石墨环密封面上有“唱片”条纹般的同心圆纹理。

纠正措施：

① 检查冲洗液入口和过滤器；

② 检查循环线，勿使堵塞。如果无循环线，就检查抽送情况并设置循环线（根据需要而定）；

③ 增大循环液量。

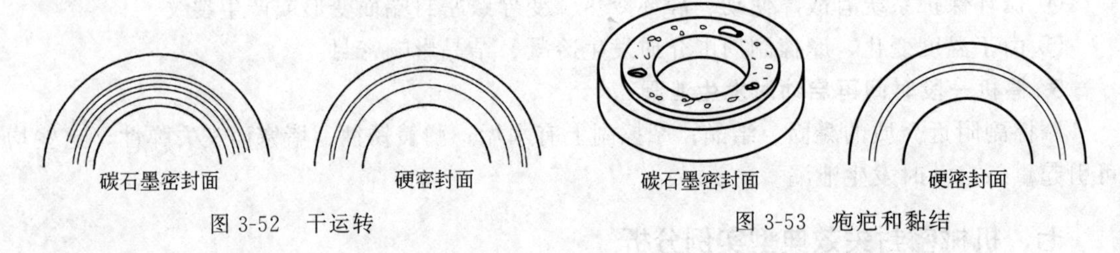

图 3-52 干运转　　图 3-53 疱疤和黏结

3. **疱疤**

在高黏度液体的轴封中会发生疱疤的问题。密封面间的剪切应力超过碳石墨的破坏强度而且有颗粒从静环的密封面上剥落下来。实际上在温度超出周围环境温度时，疱疤问题会影响液态烃泵的轴封。停车时，由于温度下降液体黏度增大使液膜厚度增大，给重新启动泵时带来问题。此外，由于过热产生密封面间液膜部分炭化也可能是形成疱疤的另一种原因。

症状如图 3-53 所示。碳石墨颗粒从密封面脱出；在金属密封面上有抛光的磨痕或微小的擦痕；传动弹簧可能变形，其他传动机构也可能磨损或损坏。

纠正措施：

① 检查产品的黏度是否在密封能力范围之内；

② 检查泵是否能产生足够的压头使循环液进入密封腔内；

③ 为了克服启动时阻力，需要用蒸气伴热来预热循环线、密封腔和密封面。另一方面，也可用通过急冷接头、密封腔夹套和密封面的低压蒸气来预热。在开车前所需的预热时间约15～30min。

4. **黏结**

黏结是与疱疤相类似的一种现象。通常是在泵长时间停用时在两密封面上结晶而形成黏结。在启动时，颗粒从碳石墨密封面脱出而发生泄漏。

症状如图 3-53 所示。黏结在密封面表现的现象与疱疤相似。

原因及纠正措施：黏结的一个主要原因是泵或设备采用了不同的产品作试验性运转，而在运转时试验液体与工作产品在膜层中起反应。可能发生这种故障的设备应注意用合适的试验液体或在试验后用中性介质运转一下。另一个原因是周围环境造成的，例如氟利昂气体压缩机，在其轴封中的液膜是被氟利昂气体污染过的。在备用时油变质，油膜将会使密封面粘住。

5. **磨粒磨损**

在输送介质中如果含有磨削性颗粒，则运转时就会渗透到密封面间，导致密封面迅速磨损造成密封失效。

症状如图 3-54 所示。若颗粒嵌入软环，则磨损往往出现在硬环端面上，表现为同心分布的圆周沟槽且呈抛光状。若颗粒夹在端面间，则碳石墨环往往被磨损，表现出不均匀磨损的形状。另外也可发现固体颗粒集积在密封面上、孔中和动环的 O 形圈槽中。

纠正措施：配置耐磨的密封面，如碳化钨。利用旋流分离器过滤密封液或单独注入洁净液流。在某些使用场合下，可用双端面密封。

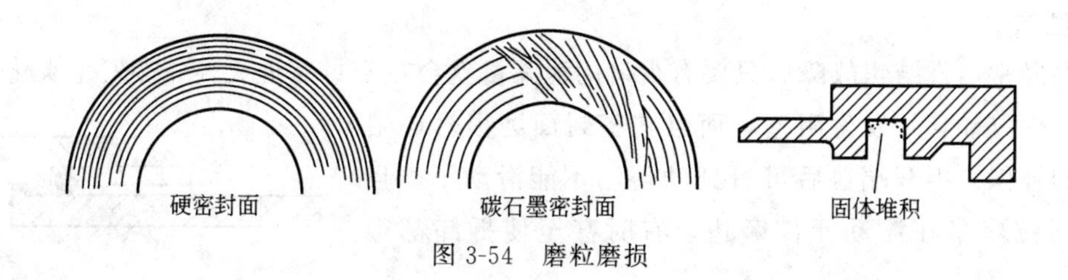

图 3-54　磨粒磨损

6. 冲刷磨损

在碳石墨环上，最容易产生冲刷磨损。苛刻条件下，其他材料也可能产生冲刷磨损。冲洗液过高的冲洗速度或冲洗孔的位置不当，以及冲洗液中含有磨削性颗粒都可能使密封件受到冲刷磨损。这类缺陷主要发生在径向、单点冲洗中。

症状如图 3-55 所示。如果碳石墨环为静环，在冲洗液入口处，其表面会冲刷出一条沟槽。情况严重时，硬质环端面（如氧化铝）也会出现类似的现象。如果碳石墨环为动环，其表面会呈现出凹凸不平的冲蚀伤痕。

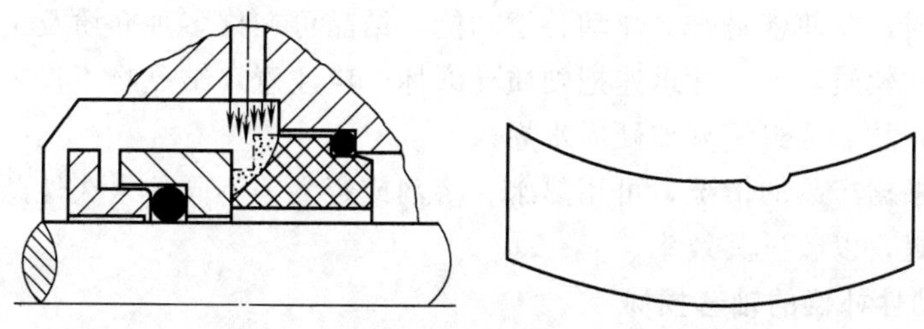

图 3-55　冲刷磨损

纠正措施：在循环线上装置流量调节器，控制径向、单点冲洗进入密封腔的液流速度不高于 3m/s，或将径向、单点冲洗改为多点冲洗。如果含有磨削性颗粒，可配置旋流分离器。

7. 密封面变形

在某些场合下，泄漏是因密封面变形所造成的。

症状如图 3-56 所示。如果在启动时，密封就发生泄漏，而拆开检查密封件时，又看不到有损坏之处，此时应该在平台上轻轻擦拭或着（蓝）色检查其变形情况；如果发生变形，就会显示出亮点或不均匀磨合的痕迹。这种变形是由于传动弹簧、端盖和密封腔中静环装配不当所造成的，有时也可能是贮存不当或配件不好所造成的。另外，由于轴未对中或轴承损坏等引起轴位移或压力超高也会带来相似的症状。

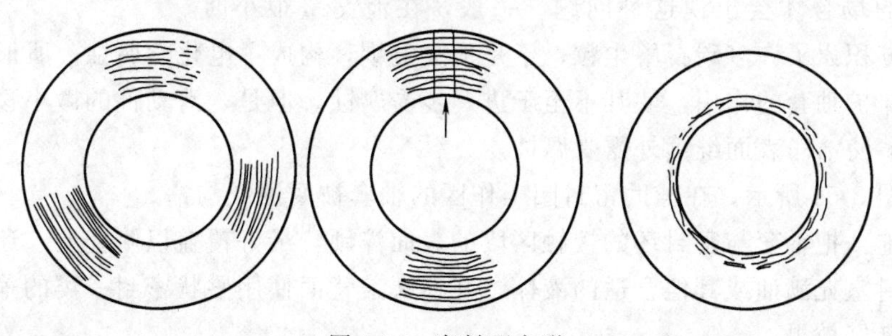

图 3-56　密封面变形

纠正措施：带上弹簧就地重新研磨动环。在现场利用平直的动环或类似元件，重新研磨碳石墨环。检查碳石墨环的安装误差。

8. 结焦

高温经常出现结焦故障。只要有少量的泄漏量就会在密封靠近大气一侧发生炭化，这不仅使滑动件（动环）发生阻塞，而且在密封面磨损时还阻碍动环的补偿。拆开端盖后可看到动环已不能滑动了，且焦油及碳粒聚集在浮动元件旁边，有时甚至使拆卸都很困难。

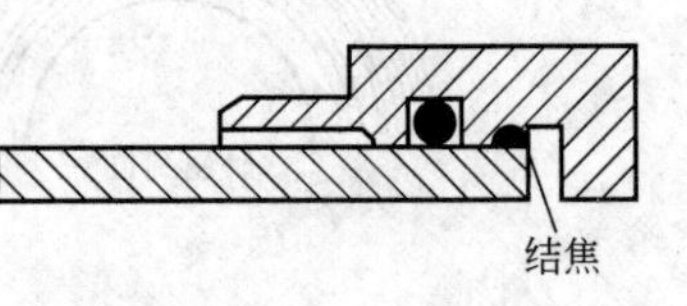

图 3-57 结焦

症状如图 3-57 所示。固体颗粒积聚在滑动件靠大气侧内部并延伸到难以去除之处。

纠正措施：利用永久性的蒸汽抑制（急冷），保持密封附近或靠大气侧有足够高的温度，以减少结焦的危险性。如果未配置蒸汽，就可以在端盖背面装唇状密封，这有助于提高急冷效果，并减少端盖与轴之间蒸汽的泄漏量。

9. 结晶

结晶的许多症状与结焦相类似只是结晶发生的产品和条件不同。密封介质产生结晶会造成严重的磨粒磨损，并使密封丧失浮动补偿功能。结晶可在许多种介质及工况条件出现，有时结晶物会附着在软质环上，并迅速把硬质环磨坏。应注意，结晶物不仅来自介质，也可能来自大气中（如冰晶）或封液（如硬质水垢）。

纠正措施：根据产品的情况，可用热水、溶剂或蒸汽等不同的永久性急冷措施，并在端盖背面装唇状密封，以改进其效率。

10. 阻碍滑动件补偿的轴套损坏

首先应调查有无结焦的起因，否则滑动件不能轴向随动进行补偿可能是轴套本身损坏所致。轴套损坏的主要原因是振动和腐蚀。

① 振动。轴或泵一旦发生严重的振动，就会使轴套凸肩处间隙变窄，在动环与 O 形圈槽的两侧都与轴套的前缘接触，形成麻点和微振磨损，其中杂物积聚，就阻碍滑动件移动。

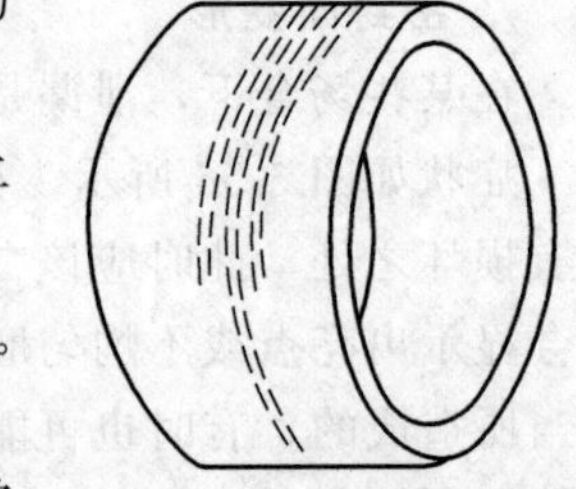
图 3-58 轴套损坏

症状如图 3-58 所示。轴或轴套表面有严重的麻点。滑动件上 O 形圈槽两侧突肩磨损，O 形圈可能被挤出。

纠正措施：检查泵和驱动机的对中性，消除振动和轴承故障。检查轴的弯曲程度，将轴或轴套前缘表面淬硬。

② 摩擦腐蚀。摩擦腐蚀尽管可在任何电解液中产生，但通常是在有海水的场合才会出现这种问题。一般，在泄漏量很小时，在滑动件下方积累了许多碳石墨尘粒，于是形成电耦，构成了电化学腐蚀。所形成的腐蚀产物本来可起保护轴套的作用，使其不至于进一步受腐蚀。但是，滑动件的微小移动却会把腐蚀产物挤掉，使洁净表面继续外露受腐蚀。

症状如图 3-59 所示。在辅助密封圈工作区的轴套被腐蚀成沟槽。

纠正措施：把轴套与密封环的接触区段的表面淬硬，最好覆盖以陶瓷层。还可以把靠大气一侧的密封室充满油或其他合适的液体，并在端盖背面使用唇状密封一类的辅助密封装置后就能得到良好效果。

11. 弹簧变形和断裂

在许多场合下，弹簧传动除高速用多点布置小弹簧密封外。大都是单向旋转的大弹簧

（正反转双向旋转密封除外）。单向弹簧总是夹紧轴套或动环的，如果弹簧旋向及轴的转向有误以及某些其他理由而把泵变成透平反转时，弹簧就会松开、打滑、变形、开裂直至断裂。在高黏度液体中工作的弹簧如果配置不当，则就会发生这类故障，这是由于密封面的摩擦力矩过大、疱疤或黏结等造成的。对于多弹簧密封，在弹簧周围的固体沉积物会使弹簧降低弹性，从而引起其他弹簧过载而失效。

图 3-59　摩擦腐蚀　　　　图 3-60　弹簧损坏

症状如图 3-60 所示。弹簧断面处有径向裂纹。（特别是内径处）和断裂，弹簧端部、轴套和转动轴颈磨损以及弹簧周围存在固体物质沉积。

纠正措施：检查弹簧旋向和泵的转向是否正确，轴封是否失灵。如果泵可能逆转成透平，那么在管线上应装上止回阀。对于多弹簧密封，可改变介质循环，使其在弹簧所占的空间内流动，以减少固体物质的沉积。

12. O 形圈过热

O 形圈的过热通常是由于密封面产生过度热量的不利条件所形成的。

症状如图 3-61 所示。聚四氟乙烯 O 形圈变蓝或变黑，O 形橡胶圈硬化和开裂。靠近密封面部位的情况总是最严重。

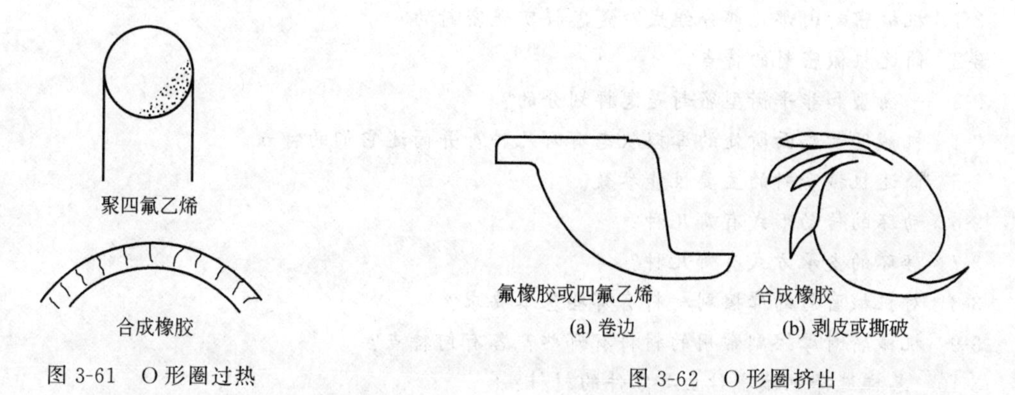

图 3-61　O 形圈过热　　　　图 3-62　O 形圈挤出

纠正措施：检查密封腔的循环情况（若装有冷却器也应同时检查），看看是否有堵塞现象等。检查泵是否有吸入能力降低、干运转、成渣等故障。根据原始规定检查产品情况。

13. O 形圈挤出

O 形圈的一部分被强制通过很小的缝隙时，将会发生挤出现象。在装配或组装元件时如果用力过大，或在运转压力和温度过高时，都会发生这种挤出现象。当就地调整轴封元件时，如果尺寸超出极限，致使元件之间形成了很大间隙的情况也会发生 O 形圈挤出。

症状如图 3-62 所示。聚四氟乙烯 O 形圈有卷边现象，橡胶制 O 形圈被剥皮或撕破。

纠正措施：检查装配方法、操作条件。确保密封各部分调整到原设计要求或由制造厂重新调整。

14. O 形圈不合格

症状如图 3-63 所示。O 形圈选用不合适时将会发生胀大、咬边等永久性变形，其后果不仅使 O 形圈本身丧失其原有性能而断裂，而且还会阻止滑动件移动。

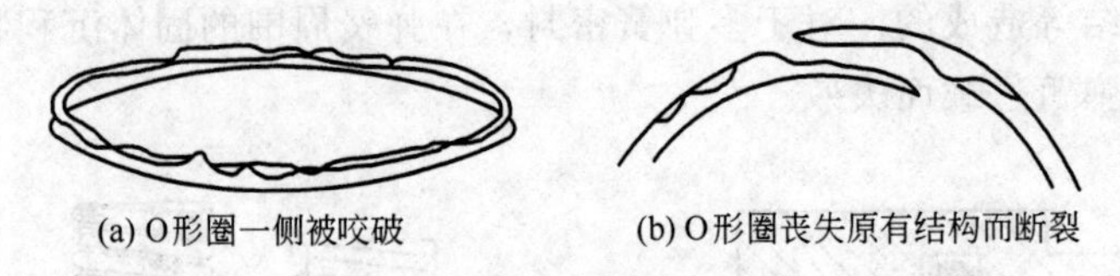

图 3-63 O 形圈不合格

纠正措施：检查轴封的原始产品工作条件，看其材料是否合适，如果不合适，则应对 O 形圈的材料及尺寸等重新选配。

【学习反思】

1. 密封技术是一门结合多个学科应用的综合技术，特别是机械密封技术涉及了与流体力学、材料力学和弹性力学、摩擦学、化学、物理化学以及热力学等学科。学习中应注意将多门知识融会贯通，掌握知识间的联系，锻炼综合运用所学知识解决工程问题的能力，做适应社会发展需求的复合型应用人才。

2. 机械密封的失效分析、安装与维修并不难，在于操作者的经验，也在于其做事的态度。

复习思考题

3-1 机械密封由哪几部分组成？是怎样实现密封的？

3-2 简述机械密封的特点。

3-3 平衡型和非平衡型密封是怎样划分的？

3-4 机械密封端面所处的摩擦状态有哪几种？并简述它们的特点。

3-5 简述机械密封的主要性能参数。

3-6 动环的传动形式有哪几种？

3-7 静环的支承方式有哪几种？

3-8 对机械密封的摩擦副材料有哪些基本要求？

3-9 机械密封摩擦副常用的材料有哪些？各有何特点？

3-10 怎样选择机械密封主要零件的材料？

3-11 什么是集装式机械密封？有何特点？

3-12 与普通机械密封相比较，上游泵送机械密封具有哪些优点？

3-13 简述上游泵送机械密封和干气密封的密封原理。

3-14 机械密封循环保护系统主要包括哪些装置？各有何作用？

3-15 在选择机械密封时，主要考虑哪些因素？

3-16 机械密封的安装步骤如何？

3-17 什么是机械密封的失效？

3-18 机械密封失效的外部症状有哪些？

3-19 常见的机械密封失效形式有哪些？

第四章

非接触型密封

学习目标

1. 掌握间隙密封的基本结构及工作原理。
2. 掌握迷宫密封的结构形式和工作原理，了解迷宫密封的主要尺寸参数及材料。
3. 掌握浮环密封的结构形式、工作原理及特点，了解浮环密封的技术要求及封油系统。
4. 掌握动力密封的工作原理和典型结构，了解动力密封的主要结构参数。
5. 了解磁流体的特性，磁流体密封的工作原理、特点及应用。
6. 能根据非接触型密封的实物或结构图判别非接触型密封的基本类型。
7. 能对动力密封的封液能力进行简要计算。
8. 会查阅非接触型密封的相关资料，如图表、标准、规范、手册等，具有一定的运算能力。
9. 培养环境保护意识、节能意识和规范操作意识。
10. 培养解决生产实际问题的本领，追求新技术的热情。
11. 培养团队协作精神和精益求精的态度。

非接触型密封通过在被密封的流体中产生压力降来达到密封，且允许通过一定的间隙产生一最小的泄漏量，不影响系统中运动件的运动。

非接触型密封分为流体静压（流阻）型和流体动压（反输）型两类。前者主要是依靠各种不同形状环缝造成一定的流动阻力，以减少泄漏或阻止泄漏，达到密封的目的，典型结构形式有间隙密封、迷宫密封、浮环密封等。后者是依靠轴旋转时密封元件产生反压头，利用反压头去抵消介质的泄漏压头，克服介质泄漏，达到完全密封的功能，典型结构形式有离心密封、螺旋密封等。但是停车时要完成密封作用，还需要另外设置停车密封。

在非接触型密封中没有密封件与运动部件之间的摩擦，因此没有磨损，滑动速度可以很高。这样的密封具有结构简单、耐用、运行可靠的显著特点，并且几乎可以不用维修保养。

第一节 间隙密封

光滑面间隙密封可以用作液体和气体密封，压差达100MPa甚至更高，滑动速度和温度实际上不受限制。

柱面间隙密封中有密封环、套筒等。离心泵的叶轮密封环、液压元件的润滑与缸套、高压往复泵的背压套筒等密封，都是依靠柱面环形间隙节流的流体静压效应，达到减少泄漏的作用。

一、密封环

为了提高离心泵的容积效率，减少叶轮与泵壳之间的液体漏损和磨损，在泵壳与叶轮入口外缘装有可拆的密封环。

密封环的形式见图 4-1。平环式结构简单，制造方便，但是密封效果差。由于泄漏的液体具有相当大的速度并以垂直方向流入液体主流，因而产生较大的涡流和冲击损失。这种密封环的径向间隙 S 一般在 0.1～0.2mm 之间。直角式密封环的轴向间隙 S_1 比径向间隙大得多，一般在 3～7mm 之间，由于泄漏的液体在转 90°之后其速度降低了，因此造成的涡流和冲击损失小，密封效果也较平环式为好。迷宫式密封环由于增加了密封间隙的沿程阻力，因而密封效果好。但是结构复杂，制造困难，在一般离心泵中很少采用。

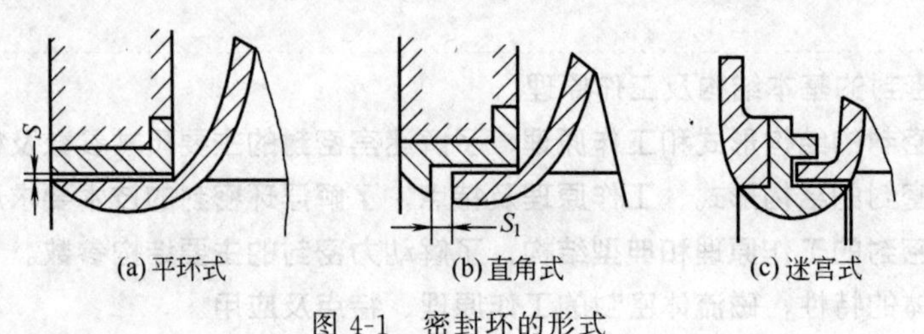

图 4-1　密封环的形式

密封环的磨损会使泵的效率降低，当密封间隙超过规定值时应及时更换。密封环应采用耐磨材料制造，常用材料有铸铁、青铜、淬硬铬钢、蒙乃尔合金、非金属耐磨材料及表面喷涂司太立合金、硬质合金等。

二、套筒密封

套筒密封结构简单、紧凑、摩擦阻力小，但有一定泄漏量，并且泄漏量随密封间隙的增大而增加。

套筒密封的结构如图 4-2 所示，套筒外径与壳体的间隙大于套筒内径与轴的间隙，当流体通过内筒间隙时，产生压力梯度，而外筒受到流体的均匀压缩，这样在套筒的轴向上产生不同压力差和变形，压力越高，间隙缩小量越大。为了在轴向长度方向上控制间隙和压力梯度，可以把套筒做成变截面结构。

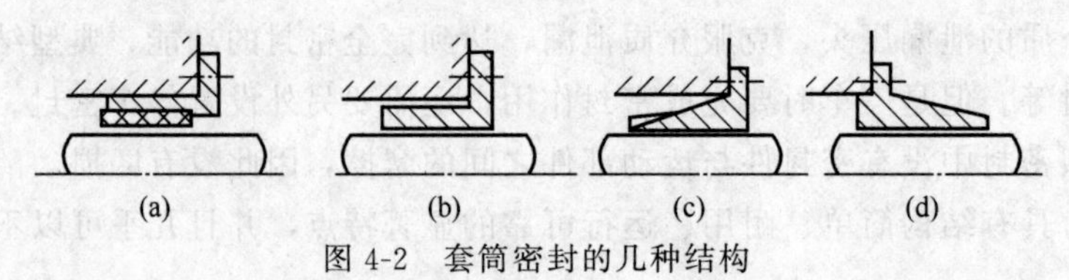

图 4-2　套筒密封的几种结构

卧式往复柱塞泵套筒与轴的间隙按压力不同而异，如压力为 600MPa 时，间隙取 0.013～0.043mm，而套筒外径与柱塞的间隙取 0.045～0.11mm；当压力为 100MPa 时，套筒与柱塞的间隙取 0～0.024mm，外筒间隙取 0～0.031mm。液压元件的间隙取 0.004～0.008mm。柱塞的表面粗糙度 $Ra=0.20 \sim 0.025\mu m$，套筒内孔 $Ra=0.20\mu m$，外圆 $Ra=1.60 \sim 0.20\mu m$。柱塞材质为 GCr15、W18Cr4V，套筒为 W18Cr4V、铍青铜、30Cr3MoWV 等。

套筒密封使用寿命长，适用于高温、高压、高速，也可与其他密封结构相组合使用。由于套筒密封存在不可避免的泄漏，必须配有压力控制系统和泄漏回收装置。

第二节　迷宫密封

迷宫密封也称梳齿密封，属于非接触型密封。主要用于密封气体介质，在汽轮机、燃气轮机、离心式压缩机、鼓风机等机器中作为级间密封和轴端密封，或其他动密封的前置密封，有着广泛的用途。迷宫密封的特殊结构形式，即“蜂窝迷宫”，除可在上述旋转机械中应用外，还可作为往复密封，用于无油润滑的活塞式压缩机的活塞密封。

迷宫密封还可作为防尘密封的一种结构形式，用于密封油脂和润滑油等，以防灰尘进入。

一、结构形式和工作原理

1. 结构形式

迷宫密封是由一系列节流齿隙和膨胀空腔构成的，其结构形式主要有以下几种。

① 曲折形。图 4-3 为几种常用的曲折形迷宫密封结构。图 4-3(a) 为整体式曲折形迷宫密封，当密封处的径向尺寸较小时，可做成这种形式，但加工困难。这种密封相邻两齿间的间距较大，一般为 5～6mm，因而使这种形式的迷宫所需轴向尺寸较长。图 4-3(b)、(c)、(d) 为镶嵌式的曲折密封，其中以图 4-3(d) 形式密封效果最好，但因加工及装配要求较高，应用不普遍。在离心式压缩机中广泛采用的是图 4-3(b) 及图 4-3(c) 形式的镶嵌曲折密封，这两种形式的密封效果也比较好，其中图 4-3(c) 比图 4-3(b) 所占轴向尺寸较小。

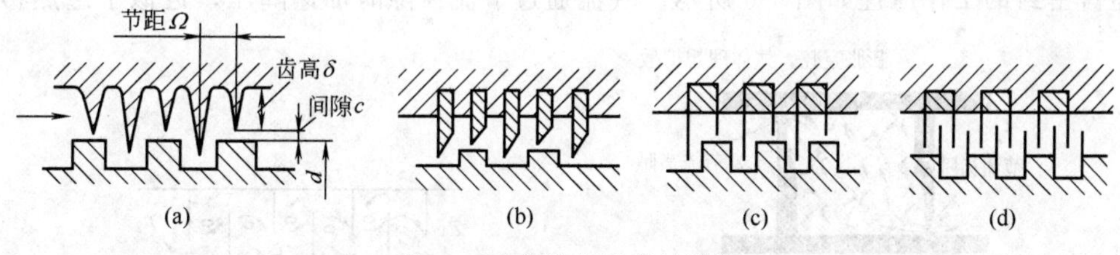

图 4-3　曲折形迷宫密封结构

② 平滑形。如图 4-4(a) 所示，为制造方便，密封段的轴颈也可做成光轴，密封体上车有梳齿或者镶嵌有齿片。这种平滑形的迷宫密封结构很简单但密封效果较曲折形差。

③ 阶梯形。如图 4-4(b) 所示，这种形式的密封效果也优于光滑形，常用于叶轮轮盖的密封，一般有 3～5 个密封齿。

④ 径向排列形。有时为了节省迷宫密封的轴向尺寸，还采用密封片径向排列的形式，如图 4-4(c) 所示。其密封效果很好。

⑤ 蜂窝形。如图 4-4(d) 所示，它是用 0.2mm 厚不锈钢片焊成一个外表面像蜂窝状的圆筒形密封环，固定在密封体的内圆面上，与轴之间有一定间隙，常用于平衡盘外缘与机壳

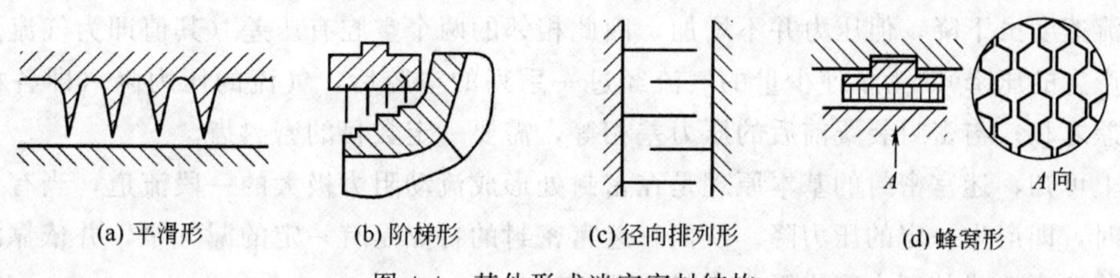

图 4-4　其他形式迷宫密封结构

间的密封。这种密封结构可密封较大压差的气体，但加工工艺稍复杂。

迷宫密封的密封齿结构形式有密封片和密封环两种，如图 4-5 所示，其中图 4-5(a)、图 4-5(b) 为密封片式，图 4-5(c) 为密封环式。图 4-5(a) 中密封片用不锈钢丝嵌在转子上的狭槽中，而图 4-5(b) 中转子和机壳上都嵌有密封片，其密封效果比图 4-5(a) 好，但转子上的密封片有时会被离心力甩出。密封片式的主要特点是：结构紧凑，相碰时密封片能向两旁弯折，减少摩擦；拆换方便；但若装配不好，有时会被气流吹倒。密封环式的密封环由 6～8 块扇形块组成，装入机壳的槽中，用弹簧片将每块环压紧在机壳上，弹簧压紧力约为 60～100N。密封环式的主要特点是：轴与环相碰时，齿环自行弹开，避免摩擦；结构尺寸较大，加工复杂；齿磨损后要将整块密封环调换，因此应用不及密封片结构广泛。

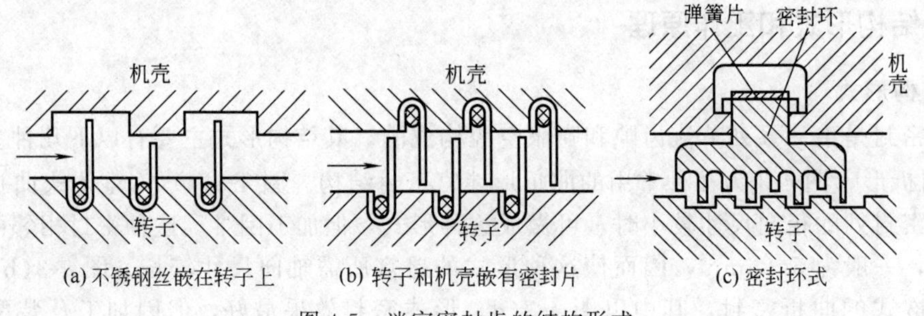

图 4-5 迷宫密封齿的结构形式

2. 工作原理

迷宫密封的工作原理如图 4-6 所示。气流通过节流齿隙时加速降压，近似于绝热膨胀过

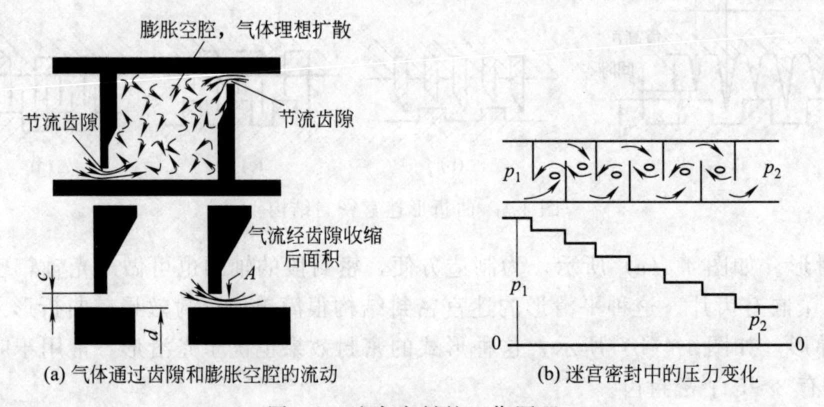

图 4-6 迷宫密封的工作原理

程。气流从齿隙进入密封片空腔时，通流面积突然扩大，气流形成很强的漩涡，从而使速度几乎完全消失，变成热能损失。即气流在空腔中进行等压膨胀过程，压力不变而温度升高。由于齿隙中气流的部分静能头转变为动能头，故压力比齿隙前空腔中的低。在齿隙后的空腔中，气流速度虽下降，但压力并不增加，因此相邻的两个空腔有压差（其值即为气流流过齿隙时所产生的压降）。为了使少量的气流经过一系列的空腔后，气流的压力降（即各相邻空腔压力差之和）与密封装置前后的压力差相等，需要一定数目的密封齿。

由上可知，迷宫密封的基本原理是在密封处形成流动阻力极大的一段流道，当有少量气流流过时，即产生一定的压力降。从而，迷宫密封的特点是有一定的漏气量，并依靠漏气经过密封装置所造成的压力降来平衡密封前后的压力差。

为了提高密封效果（即漏气量小），应考虑以下三个方面。

① 减小齿隙面积，即要求齿隙间隙小，密封周边短，使得小的漏气量流过齿隙时，能有较大的动能头（由静能头变来）。

② 增大空腔内局部阻力，使气流进入空腔时动能尽量转变为热能而不是转变为压力能。

③ 增加密封片数，以减少每个密封片前后的压力差。

3. 迷宫密封的特点

① 迷宫密封是非接触型密封，无固相摩擦，不需润滑，并允许有热膨胀，适用于高温、高压、高速和大尺寸密封条件。

② 迷宫密封工作可靠，功耗少，维护简便，寿命长。

③ 迷宫密封泄漏量较大。如增加迷宫级数，采取抽气辅助密封手段，可把泄漏量减小，但要做到完全不漏是困难的。

二、主要尺寸参数及材料

1. 主要尺寸参数

① 齿数 Z。为了使迷宫具有良好的密封效果，轮盖的密封齿数 Z 一般取 4～6。轴封用的迷宫装置中，为了减少漏气量，齿数不应少于 6，一般为 $Z=7\sim12$，也不宜过多，通常齿数不超过 35，否则齿数增加过多，将占有较长的轴向尺寸，而且对于泄漏量的进一步降低效果并不显著。

② 梳齿间隙。因为迷宫密封的泄漏量与间隙成正比，从密封性能考虑，希望间隙尽可能小些，但由于轴的振动、热膨胀、加工及装配精度等因素，密封间隙又不能过小。迷宫密封的最小径向间隙 c，一般可取为 0.4mm，也可按下式估算

$$c=0.25+A\times\frac{d}{1000}(\mathrm{mm}) \tag{4-1}$$

式中　d——密封直径，mm；

A——考虑热膨胀和轴径向位移的系数，对压缩机，$A=0.6$；对于蒸汽和气体透平，$A=0.85$（铁素体钢），或者 $A=1.3$（奥氏体钢）。

③ 梳齿节距。梳齿高 δ 与节距 Ω 之比大于 1，即 $\delta/\Omega>1$，此值太小则效果差。相邻两齿间节距 Ω 与齿隙 c 之比一般最好是 $\Omega/c=2\sim6$。

④ 梳齿顶应削薄并制成尖角，这样既可减弱转轴与密封片可能相碰时发生的危害，又可降低漏气量。圆角的漏气量较大。齿顶与气流的流动方向如图 4-7 所示。

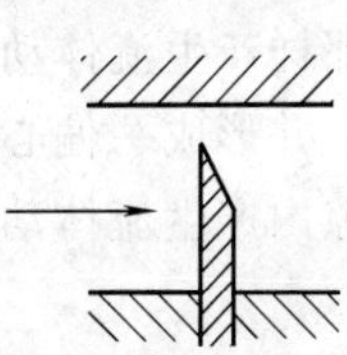

⑤ 梳齿密封应与转子同心，偏心将增大漏气量。

图 4-7　梳齿安装的正确方向

2. 迷宫密封片材料

在旋转的迷宫密封中，一般迷宫密封片装在静止元件上，为了防止高速转动时，由于转子振动等原因而引起密封片与转子相碰而损坏转子，通常要求采用硬度低于转子的密封片材料，如铝、铜等。原则上材料配对是一硬一软；如果采用了硬梳齿（如整体制造的梳齿），则采用软材料衬套；如果采用硬材料衬套，则装配软材料密封片，以免摩擦生热或产生火花引起烧损或爆炸。

密封片可以用厚 0.15～0.2mm 金属带制成，可以采用黄铜或镍，用红铜丝梯形槽敛缝。有时可以直接做在轴套上，而外套用石墨制成，间隙为滑动轴承间隙的 0.17～0.25 倍。运行前在低速下跑合。迷宫密封材料主要根据密封的结构、工作压力、温度和介质来选择。

压力低时用铸造铝合金（ZL104）、铸造锡青铜（ZCuSn5Pb5Zn5），高压时用铝合金（2A12），腐蚀气体可用不锈钢，氨气不能用铜材。

第三节　浮环密封

浮环密封也是一种非接触型密封，它在现代密封技术中占有重要地位。是解决高速、高压、防爆、防毒等苛刻使用条件的常用密封类型。

一、工作原理及特点

1. 工作原理

浮环密封由浮动环与轴之间的狭小环形间隙所构成，环形间隙内充满液体，相对运动的环与轴不直接接触，故适用于高速高压场合。而且，如果装置运转良好，可以做到“绝对密封”，所以特别适用于易燃、易爆或有毒气体（如氨气、甲烷、丙烷、石油气等）的密封。

图 4-8 所示为浮环密封的示意图。它主要由内、外侧浮环组成，浮环与轴之间留有给定间隙。浮环在弹簧的预紧力作用下，端面与密封盒壁面贴紧。浮环上有防转销，以防止浮环随轴转动，但能在径向上滑移浮动。密封液体从进油口注入后，通过浮环和轴之间的狭窄间隙，沿轴向左右两端流动，密封液体的压力应严格控制在比被密封气相介质压力高 0.05MPa 左右。因为封液压力高于介质压力，通过内侧浮环（又称高压侧浮环）间隙的液膜阻止介质向外泄漏，经过外侧浮环（又称低压侧浮环）间隙的封液因节流作用降低了压力后流入大气侧，因外侧密封间隙中的压力降较大，显然它的轴向长度比内侧浮环要长些，压力差很大时，可用多个外侧浮环或采用与内侧浮环不同的间隙。流入大气侧的封液可直接回贮液箱，以便循环使用。通过内侧浮环间隙的封液与压缩机内部泄漏的工作气体混合，这部分封液要经过油气分离器将气体分离出去后再回贮液箱，经冷却、过滤后再循环使用。这样封液不仅起密封作用，同时也起到冷却散热和润滑的作用。

浮环密封的原理是靠高压密封液在浮环与轴套之间形成液膜，产生节流降压，阻止高压气体向低压侧泄漏。浮升性是浮环的宝贵特性，液体通过环与轴间的楔形间隙内时，如同轴承那样产生流体动压效应而获得浮升力。轴不转动时，由于环自身重力作用，环内壁贴在轴上，并形成一偏心间隙。当轴转动时，轴表面将密封液牵连带入偏心的楔形间隙内。在楔形间隙内产生流体动压效应，使环浮动抬升，环内壁脱离轴表面而变成非接触状态（图 4-9）。

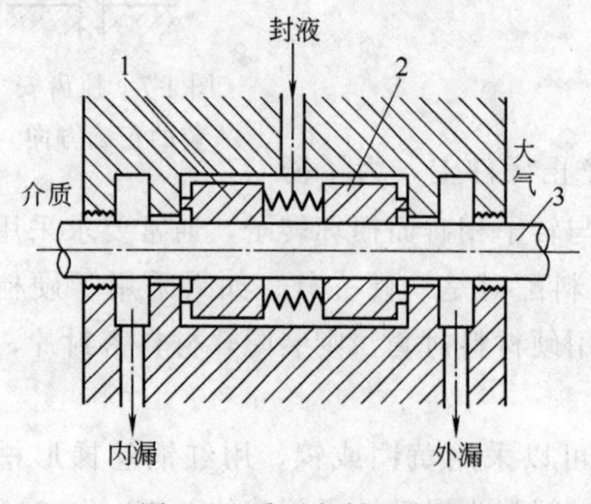

图 4-8　浮环密封示意图

1—内侧浮环；2—外侧浮环；3—转轴

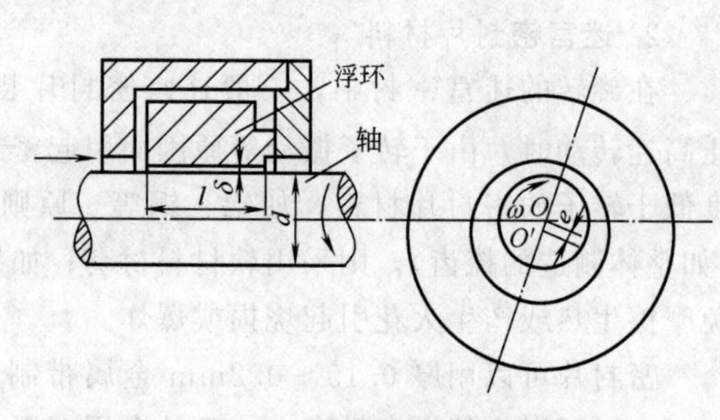

图 4-9　浮环的浮升性能

浮升性使浮环具有自动对中作用，能适应轴运动的偏摆等，避免轴与环间出现固相摩擦。浮升性还可使环与轴的间隙变小，以增强节流产生的阻力，改善密封性能。

由于浮环密封主要依靠液膜工作，故又称为油膜密封。封液通常采用矿物油（如 22 号、30 号透平油），也可用脱氧软化水等。但必须注意封液与被密封介质互相应该是相容的，不至于发生有害的物理、化学作用。矿物油用作封液，因它具有良好的润滑性和适宜的黏性，但是压缩机工作介质是硫化氢或含硫化氢量较大的气体时，因硫化氢可溶于矿物油而污染封油，则不能采用矿物油，而用水作封液。

2. 浮环密封的特点

浮环密封具有以下特点。

① 浮环具有宽广的密封工作参数范围。在离心式压缩机中应用，工作线速度约为 40～90m/s，工作压力可达 32MPa。在超高压往复泵中应用，工作压力可达 980MPa。工作温度为－100～200℃。

② 浮环密封在各种动密封中是最典型的高参数密封，具有很高的工况 pv 值，可高达 2500～2800MPa・m/s。

③ 浮环密封利用自身的密封系统，将气相条件转换为液相条件。因而特别适用于气相介质。

④ 浮环密封对大气环境为“零泄漏”密封。依靠密封液的隔离作用，确保气相介质不向大气环境泄漏。各种易燃、易爆、有毒、贵重介质，采用浮环密封是适宜的。

⑤ 浮环密封性能稳定、工作可靠、寿命达一年以上。

⑥ 浮环密封的非接触工况，泄漏量大。内漏量（左右两端）约为 200L/天，外漏量约为 15～200L/min。当然，浮环的泄漏量，本质上应视为循环量，它与机械密封的泄漏量有区别。

⑦ 浮环密封需要复杂的辅助密封系统，因而增加了它的技术复杂性和设备成本。

⑧ 浮环密封是价格昂贵的密封装置。它的成本要占整台离心式压缩机成本的 1/4～1/3 左右。

二、结构形式

根据浮环的相对宽窄，可分为宽环与窄环。宽环的宽度与其直径的比值（相对宽度）$l/d=0.3\sim0.5$ 较大。在相同的压差和泄漏量的条件下，环的数目可以少些，缩短密封的轴向尺寸，使密封结构紧凑，制造费用较少且易于装配。但因两侧压差较大，环端面上压力较大，端面摩擦力也较大，浮动较为困难。

窄环的相对宽度 $l/d=0.1\sim0.3$。由于环较窄，其节流长度短，产生的流体动压也小，每个浮环所承受的压差要比宽环小些，容易浮动。

浮环密封按结构可分为剖分型及整体型两大类。剖分型浮环密封类似于径向滑动轴承，浮动环及密封腔壳体均为剖分式，安装维修方便，广泛应用于氢冷汽轮发电机轴端密封，压力一般在 0.2MPa 以下。整体型浮环密封的浮动环为整体，可用于高压，石油化工厂通常采用整体型浮环密封。整体型浮环密封的典型结构形式有以下几种。

1. L 形浮环密封

图 4-10 所示为 KA 型催化气压缩机用浮环密封。内、外浮环均为 L 形（属于宽环），中间有隔环定位并将封油导向浮环。

2. 带冷却孔的浮环密封

图 4-11 所示为带冷却孔的浮环密封。高压侧的浮环间隙小，泄漏封液带走的热量也少，这样就造成高压侧浮环温度较高。为了改善高压侧浮环的工作条件，在高压侧浮环上沿圆周

布满冷却孔，使进入密封腔的封液首先通过高压侧浮环，然后分两路分别进入高压侧及低压侧环隙。此结构对高压侧浮环可起到有效的冷却作用。

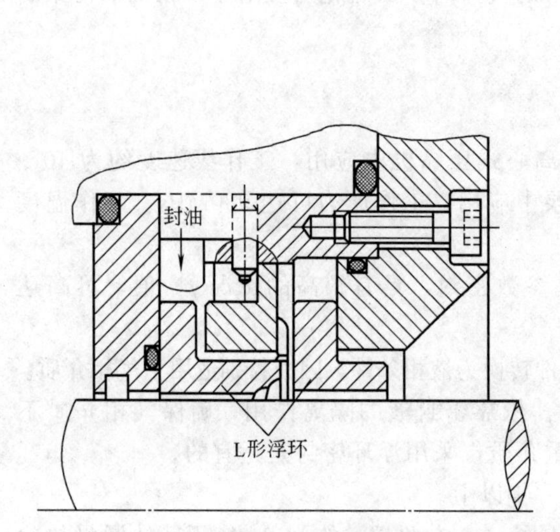

图 4-10　KA 型催化气压缩机用浮环密封

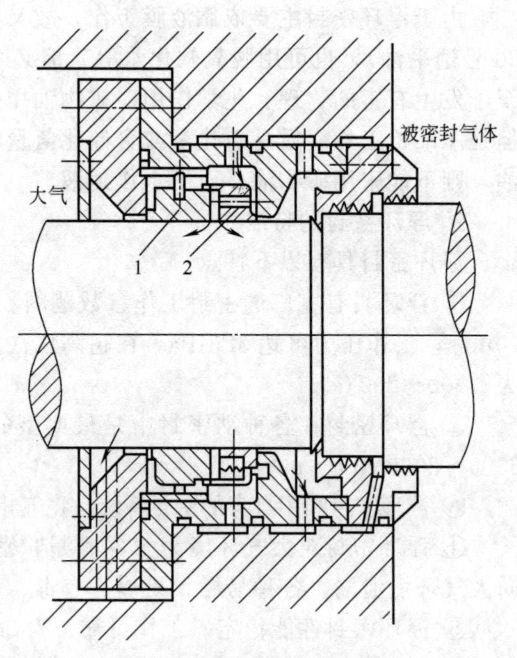

图 4-11　带冷却孔的浮环密封

1—低压侧浮环；2—高压侧浮环

3. 带锥形轴套的浮环密封

图 4-12 所示为具有锥形轴套的浮环密封。浮环密封部位的轴套为锥形，与此相应的浮环内孔也是锥形的。这种浮环密封的特点是高压侧密封间隙比一般圆筒形内侧环间隙大。封液通过锥形缝隙通道时，由于锥形轴套的旋转带动封液产生离心力阻止封液向内侧泄漏，起到叶轮抽吸作用。

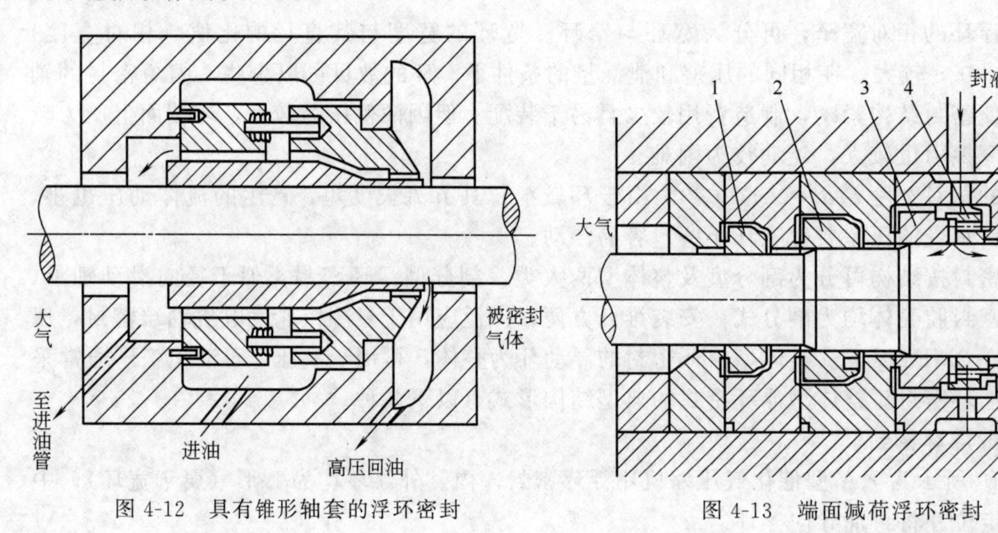

图 4-12　具有锥形轴套的浮环密封

图 4-13　端面减荷浮环密封

1，2，3—低压侧浮环；4—高压侧浮环

4. 端面减荷浮环密封

图 4-13 所示为端面减荷浮环密封。环 2、3 为台阶轴减荷结构（类似于平衡型机械密

封)，能有效地减小每环端面比压。在高压场合可用个数不多的浮环承受较大的压降，例如离心压缩机用 2～3 环便可承受 28MPa 压降。

5. 螺旋槽面浮环密封

图 4-14 所示为浮环内孔开有螺旋槽的浮环密封。实质是螺旋密封与光滑浮环密封的组合密封，采用螺旋槽面浮环，在同样的宽度和压差下，泄漏量要比光滑浮环密封小，特别是在高速下可以有效地密封。

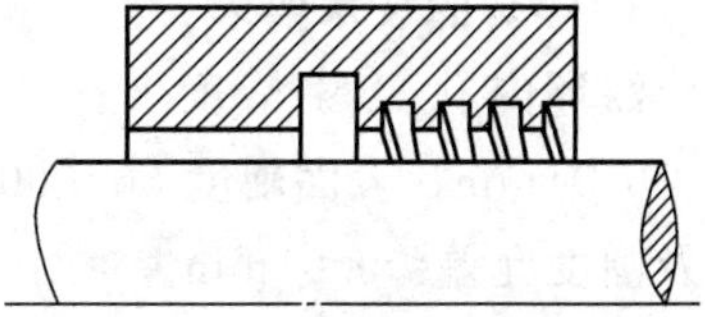

图 4-14　螺旋槽面浮环密封

三、结构要求、尺寸、技术要求及材料

1. 浮环密封的结构要求

对浮环密封的结构要求有以下几个方面。

① 尽可能减少封液通过高压侧浮环的内泄漏量（减少漏向机内封液的泄漏量）。为此，在允许的条件下，高压侧浮环的密封间隙及液气压差应尽量小些。高压侧浮环还可采用上述螺旋槽面浮环或锥形轴套等措施。

② 有效地排除封液在高压、高速下产生的摩擦热及节流热，主要是散除高压侧浮环的热量。为改善高压侧浮环的工作条件，可以采取上述浮环开孔、冷却液先通过高压侧浮环等措施。

③ 在刚度、强度允许的条件下，尽量取较薄的环截面，即环的内、外径之比不宜太小。

④ 提高浮环寿命，延长使用期。浮环材料的膨胀系数要比轴大，以免高温下产生抱轴的危险性。

⑤ 液气混合腔要有一定容积；机内平衡室要合理连通，为防止封液窜入气缸内，要控制通过迷宫密封的流速。

2. 浮环的尺寸

浮环密封的结构和使用条件各不相同，因此只能推荐结构元件大致的平均结构尺寸比（图 4-15）。

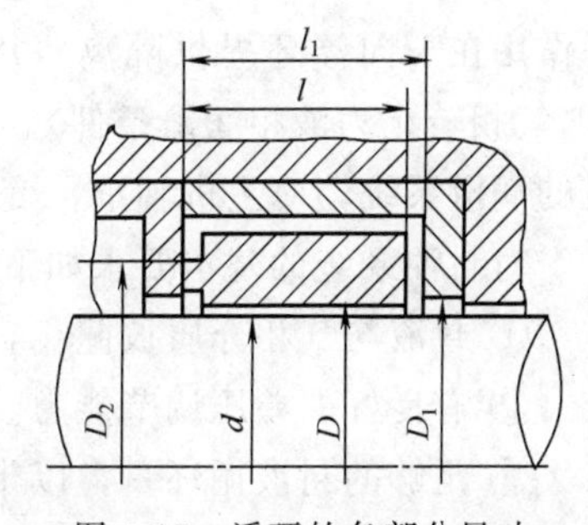

图 4-15　浮环的各部分尺寸

（1）浮环的各个间隙值

$$\delta/D=(0.5\sim1.0)\times10^{-3}$$

$$D_1/D=1.02\sim1.03$$

$$D_2/D=1.14\sim1.20$$

式中 $\delta=D-d$，d 为轴径。

上述 δ/D 关系式中，需区分高压侧浮环和低压侧浮环，给出不同的间隙值。为了减少内漏量，对高压侧浮环取 $\delta/D=(0.5\sim0.8)\times10^{-3}$ 为宜。为了带走热量，可适当加大低压侧浮环间隙值，取 $\delta/D=(2\sim3)\times10^{-3}$。

（2）浮环的各个长度值

$$\frac{l_1-l}{l}=(0.1\sim2.0)\times10^{-2}$$

$$l/D=0.3\sim0.5\qquad\text{适用于宽环}$$

$$l/D=0.1\sim0.3\qquad\text{适用于窄环}$$

浮环的节流长度不宜太长，否则，间隙内的封液温升剧烈，使工作条件恶劣。对高压条件，可采用多级浮环，逐级降压。

3. 浮环的技术要求

浮环内孔尺寸精度 1～2 级；表面粗糙度 $Ra=0.8\sim0.2\mu m$；圆柱度及圆度允差<0.01mm；表面硬度 50～60HRC 或 850～1150HV。浮环外圆尺寸精度 1～2 级；圆柱度及圆度允差<0.01mm。

浮环端面表面粗糙度 $Ra=0.08\sim0.16\mu m$；端面对内孔的垂直度允差<0.01。

4. 浮环密封的材料

浮环材料应保证摩擦面的必要精度和光面粗糙度，以及尺寸的稳定性（完好性）。浮环和轴的材料都应具有相近的线膨胀系数、良好的抗抓伤性能、很高的耐磨性以及化学稳定性、耐腐蚀性和抗冲蚀性。

对于浮环密封推荐使用下列材料。

油浮环常采用碳钢或黄铜，内孔壁面浇注铸造轴承合金 ZSnSb11Cu6，亦可采用锡青铜，内孔壁面镀银，或采用有自润滑特性的浸树脂石墨。

油浮环的轴或轴套用 38CrMoAl 表面氮化；碳钢镀硬铬；蒙乃尔合金轴套喷硼化铬；20Cr13 轴套辉光离子氮化。

水浮环采用锡青铜 QSn7-0.2；38CrMoAl 表面氮化；沉淀硬化型不锈钢 05Cr17Ni4Cu4Nb；不锈钢堆焊钴铬钨。

水浮环的轴或轴套采用碳钢镀铬或不锈钢。

四、封油系统

封油系统是浮环密封的命脉，对浮环的稳定性、可靠性有决定性的影响。封油系统的主要作用在于向浮环提供隔离（用封液去封堵隔离气相介质）、冷却（带走摩擦热）和润滑（把气相转化为液相润滑条件）。有些封油系统的气相介质对封油不产生污染，可作压缩机主机的润滑系统，对主机轴承、变速箱等提供润滑。

对封油系统的基本要求如下：

① 封液与气相介质彼此相容而且价廉；

② 有良好的差压调节能力。始终维持液压比气压高 0.05MPa 左右；

③ 足够的封液循环量，以带走摩擦热；

④ 足够的热交换能力（包括使封液降温或增温）；

⑤ 足够的再生清洁能力（包括过滤及气液分离能力）；

⑥ 具有停车密封能力。当事故性断电、油泵停止工作而主机惯性运转期间，封油系统必须有能力连续工作，直至主机停车。

根据封油系统中所采用的微压差调节系统的不同，可分为直接调节的封油系统和带高位槽调节的封油系统。

1. 直接调节封油系统

如图 4-16 所示，它是一种直接用压差调节器通过封油压力与被密封气体压力的差压进行调节的封油系统。系统中有一差压调节器 1，它作用在控制阀 2 上，控制阀控制油箱 3 中封油的循环，并分流送至浮环密封装置 5 中。这种调节方式对压力波动很不敏感，通常用于压力差控制精度要求不高的密封装置。

2. **带高位槽调节的封油系统**

图 4-17 为离心式压缩机常用的浮环封油系统。其基本特征是采用两级增压和采用高位槽液气差压调节。贮存在油箱 1 的封油，经低压泵 2 送入冷却器 3 调节油温，再送入过滤器 4 去除杂质，然后用高压泵 5 增压。这种两级增压方式，使冷却器和过滤器在低压条件下工作，减少高压容器设备，降低成本。

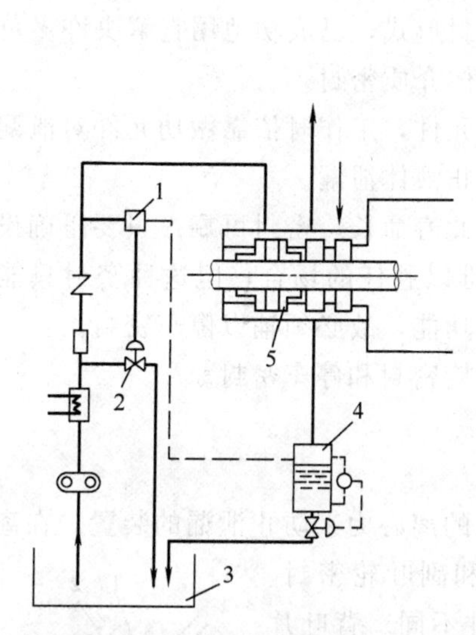

图 4-16　直接调节封油系统

1—差压调节器；2—控制阀；3—油箱；
4—油气分离器；5—密封装置

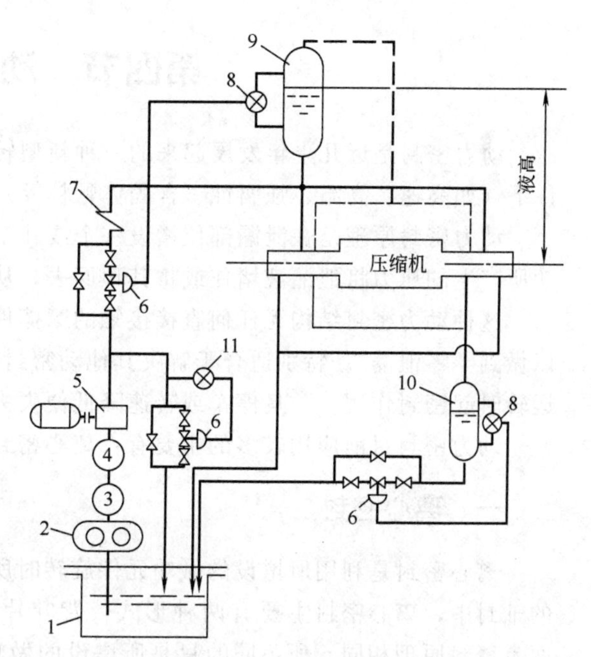

图 4-17　带高位槽调节的封油系统

1—油箱；2—低压泵；3—冷却器；4—过滤器；5—高压泵；6—调节阀；7—止回阀；8—压差变送器及调节器；9—高位槽；10—油气分离器；
11—压力变送器及调节阀

高压油一部分进入高位槽 9，其余进入浮环密封腔中。由于高位槽的液位压头，使油压高于气压（通常高 0.05MPa）。少部分封油穿过内浮环进入油气腔。在油气腔中，封油受到介质“污染”，成为污油。如污油发生化学变质，则引出排放，如污油仅带一些气相介质而未发生化学变质，则可引入油气分离器 10。经分离的气相介质引回压缩机入口。分离出的油引回油箱 1 中循环使用。

高位槽的油，不仅利用液位压头形成油气压差，且能在紧急断电停车时，依靠液位高度，向密封腔提供密封油，维持停车后的密封。

封油系统中配有复杂的设备、机器和仪表，主要包括以下装置。

① 油源装置。即油箱、电动油泵或蒸汽透平泵、高位槽及事故油箱等。功能是贮存系统内的全部油，并将油增压至规定值，维持油气压差，提供离心式压缩机停车或事故性停车所需封油。

② 处理装置。即冷却器、加热器、过滤器等，将油的温度和清洁度处理到规定值。

③ 配管装置。包括各种管子、管件阀门等，提供封油的循环通路，控制油的流向、流量、压力等。

④ 后处理装置。包括油气分离器、污油箱等，对从浮环腔内排出的“污油”进行分离、

回收或排放。

⑤ 控制装置。即温度、压力、流量、液位等热工仪表及电流、电压等电工仪表，对封油系统的热工参数和电工参数自动检测、显示、记录和调节。

⑥ 安全报警装置。包括安全阀，防爆膜、电气联锁保护装置、灯光及铃声报警器等。对封油系统的危险状态提供报警、泄放超压、自动紧急停车等安全保护措施。

第四节 动力密封

动力密封是近几十年发展起来的一种新型转轴密封形式，已成功地用它解决许多苛刻条件下（如高速、高温、强腐蚀、含固体颗粒等）的液体介质密封。

动力密封原理是在泄漏部位增设一个或几个做功元件，工作时依靠做功元件对泄漏液做功所产生的压力将泄漏液堵住或将其顶回去，从而阻止液体泄漏。

这种动力密封结构无任何直接接触的摩擦件，因此寿命长，密封可靠。只要正确设计可以做到“零泄漏”。特别适合于解决其他动密封结构难以胜任的场合，但这种密封只能在轴运转时起密封作用。一旦停车或转速降低便失去密封功能，故必须辅以停车密封。

动力密封目前应用较多的主要有：离心密封、螺旋密封和停车密封。

一、离心密封

离心密封是利用所增设的做功元件旋转时所产生的离心力来防止泄漏的装置。在离心泵的轴封中，离心密封主要有两种形式：背叶片密封和副叶轮密封。两者密封原理相同，所不同的只是所增设的做功元件不同。背叶片只增设一个做功元件（背叶片），而副叶轮密封增设两个做功元件（背叶片和副叶轮）。

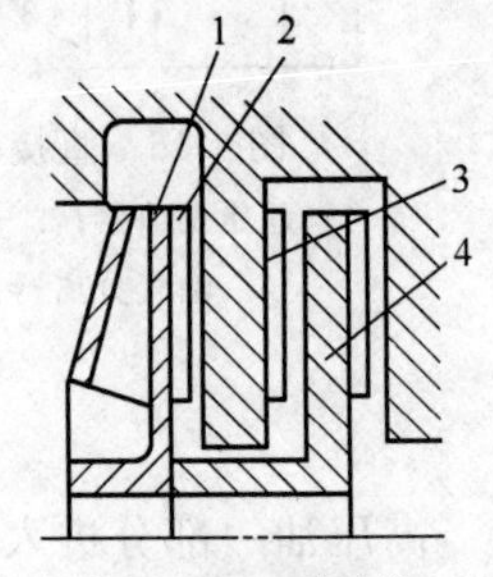

图 4-18 副叶轮密封装置

1—叶轮；2—背叶片；3—固定导叶；4—副叶轮

（一）密封原理和典型结构

1. 密封原理

副叶轮密封装置通常由背叶片、副叶轮、固定导叶和停车密封等组成，如图 4-18 所示。

所谓背叶片就是在叶轮的后盖板上做几个径向或弯曲筋条。当叶轮工作时，依靠叶轮带动液体旋转时所产生的离心力将液体抛向叶轮出口，由于叶轮和泵壳之间存在一定间隙，在叶轮无背叶片的情况下，具有一定压力的出口液体必然会通过此间隙产生泄漏流动，即从叶轮出口处的高压侧向低压侧轴封处流动而引起泄漏。设置背叶片后，由于背叶片的作用，这部分泄漏液体也会受到离心力作用而产生反向离心压力来阻止泄漏液向轴封处流动。背叶片除可阻止泄漏外还可以降低后泵腔的压力和阻挡（或减少）固体颗粒进入轴封区，故常用于化工泵和杂质泵上。

常见的副叶轮多是一个半开式离心叶轮，所产生的离心压力也是起封堵输送介质的逆压作用。

当背叶片与副叶轮产生的离心压力之和等于或大于叶轮出口压力时，便可封堵输送介质的泄漏，达到密封作用。

固定导叶（又称为阻旋片）的作用是阻止副叶轮光背侧液体旋转，提高封堵压力。当无固定导叶时，副叶轮光背侧的液体大约以三分之一的叶轮角速度旋转，压力呈抛物线规律分布，因而副叶轮光背侧轮毂区的压力小于副叶轮外径处的压力。当有固定导叶时，则可阻止液体旋转，使光背侧轮毂区的压力接近副叶轮外径的压力，从而提高了副叶轮的封堵能力。试验结果表明，有固定导叶可使封液能力提高15%以上。

显然，背叶片和副叶轮只在泵运行时起密封作用，所以为防止泵停车后输送介质或封液泄漏，应配置停车密封，使之在泵转速降低或停车时，停车密封能及时投入工作，阻止泄漏，运行时，停车密封又能及时脱开，以免密封面磨损和耗能。

2. 典型结构

（1）衬胶泵的副叶轮密封

衬胶泵是用于没有尖角颗粒的各类矿浆的输送，耐酸、碱工况。图4-19是PNJF型衬胶泵的副叶轮密封结构，图中标出了测压点的位置。当泵运转时，泵内叶轮外圆处的压力为p，经主叶轮后盖板背面的背叶片降压后剩余的压力为p_2，副叶轮光滑背面入口处压力为p_3。由于沿程损失及副叶轮的抽吸作用，压力p_3略低于p_2。装置在轴封处的副叶轮所产生的压力p_4是由p_2、p_3所决定的。由于副叶轮的特性及p_2（p_3）的压力分布特点，使副叶轮外圆处的压力p_4始终略大于p_3，从而起到密封作用。该型副叶轮密封不带自动停车密封，而是依靠橡胶密封圈抱紧在轴上以保证停车时的密封。由于橡胶密封圈能始终起到密封大气压力的作用，故在副叶轮工作时，在入口处必然造成一定的负压。负压的大小标志着副叶轮的密封能力。从这一角度考虑，负压越大越好，但是为了使副叶轮既能保证密封，又使轴功率消耗最小，则以造成副叶轮入口的压力略微负压为好。

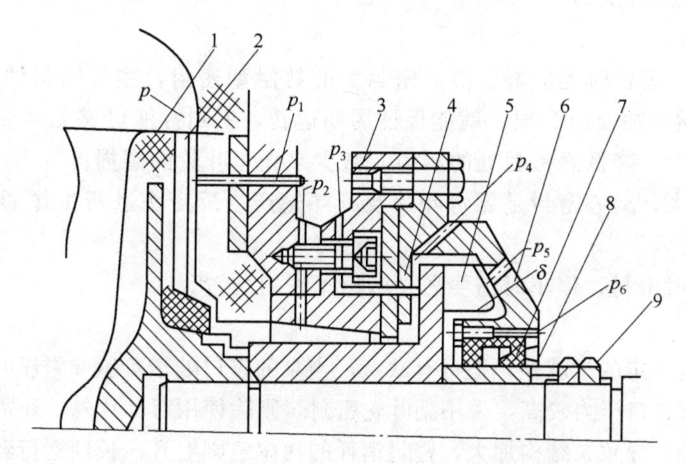

图4-19　PNJF型衬胶泵的副叶轮密封结构

1—主叶轮；2—背叶片；3—减压体；4—固定导叶；5—副叶轮；6—减压盖；7—密封圈；8—轴套；9—调整螺母

（2）沃曼渣浆泵的副叶轮密封

沃曼泵是广泛用于输送磨蚀性或腐蚀性渣浆工况的渣浆泵。如图4-20所示，其副叶轮密封结构原理同前，填料密封可起停车密封作用。这种结构在渣浆泵中已获得广泛应用。

（3）IE型化工泵的副叶轮密封结构

IE型化工泵应用于输送各种浓度和湿度的腐蚀性介质的工况，如磷酸。图4-21为IE型化工泵的副叶轮密封结构，其独特之处是带一种飞铁停车密封。

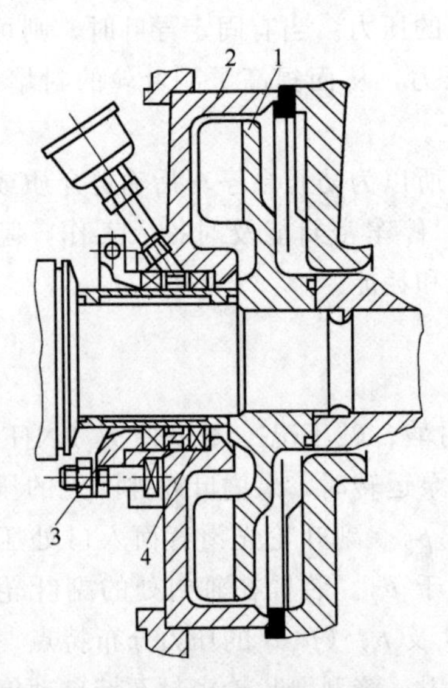

图 4-20 沃曼渣浆泵副叶轮密封结构

1—副叶轮；2—减压盖；3—填料压盖；4—填料

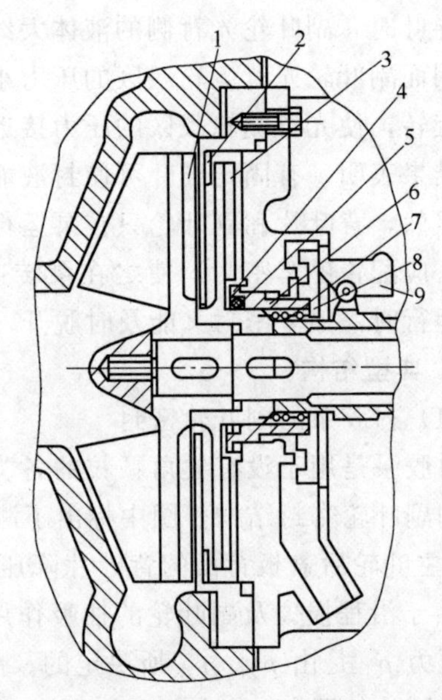

图 4-21 IE 型化工泵的副叶轮密封结构

1—背叶片；2—固定导叶；3—副叶轮；4—动环；5—动环密封圈；6—动环座；7—弹簧；8—推力盘；9—飞铁

（二）特点及应用范围

1. 特点

① 性能可靠，运转时无泄漏。离心密封为非接触型密封，主要密封件不存在机械相互磨损，只要耐介质腐蚀及耐磨损，就能保证周期运转，密封性能可靠无须维护。

② 平衡轴向力，降低静密封处的压力，减少泵壳与叶轮的磨损。

③ 功率消耗大，离心密封是靠背叶片及副叶轮产生反压头进行工作的，它势必要消耗部分能量。

④ 仅在运转时密封，停车时需要另一套停车密封装置。

2. 应用范围

副叶轮密封有一定的优越性，但也有缺点，当泵的进口处于负压或常压时，采用副叶轮密封较为合适，若泵进口压力较高，采用副叶轮密封，则除使用背叶片外，还需增加副叶轮个数和加大副叶轮直径，导致泵结构加大，密封消耗的功率急剧上升，长期运行经济性较差。

副叶轮密封的应用范围如下。

① 对于处理高温介质、强腐蚀性介质、颗粒含量大的介质、易结晶介质的泵，如砂浆泵、泥浆泵、灰渣泵、渗水泵等都可以使用副叶轮密封。

② 副叶轮密封最适宜用于小轴径、高速度的单级离心泵。

除此外，应用副叶轮密封还要考虑如下问题。

① 考虑泵的使用工况。在选择采用副叶轮密封的泵时，应考虑工作点流量和扬程尽可能与泵铭牌上的流量和扬程接近，即使泵在设计工况点或其附近运行，泵的进口压力小于 9.8×10^4 Pa（表压），也能获得较高的效率。

② 考虑节约能源。副叶轮密封消耗功率大，尽管其一次性投资小于机械密封，但长周期运转，能耗费用也十分可观，所以建议该种密封用于机械密封或填料密封不易解决的场

合，也可将背叶片、副叶轮与机械密封或填料密封配合使用。前者一可降低压差，减轻后者负荷，二可防止颗粒进入密封腔。

（三）离心密封的封液能力

1. **背叶片密封**

如上所述，背叶片密封是利用设置在叶轮上的背叶片带动液体旋转时产生离心力来阻止液体的泄漏，因此，它的封液能力就是背叶片所能产生的扬程。由于制造方便，无须增加零件，在一般情况下应首先考虑采用背叶片。

背叶片密封的封液能力可用背叶片所产生的扬程 H_1 表示。通过对背叶片侧空腔内液体受力分析及实验修正，H_1（m）可由下式计算

$$H_1=\frac{1}{285}\left(\frac{n}{1000}\right)^2\left[(D_2^2-D_R^2)+\left(\frac{S+h}{S}\right)^2(D_R^2-D_b^2)\right] \tag{4-2}$$

式中　n——叶轮转速，r/min；

D_2——叶轮外径，cm；

D_R——背叶片外径，cm；

D_b——背叶片内径，cm；

h——背叶片高度，cm；

S——叶轮后盖板与泵壳侧壁间的距离，$S=h+\delta$，cm；

δ——背叶片与泵壳间的轴向间隙，cm。

由上式可知，背叶片密封的封液能力 H_1 主要与背叶片外径 D_R、背叶片高度 h、背叶片与泵壳间的轴向间隙 δ 和叶轮的转速 n 等因素有关。

经背叶片减压后的扬程 H_S（m）则为

$$H_S=H_P-H_1 \tag{4-3}$$

式中　H_P——叶轮出口势扬程，m。可由下式求出

$$H_P=H(1-k_{V_3}^2) \tag{4-4}$$

式中　H——离心泵的总扬程，m；

k_{V_3}——速度系数，与比转速 n_s 有关，可由图4-22查得。

经背叶片减压后扬程 H_S 越小，表明背叶片密封的封液能力越强。若保证背叶片密封不泄漏，必须使 $H_S=0$（等压密封）或 $H_S<0$（负压密封）。若按等压密封条件，即 $H_S=0$ 计算出的背叶片外径 D_R 大于叶轮外径 D_2，则需考虑用副叶轮密封。

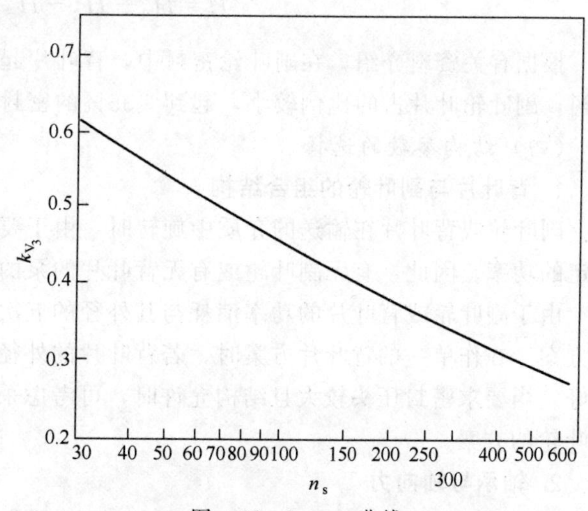

图4-22　k_{V_3}-n_s 曲线

2. **副叶轮密封**

通常所说的副叶轮密封包括背叶片和副叶轮两部分，它是依靠背叶片和副叶轮叶片旋转时产生的总扬程来克服叶轮出口扬程，故它的封液能力计算方法与背叶片密封的封液能力计算方法相似。由于副叶轮背面光滑面的旋转，也会造成其间的液体升压，

故其封液能力略为减少。为了限制副叶轮光滑面产生的升压作用，并起稳流作用，一般在其间装设固定导叶，所以整个副叶轮密封装置的封液能力 H (m) 为

$$H=H_1+H_2-H_3 \tag{4-5}$$

式中　H_1——背叶片产生的封液能力，m；

H_2——副叶轮叶片产生的封液能力，m；

H_3——副叶轮光滑面产生的扬程，m。

副叶轮叶片产生的封液能力 H_2 可由下式计算。

$$H_2=\frac{k}{71.56}\left(\frac{n}{1000}\right)^2(D_2^2-D_1^2) \tag{4-6}$$

式中　n——泵的转速，r/min；

D_1，D_2——副叶轮叶片内径和外径，cm；

k——反压系数，与结构及使用条件有关。一般可根据间隙 δ 选取，当 $\delta>3$mm 时，$k=0.75\sim0.85$，当 $\delta<3$mm 时，$k=0.85\sim0.90$；也可由斯捷潘诺夫实验式计算

$$k=\frac{1}{4}\left(1+\frac{h}{S}\right)^2 \tag{4-7}$$

式中　$S=h+\delta$，h 为副叶轮叶片高度，cm；δ 为副叶轮叶片与泵壳间的轴向间隙，cm。

副叶轮光滑面产生的扬程 H_3 可由下式计算

$$H_3=\frac{C_S}{71.56}\left(\frac{n}{1000}\right)^2(D_2^2-D_1^2) \tag{4-8}$$

式中　C_S——副叶轮光滑面升压系数，一般无固定导叶取 $C_S=0.19$；有固定导叶取 $C_S=0.1$。

为了保证副叶轮密封工作时不泄漏，上述计算出的副叶轮密封的封液能力 H 应等于或大于泵叶轮出口势扬程 H_P，即

$$H=H_1+H_2-H_3\geqslant H_P \tag{4-9}$$

根据有关资料介绍，在副叶轮密封中，背叶片起到的密封作用所占比例较大，一般占≥65%，副叶轮叶片占的比例较小，起到≤35%的密封作用。

(四) 结构参数的选择

1. 背叶片与副叶轮的组合结构

副叶轮或背叶片在输送的介质中旋转时，由于要克服其壁面与介质的摩擦，都需要消耗一定的功率。因此，有无副叶轮或有无背叶片的泵的效率均会有所不同。

由于副叶轮或背叶片的功率消耗与其外径的五次方成正比，所以通常不宜采用外径过大的方案。在作单一的背叶片方案时，若背叶片的外径过大时，则以同时设置背叶片和副叶轮为好。当要求密封压头较大且结构允许时，可考虑采用两级副叶轮或同时设置背叶片和两级副叶轮的方案。

2. 轴承与轴向力

由于背叶片能降低后泵腔的压力，所以可用于平衡泵的轴向力，从而减轻轴承的轴向负荷。

由于副叶轮光背侧的压力高于停车密封侧的压力，所以副叶轮也起平衡轴向力的作用。由于采用副叶轮密封后，泵的轴向力大小和方向都会改变，所以在选择轴承时必须进行具体计算。在旧泵的轴封改造中，可能会出现平衡孔-副叶轮密封的结构方案。在这种情况下特别要注意泵轴向力的大小和方向的改变，选用的轴承及其结构必须适应这一变化。

3. 叶片形式与叶片数

试验表明，背叶片或副叶轮的叶片形状对其产生的密封压头影响很小，所以通常多采用径向叶片，以简化制造工艺。

叶片数通常为6～8片，视叶轮大小而定。有的叶轮由于尺寸较大，叶片数达10片以上。

背叶片或副叶轮的外径均由计算确定。通常背叶片的外径等于或小于泵叶轮的外径。背叶片、副叶轮的内径应取较小的值，因为在同样条件下内径越小产生的密封压头越大，所以背叶片、副叶轮的内径通常取与轮毂或轴套相同的尺寸。

副叶轮光背侧的固定导叶也采用径向叶片，叶片数也可取6～8片。

4. 叶片高与间隙

一般来说，背叶片或副叶轮叶片高一些，其产生的密封压头也高一些，但消耗的功率也多一些。通常，小叶轮的叶片高 h 为5～8mm，大叶轮达15mm以上。

叶片高度 h 与轴向间隙 δ 对背叶片、副叶轮产生的密封压头有显著影响。虽然各种试验表明，无论是轴向间隙还是径向间隙均以小为好，但从制造、装配和输送介质中的悬浮固体颗粒大小来考虑，间隙不能过小，特别在输送磨蚀性强的渣浆时，旋转件与壳体间的磨损是十分突出的，难以维持较小的间隙。一般可取轴向间隙2～3mm，径向间隙可稍大一些。

二、螺旋密封

螺旋密封是一种利用流体动压反输的径向非接触式转轴密封装置。国外从1916年开始在水泵中采用螺旋密封，后来成功地推广到许多苛刻条件，如高温、深冷、腐蚀和带颗粒等的液体介质密封。近几十年来，国内首先在核动力、空间装置等尖端技术领域内，以及在高速离心式压缩机上成功地应用了螺旋密封，进而在一般技术领域的油泵、酸碱泵及其他化学溶液泵上采用了螺旋密封，获得了良好的效果。

螺旋密封分为两大类：一是普通螺旋密封（图4-23），它是在密封部位的轴或孔之一的表面上车削出螺旋槽；另一类是螺旋迷宫密封（图4-24），它是在密封部位的轴和孔的表面上分别车削出旋向相反的螺旋槽。普通螺旋密封通常简称为螺旋密封。螺旋迷宫密封又名“复合螺旋密封”。

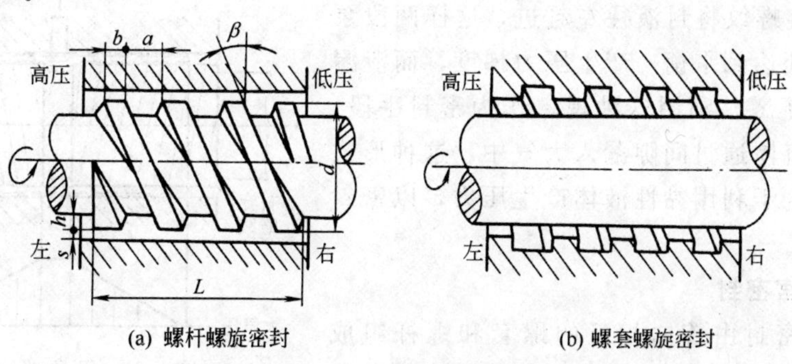

(a) 螺杆螺旋密封　　(b) 螺套螺旋密封

图4-23 普通螺旋密封

(一) 工作原理及特点

1. 螺旋密封

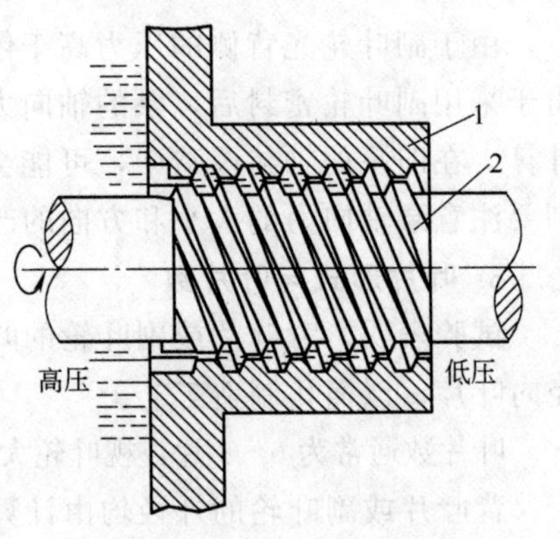

图 4-24　螺旋迷宫密封

1—螺套（左旋）；2—螺杆（右旋）

螺旋密封的工作原理相当于一个螺杆容积泵，如图 4-23(a) 所示，设轴切出右螺纹，且从左向右看按逆时针方向旋转，此时，充满密封间隙的黏性流体犹如螺母沿螺杆松退情况一样，将被从右方推向左方，随着容积的不断缩小，压头逐步增高，这样建立起的密封压力与被密封流体的压力相平衡，从而阻止发生泄漏。这种流体动压反输型螺旋密封是依靠被密封液体的黏滞性产生压头来封住介质的。因此它又称作黏性密封。

螺旋密封也可以用来密封气体，需要外界向密封腔内供给封液。

螺旋密封可以用螺杆［图 4-23(a)］，也可以用螺套［图 4-23(b)］。可以采用右旋螺纹或左旋螺纹。但为了实现正确的密封，必须弄清楚螺旋密封的赶液方向。表 4-1 中列出螺旋密封的螺纹种类、螺纹的旋向和螺旋密封轴的转向（从左向右看）及赶液流向之间的关系。

图 4-23(a) 所示为阳螺纹、右旋，转向为左转，则其高压侧在左边，赶液流向是向左“←”；而图 4-23(b) 所示为阴螺纹、左旋，转向为左转，则其高压侧也在左边，赶液流向是向左“←”。

表 4-1　螺旋密封的螺纹种类、螺纹旋向和轴的转向

轴转向	右转(顺时针)				左转(逆时针)			
螺旋种类	阳螺纹(螺杆)		阴螺纹(螺套)		阳螺纹(螺杆)		阴螺纹(螺套)	
螺纹旋向	右旋	左旋	右旋	左旋	右旋	左旋	右旋	左旋
高压侧位置	右边	左边	左边	右边	左边	右边	右边	左边
低压侧位置	左边	右边	右边	左边	右边	左边	左边	右边
流向	→	←	←	→	←	→	→	←

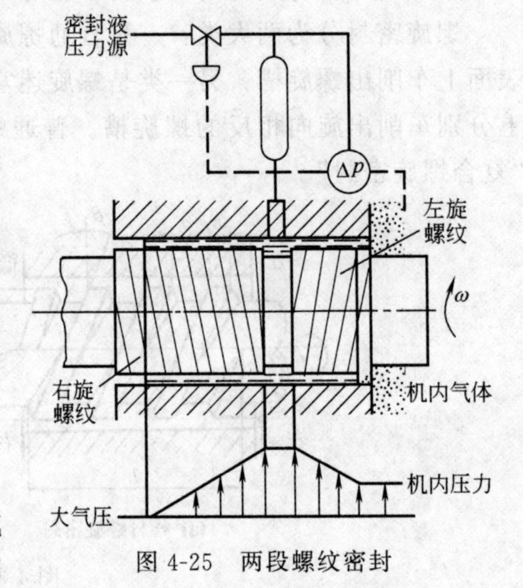

图 4-25　两段螺纹密封

螺旋密封不仅可以做成单段的，也可以做成两段螺纹的，如图 4-25 所示。在一端是右旋螺纹（大气侧），另一端是左旋螺纹（系统侧），中间引入封液。当轴旋转时（转向为右转），右旋螺纹将封液往右赶进，而左旋螺纹将封液往左赶进，这样两段泵送作用在封液处达到平衡，产生压力梯度，而泄漏量则实际上等于零。利用这种现象作为密封手段，用以防止系统流体通过间隙漏入大气中。这种形式密封，特别适合于利用黏性液体产生压力，以密封某些气体。

2. 螺旋迷宫密封

螺旋迷宫密封由旋向相反的螺套和螺杆组成（图 4-24），当轴转动时，流体在旋向相反的螺纹间

发生涡流摩擦而产生压头，阻止泄漏。它相当于螺杆漩涡泵，能产生较高的压头，但与螺旋密封相反，它只适用于低黏度流体，因为黏度越高越不易产生漩涡运动，这种密封曾与机械密封联合使用成功地解决了电站的高压锅炉给水泵的密封。

3. 特点

螺旋密封有下列特点。

① 螺旋密封是非接触型密封，并且允许有较大的密封间隙，不发生固相摩擦，工作寿命可长达数年之久，维护保养容易。

② 螺旋密封属于“动力型密封”，它依赖于消耗轴功率而建立密封状态。轴功率的一部分用来克服密封间隙内的摩擦，另一部分直接用于产生泵送压头，从而阻止介质泄漏。

③ 螺旋密封适合于气相介质条件。因为螺旋间隙内充满的黏性液体可将气相条件转化成液相条件。

④ 螺旋密封适合在低压条件下工作（压力小于1～2MPa）。这时的气相介质泄漏量小，封液（即黏性液体）可达到零泄漏。封液不需循环冷却，结构简单。

⑤ 螺旋密封不适合在高压条件下（压力不宜大于2.5～3.5MPa）。因为这时为了提高泵送压头，势必增大螺旋尺寸，并且封液需要外循环冷却，结构复杂。

⑥ 螺旋密封也不适合在高速条件（线速度大于30m/s）下工作。因为这时封液受到剧烈搅拌，容易出现气液乳化现象。

⑦ 螺旋密封只有在旋转并达到一定转速后才起密封作用，并没有停车密封性能，需要另外配备停车密封装置。

⑧ 螺旋密封除作为离心泵和低压离心压缩机轴的密封外还可作为防尘密封使用。

⑨ 螺旋密封要求封液有一定黏度，且温度的变化对封液黏度影响不大，若被密封流体黏度高，也可作封液用。

（二）螺旋密封的封液能力

螺旋密封的密封作用主要是依靠螺旋槽对流体的泵送作用形成的密封能力来克服轴封处两端的泄漏压差，而阻止流体泄漏。在螺旋密封装置中，存在着三种流动：

① 高压端的液体沿轴上的螺旋槽向外泄漏；

② 高压端液体沿螺旋轴与壳体间的环形间隙向外泄漏；

③ 外端的液体被转轴上的螺旋槽向高压端泵送回去。

密封的机理就是这三种流量的平衡（流量平衡观点），即当泵送流量 Q_P 正好等于前两项泄漏量之和 $Q_L=Q_{L1}+Q_{L2}$ 时，便可实现密封。因此，螺旋密封的密封条件为：$Q_P=Q_{L1}+Q_{L2}$，由此便可计算出螺旋密封的封液能力。但是，由于流动模式和边界条件的复杂性，对螺旋密封流体流动的精确计算需要采用数值方法。不过，许多学者通过合理的简化和假设，导出了层流工况下普通螺旋密封能够产生的密封能力为

$$\Delta p=C_p\frac{\mu\omega dL}{4s^2} \tag{4-10}$$

式中　Δp——密封压差，Pa；

μ——液体动力黏度，Pa·s；

ω——轴旋转角速度，rad/s；

d——螺旋直径，m；

L——螺旋工作长度，m；

s——齿顶间隙，m；

C_p——增压系数，决定于螺旋密封的几何尺寸，将在随后讨论的“最佳螺旋几何尺寸”部分给出其近似值。

层流工况按雷诺数判定，当螺旋密封的雷诺数满足下列条件，流体的流动为层流，式(4-10) 计算有效

$$Re=\frac{\omega ds\rho}{2\mu}<300 \tag{4-11}$$

式中 ρ——流体密度，kg/m^3。

螺旋密封应用于高速、高黏度液态金属工况时，雷诺数 Re 会超过临界值，流体流动将会出现湍流。一般说来，流体湍流时密封允许的压差 Δp 超过式(4-10) 的计算值，详细内容可参阅有关专著。

在高速旋转的机械中，可能出现一个严重的问题，就是螺旋密封的液膜可能被破坏。浸润在螺旋中的液体，由于轴的搅动，会混入气体，在气液界面上发生液气混合现象，形成泡沫状气液混合物，然后被进一步带到上游的密封有效区。低黏度的泡沫将极大地降低密封能力，并可能最终导致整个密封的失效。为了防止密封失效，必须对螺旋的几何形状进行实验研究；或用不同齿形的螺旋串联使用；或与其他密封组合使用；或从外部注液，强制形成液膜。

(三) 螺旋密封的主要结构参数

1. 槽形

螺旋槽可做成矩形、三角形、梯形等，就密封能力而言，三角形槽效果最好，梯形槽中等，方形槽最差；就输液量而言，梯形槽最好，三角槽中等，方形槽最小。一般说来，矩形槽加工方便使用最普遍。

2. 齿顶间隙 s

由式(4-10) 可知，螺旋密封的封液能力是与齿顶间隙 s 的平方成反比，因此间隙越小，密封效果越佳。但必须要考虑到安装的偏差、轴的振动及摩擦等问题，因此要选择适当。一般取 $s/d\approx(0.1\sim0.2)\%$，d 为螺旋直径。

3. 最佳螺旋几何尺寸

螺旋几何尺寸主要指螺旋直径 d、轴向槽宽 a、轴向齿宽 b、径向槽深 h、螺旋角 β 和螺旋头数 i 等。理论分析与实验研究均表明最佳螺旋几何尺寸为：槽深 h 为齿顶间隙 s 的 2～3 倍，即 $h/s=2\sim3$；最佳螺旋角 $\beta=10°\sim20°$；螺旋头数 $i(=L/d)$应满足$i>3$；齿宽应等于槽宽，即 $b=a$。对于设计参数处于最佳范围的层流螺旋密封，式(4-10) 中的增压系数 $C_p=0.9\sim1.0$。实际应用的螺旋密封应考虑轴偏心，以及端部可能形成气液界面而减少有效密封长度等的影响，根据式(4-10) 计算的密封能力应减小至少 30%。考虑密封轴和密封套热膨胀差而确定密封齿顶间隙 s 后，密封长度 L 通常就成为设计者考虑的自由变量。根据式(4-10)，考虑各种影响因素后，对密封压差为 Δp 的流体进行密封的长度可按下式计算

$$L=6\times\frac{\Delta ps^2}{\mu\omega d} \tag{4-12}$$

螺旋密封的流体黏性流动将会产生摩擦热，热量若不及时导走，将使密封部位产生较大温升。从而会降低流体的黏度而降低密封能力，所以螺旋密封常设有冷却旁路或冷却夹套以及时带走流体的摩擦热。

（四）螺旋密封的气吞现象和密封破坏现象

螺旋密封由于密封所占轴的长度较长，在高速运转的情况下，在液气交界面处易发生所谓“气体吞入”现象，即气吞现象，使密封失效。

实际上当密封速度足够大时，螺旋密封的性能受到以下 3 方面的限制。

① 由于气体穿过密封液，因而，在气-液交界面发生混合，即出现气吞现象。

② 密封液从密封低压端缓慢泄漏，使密封仅为局部充液，这种现象称为密封破坏现象。

③ 密封液或密封表面的温升过高。随着密封向湍流工况的转变，以及湍流程度的增加，密封压力提高。功率消耗增大，“气体吞入”增加，密封失效，见图 4-26。

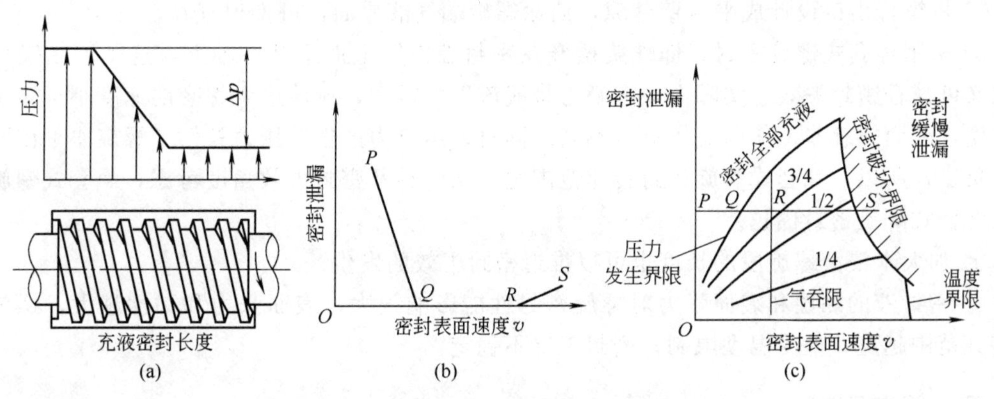

图 4-26　螺旋密封的密封性能极限

从图 4-26 中可看出，在一定密封压力 Δp 下，当密封表面圆周速度 v 提高到一定值（图 4-26 中 R 点）后，螺旋低压端液气交界面开始失去稳定性，这时气体吞入到液体中去，而形成气泡，称为“气体吞入”。当转速提高到某一值（图 4-26 中 S 点）后，液-气界面的稳定性受到进一步破坏，使得密封液开始从低压端缓慢泄漏。从 $PQRS$ 线可知，在达到 Q 点以前，密封充满液体，泄漏缓慢，到 Q 点泄漏停止。从 Q 至 S 是零泄漏，液体-空气交界面不断向密封内部移动，同时充液部分内的压力近似地成线性下降，直到对应于液体-空气平均交界面的位置。其原因是轴肩处液体被排出而槽中则吸入液体。低速下交界面是明确的，但当达到相当于向湍流转变的速度时，交界面模糊，并开始发生气吞现象。从 R 到 S 点可能发生缓慢泄漏。此时气吞现象有可能对压力梯度产生影响，其简单原因大约是起泡有效黏度的降低。到 S 点发生密封破坏现象，其表现是密封再次开始泄漏。泄漏速率大大低于从 P 到 Q 点。泄漏可能是稳定的，也可能是脉冲的，而且还伴随有密封两端压力梯度的或快或慢的迅速波动。螺旋密封设计的主要要求是预计发生气吞和破坏现象的开始速度。

为减轻或克服气吞现象和密封失效，可采取以下措施。

① 螺旋密封的密封压力主要由螺旋槽中流体流动决定。在层流时，黏性力把液体紧紧束缚在螺旋槽内，微弱的气吞很难使密封失效，因此，处于层流状态是螺旋密封安全工作的重要保证。为使螺旋密封尽量在层流工况下工作，圆周速度 v 的选取不应无限增大，一般不应超过 30m/s。

② 偏心使气吞在螺旋密封某一点提前发生。密封液在离心力作用下紧贴密封腔内壁形成液环，液环和偏心螺旋构成的封闭容积在转子旋转一个周期中周期变化，形成液环泵效应，使气吞现象加剧。可采用自动定心的浮动螺旋套来提高密封轴对密封腔内圆的同心度。

③ 相对槽宽一定时，矩形截面形状与流线形状相差较远，螺旋非工作面侧易形成漩涡，发生气吞。若将矩形截面改成如图 4-27 所示的三角形截面，可以避免形成漩涡，推迟气吞发生。

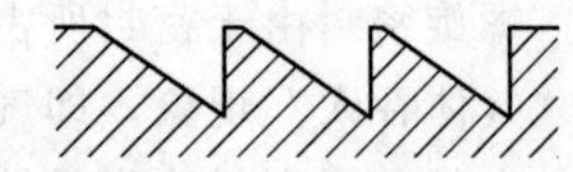

图 4-27 三角形截面螺旋槽

④ 螺旋槽较深，槽内流体周向流动，易在螺旋非工作面上发生断流，形成漩涡，引发气吞。因此，螺旋槽深度的选取应综合考虑密封压力及气吞因素。转速较低或者密封液黏性及表面张力较大时，可以取较深的螺旋槽。

⑤ 在螺旋低压部分设置放气孔，可以减轻气体吞入的影响。

⑥ 将螺杆出口设计成平滑壁缝隙，消除螺旋端气液界面，可推迟气吞。

⑦ 采用螺套式螺旋密封，即螺旋槽开在密封腔内壁上而不开在轴上，这既可减轻气吞现象又可减轻密封失效。实际上，离心力将液流甩向螺套，流体进入螺套的速度小于转子表面速度，因而螺旋非工作面流体负压不高。同时，离心力产生的压力补偿了螺旋非工作面的部分负压，所以，螺套式螺旋密封转速范围宽，从气吞及密封失效角度考虑，螺套式螺旋密封比螺杆式螺旋密封优越。

⑧ 加大未浸液螺旋段的长度也可以推迟密封失效的发生。

⑨ 密封液的黏性和表面张力对螺旋密封性能影响很大，表面张力和黏性越大，螺旋密封转速范围越宽，但受温度限制，密封工况不稳定。

三、停车密封

停车密封是动力密封的重要组成部分。当转速降低或停车时，动力密封便失去密封功能，就得依靠停车密封来阻止泄漏。理想的停车密封装置的密封面应具备两种功能，当机器停车时确保即停即堵；运行时确保即开即松。就是说，停车时，随着惯性转速的降低乃至停转，停车密封能及时而迅速地实现密封；而当机器启动乃至正常运行时，停车密封的密封面要及时而迅速地打开，以免密封面磨损和增加功耗。为此，把停车密封的这种“即开即闭”性能称之为“启闭性能”。

衡量停车密封启闭性能好坏的标志是它的随机性能的好坏。众所周知，机器在停车时其转速以快-慢-零，而在启动时其转速是以零-慢-快的方式变化的。动力密封在转速由快至慢的变化过程中逐渐丧失作用，而在转速由慢至快的变化过程中逐渐产生作用。把动力密封丧失或产生密封作用时的转速视为停车密封的临界转速，以 n_{kp} 表示。n_{kp} 越大，停车密封的工况越恶劣，n_{kp} 越小，停车密封的工况就越好。理想的停车密封，应从停车惯性转速降至 n_{kp} 时开始，即投入工作；而在启动过程中，转速达到 n_{kp} 时，停车密封即应脱离工作，以减少密封面的摩擦及磨损。

目前使用的停车密封的种类很多，常用的有以下几种。

1. 填料式停车密封

利用填料密封作为停车密封，这种方法简单可靠，材料也容易购买。填料式停车密封又可分为两种，如图 4-28 所示。其中图 4-28(a) 为人工松紧式，图 4-28(b) 为机械松紧式。

① 人工松紧式。开车前人工将填料压盖稍松开，停车后将填料压盖压紧。这种停车密封

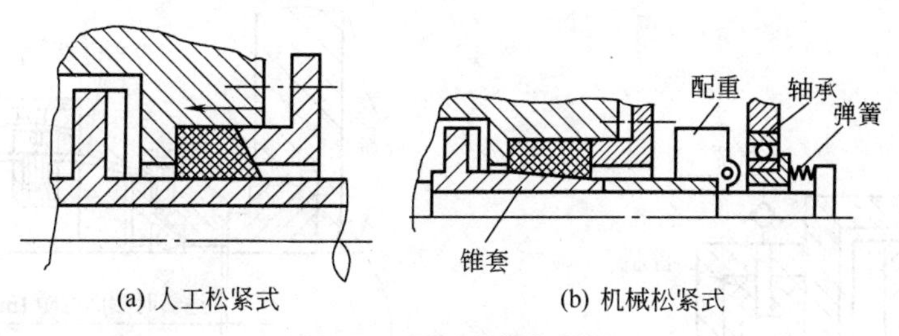

图 4-28　填料式停车密封

结构简单、价格便宜，但操作稍麻烦，可靠性差，且工作时填料有磨损。一般说来，对于台数不多而又不经常启停的泵，使用人工松紧填料式停车密封能获得价廉、方便而有效的结果。

② 机械松紧式。开车时，随轴转速的增大，配重在离心力作用下飞开，弹簧被压缩，而锥套被推动左移，使填料松开。停车时，配重在弹簧作用下回位，锥套右移，填料被压紧。这种停车密封结构复杂，轴要左右移动，但填料可自动松紧，摩擦、磨损小，密封性好。

2. 压力调节式停车密封

利用机器内部的介质压力或外界提供的压力实现密封的脱开或闭合的停车密封称为压力调节式停车密封。

图 4-29 为一种与螺旋密封组合的压力调节式停车密封。停车时，可在轴上移动的螺旋套在弹簧力推动下，使其台阶端面与机壳端面压紧而密封；运转时，两段反向的螺旋使间隙中的黏性流体在端面处形成压力峰，作用于螺旋轴的台阶端面使其与壳体端面脱离接触。

图 4-30 为带有滑阀的停车密封。运转时，差压缸充压，使滑阀左移，密封面 A 脱开，同时弹簧被压缩；停车时，差压缸卸压，滑阀在弹簧作用下右移，滑阀与密封环贴紧而形成停车密封。

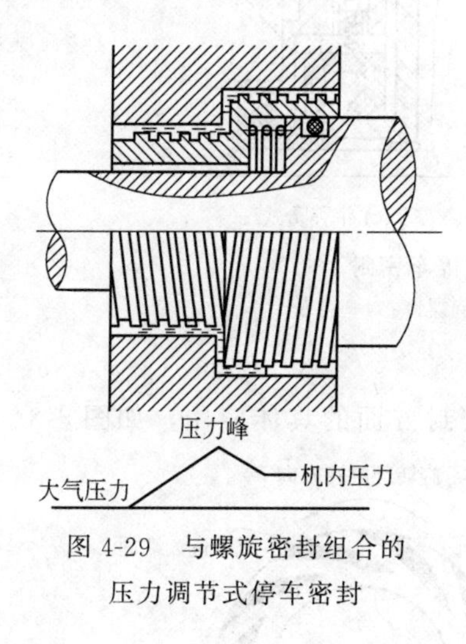

图 4-29　与螺旋密封组合的压力调节式停车密封

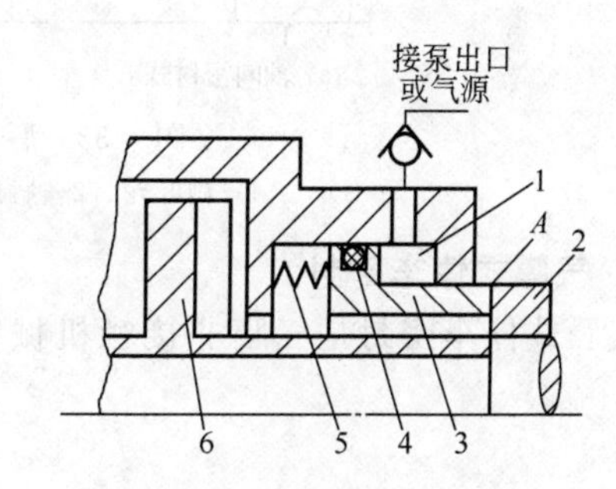

图 4-30　滑阀式停车密封

1—差压缸；2—密封环；3—滑阀；4—滑阀密封圈；5—弹簧；6—副叶轮

图 4-31 为气控涨胎式停车密封。运转时，放气，使涨胎脱开轴套表面；停车时，充气，涨胎抱紧轴套表面而形成停车密封。

3. 离心式停车密封

利用离心力的作用，实现在运转时脱开，在静止时闭合的停车密封称为离心式停车密封。它是停车密封的主要类型，有很多种形式。

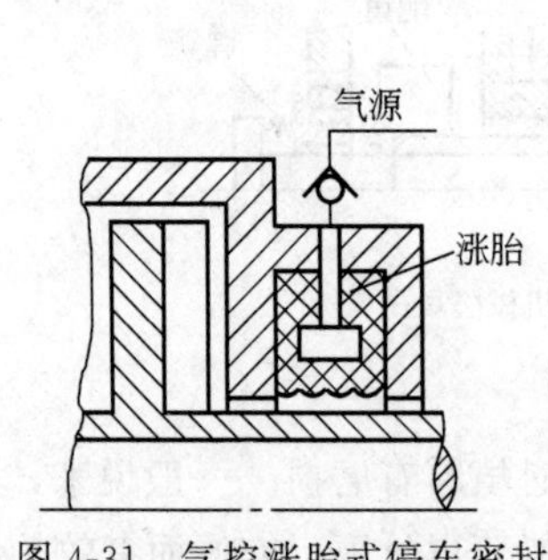

图 4-31 气控涨胎式停车密封

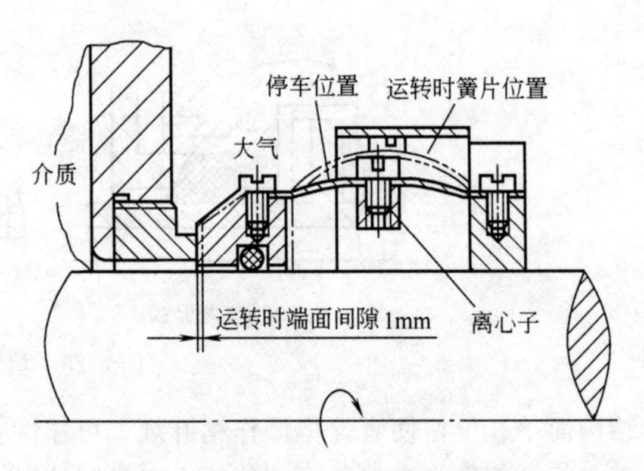

图 4-32 弹簧片离心式停车密封

图 4-32 为弹簧片离心式停车密封，机器启动后，弹簧片上的离心子在离心力的作用下向外甩，将弹簧片顶弯，而使两密封端面脱开，成为非接触状态，机器的密封由其他动力密封来实现。停车时装在旋转环上的三个弹簧片平伸，将端面压紧，实现停车密封。

图 4-21 所示的 IE 型化工泵中采用的停车密封为飞铁式停车密封，在泵停车时由于弹簧力的作用使动环贴紧泵的密封后盖，防止液体的泄漏；在泵运转时，飞铁在离心力作用下撑开，顶开推力盘和动环座使动环和泵的密封后盖脱开。

图 4-33 为唇形密封圈离心式停车密封，运转时唇部因离心力而脱开；停车时唇部收缩而闭合。唇口可以在轴向实现与轴向端面的脱开或闭合［图 4-33（a）］；唇口也可以在径向实现与轴表面的脱开或闭合［图 4-33（b）］。为了增强脱开时的离心力，可以在弹性体内放置金属件。为了增强停车的闭合力，可在密封圈外设置弹簧［图 4-33（c）］。

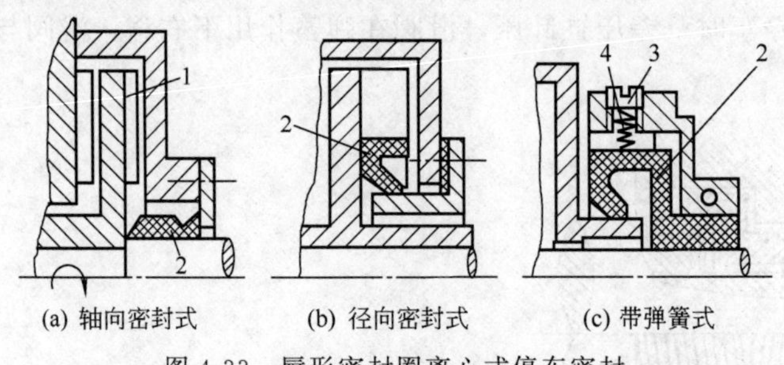

(a) 轴向密封式　(b) 径向密封式　(c) 带弹簧式

图 4-33 唇形密封圈离心式停车密封

1—副叶轮；2—唇形密封圈；3—调节螺钉；4—弹簧

4. 气膜式停车密封

气膜式停车密封是气膜非接触机械密封在停车密封方面的具体应用，如图 4-34 所示，

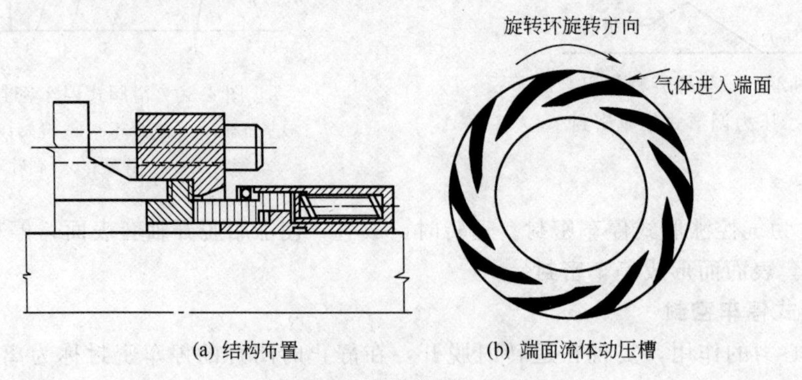

(a) 结构布置　(b) 端面流体动压槽

图 4-34 气膜式停车密封

运转时，端面的流体功压槽（如螺旋槽）将周围环境的气体吸入端面，并在端面间产生足够的流体动压力迫使端面分开成为非接触状态；停车时，端面间的流体动压力消失，密封端面在介质压力和弹簧力的作用下闭合，实现停车密封。

此外，还可以借助于螺杆、齿轮、杠杆等结构来控制停车密封的启闭。

第五节　磁流体密封

磁流体密封是一种用磁流体作为密封介质的独特动密封。它是由外加磁场在磁极与轴套之间形成强磁场，从而将磁流体牢牢地吸附住，形成类似O形圈形状的液体环，将间隙完全堵住，达到密封的要求。

20世纪60年代初期美国宇航局为了解决宇航服的真空密封及空间失重状态下的液体燃料补充问题，开发了磁性流体。1965年，帕佩尔（Papell）获得世界上第一个具有实用意义的制备磁流体的专利。经过30多年的发展，现已达到较高的技术水平，并已在工业中应用。磁流体密封目前在真空密封方面应用最为广泛，真空度达1.3×10^{-7}Pa，轴径可达250mm。对于有压力介质，密封压力可达6MPa，轴径范围1.6～120mm，转速可达20000r/min。

一、磁流体

磁流体是一种对磁场敏感、可流动的液体磁性材料。它具超顺磁特性，是把磁铁矿等强磁性的微细粉末（约100Å）在水、油类、酯类、醚类等液体中进行稳定分散的一种胶态液体。这种液体具有在通常离心力和磁场作用下，既不沉降和凝聚又能使其本身承受磁性，可以被磁铁所吸引的特性。

1. 磁流体组成

磁流体含有三种基本成分，即：磁性微粒、载液及包覆微粒并阻止其相互凝聚的表面活性剂（稳定剂）。固态磁性微粒悬浮在载液中，同时表面上吸附着一层表面活性剂，在离心力及磁场作用下，它既不沉淀也不凝絮，而是稳定地悬浮在液相中，保持着均匀混合的悬浮状态，如图4-35所示。

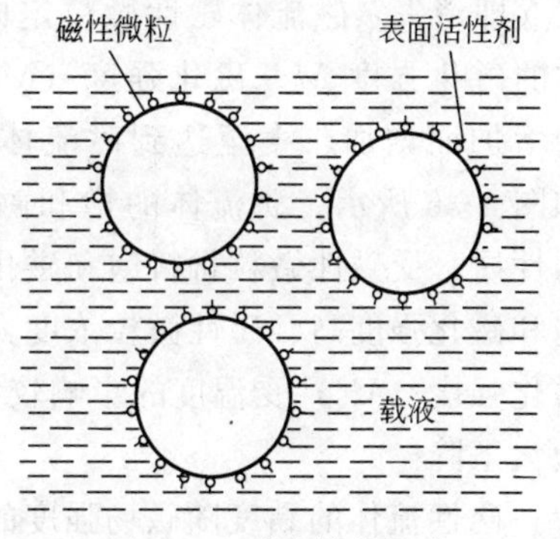

图4-35　磁流体的组成

① 磁性微粒。磁性微粒可由各种磁性材料如稀土磁性材料、磁铁矿（Fe_3O_4）、赤铁矿（γ-Fe_2O_3）、氧化铬（CrO_2）等加工制成。颗粒直径要求小于300Å（大部分小于100Å），形状以球形最好。小直径的球形微粒有利于增加磁流体的稳定性和寿命。磁流体一般每升含有10^{20}个颗粒。颗粒直径小能防止因重力作用而聚集在一起。

② 载液。载液使磁流体具有液体的性质。第一例成功的磁流体载液是煤油。一般情况下水、烃、氟化烃、双酯、金属有机化合物、聚苯醚可以做载液。实际上任何液体都可用作载液，也可以用金属液体制作磁流体，例如汞与钒。载液的选取一般须从密封的工作要求出发，如承载能力的大小、被密封介质的性质和工作条件等，根据载液的物理、化学性能来确定。尽管许多液体都能被选作载液，但它们在密封工作条件下，均应具有化学稳定性和低的饱和蒸汽压，即具有低的挥发速率。磁流体载液大部分挥发后，将导致密封失效。磁流体也不能与被密封的流体相混合。磁流体密封一般用来分隔两充气空间，或一

充气空间与抽气空间。磁流体密封用来密封液体时，会遇到不少困难。

水基磁流体或其他高挥发性液体基磁流体一般不适合于密封技术。碳氟基磁流体，由于低的蒸气压和低的挥发速率，特别适用于真空密封。酯基、二酯基、醚基磁流体也常用于真空密封。

③ 表面活性剂。金属氧化物磁性微粒属无机类固体微粒，不溶解或难分散在一般的载液中，为此微粒与载液固液两相之间的连接需加入第三者——表面活性剂，要求它既能吸附于固体微粒表面，又能具有被载液溶剂化的分子结构。实验表明，所采用的表面活性剂分子是一种极性官能团的结构，其"头部"一端化学吸附于磁性微粒表面上，而另一"尾部"端伸向悬浮着微粒的载液中。如果载液与这"尾部"有相似结构时，它们就能很好地相互溶解。由于磁性微粒的外表面上形成了薄薄的涂层，致使微粒彼此分散，悬浮于载液中。当包覆了表面活性剂的微粒彼此接近时，因其都是相同的"尾部"而互相排斥，使微粒不会因其相互吸引而从载液中分离（或沉淀）出来。

最普通的稳定性表面活性剂是油酸。含有多个与粒子有亲和力的"头部"基团的聚合物是强稳定剂。目前可作为磁流体表面活性剂的有：聚全氟环氧丙烯衍生物，琥珀酸衍生物、12 碳原子以上的有机酸等。

合理选择表面活性剂是保证磁流体稳定性的关键。表面活性剂的"尾部"长约（1～2）nm（$1nm=10^{-9}m$），一般涂层的有效厚度 δ 约在（30～1000）Å 之间变化，通常它与微粒直径 d 之比 $\delta/d>0.2$。

2. 磁流体的特性

磁流体是一种磁性的胶体溶液。作为密封用的磁流体，其性能要求是：稳定性好，不凝聚、不沉淀、不分解；饱和磁化强度高；起始磁导率大；黏度和饱和蒸汽压低。其他如凝固点、沸点、热导率、比热容和表面张力等也有一定的要求。

磁流体属于超顺磁材料。在外加磁场作用下，磁流体中的磁性微粒立刻被磁化，定向排列，显示出磁性。由于磁流体表面的磁性张力与界面张力的能量平衡，使得磁流体表面层上形成一个个挺立的磁锥。如去掉外加磁场，磁性立即消失。磁流体磁性微粒定向排列的程度取决于磁流体的磁化强度 M。磁化强度（M）随外加磁场强度（H）的增加而增加，直至达到磁流体的饱和磁化强度（M_s），如图 4-36 所示。磁流体的饱和磁化强度（M_s）是磁流体的性质，受磁性微粒材料饱和磁化强度、磁性微粒浓度和磁流体温度的影响。磁性微粒材料饱和磁化强度高、磁性微粒浓度大，磁流体将具有高的饱和磁化强度（M_s）。磁流体的饱和磁化强度（M_s）受温度的影响较大，一般当温度超过 100℃时，磁性微粒易凝聚，M_s 因而大大下降。

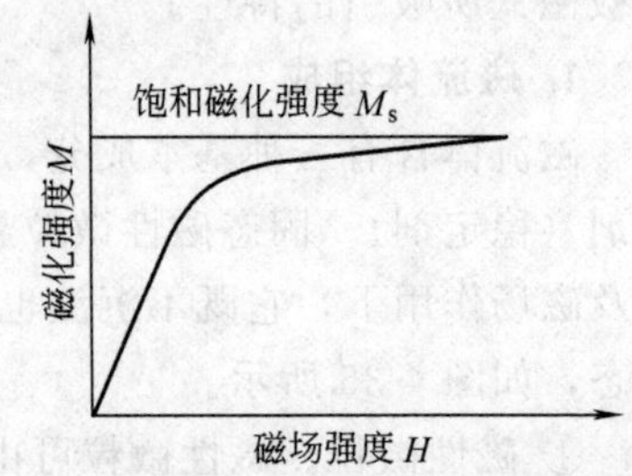

图 4-36　磁流体的磁化强度 M 随外加磁场强度 H 的变化

磁性流体的黏度随磁场强度的增加而增加，典型情况下，饱和磁化强度下磁流体的黏度 μ_s 是未磁化磁流体黏度 μ_0 的三倍。因此在转轴速度较高的情况下，磁流体的黏性摩擦将产生较多的热量，磁流体密封的冷却将变得十分必要。

二、磁流体密封工作原理及特点

1. 磁流体密封工作原理

磁流体密封是利用磁场把磁流体固定在相对运动的间隙中从而堵塞泄漏通道的一种密封

方法。图 4-37 所示为一种简单的磁流体密封的示意图。它由两块环形磁极和夹于磁极中央的环形永久磁铁组成。轴可以是磁性材料制成的，也可由非磁性材料制成。永久磁铁可由马氏体钢（碳钢、铬钢、钴钢等）、铝镍钴磁性材料、铁氧体磁性材料、稀土钴磁性材料等制成，其作用是产生外加磁场。外加磁场不但影响磁流体密封的磁路尺寸和外形尺寸，也影响其性能指标和使用效果。一般而言，外加磁场越强，密封能力越好。磁极起导磁场的作用。它由软磁性材料如铁-硅合金、铁-镍合金及软钢等制成。

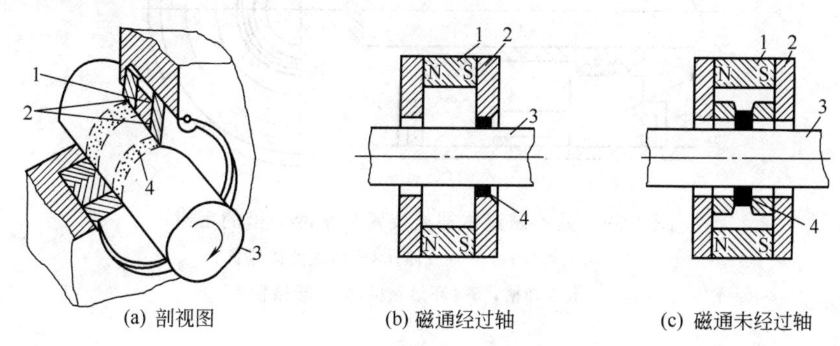

图 4-37　磁流体密封示意图

1—永久磁铁；2—磁极；3—旋转轴；4—磁流体

磁流体的密封原理如图 4-38 所示。首先，在静止部件与运动部件的间隙中形成外加磁场，将磁流体吸聚在其间，形成类似 O 形圈一样的液体环。依靠磁流体本身的表面张力和磁场力，阻止压力介质通过而起到密封作用。

当密封部位两侧的压力 p_1 与 p_2 相等时［图 4-38(a)］，磁流体处于平衡状态；当 $p_2 < p_1$、$(p_1 - p_2) \leqslant \Delta p$（单级密封能力）时［图 4-38(b)］，磁流体偏于压力低的一侧，密封能正常工作；当 $(p_1 - p_2) > \Delta p$，磁流体液环即被吹出一些空隙，并可听到压力介质被冲破时发出的“嗤”“嗤”声，见图 4-38(c)。

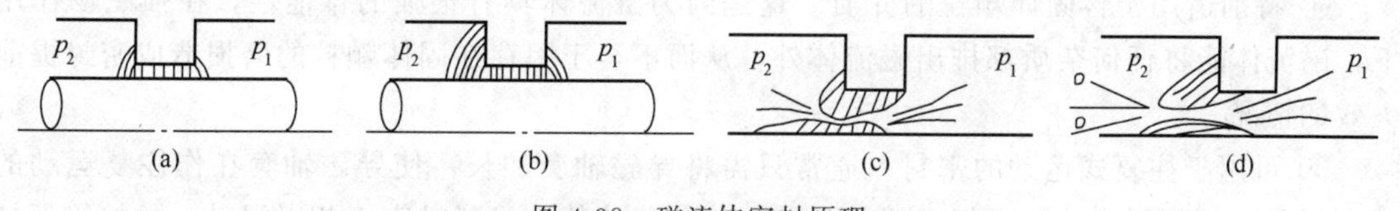

图 4-38　磁流体密封原理

磁流体有一特殊功能即自愈合性能。在图 4-38(c) 所示的情况下，磁流体密封虽然失效，但并未破坏。当 p_1 下降至重新恢复 $(p_1 - p_2) \leqslant \Delta p$ 时，被吹出空隙的磁流体将自动愈合并恢复密封能力。因磁流体密封一般为多级，所以当第一级密封失效后，压力介质进入第二级，使 p_2 升高。当 $(p_2 - p_3) \leqslant \Delta p$ 并达到 $(p_1 - p_2) \leqslant \Delta p$ 时，则第一级自动恢复密封能力，此时，二级磁流体密封总压力 $p = 2\Delta p$。以此类推，n 级总压力 $p_n = n\Delta p$。

多级磁流体密封同样具有自愈合能力。当压差超过整个密封装置的密封总压力 $[p]$ 时，密封失效。若当压差下降到低于 $[p]$ 时，则磁流体密封将自动愈合，恢复密封能力。值得注意的是：如果压差 $\gg [p]$ 或者压差增加非常迅速，并大于 $[p]$ 时，此时磁流体就会如图 4-38(d) 所示被吹走，脱离外加磁场的范围，导致密封失效。

在磁流体密封中，由于磁流体会有损耗，应考虑设磁流体的补给装置。由于磁流体的温度升高会影响密封的耐压能力，应装设冷却水槽。图 4-39 为具有磁流体补充和水冷却槽的密封。

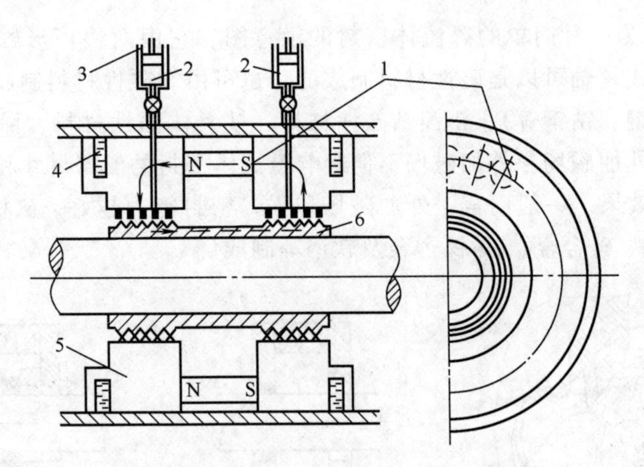

图 4-39　具有磁流体补充装置和水冷却槽的密封

1—永久磁铁；2—磁流体；3—加磁流体装置；4—水冷却槽；5—环形磁极；6—导磁轴套

2. 磁流体密封的特点

磁流体密封的主要优点如下：

① 因为是由液体形成的密封，只要是在允许的压差范围内，它可以实现零泄漏。从而对于剧毒、易燃、易爆、放射性物质，特别是贵重物质及高纯度物质的密封，具有非常重要的意义。

② 因为是非接触式密封，不存在固体摩擦，仅有磁流体内部的液体摩擦，因此功率消耗低，使用寿命长易于维护。密封寿命主要取决于磁流体的消耗，而磁流体又可在不影响设备正常运转的情况下通过补加孔加入，以弥补磁流体的损耗。

③ 结构简单，制造容易。没有复杂的零部件，且对轴的表面质量和间隙加工要求不高。

④ 特别适用于含固体颗粒的介质。这是因为磁流体具有很强的排他性，在强磁场作用下，磁流体能将任何杂质都排出磁流体外，从而不至于因存在固体颗粒的磨损造成密封提前失效的情况。

⑤ 可用于往复式运动的密封。通常只需将导磁轴套加长，使导磁轴套在作往复运动的整个行程中都不脱离外加磁场和磁极的范围，使磁流体在导磁轴套上相对滑动，并始终保持着封闭式的密封状态。

⑥ 轴的对中性要求不高。

⑦ 能够适应高速旋转运动，特别是在挠性轴中使用。据一些资料介绍，磁流体密封用于小轴径已达 50000r/min 左右，一般情况下也达 20000r/min 左右。不过在高速场合下使用，要特别注意加强冷却措施，并考虑离心力的影响。实验证明，当轴的线速度达 20m/s 时，离心力就不可忽略了。

⑧ 瞬时过压，在压力回落时磁流体密封可自动愈合。

但磁流体也有以下不足之处：

① 磁流体密封能适用的介质种类有限，特别是对石油化工。

② 要求工艺流体与磁流体互相不熔合。

③ 受工艺流体蒸发和磁铁退磁的限制。

④ 不耐高压差（<7MPa）。

⑤ 耐温范围小。

⑥ 不能对任何液体都安全地应用，目前多用于蒸汽和气体的密封。

⑦ 磁流体尚无法大量供应。

三、磁流体密封的应用

磁流体密封被广泛应用于计算机硬盘的驱动轴上，以避免轴承润滑脂、水分和粉尘等可能对磁盘造成的危害。另一类应用磁流体密封最早最多最成功的设备是真空设备，我国已发布实施了国家标准 GB/T 32292—2015《真空技术 磁流体动密封件 通用技术条件》和机械行业标准 JB/T 10463—2016《真空磁流体动密封件》，选用真空磁流体动密封件时可参考。

磁流体密封在其他领域也得到了应用，图 4-40 所示为用作轴承密封的磁流体密封，在外界磁场作用下，润滑剂能准确地充填，并吸附在摩擦润滑表面，减少磨损。这种用作轴承的磁流体密封，不仅起到了密封作用，而且兼作润滑作用。

磁流体密封不仅可以用作旋转轴动密封，而且还可以用作往复式动密封。图 4-41 为磁流体用作活塞与气缸间密封。在活塞环槽内设置永久磁铁，可以使磁流体吸附在活塞表面随之运动，起到密封和润滑的作用。

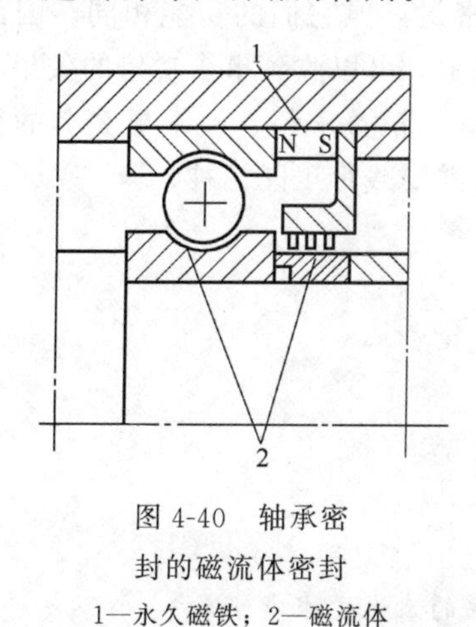

图 4-40 轴承密封的磁流体密封

1—永久磁铁；2—磁流体

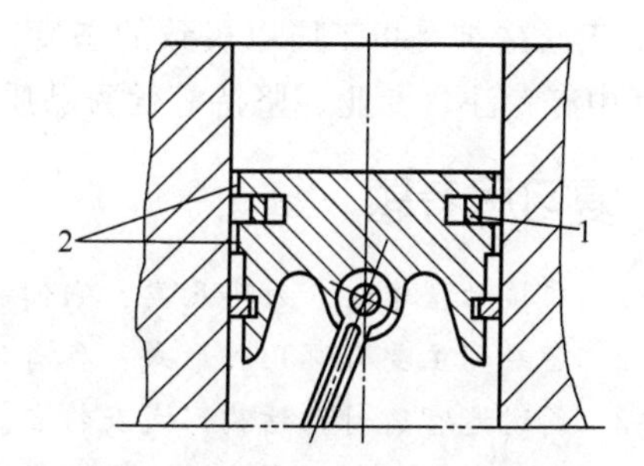

图 4-41 活塞和气缸的磁流体密封

1—永久磁铁；2—磁流体

流体密封除单独使用外，还可以与其他密封组合使用，较常见的是离心密封与磁流体密封的组合密封。离心密封随转速提高具有增加密封压力的能力，但在转速较低时，由于离心力小，密封液体不能稳定地保持在密封间隙处，停车时由于不存在离心力，不能起密封作用，需采用停车密封。然而，将密封流体改用磁流体，停车时在原位置能保持住磁流体而达到密封。磁流体离心密封结构如图 4-42 所示，在低速和停车时磁流体在强磁场的作用下保持在密封槽内，并具有需要的承压能力。在高速旋转时磁流体受到的离心力大于多极密封中的磁场引力，磁流体被集中到顶部的槽中，形成一个密封障碍，于是磁流体离心密封在低速、高速及停车时均能起到密封作用。这种密封应用在转速不稳定的场合是非常有效的。

另一种组合密封是螺旋密封与磁流体密封的组合。图 4-43 为磁流体密封与螺旋密封组合用于密封液体的情形。在设备运转时螺旋密封起到了主密封的作用，在设备停车静止时，螺旋密封的作用丧失，磁流体密封起到了阻止介质泄漏的作用。磁流体密封用于液体环境时，应尽可能避免被密封液体对磁流体的乳化和稀释作用。

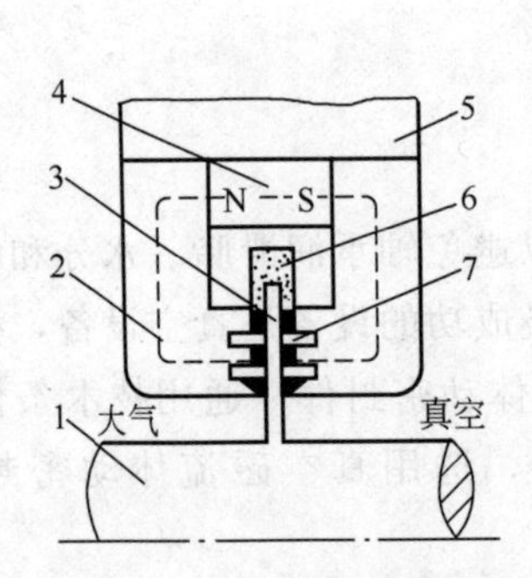

图 4-42 磁流体离心密封

1—转轴；2—磁极片；3—回转圆盘；
4—磁铁；5—壳体；6—磁流体；
7—停车或低速回转时磁流体密封

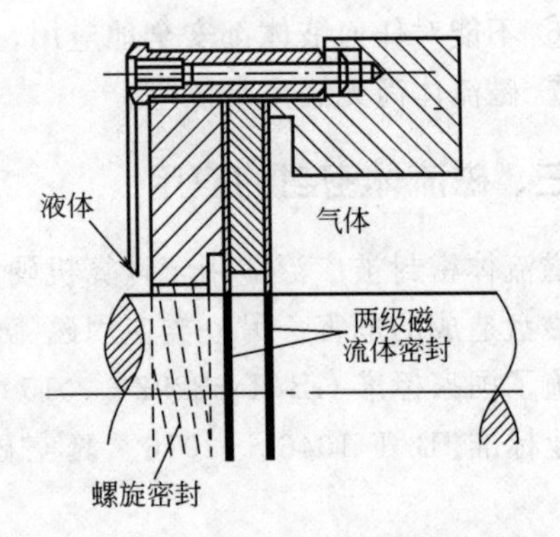

图 4-43 磁流体密封与螺旋密封的组合

【学习反思】

1. 非接触型密封与接触型密封是两种不同形式的密封，但它们的功能相同，因此它们之间必存在着很多共性。运用类比法学习这两种密封技术，可以收到事半功倍的效果。

2. 工匠精神是指工匠以极致的态度对产品精雕细琢、精益求精、追求更完美的精神理念，其中有专注、专业、坚持等优秀品质。在学习中也需要践行工匠精神。

复习思考题

4-1 非接触型密封分为哪几类？它们的典型结构形式有哪些？

4-2 密封环主要有哪几种形式？各有何特点？

4-3 简述迷宫密封的结构形式及特点。

4-4 怎样才能提高迷宫密封的密封效果？

4-5 浮环的浮升性的作用是什么？

4-6 浮环密封中封油系统的作用是什么？对封油系统的基本要求有哪些？

4-7 简述离心密封和螺旋密封的密封原理。它们的封液能力是分别用什么参数表示的？

4-8 怎样确定螺旋密封的赶液方向？

4-9 磁流体主要有哪几部分组成？

4-10 简述磁流体密封的工作原理。

4-11 磁流体密封的优缺点主要有哪些？

第五章
注剂式带压密封

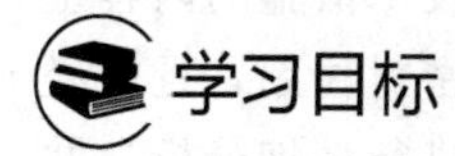

1. 掌握注剂式带压密封的基本原理。
2. 了解注剂式带压密封的应用。
3. 掌握密封注剂的类型、性能与一般规定。
4. 了解密封注剂的选用原则及使用方法。
5. 了解常用注剂工具与夹具的典型结构及技术要求。
6. 了解带压密封安全施工的过程与注意事项。
7. 能根据注剂工具的实物或结构图判别注剂工具的基本类型。
8. 能对注剂式带压密封的夹具进行初步设计。
9. 会查阅注剂式带压密封的相关资料、图表、标准、规范、手册等，具有一定的运算能力。
10. 培养环境保护意识、节能意识和规范操作意识。
11. 培养解决生产实际问题的本领，追求新技术的热情。
12. 培养团队协作精神和精益求精的态度。

带压密封是指流体介质在泄漏状态下，行进有效密封的技术手段，也称带压堵漏或不停车堵漏。当发现现场生产系统中的介质泄漏后，在无须停车与降低操作压力及温度的情况下进行密封操作，从而实现不停车密封。

过程工业生产系统中的各种设备、管道、阀门、法兰、换热器、透平、管接头、铆合接头、螺纹接头及焊缝等发生介质（如蒸汽、空气、煤气、天然气、油、水、酸液、碱液以及其他各种工艺流体介质）泄漏是经常的现象，特别是大型石油、化工工业的生产系统，它们多在高温高压、所接触介质或易燃易爆，或是有毒有腐蚀性等较为特殊的工况条件下运行。因此，若介质发生泄漏轻则浪费能源，污染环境，重则危及生产和造成人身及设备的严重事故。对这样的问题，以往的措施常常是进行停车检修，因此造成巨大的经济损失。如大型化肥企业每停车一天的产值损失将在百万元以上，并且往往是一旦停车不是一天即能恢复正常生产，其损失会更大，或者是采用打卡子、压铅、补焊等方法，但它们又有很大的局限性。如果说从节约能源、提高经济效益的基本观点出发，开发安全、可靠、高效、快速的不停车密封技术，就具有更加现实的价值，并将为这些企业带来更为可观的经济效益。

带压密封技术是消除流程企业生产装置的法兰、管道、阀门、设备泄漏的检维修技术。该技术适应压力、温度、介质范围很宽，目前在石油、化工、冶金、医药、核电、热电等行业已广泛应用。在带温、带压条件下对泄漏进行封堵，夹具和原泄漏器壁均为承压部件，加上泄漏介质的复杂性，使带压密封技术成为必须由多学科结合起来才能有效解决泄漏的边缘技术，带压密封的动态过程，使得带压密封的经验性非常突出。

我国已发布实施了国家标准 GB/T 26467—2011《承压设备带压密封技术规范》、GB/T 26468—2011《承压设备带压密封夹具设计规范》、GB/T 26556—2011《承压设备带压密封剂技术条件》和化工行业标准 HG/T 20201—2007《带压密封技术规范》。

国内外许多企业已普遍采用带压密封技术以消除生产中的泄漏，并以此保证生产系统的连续运行，注剂式带压密封是其中应用最普遍的一种。注剂式带压密封是指通过向包容泄漏点的密封空腔，注入专用密封注剂，阻止泄漏的一种带压密封方法。该项技术措施的内容主要包括：制定安全可靠的带压密封施工方案；合理设计夹具；选择合适的密封注剂，且由经过专业技术培训具有资格证书的操作人员对生产系统中的各类泄漏点情况进行仔细分析，并使用专用的注剂工具对这些泄漏点实施带压密封。

第一节 基本原理和应用

一、基本原理

注剂式带压密封技术的基本原理是：密封注剂在人为外力的作用下，被强行注射到夹具与泄漏部位外表面所形成的密封空腔内，迅速地弥补各种复杂的泄漏缺陷，在注剂压力远大于泄漏介质压力的条件下，泄漏被强行止住，密封注剂自身能够维持住一定的工作密封比压，并在短时间内固化，形成一个坚硬的、富有弹性的新的密封结构，达到重新密封的目的。

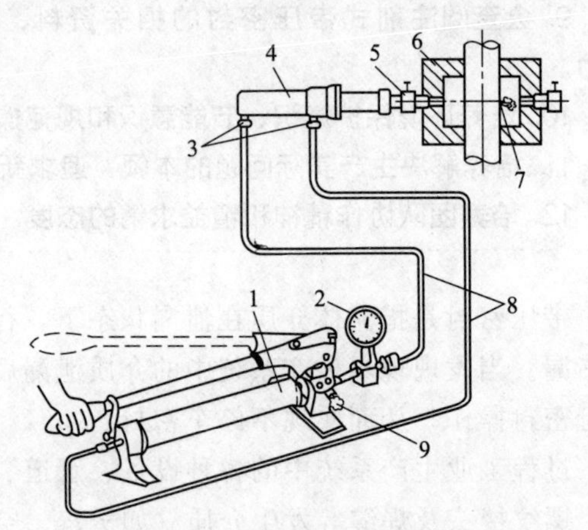

图 5-1 注剂式带压密封系统组成示意图
1—手动液压泵；2—压力表；3—快换接头；4—注剂枪；5—注剂阀；6—夹具；7—泄漏点；8—液压胶管；9—卸压阀

图 5-1 为注剂式带压密封系统组成示意图。注剂式带压密封的操作过程如下：首先将注剂阀安装在夹具的注剂孔上；并使注剂阀处在全开的位置上；然后把夹具迅速安装在泄漏部位，关闭泄漏点相反方向上的一个注剂阀，把已装好密封注剂的注剂枪及液压胶管连接在这个注剂阀上，拧开注剂阀，使其处于全开位置，这时提压提供动力源用的手动液压泵的手柄，压力油就会通过液压胶管进入到注剂枪尾部的液压缸内，推动注剂枪内的挤压活塞向前移动。在注剂枪的前端是注剂腔，在挤压活塞的作用下，注剂腔内的密封注剂通过注剂阀被强行注射到夹具与泄漏部位部分外表面所形成的密封空腔内。注剂枪一般可产生 20～100MPa 的挤压力，因此在密封空腔内流动的密封注剂能够阻止住小于上述压力下的任何介质的泄漏。一个注剂孔注射完毕后，关闭注剂阀，接着注射邻近的一个注剂孔，直到将整密封空腔注射充满为止，这时泄漏会立刻停止，关闭最后一个注剂阀，拆下注剂枪，一个带压密封作业过程结束。

图 5-2 为法兰泄漏带压密封过程示意图，图中是一个正在发生泄漏的四螺栓孔法兰，中间断口圆环是一个已破损的垫片，密封介质正从裂口处大量喷出。为了使生产继续正常进行而不停车，采用带压密封就是一个紧急而有效的措施。作业时首先在泄漏点的相反方向开始注入密封注剂，然后在泄漏点的两侧交叉注入密封注剂，最后在正对泄漏点侧注入密封注剂，这时夹具与泄漏法兰所组成的密封空腔均被密封注剂所充填满，泄漏停止，密封注剂迅速固化，在泄漏法兰上形成一个新的密封结构。事实上这一过程是利用特殊的技术手段在已损坏的垫片外部重新增设一个垫片，从而实现再密封。更大直径的法兰带压密封采用此法，也按相同的操作程序从泄漏点的相反方向开始，并逐渐从两侧围向泄漏点，注入次数也许多些，最后封住泄漏点，达到完全密封的目的。

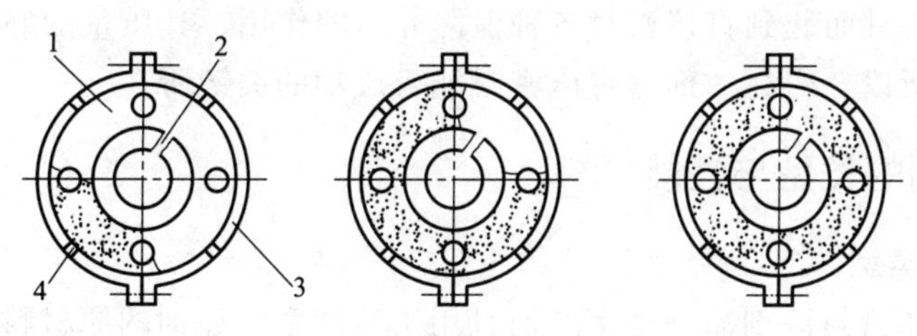

图 5-2　法兰泄漏带压密封过程示意图

1—法兰；2—垫片缺陷泄漏；3—法兰夹具；4—注剂孔

二、应用

注剂式带压密封技术是 20 世纪 70 年代中期发展起来的先进的设备维修技术，主要用于流程工业各类装置和系统、公用和长输管道上，可以在保证生产、运行连续的情况下把泄漏部位密封止漏，避免停车损失。

我国在 20 世纪 80 年代初期，由航空和石化工业先后在引进国外技术的基础上进一步开发研究，逐步发展了这一先进技术，并且在石油、化工、造纸、食品、医药、冶金、能源、舰船以及其他行业的生产系统中得到广泛应用。使用不同的密封注剂可适应蒸汽、水、酸类、碱类、盐类、氮、氢、氨、甲胺、尿液、有机化合物等二百多种工艺介质的要求。适用系统压力范围从真空到最高压力可达 35MPa；适用温度范围也很宽，在－150～600℃之间。如其在合成氨、尿素生产装置中的氮氢气系统换热器（温度 365℃，压力 2.94MPa，直径 1000mm 的封头法兰），尿素高压冷凝器（温度 167℃，压力 14.1MPa，直径 1200mm 的封头法兰），高温转化系统，高、中压蒸汽系统，甲胺系统以及一些阀门等场合的带压密封已得到有效应用。

注剂式带压密封技术并非十分复杂，有一定经验的设计和施工人员，如果正确把握操作规程并有效的选用密封注剂及其注剂工具，其施工还是较为简单易行的。但需要引起注意的是：

首先，带压密封技术是一门专业性很强的技术，正确操作在密封过程中至关重要，这就对操作人员的现场应变能力、机械专业知识掌握以及带压密封专用工具使用等有很高的要求。为保障设备和人员的安全，国家市场监督管理总局要求压力容器和压力管道带压密封作业人员须持证上岗。

其次，这项技术并非全能，不是任何泄漏都可以轻而易举地进行封堵，并且要求操作条件必须确保施工人员能安全施工。

第三，施工对象（即设备或系统）必须具有密封的价值，即不是大面积受腐蚀减薄甚至丧失机械强度。

第四，所选密封注剂必须适合密封对象的条件，如果不适合被堵介质的切勿使用。

第五，一些较为特殊的密封连接（如透镜垫密封），对其密封，目前尚无明确的可以直接利用的施工操作规程，还有待于进一步研究和探讨，使用时必须全面分析，小心仔细。

第二节 密封注剂

密封注剂是指供"注剂枪"注射使用的复合型密封材料的总称。密封注剂是实现带压密封的重要物质，它是由有机与无机材料再配以适当的助剂，经专用设备加工而成的，并能在一定温度下，借助夹具而起到直接密封各种泄漏介质的作用。其质量的好坏，将直接关系到带压密封的效果，所以，密封注剂是带压密封能否成功的关键所在。

一、密封注剂的类型与性能

1. 密封注剂的类型

用于带压密封的密封注剂品种很多，而且用于生产密封注剂的原材料各异，因而各种密封注剂在受热状态下的特性也不相同，根据这种特性的不同，可将其分为热固化型与非热固化型两大类。

（1）热固化型密封注剂。热固化是指密封注剂通过吸收热量发生化学反应，由塑性体转变为弹性体的过程。热固化型密封注剂只有达到一定的温度以上，才能完成由塑性体转变为弹性体的固化过程，常温下则为固体。

热固化型密封注剂主要是以高分子合成橡胶和固化剂为基料，同时加入改进剂、增塑剂、促进剂、填充剂等辅助剂组成，属于热固性剂料，常温下是比较坚硬的塑性体，无流动性。一般按照高压注剂枪的尺寸做成各种规格的棒状固体。未固化的这类密封注剂会随着环境温度的升高，其塑性和流动性迅速增强。特别是在实际带压密封作业时，当密封注剂接触到温度较高的泄漏介质后，其塑性和流动性更加接近流体，在夹具与泄漏部位部分外表所形成的密封空腔内，可以充满所有的裂纹、凹槽、孔洞缝隙，最终整个密封空腔均被密封注剂所充满，密封注剂不断从泄漏部位获取热量，完成固化过程，形成一个连续的具有一定弹性的、又有一定强度的新的密封结构。

这类密封注剂是一种在一定温度下经过一定的时间后，由于组成物中固化剂的作用，致使密封注剂具有一定强度、弹性、耐热性以及耐工艺介质等性能的密封注剂。其固化性能与固化时间、温度的关系曲线如图 5-3 所示，此图显示了一种密封注剂在 150℃下的固化过程为：密封注剂一旦被加热，立刻变软，塑性增强（可以认为是带压密封作业时，从高压注剂枪挤出的密封注剂填塞夹具与泄漏部位外表面之间所形成的密封空腔的这段时间），称为软化流动段；150℃约 2min，塑性迅速降低，黏滞性明显升高，曲线急速下滑，密封注剂很快失去流动性（可以认为是密封注剂在密封空腔内接受泄漏介质热量，逐步形成弹性密封结构的过程），称为失塑段，即表示开始固化；大约 6min，固化过程结束，密封注剂完全失去流动性（可以认为密封注剂已经在夹具密封空腔内堵塞住了泄漏介质，形成了坚韧的富有弹性的新的密封结构过程），称为固化段；6min 以后，密封注剂的固化性能不随时间的变化而改变（可以认为是一个完整的动态密封作业的结束），曲线进入平滑段。其他热固化型密封注剂都具有上述类似的固化特性曲线图，只是软化段、失塑段、固化段的时间长短不等而已。

常用的热固化型密封注剂如下：

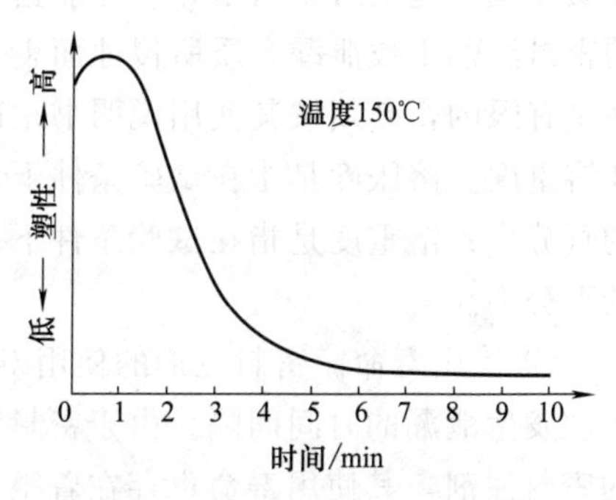

图 5-3　热固化型密封注剂的固化性能曲线

① 丁腈橡胶类密封注剂。以丁腈橡胶为基本原料所组成的密封注剂是目前国内外应用最广泛的密封注剂品种之一。这类密封注剂在 250℃以下，可适用于下列介质：普通汽油、高辛烷值汽油、柴油、矿物油、植物油、动物油、合成润滑油、变压器油、石脑油、水蒸气、空气、氮气、氢气、氧气、氯气（干燥）、二氧化硫、氢氧化钙、氢氧化钠、氯化钠（30%）、氨水、液氯、氟利昂、稀盐酸、浓盐酸、硼酸、稀硫酸、乙酸、石油醚、脂肪族溶剂、醇类、酯类等。

② 乙丙橡胶类密封注剂。以乙丙橡胶为基料配制成的密封注剂在 320℃以下，可以用于下列介质：稀盐酸、浓盐酸、稀硫酸、浓硫酸、稀硝酸、氯酸、磷酸、乙酸、有机酸、氨水、液氨、蒸馏水、苛性钠、过氧化氢、海水、甲醇、丁醇、乙二醇、丙酮、甲乙酮、甲醛、二氯甲烷、硝基苯、苯胺、棉籽油、奶油、亚麻油、醚类、蒸汽、氮气、空气、氢气及各种惰性气体。

（2）非热固化型密封注剂。非热固化密封注剂是指除热固化密封注剂之外的各种密封注剂。与热固化型密封注剂不同，非热固化型密封注剂中不含有固化剂成分，而是靠本身具有的各种性能起密封作用。非热固化型密封注剂主要包括化学反应固化型、高温碳化固化型和填充型三种。非热固化型密封注剂可以适用于常温、低温及超高温场合的带压密封作业要求，其产品多制成棒状固体或双组分的腻状材料。非热固化密封注剂的主要成分是合成树脂、塑料、橡胶、石墨、油脂及无机纤维等，几乎所有具有塑性、流动性，可由流体快速转变为固体，无体积收缩的物质都是这类密封注剂的选材范围。

2. 密封注剂的性能

密封注剂主要包括以下性能。

① 注射工艺性能。无论是热固化密封注剂还是非热固化密封注剂，在被装入高压注剂枪后，在额定操作压力及环境温度条件下，应具有良好的塑性和流动性，能够被顺利地注射到泄漏部位部分外表面与夹具所形成的密封空腔内，充填所有的裂纹、凹槽、孔洞等各种泄漏缺陷。其主要技术指标是初始注射压力，初始注射压力的大小表示了密封注剂流变性的难易程度，它决定着密封注剂能否顺利注射使用。

② 使用温度。密封注剂的结构变化速度总趋势在一定时间内与温度和时间成正比。密封注剂在一定时间、一定温度下，物理性能也会发生变化，主要表现在塑性下降、硬度值增加、老化。密封注剂的使用温度一般由试验方法加以确定，并由实际应用加以验证。对于密封注剂的耐温性能考核，一般采用热失重法进行测试。热失重是指在试验条件下，密封注剂使用温度范围内质量损失变化的百分率。

③ 固化时间。固化时间是密封注剂的重要物化指标之一。无论是热固化密封注剂还是非热固化密封注剂，都有一个由塑性体转变为弹性体（或由流体转变为固体的）的过程。完成这个过程的时间间隔就是密封注剂的固化时间，密封注剂的固化时间与温度有密切关系，绝大多数密封注剂的固化时间与温度成正比。

④ 耐介质性能。为了消除各种泄漏介质，对密封注剂总体来说，应具有十分广泛的耐

介质性能。这里所说的耐介质性能指的是，新密封结构建立起来后，在规定期限内，已固化的密封注剂不被泄漏介质所侵蚀而丧失密封性能。而对某一具体牌号密封注剂来说，耐介质性是有限的，必须按其使用说明书正确选用。密封注剂耐介质性能的技术指标主要是溶胀度和溶重度。溶胀度是指在试验条件下，密封注剂在规定时间内浸泡于化学介质后的体积变化的百分率；溶重度是指在试验条件下，密封注剂在规定时间内浸泡于化学介质后的质量变化的百分率。

⑤ 使用寿命。密封注剂的使用寿命是指从新的密封结构建立之日起，到该带压密封点再次发生泄漏的时间间隔。由于密封注剂的品种较多，处理同一种泄漏介质，采用不同品种的密封注剂，其使用寿命也存在着很大的差异。因此，要求凡是在密封注剂使用说明书上注出的适用介质，在其使用温度下，使用寿命不得少于3个月。

之所以强调3个月的使用寿命，是因为这项技术是在特殊情况下采用的一种应急手段，而影响带压密封效果的因素较多，如夹具的封闭性、夹具密封空腔内的填充情况，特别是被密封介质的温度变化、压力变化、振动等因素对密封注剂的使用寿命影响较大。前两项属于人为的因素，有经验的工程技术人员完全可以克服；而后几项则属于自然因素，如生产系统需要紧急停车或降温、降压操作，这时再密封结构将受到严峻的考验，随着温度的急剧下降，已充分固化的密封注剂的体积将会有所减小，当被密封介质再次升温、升压时，密封注剂减少的那部分微小体积，很难在瞬间恢复，因而出现界面泄漏，密封失效。

最好在停产时，对于带压密封作业点应当拆除夹具，立刻进行修复，对于法兰泄漏应重新更换垫片，对于管道应进行补焊或更换管段。当然对于无法进行更换的垫片或管段再次出现泄漏，同样可以采用再次注射密封注剂的方法加以消除。

密封注剂应符合表5-1所示的性能指标要求。

表5-1 密封注剂的性能及指标

<table>
<tr><th colspan="2" rowspan="2">性能</th><th colspan="2">指标</th></tr>
<tr><th>热固化型</th><th>填充型</th></tr>
<tr><td colspan="2">初始注射压力/MPa(25℃±5℃)</td><td>≤18</td><td>≤18</td></tr>
<tr><td colspan="2">热固化性(固化特性 t_{90})/min(200℃)</td><td>≥14</td><td></td></tr>
<tr><td colspan="2">热失重/%(500℃/250℃)</td><td>≤25</td><td>≤25</td></tr>
<tr><td rowspan="2">耐介质性能
(室温下)</td><td>溶胀度/%</td><td>−5～10</td><td>−5～10</td></tr>
<tr><td>溶重度/%</td><td>−5～10</td><td>−5～10</td></tr>
</table>

二、密封注剂的一般规定

密封注剂应满足以下一般规定。

① 外观。密封注剂应均匀一致，不允许有杂质存在；不同型号的密封注剂应易于区分；密封注剂应为直圆柱体。圆柱形密封注剂尺寸及偏差应符合表5-2的规定。

表5-2 圆柱形密封注剂尺寸及偏差 mm

项目	规格	偏差
直径	28,24,20,18,16	±1.0
长度	90,85,78	±3.0

② 密封注剂必须具有产品质量证明书、出厂合格证和使用说明书。并应具有省级以上质量管理部门确定的质量检测单位出具的CMA质量检测报告。

③ 密封注剂在使用前必须进行复验，复验的项目和指标应符合表5-1的规定。当有一

项指标不合格时，应取双倍样品进行复验，复验后仍不合格者，该批密封注剂不得使用。复验项目的检验方法应符合 GB/T 26556—2011《承压设备带压密封剂技术条件》和 HG/T 20201—2007《带压密封技术规范》的相关规定。

④ 密封注剂应储存在阴凉、避光、通风的库房内，库房内严禁存放挥发性溶剂。

⑤ 密封注剂在运输和使用过程中，应轻拿轻放，不得挤压。堆放高度不得超过 1m。不得与挥发性溶剂混合运输。

三、密封注剂的选用

密封注剂选用的主要依据是被密封介质的温度和性质，如果选择不合适，就达不到预期的密封效果，或者根本就是失败。选用密封注剂时遵循以下原则。

（1）选用的密封注剂，其性能指标必须符合表 5-1 的规定。

（2）根据泄漏介质的化学性质选用。应符合下列规定：

① 泄漏介质应在密封注剂使用说明书规定的耐介质范围内；

② 混合物泄漏介质的每一组分，都应包含在密封注剂使用说明书规定的耐介质范围内；

③ 未固化的密封注剂与泄漏介质不发生溶解和破坏；

④ 非热固化型密封注剂在泄漏介质温度条件作用下，不得发生溶解和破坏。

（3）根据泄漏介质系统的温度选用。应符合下列规定：

① 泄漏介质的温度，应在密封注剂使用说明书规定的适用温度范围内；

② 宜选用在泄漏介质系统温度下可完全固化的热固化型密封注剂品种；

③ 低温泄漏介质应选择玻璃化转变温度低的密封注剂品种。

（4）根据泄漏介质系统压力和泄漏状况选用。当泄漏介质系统压力高，泄漏点缺陷尺寸较大时，应选用能尽快建立起承压能力的密封注剂。

（5）根据夹具安装间隙选用。当根据夹具安装间隙选择密封注剂时，选用的密封注剂除应符合以上原则外，尚应选择注射压力低的密封注剂。

选择时还需注意，一般情况下，耐高温的密封注剂比一般的密封注剂价格高 2～3 倍。所以，就价格方面而言，若装置系统温度较低时，应尽可能不选用耐高温的密封注剂。还有，对于使用在食品、电力等方面的密封注剂，需考虑到密封注剂是否有污染和是否应具有电绝缘性能等。

四、密封注剂的使用方法

密封注剂的使用方法如下。

（1）密封注剂使用前应经检验和测试，密封注剂的规格应与注剂枪的注剂腔规格配套。

（2）当环境温度或泄漏介质系统的温度低于密封注剂的注射温度要求时，应对密封注剂采取预热措施，或对注剂枪、注剂阀、夹具采取加热措施。

（3）密封注剂的预热温度应低于其起始固化温度。

（4）对密封注剂可按下列方法进行预热：

① 选用密封注剂预热仪进行预热；

② 可将密封注剂放在热水中进行预热；

③ 可将密封注剂放置在温度低于密封注剂的固化温度的设备壁面上预热；

④ 可用蒸汽直接对密封注剂进行预热。

(5) 注剂工具可按下列方法加热:

① 可放置在有一定温度的现场设备壁面上加热;

② 现场有蒸汽或热风等连续热源的,可对夹具、注剂阀及注剂枪的注剂腔部分直接加热。

(6) 当泄漏介质温度高于500℃时,应选择水、空气或饱和水蒸气等对注剂枪的注剂腔部位进行降温处置。

第三节 注剂工具与夹具

一、注剂工具

注剂工具是向包容泄漏点的密封空腔注入密封注剂的专用配套工具,也称为注射工具。带压密封工程施工作业的注剂工具包括注剂枪、液压泵、液压胶管、压力表、快换接头、注剂阀、注剂接头、G形卡具、紧带器、防爆工具等。

(一) 对注剂工具的规定

注剂工具应满足如下规定。

(1) 注剂工具必须具有产品质量证明书、出厂合格证和使用说明书。并应具有省级以上质量管理部门确定的质量检测单位出具的CMA质量检测报告。

(2) 成套销售的注剂工具应进行系统强度试验和严密性试验。试验温度为常温,试验介质为液压油,强度试验压力为公称压力的1.25倍,保压30min;严密性试验压力为公称压力,保压30min。以无变形、无泄漏为合格。

(3) 应对成套销售的注剂工具进行外观检查。液压开关、注剂阀、连接螺母等的启闭、转动应灵活。

(4) 应选用手动液压泵作为动力源。也可在确保作业现场安全的情况下,选用气动、电动液压泵作为动力源,但必须满足第(3)条的要求。

(5) 当选用气动、电动液压泵作为动力源时,必须遵照第(2)条的规定,对注剂工具进行系统强度试验和严密性试验。

(6) 液压胶管每年应进行一次强度试验,试验压力为公称压力的1.25倍。当试验压力低于90MPa时,液压胶管就发生了凸起、渗漏,则此胶管不得使用。

(7) 压力表应符合下列规定:

① 压力表的量程应为0～60MPa;

② 压力表应选择具有耐震性能的充油表;

③ 压力表的表盘宜选择60表盘规格;

④ 压力表应选择具有两向位置功能的压力表接头。

(8) 快换接头应符合下列规定:

① 快换接头应选用具有可锁紧功能的两侧切断式快换接头;

② 快换接头分离后,凸接头和凹接头应采用防尘措施。

(9) 注剂阀应符合下列规定:

① 注剂阀宜采用一端为M12另一端为M16的螺纹密封式旋塞阀;

② 注剂阀应进行强度和严密性试验,强度试验压力应为设计压力的1.25倍。进行强度和严密性试验时,应选用温度为50℃、注射压力宜为20MPa的密封注剂品种,试验压力应

保压 10min，以无泄漏为合格。

（10）注剂接头应符合下列规定：

① 注剂接头的螺纹规格宜选用 M12；

② 注剂接头应按设计压力进行强度试验。试验压力应为设计压力的 1.25 倍，保压 30min，以无变形和无破坏为合格。

（11）注剂工具中的计量仪表除应符合本规范的要求外，还应按国家计量法规的规定，进行定期检测。

（12）注剂工器具使用完毕后，应及时清理干净，在专用库房内存放，并进行维护保养。

（二）手动液压泵

手动液压泵是将手动的机械能转换为液体的压力能的一种小型液压泵站，是注剂式带压密封技术的动力之源。图 5-4 所示为手动液压泵外形结构示意图，手动液压泵是以人力为原动力，提压泵的手柄，通过杠杆作用原理，将力传递到液压活塞，利用液压传递原理提升作用压力值，满足使用要求。

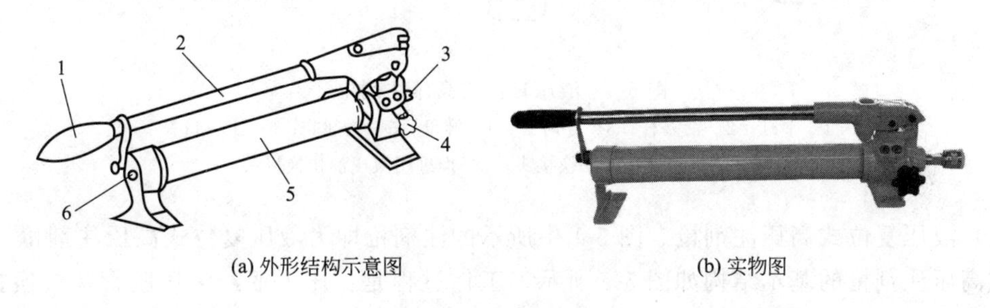

(a) 外形结构示意图　　(b) 实物图

图 5-4　手动液压泵外形结构

1—手柄；2—压杆；3—高压油出口；4—卸压阀；5—储油筒；6—回油口

手动液压泵的主要特点是，动力为手动、超高压、超小型、携带方便、操作简便，应用范围广泛。压力在 70MPa 工作时，手动液压泵的性能可以充分发挥出来，是最合理的使用范围，各处均不需调整。在实际工作压力低于 70MPa 时，各处也不需调整。手动液压泵使用及维护保养时应注意以下事项。

① 不准超过 70MPa 压力工作，不得随意调整高低压阀。

② 应严格遵守操作规程，使用时轻拿轻放，不得碰撞。压杆要拧紧，以免损伤螺纹；操作手柄时应用力均匀，不得使油路有冲动现象，以保证各阀门持久地工作。

③ 减压（或卸载）时，应当缓缓扭动手轮，不得使减压过速，以免损坏液压泵的密封元件和设在泵出口的压力表。

④ 油量不够时，不得在有压力的情况下注油，以免使回油时储油箱内有压力存在。

⑤ 各连接处应拧紧，无误后方可工作。

⑥ 液压泵的各部位应经常保持清洁，各阀门处及柱塞周围不能有灰尘和脏物。

⑦ 工作液运动黏度在 20～28MPa·s，如采用 20 号全系统损耗用油或 20 号液压油，严禁用其他油作为工作油。

⑧ 各部件要经常检查；为防油管老化，要定期更换。

⑨ 不用时，为防生锈，应在非喷漆表面涂上一层工业凡士林油。

⑩ 长期不用时，应存放在干燥处。

（三）注剂枪

注剂枪是指在压力作用下，将密封注剂注入密封空腔实现有效密封的专用器械，也称为注射枪。

1. 注剂枪的典型结构

注剂枪是注剂式带压密封技术的专用器具，它的作用是将液压胶管输入的压力油或螺旋力，通过枪的柱塞而转变成注射密封注剂的强大挤压推力，强行把枪前部注剂腔内的密封注剂注射到夹具与泄漏部位部分外表面所形成的密封空腔内，直到泄漏停止。目前注剂枪主要有以下几种典型结构。

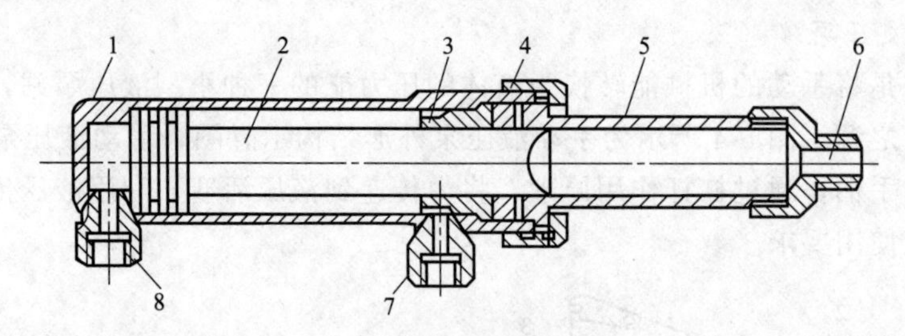

图 5-5 液压复位式高压注剂枪

1—油缸；2—活塞杆；3—导向套；4—螺母；5—注剂腔；6—出料口；
7—复位用液压油快换接头；8—推进用液压油快换接头

（1）液压复位式高压注剂枪。图 5-1 中所示的注剂枪即为液压复位式高压注剂枪，液压复位式高压注剂枪的基本结构如图 5-5 所示。工作过程是：压力油经液压胶管及快换接头 8 进入油缸 1 的尾部，推动活塞杆 2 向前移动，将注剂腔 5 内的密封注剂经出料口强行注入夹具与泄漏部位外表面所形成的密封空腔内；注剂过程一旦结束，输油系统上设置的压力表指针会出现只升不降的趋势，这时缓慢旋开手动液压泵的卸压阀，压力表指针回落为 0；交换注剂枪上两根液压胶管接头 7、8 的位置，使得接头 7 成为压力油的入口，接头 8 成为压力油的出口；旋紧手动液压泵上的卸压阀，提压手动液压泵手柄，此时压力油就会通过接头 7 进入油缸 1 的前端，推动活塞杆 2 向后移动，直到复位至如图 5-5 所示的非工作状态，在这个复位过程进行的同时，活塞杆后端的油通过接头 8 及液压胶管，流回到手动液压泵的储油桶内。由输油系统上的压力表可判断这一过程是否结束。复位过程结束后，可拧下高压注剂枪连接螺母 4，在注剂腔内重新装好密封注剂，再一次打开手动液压油泵的卸压阀，交换 7、8 两个快换接头的位置，使高压注剂枪接头 8 成为压力油的入口，而接头 7 成为压力油的出口，关闭手动液压泵的卸压阀，即可再次注射密封注剂。

（2）自动复位式高压注剂枪。其基本结构如图 5-6 所示，工作时，从液压胶管输出的压力油经进油口 1 进入到油缸 2 的尾部，推动活塞杆 4 向前移动，将注剂腔 7 内的密封注剂从出料口 8 挤出；在活塞杆向前移动的同时，复位弹簧 5 被压缩。注剂腔内的密封注剂全部挤出后，输油系统上设置的压力表的指针出现只升不降的趋势，说明注剂行程已经结束。高压注剂枪油缸内的油在弹簧恢复力的作用下被压回到液压泵的储油桶内，活塞杆也在该力作用下复位到非工作状态。拧开高压注剂枪的连接螺母 6，重新装填好密封注剂后，即可再次注射密封注剂。

采用自动复位式高压注剂枪的操作系统与液压复位式高压注剂枪操作系统（见图 5-1）相比不需配置复位液压胶管，其操作系统示意图如图 5-7 所示。

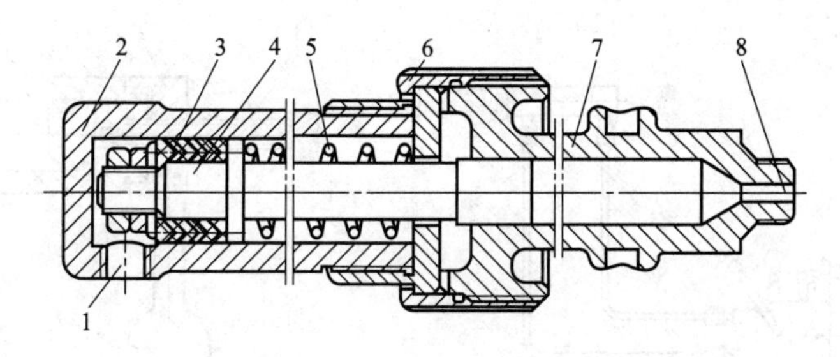

图 5-6　自动复位式高压注剂枪

1—进油口；2—油缸；3—V 形密封圈；4—活塞杆；
5—复位弹簧；6—连接螺母；7—注剂腔；8—出料口

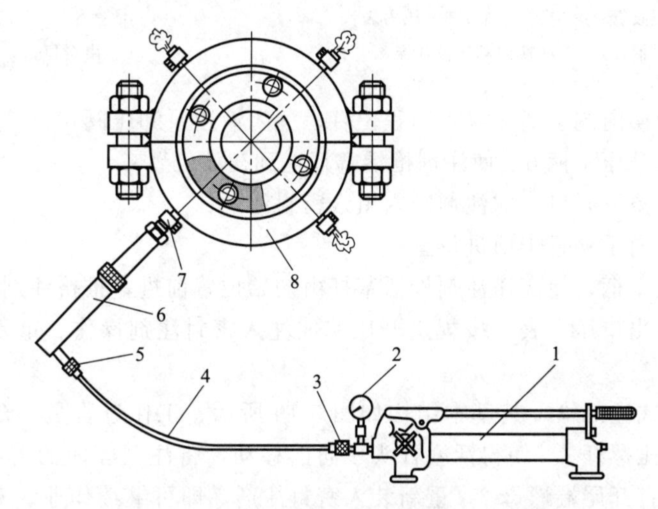

图 5-7　自动复位式高压注剂枪操作系统

1—手动液压泵；2—压力表；3，5—快换接头；4—液压胶管；
6—自动复位式高压注剂枪；7—注剂阀；8—夹具

（3）连续填充液压复位式高压注剂枪。其基本结构如图 5-8 所示。在液压复位式高压注剂枪结构的基础上，在注剂腔上配置了条形开口用来填装密封注剂，不需要再拆卸连接螺母。

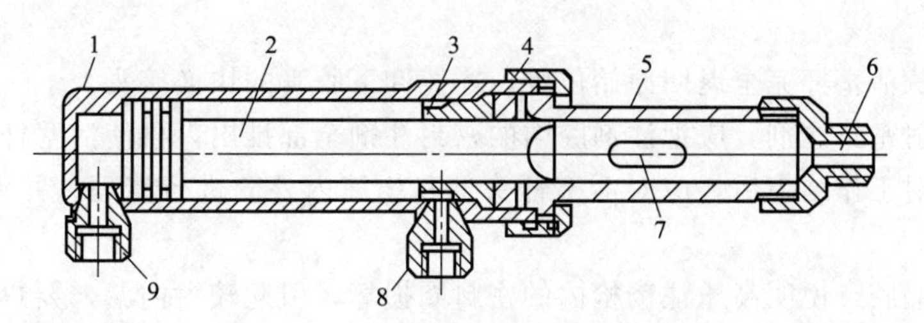

图 5-8　连续填充液压复位式高压注剂枪

1—油缸；2—活塞杆；3—导向套；4—螺母；5—注剂腔；6—出料口；
7—条形开口；8—复位用液压油快换接头；9—推进用液压油快换接头

采用连续填充液压复位式高压注剂枪时须配用手动换向高压液压泵。图 5-9 所示为连续填充液压复位式高压注剂枪操作系统示意图，具体操作如下：

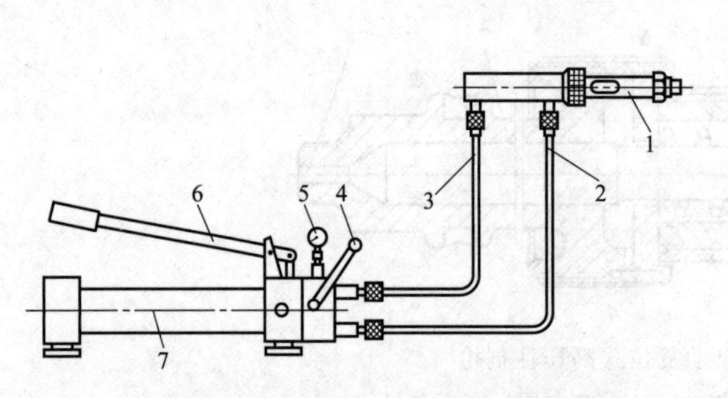

图 5-9 连续填充液压复位式高压注剂枪操作系统

1—连续填充液压复位式高压注剂枪；2—复位油路液压胶管；3—推进油路液压胶管；4—换向手柄；5—压力表；6—液压泵手柄；7—手动换向高压液压泵

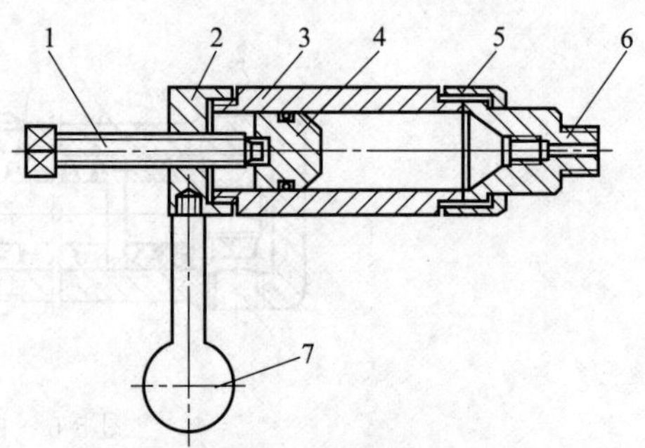

图 5-10 手动螺旋式注剂枪

1—顶压螺杆；2—尾端螺母；3—注剂腔；4—活塞头；5—前端螺母；6—出料口；7—手柄

① 将液压泵的换向阀手柄 4 置于回程位置，关闭液压泵卸压阀；

② 提压液压泵升压手柄 6，使注剂枪活塞杆退到初始位置；

③ 由注剂枪的条形开口，向注剂腔内填入密封注剂；

④ 将液压泵换向手柄置于前进位置；

⑤ 提压液压泵手柄，使高压注剂枪活塞杆由初始位置前进，推挤注剂腔内的密封注剂；

⑥ 观察液压泵出口压力表，按规定升压完成注入密封注剂操作。重复以上操作，即可完成全部注入工序。

(4) 手动螺旋式注剂枪。其基本结构如图 5-10 所示，工作过程是：在注剂腔 3 内装好密封注剂，旋转顶压螺杆 1，使得活塞杆头 4 向前移动，将注剂腔内的密封注剂从出料口 6 挤出。注射完毕，打开尾端螺母 2，重新装入密封注剂，即可继续作业。对于有粘附性的特殊密封注剂，这种枪也可以加设塑料衬胆结构。手动螺旋式注剂枪小巧玲珑，携带方便，无须特殊的动力源，操作简单，适用于所需注剂量很少的场合。

2. 高压注剂枪的使用注意事项

注剂枪是在比较复杂的环境中使用的，使用时应注意以下事项。

① 要特别注意出料口部位的外螺纹和快换接头，这两个地方最容易碰坏。

② 要保持活塞杆表面清洁，每次操作完后，及时清除粘在活塞杆表面的密封注剂及其他残留物。

③ 必须确认活塞杆完全退回原始位置，才能卸下胶管的快换接头。

④ 每次注射密封注剂，应把注剂腔内的密封注剂全部推出，再使活塞杆复位。

⑤ 全部注射工作结束后，应对活塞杆头部和枪筒内外套进行清理，并涂上黄油，以防生锈。

⑥ 注剂枪漏胶，说明高压注剂枪内的密封圈损坏，引起较大内漏，要拆开高压注剂枪，更换密封圈。

⑦ 注剂枪推拉不动，主要是活塞杆变形，应更换活塞杆。

⑧ 快换接头突然失灵，说明快换接头损坏，须更换。

(四) 注剂阀

注剂阀是实现注剂孔与注剂枪连接，起到接通和关闭注剂通道的专用旋塞阀门，又称为注射阀。

注剂阀由阀体和旋塞组成，其基本结构如图 5-11 所示。注剂阀与高压注剂枪、夹具或换向接头的连接尺寸，常用的有 M20/M8、M20/M10、M20/M12 和 M20/M14 四种。M20 螺纹孔与高压注剂枪连接，为固定尺寸。M8、M10、M12、M14 为与夹具注剂孔或换向接头连接配用尺寸。

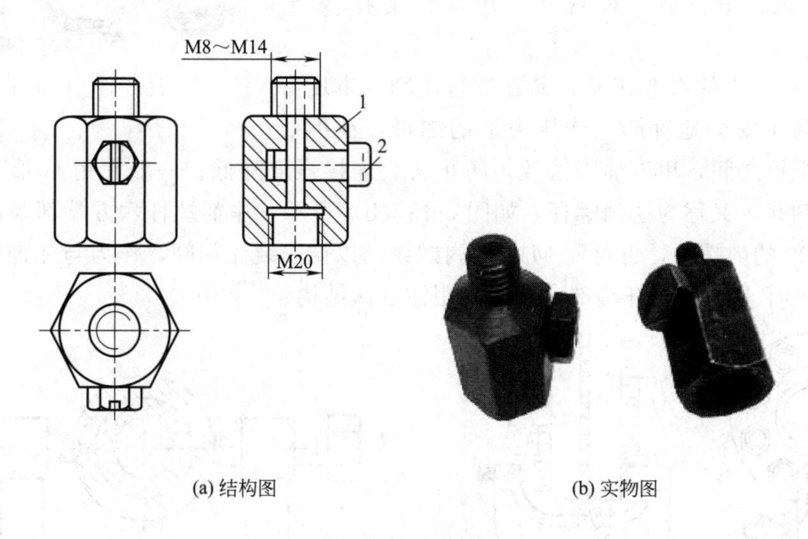

图 5-11　注剂阀

1—阀体；2—旋塞

注剂阀不仅可以连接夹具与高压注剂枪形成密封注剂流动通道，而且可以在操作中防止介质与密封注剂外喷，便于操作和安全使用。它的作用有以下三个。

① 排放泄漏介质。安装夹具之前，各个注剂孔都应当安装好注剂阀，并且把注剂阀的阀芯设置在全开的位置。然后再把夹具安装到泄漏部位上，这时泄漏介质就会沿着注剂阀的注剂通道排放掉，使夹具与泄漏部位所形成的密封空腔不致产生过大的压力，从而有利于安装夹具；另外在注射密封注剂时，注剂阀同样可以起到排放掉密封空腔内的气体的作用。

② 切断泄漏介质。夹具安装好以后，在泄漏点相反方向一侧关闭某一注剂阀，则泄漏介质被切断。这时作业人员可以在没有泄漏介质影响的情况下，把注剂枪连接在夹具上，连接好以后再打开注剂阀，就可以进行注剂程序作业了。在处理阀门填料盒泄漏及采用“铜丝捻缝围堵法”和“钢带围堵法”处理法兰泄漏时，也是通过注剂阀来进行钻孔作业的，孔钻打穿后引出泄漏介质，再关闭注剂阀，切断泄漏介质，连接注剂枪，进行注射密封注剂作业。

③ 切断注剂通道。在处理压力较高、流量较大的泄漏介质时，在装填密封注剂过程中，应关闭注剂阀，切断注剂通道，这样可以避免密封注剂被高压泄漏介质反向挤回到注剂枪的注剂腔内。在一个注剂孔注射满密封注剂后，也必须首先关闭注剂阀，然后再拆下注剂枪，每一个注剂孔都应当这样做。泄漏停止后，全部注剂阀都应处在关闭位置，以防密封注剂在固化过程中产生的体积膨胀力将靠近注剂孔边缘的未充分固化的密封注剂挤出夹具之外，待密封注剂充分固化后，就可以拆下注剂阀，拧上相应规格的丝堵。

（五）G 形卡具

G 形卡具（也称为 C 形卡具）是用于填料函带压密封及法兰连接螺栓加固的 G 字形工具，如图 5-12 所示。G 形卡具由一个马蹄形扁钢及两个螺栓组成。目前商品 G 形卡具有大、中、小三种规格，开口长度在 30～300mm 之间。

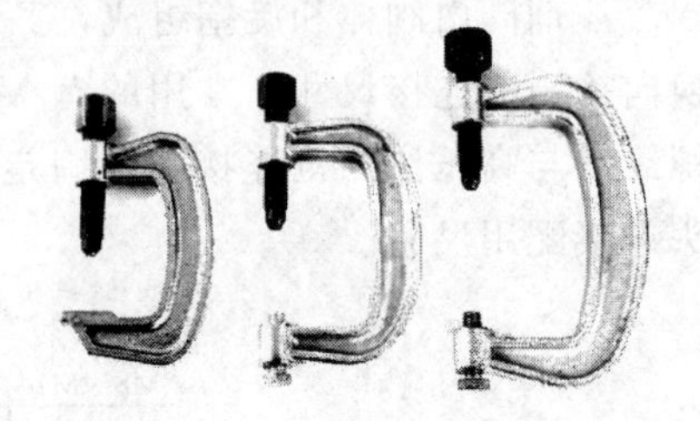

图 5-12　G 形卡具

图 5-13（a）中的 G 形卡具，是在进行注剂式带压密封施工中，为了安全地拆卸工作压力下的螺母，在拆前安装于相邻螺栓之间，用以加固法兰，防止法兰连接强度降低。一般常用 G 形卡具的压紧螺杆开有注剂孔，又称为注剂螺杆，如图 5-13（b）所示，注剂螺杆六方端部与注剂枪直接连接，配 M20 的内螺纹，也可配 M12 的内螺纹，以便安装注剂阀，作为与注剂枪连接的过渡。有的 G 形卡具压紧螺杆端部，直接采用注剂阀结构。

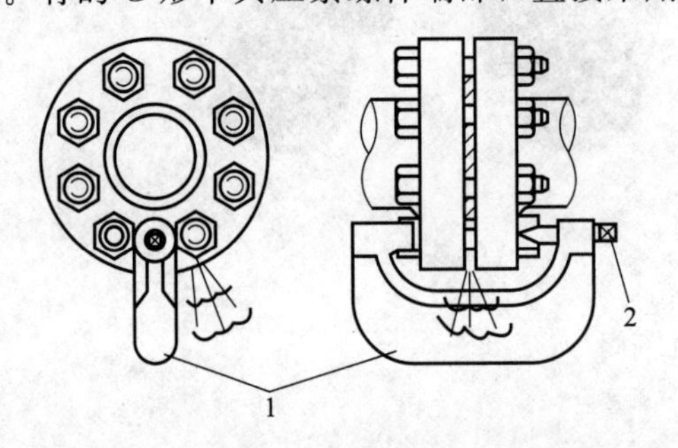

(a) G形卡具用于加固法兰连接

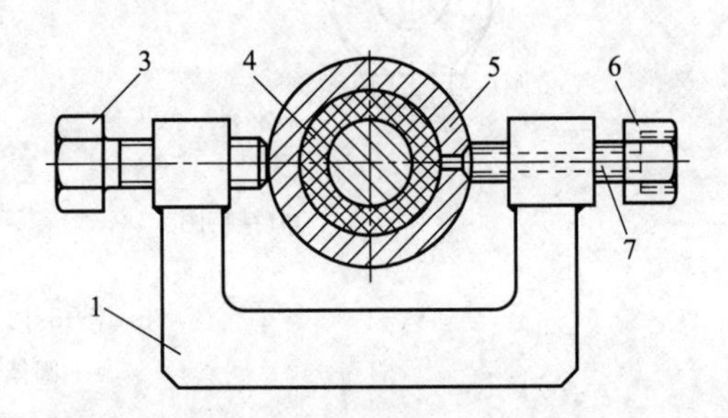

(b) G形卡具用于填料函带压密封

图 5-13　G 形卡具的应用

1—G 形卡具；2—压紧螺杆；3—调整螺杆；4—软填料；5—填料函；6—注剂螺杆；7—注剂孔

（六）注剂接头

注剂接头是起到转向、加长注剂孔道，而实现注剂孔与注剂阀及注剂枪刚性连接的管件。注剂接头和注剂枪及液压泵组成一个液压注剂通道，将密封注剂注入夹具中。注剂接头主要有以下几种结构形式。

1. 夹具注剂接头

在制作完夹具以后，要有与注剂枪配合的注剂接头，即夹具上用的注剂接头，其结构如图 5-14 所示。

夹具注剂接头，以夹具上的法兰螺栓数量来定，安装两螺栓的夹具时加装一个。一般在泄漏压力较低的情况下不使用注剂阀，用注剂接头即可。

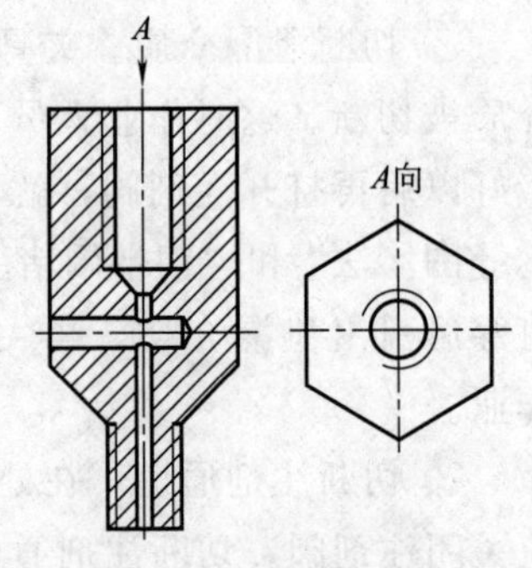

图 5-14　夹具注剂接头结构示意图

2. 螺孔注剂接头

螺孔注剂接头是连接注剂枪，通过法兰连接螺栓与螺孔间隙为通道注入密封注剂的连接构件。如果泄漏法兰之间间隙很小，不论是在夹具上开孔还是法兰上钻孔，注剂通道都很小，这时多采用金属丝围堵法、钢带捆扎法或制作夹具，但夹具口不开孔，而是在法兰连接螺栓上安装螺孔注剂接头，利用法兰连接螺栓与法兰螺栓孔的间隙作为注剂通道来进行带压密封施工，如图 5-15 所示。

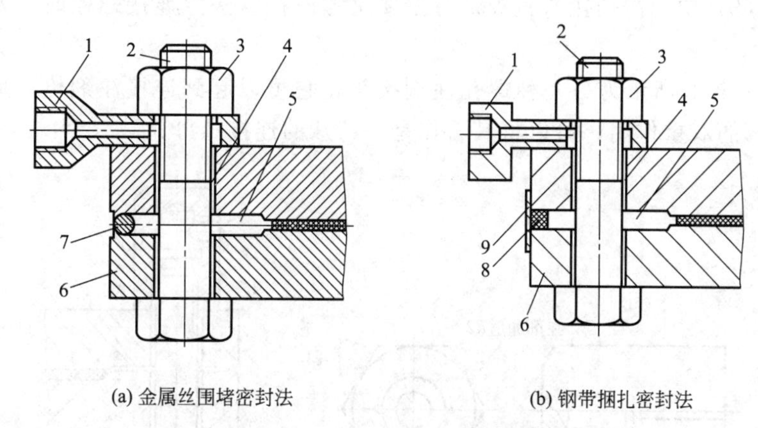

图 5-15　螺孔注剂接头应用示例

1—螺孔注剂接头；2—法兰连接螺栓；3—法兰连接螺母；4—注剂通道；5—密封空腔；6—法兰；7—金属丝；8—软填料；9—钢带

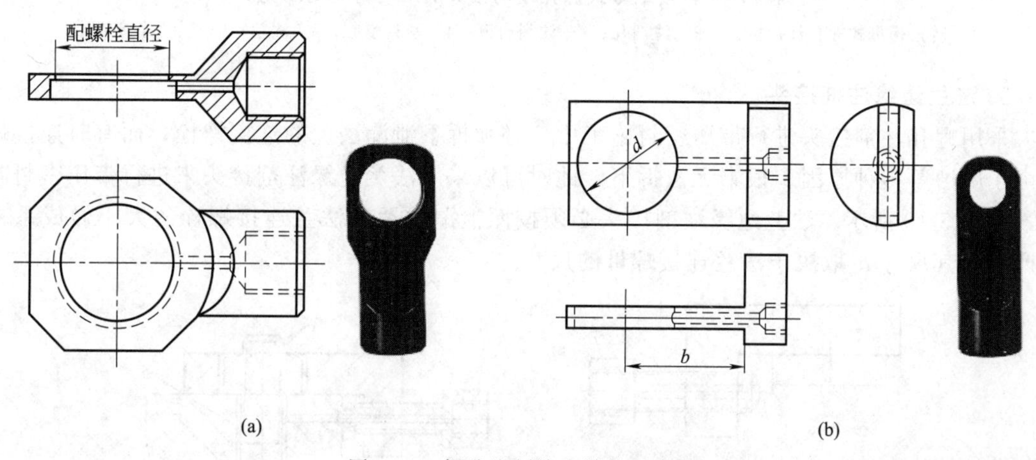

图 5-16　螺孔注剂接头结构示意图

螺孔注剂接头的结构如图 5-16 所示。这种注剂接头的主要尺寸有，与法兰连接螺栓相配的圆孔直径 d，一般应比法兰连接螺栓的外径大 3mm 左右；尺寸 b 主要由法兰连接螺栓孔的轴线到法兰的外边缘尺寸而确定，b 应比这一尺寸大 2～3mm；注剂孔尺寸可选用

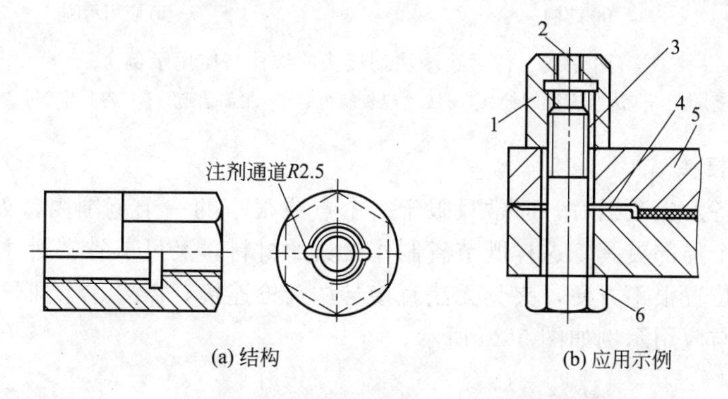

图 5-17　直通螺母式螺孔注剂接头的结构与应用示例

1—直通螺母式螺孔注剂接头；2—注剂孔；3—注剂通道；4—密封空腔；5—法兰；6—法兰连接螺栓

M12。图 5-16（b）中，注剂接头铣掉部分主要是考虑拧紧法兰连接螺栓时，安放扳手方便而定。

图 5-17、图 5-18 所示为另一种螺孔注剂接头，它可以起到连接注剂枪、形成注剂通道及法兰连接螺母的双重作用，可以将其看作是一特殊的连接螺母。

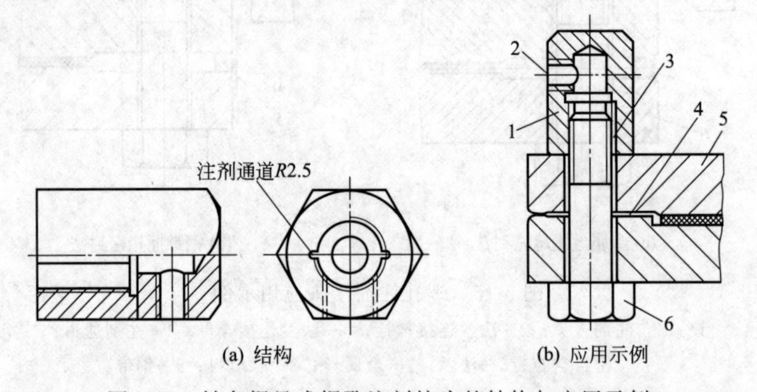

图 5-18 转角螺母式螺孔注剂接头的结构与应用示例

1—转角螺母式螺孔注剂接头；2—注剂孔；3—注剂通道；4—密封空腔；5—法兰；6—法兰连接螺栓

3. 法兰边缘注剂接头

采用螺孔注剂接头进行带压密封施工中，必须拆下泄漏法兰的连接螺栓，而有时连接螺栓由于腐蚀等多种原因，根本无法拆下，此时可以采用法兰边缘注剂接头来进行带压密封施工，如图 5-19 所示。法兰边缘注剂接头必须按照泄漏法兰及法兰连接螺栓的大小做成系列化产品，其尺寸 d 取决于法兰连接螺母的尺寸。

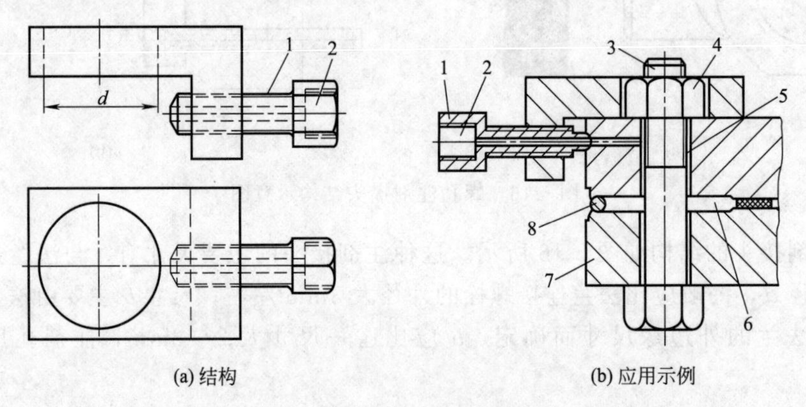

图 5-19 法兰边缘注剂接头的结构与应用示例

1—注剂螺杆；2—注剂孔；3—法兰连接螺栓；4—法兰连接螺母；5—注剂通道；6—密封空腔；7—法兰；8—金属丝

4. 加长注剂接头

有些大型设备发生泄漏时，时常只限于一个点或很小的一个范围内，处理这类泄漏时，可只设计制作一个局部夹具，这样既节省制作夹具的材料，又可节省密封注剂的用量。但局部夹具有时安装位置很不方便，夹具无法直接与注剂枪连接，需要一个加长注剂接头。加长注剂接头的结构与应用示例如图 5-20 所示。

5. 换向接头

在采用夹具带压密封场合，当注剂枪与装配在夹具上的注剂阀连接时，枪体与夹具外圆注剂孔应呈垂直状态。如果在泄漏部位的周围有管道、支架、阀门等障碍物，注剂枪不能正

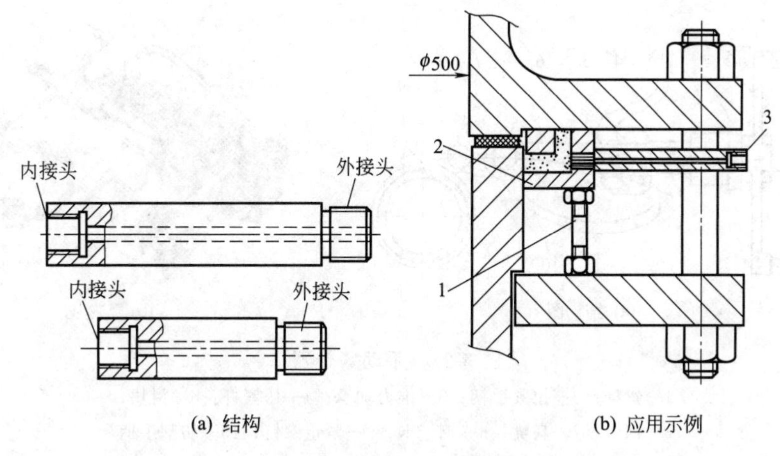

图 5-20　加长注剂接头的结构与应用示例

1—支承螺栓；2—夹具；3—加长注剂接头

常安装时，就需要变更连接注剂枪的方向，避开障碍物。变更注剂枪与注剂孔方向的连接构件称为换向接头，又称为角度注剂接头。常用换向接头的结构如图 5-21 所示，应用示例如图 5-22 所示。图 5-21（c）所示的多向式换向接头上开有 90°和 120°两个内螺纹孔，根据需要选用其中一个内螺纹孔时，必须将另一个内螺孔用相配的丝堵封闭。

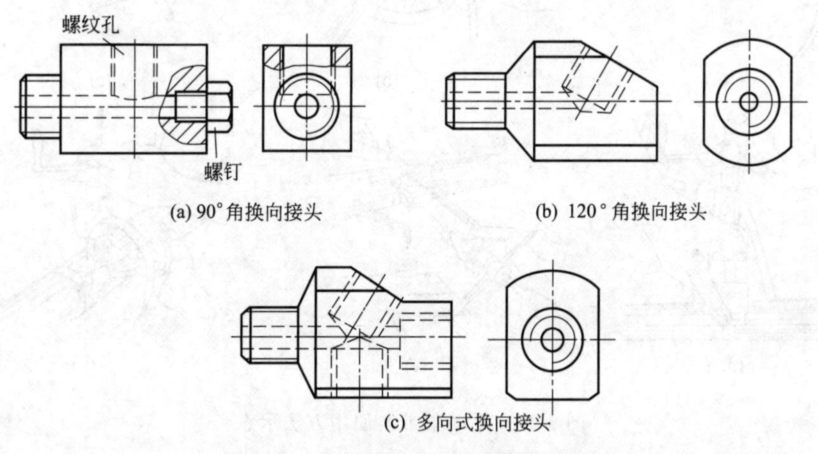

图 5-21　常用换向接头的结构示意图

（七）紧带器

紧带器是捆扎、拉紧、切断钢带的专用工具，又称为钢带拉紧器。紧带器是采用钢带捆扎法对法兰和直管部位泄漏进行带压密封的必备工具。钢带捆扎法密封对法兰连接间隙的均匀程度没有严格要求，但对泄漏法兰的连接同轴度要求较高。

紧带器分手动紧带器和液压紧带器两种，液压紧带器除有一个液压泵作为动力，其余基本与手动紧带器相同，这里只介绍手动紧带器，其结构如图 5-23 所示。

手动紧带器特点是体积小、质量轻、拉力大、用途广泛、操作方便，使用方法如图 5-24 所示。

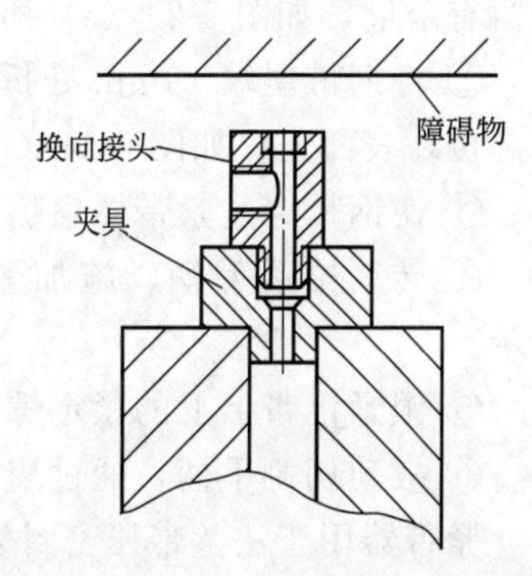

图 5-22　常用换向接头的应用示例

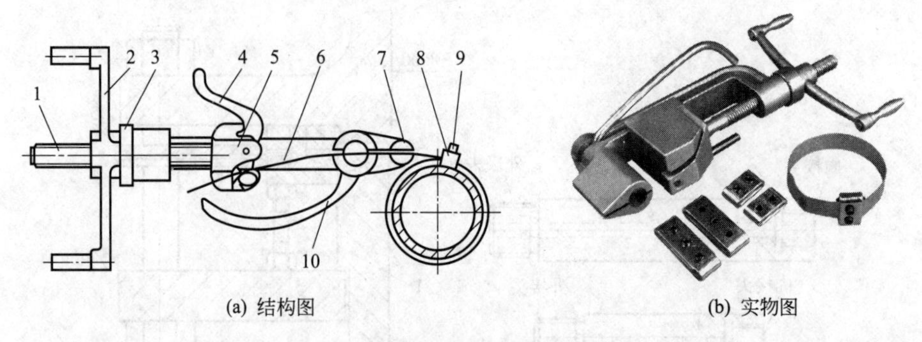

(a) 结构图　　(b) 实物图

图 5-23　手动紧带器

1—丝杆；2—拉紧手柄；3—推力轴承；4—压紧杆；5—滑块；6—钢带；7—扁嘴；8—钢带卡；9—紧定螺钉；10—切割手柄

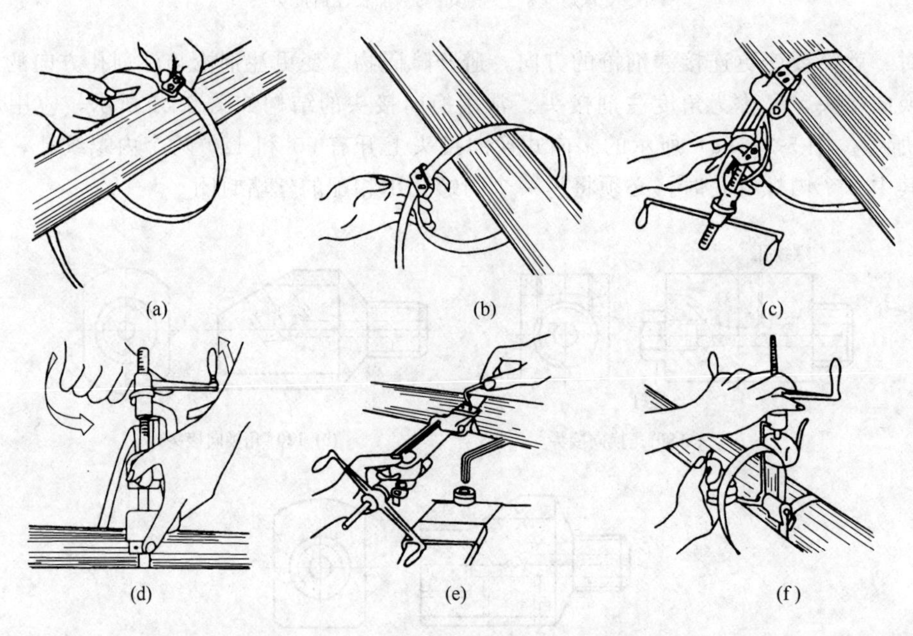

(a)　(b)　(c)　(d)　(e)　(f)

图 5-24　手动紧带器使用方法示意

① 将钢带整盘套在法兰或钢管上一周，其长度按法兰或钢管外周长及接扣长度截取，并留有余量，如图 5-24（a）所示。

② 将钢带尾端 15mm 处折转 180°，钩住钢带卡，然后将钢带首端穿过钢带卡并围在泄漏部位外表面上，如图 5-24（b）所示。

③ 使钢带穿过紧带器扁嘴，然后按住压紧杆，以防钢带退滑，如图 5-24（c）所示。

④ 转动拉紧手柄，施加紧缩力，逐渐拉紧钢带至足够的拉紧程度，如图 5-24（d）所示。

⑤ 锁紧钢带卡上的紧定螺钉，防止钢带滑松，如图 5-24（e）所示。

⑥ 扳动切割手柄，通过扁嘴的切口切断钢带，然后拆下紧带器，如图 5-24（f）所示。

紧带器用于法兰带压密封安装后情况，如图 5-25 所示。目前紧带器所使用的钢带已有商品出售。

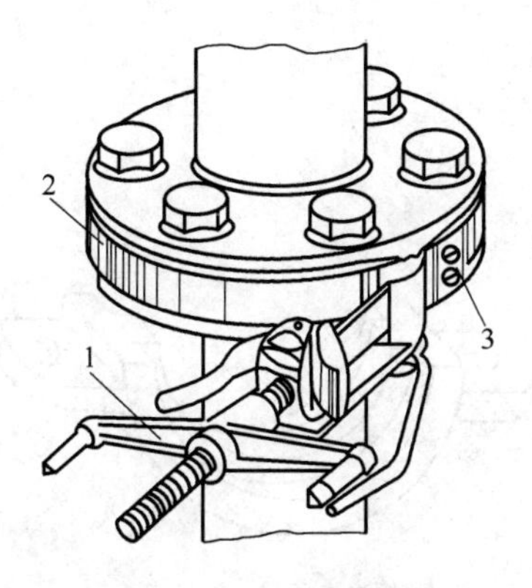

图 5-25　紧带器用于法兰带压密封安装后示意图

1—钢带；2—紧带器；3—钢带卡

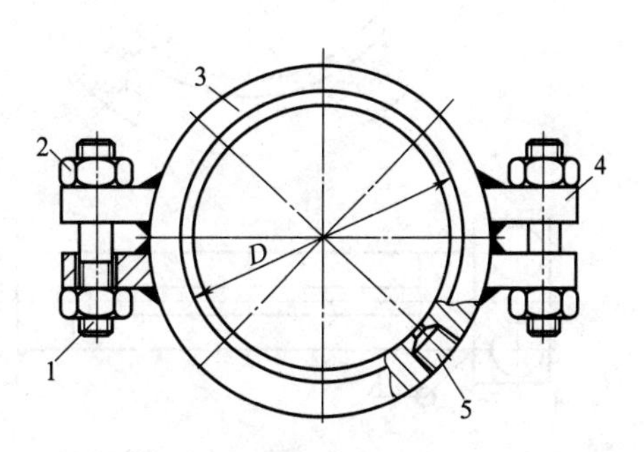

图 5-26　凸形法兰夹具装配图

1—双头螺柱；2—螺母；3—卡环（夹具本体）；4—耳板；5—注剂孔

二、夹具

夹具是安装在泄漏缺陷部位外部形成密封空腔，提供强度和刚度保证的金属构件。密封空腔是可有效覆盖泄漏缺陷、容纳密封注剂的特定空间。带压密封技术应用中，相当大的工作量是围绕着夹具的构思、设计、制作来进行的，也是较难掌握的一项技术。

1. 夹具的作用

① 密封保证。夹具的结构应包容泄漏部位外表面，并形成容纳密封注剂的密封空腔，保证密封注剂的充填、维持注剂压力的递增、防止密封注剂外溢，最终产生止住泄漏所需的密封比压。是新建立的密封结构的密封保证。

② 刚度保证。夹具刚度应满足泄漏介质系统的工作压力及注剂压力之和，注剂时不应出现夹具位移，是新建立的密封结构的刚度保证。

③ 辅助作用。夹具上设置有注剂孔，用于连接注剂阀或注剂枪，并建立密封注剂进入密封空腔的通道。

2. 常用夹具的结构

夹具按其结构形式分为法兰夹具和管段夹具。法兰夹具中常用的为凸形法兰夹具，其夹具断面为“凸”字形。管段夹具包括直管夹具、变径管夹具、弯头夹具和三通夹具等。

① 凸形法兰夹具。两半剖分式凸形法兰夹具的装配图如图 5-26 所示，单半凸形法兰夹具的结构如图 5-27 所示。夹具耳板与卡环的连接，根据使用的具体情况可以采用焊接式和整体加工式。耳板的规格，根据法兰的公称压力和公称直径而定，当法兰公称尺寸较小，泄漏介质压力也较低时，可采用单孔耳板，当法兰公称尺寸较大，泄漏介质压力较高时，应选用双孔耳板。凸形法兰夹具安装在法兰上的示意图，如图 5-28 所示。

② 管段夹具。管段夹具的常用结构如图 5-29 所示。当泄漏直管道的公称直径 $DN\leqslant$ 80mm，泄漏介质压力较高，泄漏量较大，泄漏介质的渗透性较强时，一般采用方形直管夹具；当泄漏直管道的公称直径 $DN>$80mm 时，制作方形夹具则存在一定的困难，可以采用圆形直管夹具。

3. 夹具设计准则

（1）承受注剂压力和泄漏介质压力的夹具所用金属材料和厚度应满足刚度条件，使用中不应出现塑性变形。

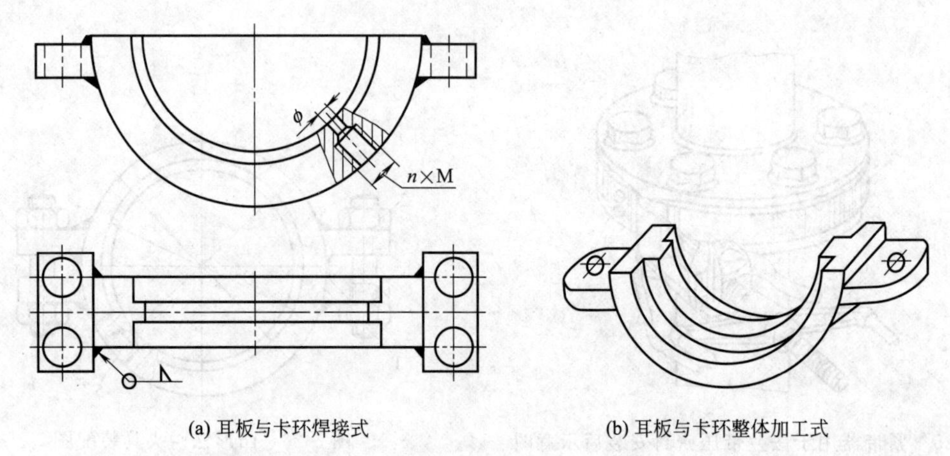

(a) 耳板与卡环焊接式　　(b) 耳板与卡环整体加工式

图 5-27　凸形法兰夹具结构示意图

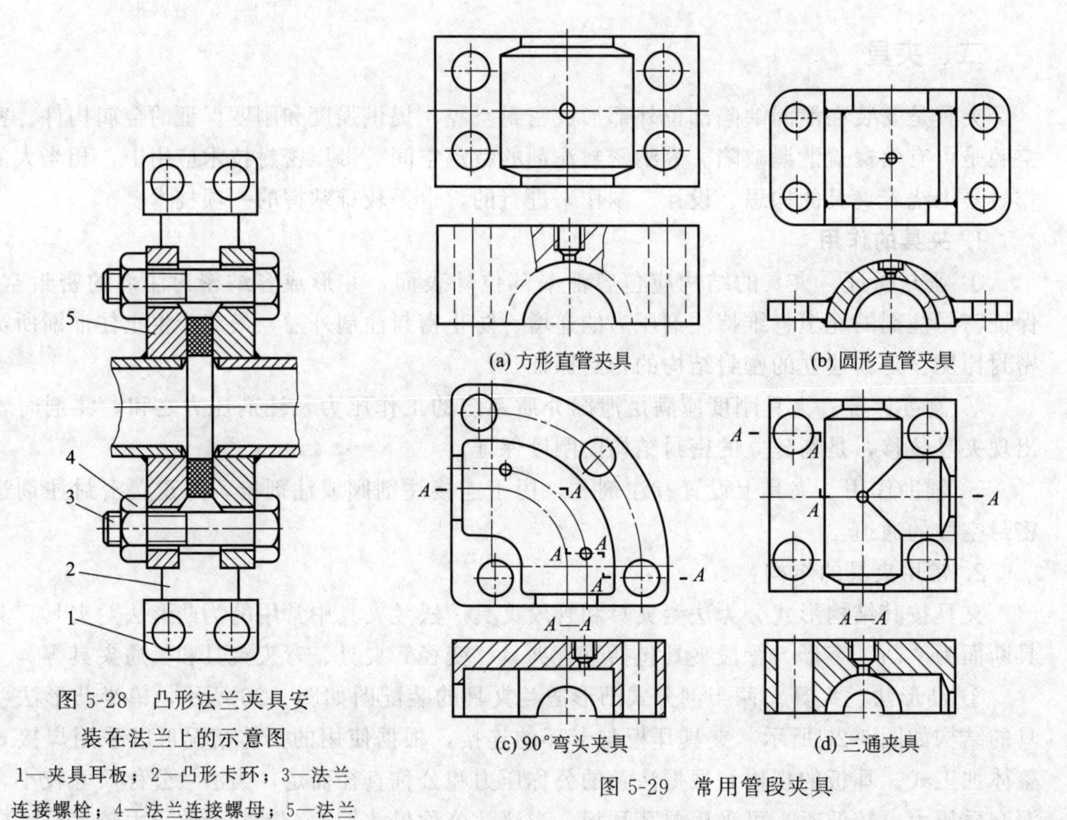

(a) 方形直管夹具　　(b) 圆形直管夹具

(c) 90°弯头夹具　　(d) 三通夹具

图 5-29　常用管段夹具

图 5-28　凸形法兰夹具安装在法兰上的示意图

1—夹具耳板；2—凸形卡环；3—法兰连接螺栓；4—法兰连接螺母；5—法兰

（2）夹具的连接部位的结构应满足强度条件，使用中不应发生断裂。

（3）选择夹具结构形式时，不应在注剂密封操作时，使泄漏缺陷部位产生新的附加应力。

（4）夹具与泄漏部位外表面接触部位应有适宜的配合间隙，以此来满足形成密封比压的要求。夹具与泄漏部位配合间隙应符合表 5-3 的规定。

表 5-3　夹具与泄漏部位配合间隙

泄漏介质压力/MPa	0.1～2.9	3～4.9	5～6.9	7～9.9	＞10
配合间隙/mm	＜0.5	＜0.4	＜0.3	＜0.2	0.1

当夹具与泄漏部位配合间隙不能满足表 5-3 的规定或泄漏系统压力高、介质渗透性强时，宜采用夹具密封增强结构。密封增强结构是指在夹具需要增强密封性的部位上开槽，填充 O 形圈、矩形截面填料或软金属的夹具结构。常用的法兰夹具密封增强结构如图 5-30 所示。

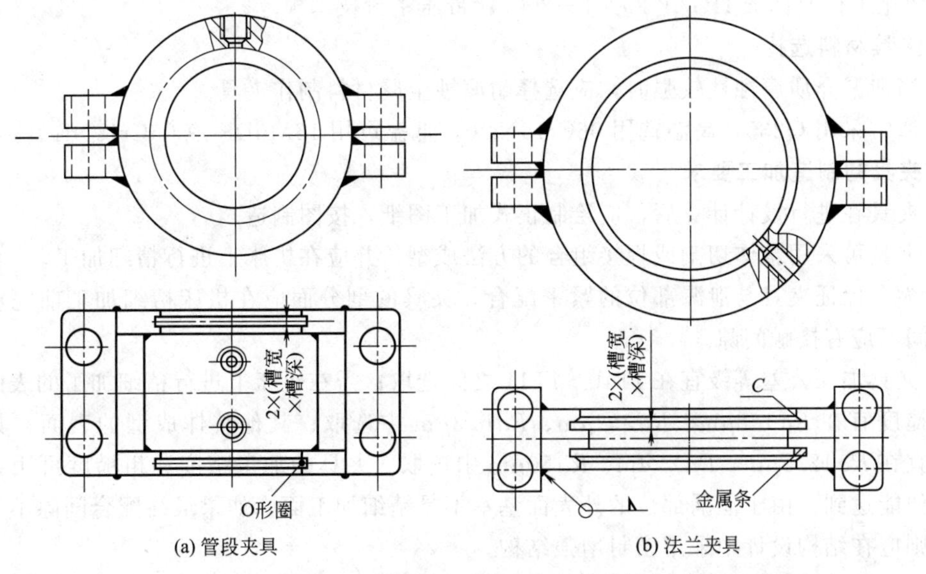

图 5-30　常用的法兰夹具密封增强结构

（5）夹具与泄漏部位的外表面应构成可注入密封注剂的密封空腔，并应符合下列规定。

① 管段夹具密封空腔的宽度应包容泄漏缺陷，其边界距夹具侧端板单向不小于 15mm。其高度，即形成新密封结构的密封注剂的厚度应与泄漏系统温度成正比，宜在 5～20mm 之间对应选取。夹具两侧端板必须安装在泄漏点两侧壁厚未见有明显缺陷的部位。

② 法兰夹具宜设计为“凸”形，其最小宽度应保证满足密封间隙及注剂孔开设的要求，其最大凸台宽度应略小于法兰间隙。

③ 法兰与接管的角焊缝及螺纹连接或对焊法兰颈部的焊缝泄漏，应按盒式法兰夹具设计。

④ 夹具宽度宜由法兰内侧面向两侧分别延伸 10～20mm 确定。若需采取密封增强结构，根据开槽宽度需要适当增加。

（6）夹具上注剂孔的开设。为了把注剂枪连接在夹具上，并通过注剂枪把密封注剂注射到泄漏区域内，夹具上应设置带有内螺纹的注剂孔，注剂孔的数量和分布以能顺利地使密封注剂注满整个密封空腔为宜。夹具上注剂孔数量应符合下列规定：一般夹具上应设有 2 个以上注剂孔；法兰夹具的注剂孔数应等于法兰副连接螺栓个数；管段夹具注剂孔中心间距应小于或等于 100mm。

（7）夹具应采取合理的剖分设计，便于现场安装。夹具应当是分块结构的，安装在泄漏部位上后再连成刚性整体，形成一个封闭的密封空腔。根据泄漏部位结构、尺寸大小、现场环境，为减轻每块夹具重量，便于安装，夹具也可以设计成三部分、四部分等。

（8）夹具设计人员应取得国家市场监督管理总局颁发的相应特种设备作业人员资格证，方能从事带压密封施工的夹具设计工作。

（9）根据泄漏结构特点，可设计成变异夹具结构或密封增强结构，具体结构可参考国家标准 GB/T 26468—2011《承压设备带压密封夹具设计规范》中附录 A 和附录 B 推荐的结构。

（10）夹具连接螺栓性能等级宜选用不低于 8.8 级的双头螺柱。

夹具的具体设计方法可参考国家标准 GB/T 26468—2011《承压设备带压密封夹具设计规范》和化工行业标准 HG/T 20201—2007《带压密封技术规范》。

4. 夹具材料选择

① 当泄漏介质腐蚀性较强时，应选择耐腐蚀金属材料制作夹具。

② 通常采用 Q235，高温选用 06Cr19Ni10，低温可用 16MnDR 或 06Cr19Ni10。

5. 夹具的制造加工要求

① 夹具在进行设计计算后，应绘制正式加工图纸，按图制造。

② 夹具可采用整体切割或焊接组合的方法成型，并应在机床上进行精细加工。

③ 为了保证夹具与泄漏部位的紧密配合，夹具的剖分面应在机床精细加工前完成。剖分面之间不应有接触间隙。

④ 夹具加工公差等级宜在 IT10～IT11 之间选取；需在机床上进行精细加工的表面，其表面粗糙度宜在 Ra1.6μm、Ra3.2μm、Ra6.3μm 中选取；其他整体成型的表面，其表面粗糙度宜在 Ra12.5μm、Ra25μm、Ra50μm 中选取。夹具的加工精度和粗糙度可用普通机床加工便能达到。由于泄漏部位的外表面基本不是精细加工面，如果最终配合间隙不能满足要求，则应在结构设计中采用密封增强结构。

⑤ 夹具本体的焊接、耳板与夹具本体的焊接、管段夹具本体与端封板的焊接，其坡口形式和焊接要求应符合表 5-4 的规定。

表 5-4 焊接坡口形式和要求

焊接部位	工件厚度/mm	名称	符号	坡口形式	焊接形式	坡口尺寸/mm
 筒体 端板	6～30	带钝边 单边 V 形坡口	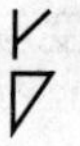	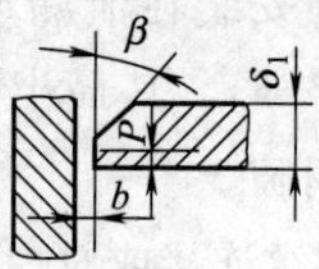	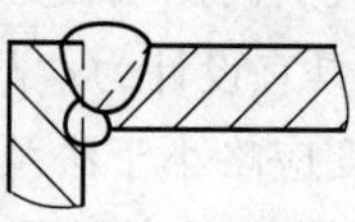	$\beta=35°\sim50°$ $b=0\sim3$ $P=1\sim3$
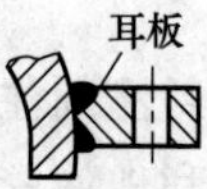 耳板	>10	双单边 V 形坡口		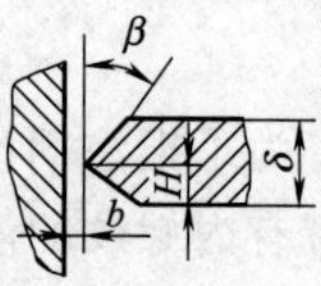	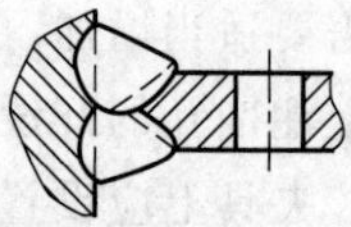	$\beta=35°\sim50°$ $b=0\sim3$ $H=\delta/2$

第四节 带压密封的安全施工

一、泄漏部位现场勘测

现场勘测是对泄漏现场的泄漏位置、大小、泄漏量、压力、温度等具体情况的实地测量，是注剂式带压密封技术掌握泄漏点情况的首要环节。由于生产现场的泄漏点所存在的部位及泄漏介质参数是千变万化的，在采用注剂式带压密封技术封堵之前，必须对泄漏部位进行详细测绘。首先确定泄漏位置，接着测量泄漏点的大小，以及压力、温度、介质、然后选用夹具的形式、密封注剂，施工时所需的工具、安全措施等。泄漏部位现场勘测作业时，必须由两名以上的作业人员进行，并应有泄漏现场的车间或装置内的工作人员进行配合。现场勘测时应做到以下几点。

① 观测需要带压密封作业的地点是否宽敞，至少要有能够容纳三人作业的空间，高空作业要搭脚手架，测绘及施工的安全必须放在首位。

② 拆除泄漏点处的保温及各种障碍物，清除影响测绘精度的铁锈及各种黏附物，仔细观察泄漏缺陷情况，判断能否采用带压密封技术进行作业。

③ 全面了解泄漏介质的性质，包括泄漏介质压力、温度、泄漏量大小、腐蚀性、易燃易爆性、有毒有害性及其他化学性质。

④ 准确无误地测绘泄漏点的尺寸，特别是密封基准的尺寸，要多测几个部位，坚持一人主测、一人校对的原则，保证测绘的精度和准确性。

⑤ 观察泄漏周围，判断夹具能否顺利安装，注剂枪与夹具的连接是否方便，是否需要改变高压注剂枪的连接方向等。

⑥ 现场测绘泄漏点的同时，要充分考虑带压密封作业时的安全因素，这一点是十分重要的。对人身安全有严重威胁的泄漏介质或泄漏缺陷属于动态发展状态的，不可强行进行作业。

经现场勘测有下列安全隐患时，不应进行带压密封施工。

① 现场不具备安全施工要求的泄漏部位。

② 结构和材料的刚度和强度，不能满足带压密封要求的泄漏部位。

③ 环连接面法兰线密封无法满足安全施工要求的泄漏部位。

④ 带压密封部位连接螺栓强度不能满足形成密封比压要求，且无法加固的泄漏部位。

⑤ 无法有效阻止带压密封部位材料裂纹扩展的泄漏部位。

⑥ 无法检测确认带压密封部位材料减薄程度的泄漏部位。

⑦ 毒性程度为极度危害介质的泄漏部位。

1. 泄漏介质的勘测

泄漏介质勘测的项目应符合表 5-5 的规定。

表 5-5 泄漏介质勘测记录

<table>
<tr><td rowspan="3">泄漏介质化学参数</td><td>名称</td><td></td><td colspan="4">危险性类别</td></tr>
<tr><td rowspan="2">腐蚀性质</td><td rowspan="2"></td><td colspan="2">毒性危害程度</td><td colspan="2">爆炸危险程度</td></tr>
<tr><td colspan="2"></td><td colspan="2"></td></tr>
<tr><td rowspan="2">泄漏介质物理参数</td><td>最低工作温度/℃</td><td></td><td>最高工作温度/℃</td><td></td><td>作业环境温度/℃</td><td></td></tr>
<tr><td>最低工作压力/MPa</td><td></td><td>最高工作压力/MPa</td><td></td><td></td><td></td></tr>
<tr><td colspan="7">勘测人员姓名　　　　　　　　　　　　年　　月　　日</td></tr>
</table>

泄漏介质性质、温度、压力应以现场实际运行的数据为准进行记录。当对勘测结果有怀疑时，应在现场重新进行测量或取样复检。泄漏介质毒性危害和爆炸危险程度分类按化工行业标准 HG/T 20660—2017《压力容器中化学介质毒性危害和爆炸危险程度分类标准》执行。

2. 泄漏部位的测量

泄漏部位的勘测数据应准确可靠，其同一尺寸的外圆部位应在多个不同角度位置上测量。两点之间间隙和距离则应在整个圆周上尽量增加测量点，以找出其最小值。泄漏点的位置应在勘测示意图或附加图上标明；泄漏点的大小可用长×宽或当量孔径表示。

法兰密封面泄漏部位勘测的项目和内容应符合表 5-6 和图 5-31 规定。

表 5-6 法兰密封面泄漏部位勘测记录表

项目	D_1	D_2	e	C_1	C_2	C	h	螺栓	泄漏缺陷简图
测量值						$C_{min}=$	$h_{min}=$	规格 M 数量 $n=$	长×宽或当量孔径

法兰角焊缝或螺纹连接泄漏部位勘测的项目和内容应符合表 5-7 和图 5-32 规定。

表 5-7 法兰角焊缝或螺纹连接泄漏部位勘测记录表

项目	D_1	D_2	d_1	d_2	e	e_1	C_1	C_2	C	h	螺栓	泄漏缺陷简图
测量值									$C_{min}=$	$h_{min}=$	规格 M 数量 $n=$	长×宽或当量孔径

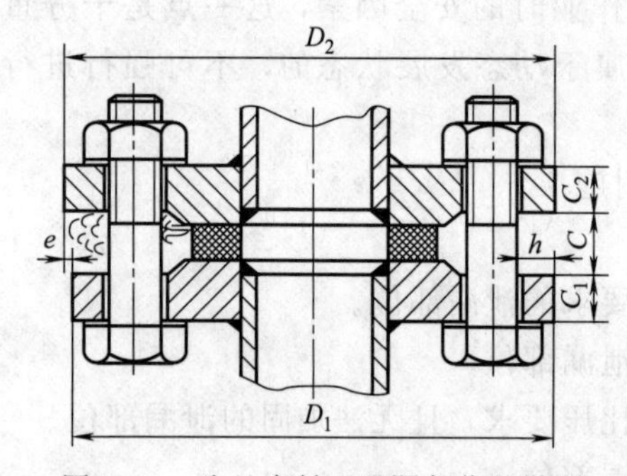

图 5-31 法兰密封面泄漏部位的勘测

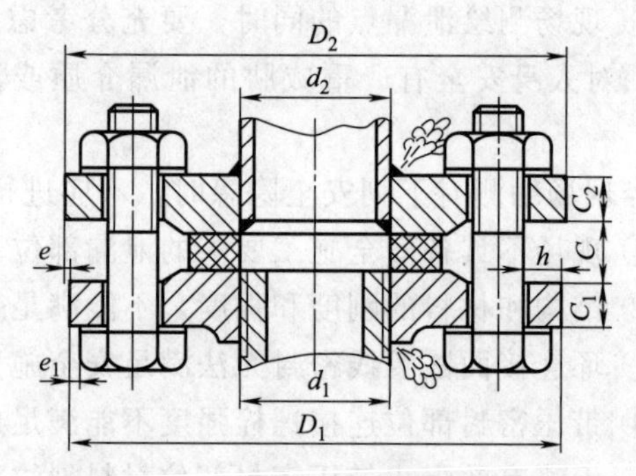

图 5-32 法兰角焊缝泄漏部位的勘测

直管、设备筒体泄漏部位勘测的项目和内容应符合表 5-8 和图 5-33 规定。

表 5-8 直管、设备筒体泄漏部位勘测记录表

项目	D_1	D_2	e	b	名义壁厚	测量壁厚	泄漏缺陷及简图
测量值							长×宽或当量孔径

注：b 为确定夹具空腔覆盖宽度尺寸。

变径管泄漏部位勘测的项目和内容应符合表 5-9 和图 5-34 规定。

90°弯头泄漏部位勘测的项目和内容应符合表 5-10 和图 5-35 规定。

三通泄漏部位勘测的项目和内容应符合表 5-11 和图 5-36 规定。

填料泄漏部位勘测的项目和内容应符合表 5-12 和图 5-37 规定。

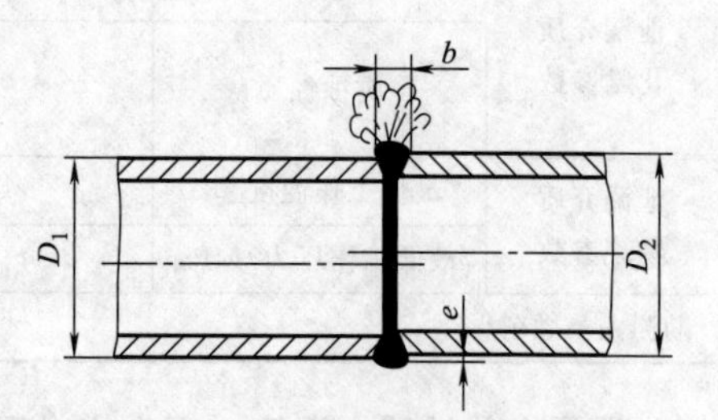

图 5-33 直管泄漏部位的勘测

表 5-9 变径管泄漏部位勘测记录表

项目	D_1	D_2	e	L	b	名义壁厚	测量壁厚	泄漏缺陷及简图
测量值								长×宽或当量孔径

注：L 与 b 为确定夹具空腔覆盖宽度尺寸。

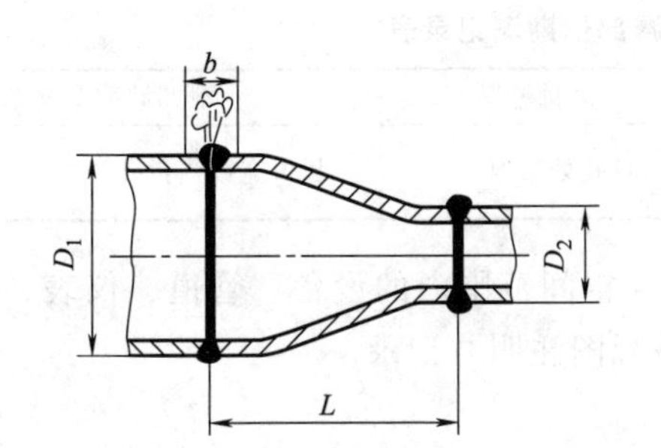

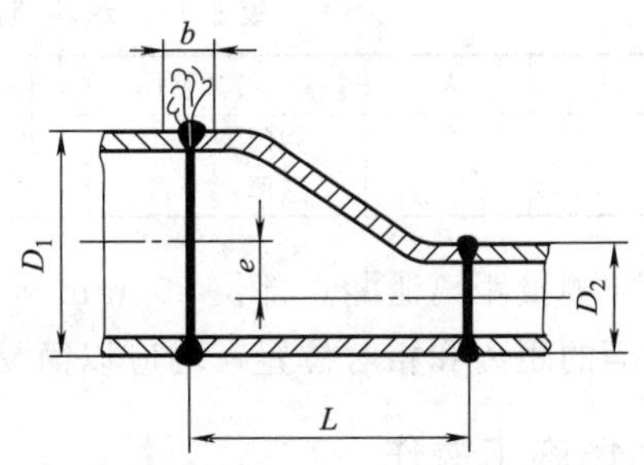

图 5-34　变径管泄漏部位的勘测

表 5-10　90°弯头泄漏部位勘测记录表

项目	D_1	D_2	F_1	F_2	R	R_1	R_2	b	名义壁厚	测量壁厚	泄漏缺陷及简图
测量值											长×宽或当量孔径

表 5-11　三通泄漏部位勘测记录表

项目	D_1	D_2	D_3	M	C	b	名义壁厚	测量壁厚	泄漏缺陷及简图
测量值									长×宽或当量孔径

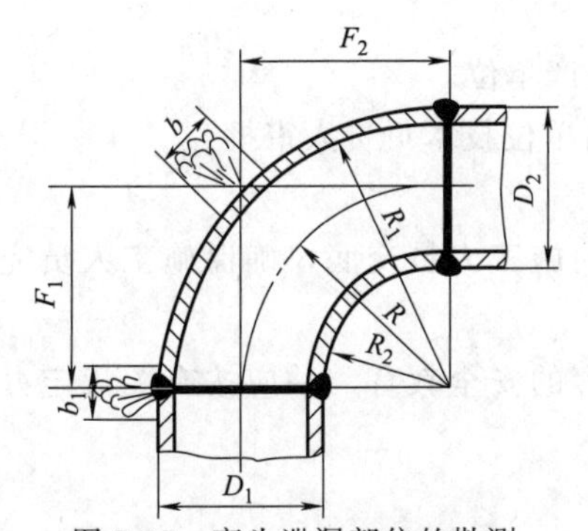

图 5-35　弯头泄漏部位的勘测

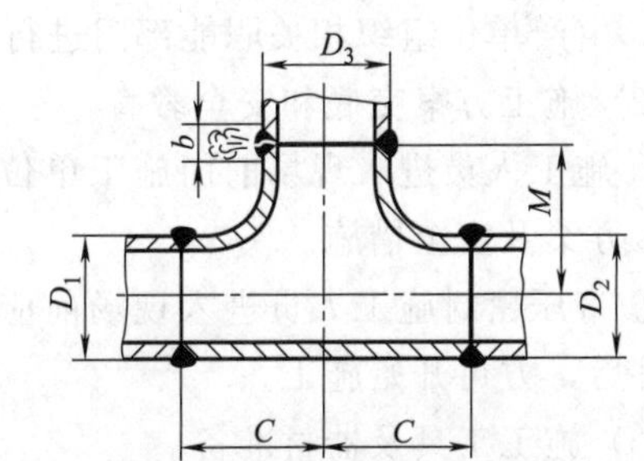

图 5-36　三通泄漏部位的勘测

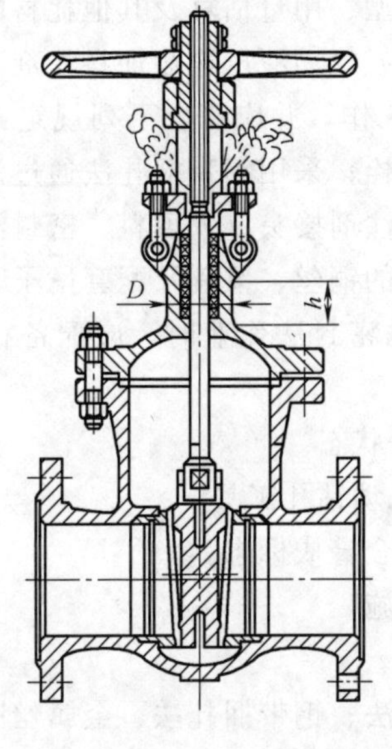

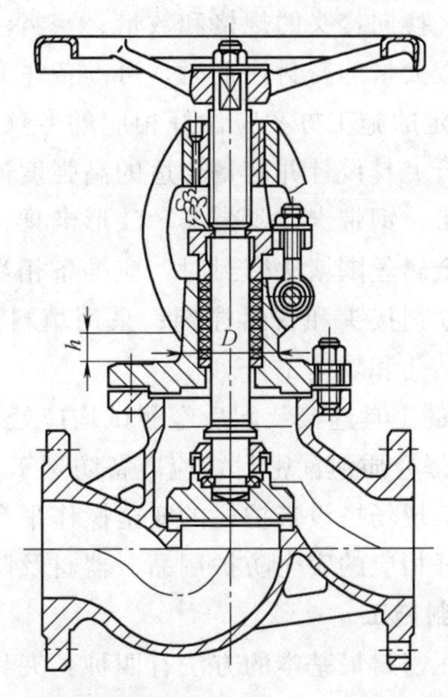

图 5-37　填料泄漏部位的勘测

表 5-12　填料泄漏部位勘测记录表

项目	D	h	名义壁厚	测量壁厚	泄漏缺陷及简图
测量值			阀门型号： 壁厚：	打孔处壁厚：	长×宽或当量孔径

另外还应测量距离泄漏点部位 500mm 半径空间范围内的设备、管道、仪表、平台、支架、建筑物等的距离和相对位置，均应以简易视图注明并记录。

二、现场施工操作

1. 施工前的准备

（1）组织分工及人员配置

① 施工组织应设立项目负责、技术、施工安全三个岗位职责，技术负责人可以由项目或施工安全负责人兼任。项目施工人员配置不得少于 2 人。

② 项目技术负责人应负责编制带压密封施工方案。施工方案主要包括以下内容：带压密封施工方法；夹具设计；密封注剂选用及用量估算；注剂操作与注意事项；作业工具及耗材准备；防护用品配备及安全防护措施；突发事项的应急预案。

③ 施工方案的审核与审批

a. 方案经施工单位技术负责人审核后，应交付生产单位。

b. 生产单位组织相关职能部门进行方案审查，由单位技术负责人审批。

（2）施工方案交底和安全教育

① 施工人员进入现场前由施工单位技术负责人向施工人员交底，确保施工人员完全理解施工方案及安全措施。

② 带压密封施工人员进入现场前应履行规定内容的安全教育，并应按有关规定办理相关证件后，方可开始施工。

（3）施工工具及器材准备

① 注剂工具的准备应符合下列规定：必须有一套完好的注剂工具；确认需要的注剂阀、螺孔注剂接头、换向接头的规格和数量；密封注剂选型、用量估算及其他耗材配备；当泄漏部位需要注入较大量的密封注剂时，可准备一套电动或气动液压连续加料注剂工具。

② 根据确定的施工方案应做好相应的专项准备工作，并应符合下列规定：采用夹具密封法时，应进行夹具设计并准备合适的高强度连接螺栓；采用钢带捆扎法通过注剂消除泄漏时，应备齐钢带、钢带卡、紧带器、G 形卡具、螺孔注剂接头、软填料、密封注剂或紧固密封剂等；采用金属丝围堵法密封时，应准备相当直径的铜丝、风镐及配套凿子、钻孔工具及注剂阀、螺孔注剂接头和密封注剂；采用填料函泄漏密封法作业时，应配备相应规格的 G 形卡具、配套钻孔和攻丝工具。

③ 注剂用的工具连接装配后经测试均应处于完好状态。

④ 易燃易爆介质泄漏密封，应准备防爆工具和风动钻孔工具。

（4）在施工现场搭设带护栏的安全操作平台和安全警戒标志。

（5）准备好相应的安全防护用品、器材及防护措施。

2. 带压密封施工

注剂式带压密封最基本的方法有四种：夹具密封法、钢带捆扎法、金属丝围堵法和填料函的带压密封法。

施工人员在生产单位相关人员配合下进入施工现场，确认各项准备工作均已满足施工要求，安全措施均已齐备；检查泄漏部位仍然能够满足安全施工要求。密封施工方法经现场确认后，即进行密封施工作业。

（1）夹具密封法。夹具密封法适用范围最广，可适用于泄漏系统工作压力从－0.1～35MPa（表压）、温度为－180～800℃，各种介质（泄漏介质毒性程度为极度的除外），与其他密封方法相比，安全可靠性更高。

夹具密封法的操作系统如图5-1或图5-7所示，当采用夹具密封法时，应符合下列规定。

① 夹具安装。夹具安装应符合下列规定。

a. 夹具安装前，应将完好的注剂阀安装在夹具全部注剂孔上，并使注剂阀处于“打开”状态。

b. 作业人员穿戴好防护用品，从上风方向靠近泄漏点。

c. 夹具安装过程应先调整方位，消除对接间隙，对称紧固夹具连接螺栓。

d. 将夹具安装在泄漏部位的过程中，应采用轻推嵌入，不应采用强力冲击的方法进行密合。

② 通过注剂阀向夹具密封空腔内注入密封注剂时，应符合下列规定。

a. 注意起始注入点的选择，当只有一个泄漏点，且泄漏缺陷尺寸较小时，应从泄漏点最远端的注剂孔开始（见图5-38）顺序注入密封注剂。

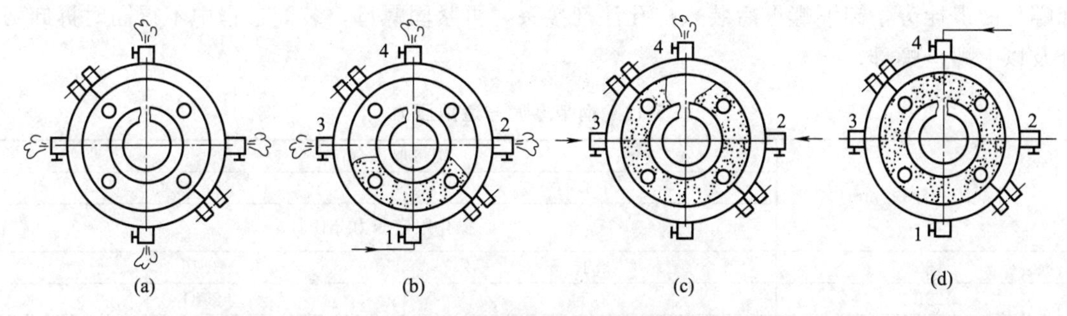

图5-38　注入密封注剂的顺序

b. 当泄漏缺陷尺寸较大或有多个泄漏点时，从泄漏点就近两侧开始注入密封注剂。

c. 从第二注入点开始，要在泄漏点两侧交叉注入密封注剂，最终正对主泄漏点侧注入密封注剂，直至消除泄漏。

d. 注入密封注剂施压过程应匀速平稳，注意推进速度与密封注剂固化时间协调。各注剂孔的注剂压力应基本相等。不应在一个注剂孔长时间连续注入密封注剂。要严格控制注剂压力，避免不必要的超压，防止把密封注剂注入泄漏系统中去。

e. 完成顺序注入后要进行补注压紧，防止产生应力松弛，确保密封效果长期稳定。

③ 现场施工人员操作注剂枪时，应符合下列规定。

a. 必须站在注剂枪的旁侧操作。

b. 当在注剂阀上装卸注剂枪时，必须先关闭注剂阀。

c. 当退出注剂枪推料杆向料剂腔填加密封注剂时，必须先关闭注剂阀。

d. 注剂枪的料剂腔加入密封注剂后，应通过液压泵对注剂枪施加一定液压后，方可打开注剂阀。

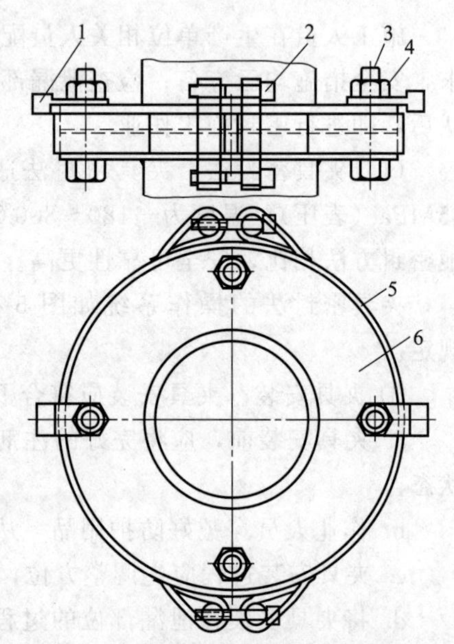

图 5-39 钢带捆扎密封法示意图

1—螺孔注剂接头；2—内六方螺栓；3—法兰连接螺栓；4—法兰连接螺母；5—钢带；6—法兰

(2) 钢带捆扎密封法。如图 5-15 (b) 和图 5-39 所示，钢带捆扎法是用钢带围起来，取代夹具的一种密封方法，它不用事先设计制作夹具，操作简单。但稳定和可靠性差，多用于应急之用。钢带捆扎法消除法兰密封面泄漏，通常采用的钢带宽度 30mm，厚度 1.25mm 或 1.5mm。钢带材料一般选用 06Cr19Ni10。

① 适用范围。钢带捆扎法用于消除法兰密封面泄漏时，适用法兰连接间隙≤10mm，间隙过大钢带在泄漏法兰外缘压紧面窄，注剂挤压容易发生不稳定变形，影响密封效果；根据不同的钢带厚度和泄漏法兰外径尺寸，适用压力范围应符合表 5-13 的规定；法兰应同径同心，对于异径法兰应采取补偿措施。钢带捆扎法用于消除管道壁泄漏时，系统压力应不大于 2MPa。

② 钢带捆扎法通过螺孔注剂消除法兰密封垫片泄漏的施工操作，应符合下列规定。

a. 螺孔注剂接头设置时，应在泄漏点两侧相邻螺栓处安装螺孔注剂接头，其余螺栓可间隔设置。

b. 螺孔注剂接头安装时，首先用 G 形卡具卡紧拆卸螺母的螺栓旁，卸下螺母后装入螺孔注剂接头，再紧固螺母，装配过程中不得同时拆卸两个及以上螺栓螺母。

表 5-13 钢带厚度与适用压力

泄漏法兰外径/mm	钢带厚度/mm	
	1.25	1.5
	操作限定压力/MPa	
165	3.15	3.75
220	2.34	2.81
340	1.51	1.82
505	1.02	1.22
615	0.84	1.01

注：所限定压力控制值是根据法兰间隙 10mm，钢带材质为 06Cr19Ni10，在 200℃温度条件下，通过强度计算并留一定安全系数校核确定的。

c. 法兰间隙嵌入适当尺寸的软填料，接口处采用斜口对接。

d. 钢带捆扎法兰外缘，用紧带器拉紧后，拧紧钢带卡紧定螺钉。钢带捆扎过程示意如图 5-24 和图 5-25 所示。

e. 通过螺孔注剂接头注入密封注剂操作应符合“(1) 夹具密封法”中第②、③条的相关规定，直至完全消除泄漏。

(3) 金属丝围堵法密封。当两法兰的连接间隙较小，并且整个法兰外圆的间隙量比较均匀、泄漏介质压力和泄漏量不大时，也可以不采用特制夹具，而是采用另一种简便易行的方法，用直径等于或略小于泄漏法兰间隙的金属丝、螺孔注剂接头或在泄漏法兰上开设注剂孔方法，组合成新的密封空腔，然后通过螺孔注剂接头或法兰上新开设的注剂孔把密封注剂注射到新形成的密封空腔内，达到阻止泄漏的目的，如图 5-15 (a) 和图 5-19 (b) 所示。金属丝围堵法也称为金属丝捆扎法。

① 适用范围。金属丝围堵法适用消除法兰间隙小于 5mm，圆形或非圆形密封垫片泄漏；金属丝围堵法密封通过法兰连接螺栓与螺栓孔间隙注入密封注剂时［见图 5-15（a)］，限定适用压力为 2MPa 以下，超过 2MPa 时，应由法兰外缘钻孔攻丝接入注剂阀注剂密封（见图 5-40）。

② 金属丝围堵法消除法兰垫片泄漏的施工操作，应符合下列规定。

a. 螺孔注剂接头设置时，应在泄漏点两侧相邻螺栓处安装螺孔注剂接头，其余螺栓可间隔设置。

b. 螺孔注剂接头安装时，为了安全地拆卸工作压力下的法兰连接螺母，首先用 G 形卡具卡紧拆卸螺母的螺栓旁，用以加固法兰。卸下法兰连接螺母后装入螺孔注剂接头，再紧固螺母，装配过程中不得同时拆卸两个及以上螺栓螺母。

c. 法兰钻孔注剂时，应选择法兰外缘适当位置钻孔，攻丝接装注剂阀，通过注剂阀用 ϕ4mm 钻头钻通至法兰间隙的剩余厚度。当进行现场钻孔操作时，应符合下列规定：当选择钻孔的位置和钻孔的大小时，不应降低原结构强度和使用要求；钻孔的位置，在钻通之前必须预先设置注剂阀；当在法兰上钻孔时，孔的位置不得在法兰螺孔中心线之内，更不能损伤法兰螺栓；钻孔现场必须符合动火用电的要求。在易燃易爆介质装置上钻孔时，必须使用气钻，用饱和水蒸气或惰性气体吹扫泄漏介质于钻孔位置的另一侧，防止钻孔时钻头上产生火花、静电或高温；钻孔施工操作人员必须佩戴防护眼镜或面罩，站在钻孔位置的侧面进行操作，旁边不得有其他人员。

d. 将与法兰间隙相当直径尺寸的金属丝（一般采用黄铜丝），嵌入法兰周圈间隙，用配有圆形凿子的微型风镐将法兰连接间隙两侧外缘内边角铲捻变形，敛缝阻挡金属丝，防止金属丝发生位移，如图 5-41 所示。

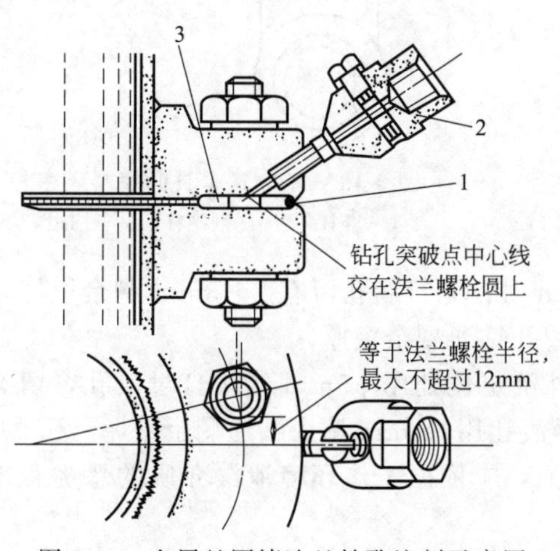

图 5-40　金属丝围堵法兰钻孔注剂示意图

1—金属丝；2—注剂阀；3—密封空腔

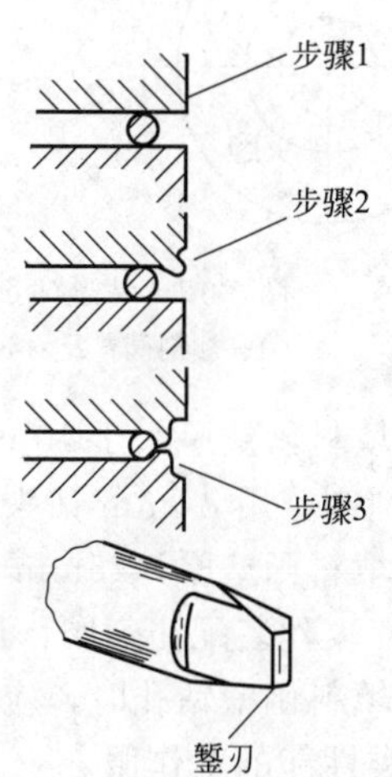

图 5-41　敛缝过程示意

e. 通过注剂阀或螺孔注剂接头注入密封注剂操作应符合“（1）夹具密封法”中第②、③条的相关规定，直至完全消除泄漏。

（4）填料函的带压密封法。填料函的带压密封法可适用于阀门填料函泄漏密封，机泵及搅拌器轴封泄漏处理，填料函式伸缩接头泄漏密封。

阀门填料函泄漏密封根据工况条件和泄漏状况，选用适宜的密封注剂，才能实现有效封堵。系统压力高，泄漏严重时，应采用能尽快建立起承压能力的密封注剂，反之要选用配置具有延迟硫化系统的密封注剂。机泵及搅拌器轴封和填料函式伸缩接头泄漏密封，宜采用填充型密封注剂。

填料函的带压密封施工操作应符合下列规定。

① 在填料函中部偏阀体侧（罐体或管端侧）钻盲孔（留有不小于 2mm 的剩余壁厚），攻丝装配注剂阀，打开注剂阀旋塞后用长钻头钻通剩余壁厚，如图 5-42 所示。

填料函壁钻孔定位应根据泄漏系统压力和泄漏状况确定，一般应设于填料函中部略偏阀体（罐体或管端）侧，距阀体端约 2/5 处。系统压力高，泄漏严重的漏点，钻孔位置应占填料函总高距阀体（罐体或管端）1/3 处。为确保钻孔过程安全，钻通剩余壁厚操作时，钻头应通过防护挡板，以防介质喷射伤及操作者。

② 填料函壁厚≤10mm 时，则不能直接装设注剂阀，而需要采用带注剂螺杆的 G 形卡具［见图 5-13（b）］。可借助装配注剂阀的 G 形卡具的注剂螺杆嵌入定位窝，紧固卡具螺杆夹紧填料函外壁，通过注剂阀和注剂螺杆的内孔用长钻头钻通填料函壁，如图 5-43 所示。采用带注剂螺杆的 G 形卡具，这样既能保证填料函强度，同时也简化了装设注剂接头的程序，因而特别适用于小型阀门填料函的密封。

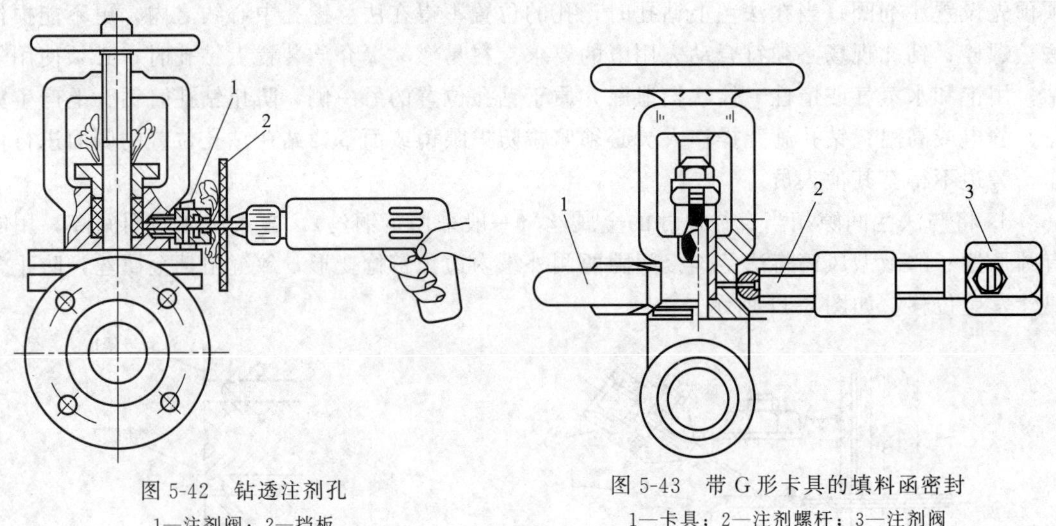

图 5-42 钻透注剂孔
1—注剂阀；2—挡板

图 5-43 带 G 形卡具的填料函密封
1—卡具；2—注剂螺杆；3—注剂阀

③ 填料函壁厚大于 10mm 且小于 25mm 时，先打底孔留有 2～3mm 剩余壁厚，攻丝后安装注剂阀，用 ϕ4mm 钻头通过注剂阀的内孔钻通剩余壁厚。

④ 填料函壁厚≥25mm 时，在填料函外壁定位处用 ϕ5mm 钻头打过渡孔，留有剩余壁厚，扩孔攻丝装配注剂阀，通过注剂阀和过渡孔用 ϕ4mm 钻头钻通剩余壁厚。

⑤ 填料函壁钻孔时，应注意身体的防护，应依据工作环境泄漏介质的恶劣程度，选穿不同种类性能的工作服。

⑥ 高温高压及有毒有害介质系统填料函壁钻孔时，应注意眼的防护，应依据泄漏介质、温度和压力的高低，选戴防护眼镜或防护面罩。

⑦ 通过注剂阀，向填料函注入适宜泄漏系统工况条件和泄漏状况的密封注剂，直到消除泄漏。

三、施工过程安全与防护

1. 高处作业的安全防护

凡高出坠落基准面 2m（含 2m）以上，有可能发生坠落的作业，属高空作业。除遵守

GB/T 3608—2008《高处作业分级》规定外，还应遵守以下规定。

① 进入现场佩戴好个人劳动保护用品，并配备必要的专用工具。

② 作业前禁止饮酒。

③ 搭建带有安全护栏的防滑操作平台，并必须设有作业人员能迅速撤离的通道。

④ 不准上下抛掷工具及其他物品。

⑤ 患有高血压、心脏病、癫痫病及恐高症的人员，严禁从事高处带压密封作业。

⑥ 在专设带有防护栏的作业平台上从事带压密封操作时，不宜系安全带。

2. 呼吸器官的防护

在有毒介质或粉尘环境施工，必须佩戴呼吸器官保护器，并设立现场安全监护人员。

① 对有粉尘的作业环境，依据粉尘性质，应佩戴自吸过滤式防尘口罩，或送风过滤式呼吸器。其质量应符合 GB 2626—2019《呼吸防护　自吸过滤式防颗粒物呼吸器》和 LD6—91《电动送风过滤式防尘呼吸器通用技术条件》的规定。

② 对于在有毒有害物质环境作业，应依据泄漏物质的毒性程度佩戴导管式防毒面具或过滤式防毒面具。其质量应符合 GBZ 1《工业企业设计卫生标准》和 GB 2890《呼吸防护　自吸过滤式防毒面具》。

③ 对各种类型的呼吸器官保护器，在使用前必须仔细阅读使用说明及注意事项，按要求使用。

3. 噪声的防护

当密封作业环境的噪声超过 GB 12348《工业企业厂界环境噪声排放标准》的规定时，作业人员应佩戴符合标准的耳塞、耳罩和防噪声头盔。

4. 静电的防护

在易燃易爆的环境中作业，应防止静电的产生、积聚、放电和电击。

① 带压密封作业，应防止静电的产生和积聚。

② 作业人员应穿防静电服和防静电鞋。防静电服应符合 GB 12014—2019《防护服装　防静电服》的规定，防静电鞋应符合 GB 21148—2020《足部防护　安全鞋》的规定。

③ 不穿带钉的鞋和不在易燃易爆场合脱换衣服。

5. 头、眼、手、足、身的防护

(1) 头部的防护，应根据泄漏介质压力、温度及其化学性质选用和佩戴不同种类的安全帽或头盔，其质量应满足 GB 2811—2019《头部防护　安全帽》的规定。

(2) 眼的防护，应依据泄漏介质、温度和压力的高低，选戴防护眼镜或防护面罩。其质量应符合国家相关标准的规定。若介质为高温高压或者是有较强的腐蚀性时，可戴防护眼镜或装防护挡板。

(3) 手的防护，应根据接触介质的化学性质及温度的高低，选戴不同材料和性能的手套。

① 介质为酸碱类时，应佩戴耐酸碱手套。其质量应符合 AQ 6102—2007《耐酸（碱）手套》的规定。

② 介质为油类时，应佩戴耐油手套。其质量应符合 AQ 6101—2007《橡胶耐油手套》的规定。

③ 如介质为高温或低温，应选戴耐温手套，其质量应符合国家相关质量标准。

④ 当手持风镐、风钻、风铲等振动工具时，应戴减振手套。

⑤ 当需接触有毒介质时，可选用耐酸碱手套。

(4) 足部的防护，应根据泄漏介质的不同，穿用不同品种的足部保护用品。

① 若介质为易燃易爆时，应穿用符合 GB 21148—2020《足部防护　安全鞋》规定的鞋。

② 若介质为酸碱时，应穿用耐酸碱鞋。

③ 若泄漏介质为油品时，应穿用耐油防护鞋，其质量应符合 GB 21148—2020《足部防护　安全鞋》的规定。

④ 若介质是高温或低温时，应穿用高温防护鞋或防寒鞋，其质量应符合 LD 32—1992《高温防护鞋》的规定。

(5) 身体的防护，应依据工作环境泄漏介质的恶劣程度，选穿不同种类性能的工作服。

① 若在粉尘环境施工，应穿防尘服。

② 若在温度较高的场合施工，应穿阻燃工作服，其质量应符合 GB 8965.1—2020《防护服装　阻燃服》的规定。

③ 若在低温环境下作业，应穿防寒服、防寒鞋和佩戴防寒手套。

④ 若在易燃易爆环境施工，应穿防静电服。其质量应符合 GB 12014—2019《防护服装　防静电服》的规定。

⑤ 若介质为酸类介质时，应穿用防酸服。

⑥ 若介质为油品时，应穿用抗油拒水服。

6. 其他作业的防护

其他作业的防护，可按 GB 39800.1—2020《个体防护装备配备规范　第 1 部分：总则》和 GB 39800.2—2020《个体防护装备配备规范　第 2 部分：石油、化工、天然气》的规定选用和佩戴劳动保护用品。

7. 燃烧与爆炸的防护

燃烧与爆炸是互为因果的，有效的防护不仅可避免火灾发生，某种程度上也能避免爆炸事故的发生。

(1) 严格禁止明火、防静电的产生、电击和放电。

(2) 采用通风换气，降低可燃物的浓度，使之处于爆炸范围之下。

(3) 采用惰性气体保护法，冲淡可燃气体的浓度，使之保持在爆炸范围之外。

(4) 采用防爆工具，如风镐、风钻、铜改锥、铜手锤等。

(5) 如必须在易燃易爆介质系统设备上打孔，应采用气动钻，并用惰性气体将泄漏介质吹向无人一侧。在钻孔过程中为防止产生火花、静电及高温，应采取以下措施。

① 冷却降温法：钻孔过程中，冷却液不断地浇在钻孔表面上，降低温度，使之不产生火花。

② 隔绝空气法：在注剂阀或卡具通道内，填满密封注剂，钻头周围被密封注剂所包围，使介质不与空气接触，起到保护作用。

③ 惰性气体保护法：用一个可以通入惰性气体的注剂阀，钻头通过注剂阀与设备和介质接触，惰性气体可起到保护作用。

8. 对法兰连接螺栓状态的控制

① 应严格执行注剂操作规定，控制密封空腔注剂挤压力，防止螺栓超载。

② 当泄漏法兰的连接螺栓锈蚀严重或已经产生超载变形时，应采用更换或增强措施。

四、带压密封施工竣工验收

1. 验收判定

带压密封施工结束后，连续 24h 无泄漏为合格，并按表 5-14 填写带压密封施工验收记录。

2. **检测方法**

密封效果的检测，可用宏观法、皂液喷涂法、仪器检测法检测，所采用的具体方法和验收标准由生产单位和施工单位商定后，应在工程协议中予以明确。

3. **资料管理**

竣工验收技术资料一式两份由生产单位和施工单位分别保存。

表 5-14　带压密封施工验收记录

甲方（生产单位）：　　　　　　　　　　乙方（施工单位）：

车间		装置		设备(管道)	
泄漏部位/尺寸		泄漏点大小		泄漏介质	
介质温度/℃		介质压力/MPa		密封方法	
密封注剂牌号		施工日期		验收日期	
验收结果					
甲方代表签字　（单位盖章）			乙方代表签字　（单位盖章）		

【学习反思】

1. 安全无小事，带压密封的安全施工也是如此。关注带压密封施工安全措施，就是关注生产安全、财产安全、生命安全和国家安全。

2. 密封技术还在不断的发展，这也是留给创新者的空间。创新没有界限，创新就在我们身边，平时学习和工作中的小问题也是创新点，我们要善于发现问题，找到创新点。

复习思考题

5-1　什么是带压密封？

5-2　简述注剂式带压密封的基本原理。

5-3　密封注剂有哪些类型？各有何特性？

5-4　密封注剂应满足哪些一般规定？选用密封注剂时应遵循哪些原则？

5-5　注剂式带压密封所用的注剂工具主要有哪些？

5-6　手动液压泵使用及维护保养时应注意哪些事项？

5-7　高压注剂枪的使用注意事项有哪些？

5-8　注剂接头的作用是什么？主要有哪几种结构形式？

5-9　带压密封中的夹具有何作用？主要有哪几种结构形式？

5-10　带压密封中夹具的设计准则有哪些？夹具制造加工要求有哪些？

5-11　泄漏部位现场勘测时应做到哪几点？

5-12　经现场勘测有哪些安全隐患时，不应进行带压密封施工。

5-13　带压密封施工前需做好哪些准备？

5-14　注剂式带压密封最基本的方法有哪几种？

5-15　带压密封施工过程安全与防护注意事项有哪些？

第六章

泄漏检测技术简介

学习目标

1. 掌握检漏的概念及检漏方法的分类。
2. 了解常用的检漏方法。
3. 了解选择检漏方法时应主要考虑的因素。
4. 会查阅泄漏检测技术的相关资料、图表、标准、规范、手册等，具有一定的运算能力。
5. 形成团队协作作风、精益求精态度和规范化操作。

第一节　检漏方法的分类

一、检漏的概念

过程装置在制造或运转的过程中，不但需要知道有无泄漏，而且还要知道泄漏率的大小。泄漏检测技术中所指的“漏”的概念，是与最大允许泄漏率相联系的。

泄漏是绝对的，不漏则是相对的。对于真空系统来说，只要系统内的压力在一定的时间间隔内能维持在所允许的真空度以下，这时即使存在漏孔，也可以认为系统是不漏的；对于压力系统来说，只要系统的压力降能维持在所允许的值以下，不影响系统的正常操作，同样也可以认为系统是不漏的。对于密封有毒、易燃易爆、对环境有污染、贵重的介质，则要求系统的泄漏率必须小于环保、安全以及经济性所决定的最大允许泄漏率指标。

检漏就是用一定的手段将示漏物质加到被检设备或密封装置器壁的一侧，用仪器或某一方法在另一侧怀疑有泄漏的地方检测通过漏孔漏出的示漏物质，从而达到检测的目的。检漏的任务就是在制造、安装、调试过程中，判断漏与不漏、泄漏率的大小，找出漏孔的位置；在运转中监视系统可能发生的泄漏及其变化。

二、检漏方法的分类

检漏的方法和仪器很多，一般可从以下几个方面进行分类。

① 根据所使用的设备可分为氦质谱检漏法、卤素检漏法、真空计检漏法等。

② 按照所采用的检漏方法所能检测出泄漏的大小可分为定量检漏法和定性检漏法。

③ 根据被检设备所处的状态可分为压力检漏法和真空检漏法。

第二节　常用的检漏方法及选择

本节主要介绍压力和真空检漏法的基本原理、设备操作方法、注意事项以及检漏方法的选择。

一、常用的检漏方法

1. 压力检漏法

压力检漏法就是将被检设备或密封装置充入一定压力的示漏物质，如果设备或密封装置上有漏孔，示漏物质就会通过漏孔漏出，用一定的方法或仪器在设备外检测出从漏孔漏出的示漏物质，从而判定漏孔的存在、漏孔的具体位置以及漏孔的大小。常用的压力检测法有水压法、压降法、听音法、超声波法、气泡法、集漏空腔增压法、氨气检漏法、卤素检漏法、放射性同位素法、氦质谱检漏法等。

(1) 水压法。对压力容器或密封装置进行试验时，先将容器或密封装置内部装满水，再用水泵向里注水，观察设备或密封装置周围有无水漏出。检漏时必须耐心等待，直至水泄漏出来。因此，只能抽象地表示灵敏度的高低。根据被检物表面是否有水渗出，即可判断出泄漏点。但是，对于结构比较复杂的设备，肉眼可能无法直接观察到泄漏点。只要水压不变，泄漏率大小就不会发生很大的变化，因此可以获得较为一致的结果。当然由于检漏人员的观测技巧不同，检测结果也不会完全相同。除水泵外，水压法检漏无须大型、贵重设备，因而很经济。

(2) 压降法。将压缩机与被检测设备或密封装置相连接，然后打压。压力升至某一数值后，停止加压，同时关闭阀门，放置一段时间。在放置时间里，如果压力急剧下降，即可判断泄漏率很大。如果压力变化不大或没有变化，就可认为泄漏率很小，或者没有泄漏。这种方法简便，使用普遍，是检测泄漏的一种最基本的方法。压降法也称加压放置法。

(3) 听音法。该方法主要检测气体的泄漏。气体从小孔中喷出时，会发出声音。声音的大小和频率与泄漏率的大小、两侧的压力、压差和气体的种类等因素有关。根据气体漏出时发出的声音即可判断有无泄漏。

该方法的灵敏度很大程度上受环境的影响。若工厂噪声大，则小的声音就不易听清。使用听诊器，某种程度上可以消除周围噪声的影响，听清泄漏音，但有时与泄漏无关的声音（如电机声音）也会混杂进来，从而影响检漏灵敏度。为了辨别较小的声音，可用话筒和放大器将声音放大。但此时其他声音也同时放大，多数情况下较难收到好的效果。在检测压力为0.3MPa，周围非常安静的条件下，可以听出$5\times10^{-2}cm^3/s$的泄漏率的声音。

这种方法简单、经济。使用听诊器，在某种程度上可以判断出泄漏点。如果单凭耳朵听，往往因声波反射或吸收，很难确定泄漏点，即发声地点。由于检测环境条件不同，所得到的结果可能偏差很大。因此，这种方法的稳定性和可靠性很差，应与其他检测方法并用。

(4) 超声波法。该方法实际上是听音法的一种。它是将泄漏声音中可听频率截掉，仅仅使超声波部分放大，以检测出泄漏。检测时，可以直接使用超声波检测仪，根据检测仪表指针是否摆动，确定有无泄漏。也可采用使超声波回到可听频率范围内鸣笛的方法来确定有无泄漏。采用后一种原理制造的超声波转换器不仅在被试验物加压时可以使用，在抽真空时，由于吸入的空气发出超声波，因而采用真空法时也可以使用。

由于超声波转换器只检测超声波部分，在普通工厂的噪声条件下，不受明显的干扰，因此检漏效果很好。该法的灵敏度与被测物体加压、减压状况，泄漏的大小，泄漏点与检漏仪（探头）间的距离等因素有关。当泄漏点与探头距离很近时，超声波转换器的灵敏度可达 $1\times10^{-2}cm^3/s$ 。

检漏时将检漏仪的灵敏度调到最大，一边移动探头，一边侦听，使能听到的超声波发出的声音达到最大。然后，再寻找发出超声波的位置，以便确定泄漏点。但在探头不易接近的地方出现泄漏时，就很难准确地判断出泄漏点。这种方法操作简便，人为因素较小，不同检测人员所得到的检测结果都基本相同。

（5）气泡检漏法。气泡检漏法适用于允许承受正压的容器、管道、密封装置等的气密性检验。此种方法简单、方便、直观、经济。

将被检件内充入一定压力的示漏气体后放入液体中，气体通过漏孔进入周围的液体中形成气泡，气泡形成的地方就是漏孔存在的位置，根据气泡形成的速率、气泡的大小以及所用气体和液体的物理性质，即可大致估算出漏孔的泄漏率。

气泡检漏法的灵敏度与诸多因素有关。液体表面张力越小，示漏气体压力越高，漏孔距离液面越近，可检测出来的漏孔就越小，灵敏度就越高；示漏气体的黏度越小，分子量越小，灵敏度也越高。反之则低。实际检漏时，通常用空气作为示漏气体，用水作为显示液体。此时，该方法的灵敏度可达 $1\times10^{-5}\sim1\times10^{-4}cm^3/s$

（6）皂泡法。对不太方便放到水槽内的管道、容器和密封连接进行检漏时，先在被检件内充入压力大于 0.1MPa 的气体，然后在怀疑有漏孔的地方涂抹肥皂液，形成肥皂泡的部位便是漏孔存在的部位。

在检漏时应注意肥皂液稀稠得当。太稀了易于流动和滴落而造成误检，太稠了透明度差，也容易漏检，并且所混入的气体也可能形成泡沫而造成漏检。此方法的灵敏度为 $1\times10^{-4}cm^3/s$。

（7）集漏空腔增压法。将整个被检件或被检部位密封起来形成一个空腔。由漏孔漏出的示漏介质积聚在测漏空腔内，从而引起空腔内的气体状态参数（压力、温度）改变。通过测定这些参数的改变量，按理想气体状态方程即可计算出泄漏率。研究表明，该方法的灵敏度可达 $5\times10^{-6}cm^3/s$。

采用该方法不能判断出具体的泄漏点，但很容易得到被检件的总泄漏率，或者在已知泄漏点的前提下，确定通过漏孔的泄漏率。

该方法已广泛应用于密封元件的泄漏率检测。

（8）氨气检漏法。把允许充压的被检容器或密封装置抽成真空（不抽真空也可以，其效果稍差），在器壁或密封元件外面怀疑有漏孔处贴上具有氨敏感的 pH 指示剂的显影带，然后在容器内部充入高于 0.1MPa 的氨气，当有漏孔时，氨气通过漏孔逸出，使显影带改变颜色，由此可找出漏孔的位置，根据显影时间、变色区域的大小可大致估计出漏孔的大小。

一般认为氨检漏法的灵敏度为 $1\times10^{-8}cm^3/s$，但也有文献报道可检出泄漏率为 $10^{-10}cm^3/s$ 的漏孔。

由于氨对铜及铜合金有腐蚀作用，故该法不宜用于这类材料制造的设备上。

（9）卤素检漏法。在被检容器中充入含有卤素气体的试验介质，在可能存在漏孔的部位用卤素检漏仪探头探测，便可确定泄漏率和漏孔位置。

卤素检漏仪的最小可检漏率可达 $10^{-9}cm^3/s$。示漏气体采用氟利昂、氯仿、碘仿、四氯化碳等卤素化合物，其中以氟利昂 R12 的效果最好。值得指出的是，由于氟利昂对大气臭氧层有破坏作用，这种常用的检漏方法因环保问题而正被其他方法逐渐所取代。

（10）放射性同位素法。在被检容器中充入含有放射性物质（如 Kr^{85}）的气体或液体，漏出的放射性物质可通过放射性检测仪来测定。其灵敏度大致为 $10^{-6}cm^3/s$。放射性气体的价格昂贵，回收装置较为复杂。另外，进行试验时，通常需要专门设备。使用放射性气体又需要一定的专门知识。因此，试验成本很高。

（11）氦质谱检漏法。被检容器中通入示漏气体氦气，漏出的氦气可由氦质谱检漏仪通过探头测出。该方法不仅能确定泄漏率，而且能探出漏孔位置。

氦质谱检漏仪精度很高，检漏的灵敏度约为 $10^{-9}cm^3/s$。

氦气在空气中的质量分数很小，且比空气轻，易于在空气中扩散。所以，在检测中很少形成漏检，检漏可靠性很高。

氦质谱检漏法主要用于需准确检测微小泄漏率的场合。

2. 真空检漏法

真空检漏法是指将被检设备或密封装置和检漏仪器的敏感元件均处于真空中，示漏物质施加在被检设备外面，如果被检设备有漏孔，示漏物质就会通过漏孔进入被检设备内部和检漏仪器的敏感元件所在的空间，由敏感元件检测出示漏物质来，从而可以判定漏孔的存在、漏孔的具体位置以及泄漏率的大小。常用的真空检漏法有静态升压法、液体涂敷法、放电管法、真空计检漏法、卤素检漏法、氦质谱检漏法等。

（1）静态升压法。将真空泵与被检设备或密封装置相连接，然后抽成真空。压力降至某一值时，停止抽真空。同时关闭阀门，放置一段时间。在放置时间里，如果压力急剧上升，就可判断泄漏率很大。如果压力变化很小或没有变化，就可以认为泄漏率很小，或者没有泄漏。静态升压法也称真空放置法。

在真空技术领域通常用压力与容积的乘积来表示某一条件下泄漏的气体量，即泄漏率，其单位为 $Pa \cdot m^3/s$。

静态升压法的灵敏度与被检容器的容积大小、放置时间的长短和真空检测元件（真空计）的灵敏度有关。采用不同的真空计可测得的最小泄漏率是不同的。例如，热传导真空计的最小可检泄漏率为 $1\times10^{-6}Pa \cdot m^3/s$，而电离真空计的最小可检泄漏率为 $1\times10^{-9}Pa \cdot m^3/s$，但是，由于被检物体表面和材料所含气体的蒸发、吸收和扩散等的影响，采用静态升压法可检出的最小泄漏率为 $5\times10^{-7}Pa \cdot m^3/s$。

采用静态升压法很容易得到被检设备的总泄漏率，但不能具体判断出泄漏的位置。

（2）液体涂敷法。将被检设备或密封装置抽真空。在它的表面涂上水、酒精、丙酮等液体。如果该液体接触到漏孔，就可能进入漏孔或把漏孔盖住，涂敷的液体产生流动，同时引起真空侧压力的急剧变化，测出这个变化，就可以确定覆盖液体部分的泄漏情况。

该方法的灵敏度不易作出精确分析，在某些假定的前提下，可以作大致估计。

该方法的应答时间在几秒至几分钟左右，它是由漏孔的大小和涂敷液体的性质决定的。泄漏越大，应答时间越短。

在涂敷液体的同时，注意观察真空计读数的变化，压力急剧变化的地方即为泄漏点。为可靠起见，应在压力恢复初始值、并趋于稳定后再涂液体。如果几次结果相同，即可确认该处有泄漏。

（3）放电管法。示漏气体通过漏孔进入抽真空的容器或密封装置后使放电管内放电光柱的颜色发生变化，据此可判断漏孔的存在。为了便于观察放电光柱的颜色，放电管壳采用玻璃壳。它适用的压力范围约为 1～100Pa。在此范围内空气的放电颜色为玫瑰色，示漏物质进入放电管后，放电光柱的颜色可参考表 6-1。此方法的灵敏度为 10^{-3} Pa・m^3/s。

表 6-1 各种气体和蒸气的辉光放电颜色

气 体	放电颜色	蒸 气	放电颜色	气 体	放电颜色	蒸 气	放电颜色
空气	玫瑰红	水银	蓝绿	二氧化碳	白蓝	乙醚	淡蓝灰
氮气	金红	水	天蓝	氦气	紫红	丙酮	蓝
氧气	淡黄	真空油脂	浅蓝(有荧光)	氖气	鲜红	苯	蓝
氢气	浅红	酒精	淡蓝	氩气	深红	甲醇	蓝

(4) 真空计法。

① 热传导真空计法。热传导真空计（热阻真空计和热电偶真空计）是基于低压力下气体热传导与压力有关的性质来测量真空系统内的压力的。此外，还可以利用热传导真空计的计数不仅与压力有关，而且还与气体种类有关的性质来进行检漏，当示漏气体通过漏孔进入真空系统时，不仅改变了系统内的压力，也改变了其中的气体成分，使热传导真空计的读数发生变化，据此可检测漏孔的存在。

② 电离真空计法。大多数高真空系统都带有电离真空计，此时也可用它来进行检漏。示漏物质通过漏孔进入系统后，真空计的离子流将发生变化，由此可测出泄漏率。

③ 差动真空计法。差动真空计法也叫桥式真空计法，检漏装置如图 6-1 所示，它由两个真空计和一个阻滞示漏气体的阱所组成，两个真空计的输出信号以差分的形式输出。检漏前，将系统抽成真空，将阱加热除气，并将电路调平衡。检漏时，当示漏物质通过漏孔进入系统后，可不受限制地进入第一个真空计内，由于阱的作用，示漏物质进入第二个真空计的量要受到限制，这样，两个真空计的输出信号就不一致，给出差分信号，由此便可以指示漏孔存在并给出漏孔的大小。

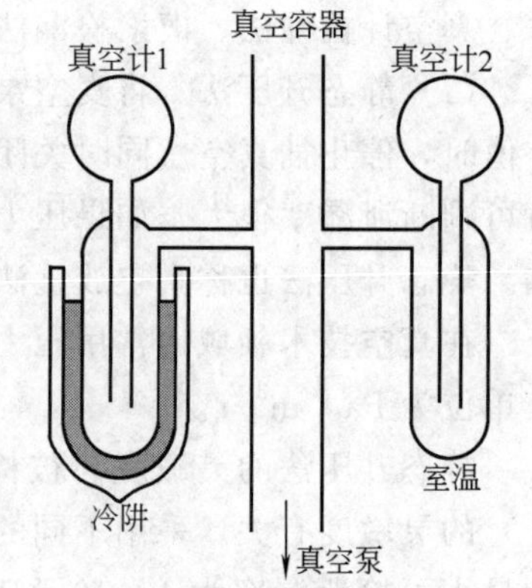

图 6-1 差动真空计法检漏

差动真空计法中，可采用不同的真空计，如热阻真空计、热电偶真空计、热阴极电离真空计和冷阴极电离真空计等。相应的阱和示漏气体有氢氧化钙阱，二氧化碳为示漏气体；活性炭阱，氢气或丁烷为示漏气体。

差动真空计法的优点是：在使用中由于两个真空计电参数的不稳定，真空系统抽速的不稳定等所造成的仪器噪声得到补偿，所以检漏灵敏度比单管真空计法高得多。

(5) 卤素检漏法。前面简单介绍了卤素检漏仪在压力检漏法中的应用。在真空检漏法中，要求将被检系统抽到 10～0.1Pa 的真空度，卤素气体通过漏孔由外向内进入系统中，并进入敏感元件所在的空间，并由卤素检漏仪探头检测出来。其最小可检泄漏率可达到 10^{-9} Pa・m^3/s。

(6) 氦质谱检漏法。在真空检漏法中，氦质谱检漏仪直接与被检系统相连接，被检系统抽真空，并在被检件外施加示漏气体（氦气）。示漏物质通过被检件上的漏孔进入检漏仪，被检测出来。真空氦质谱检漏法的灵敏度比压力检漏法中介绍的氦质谱检漏法的灵敏度高得多，其最小可检泄漏率为 10^{-12}～10^{-13} Pa・m^3/s。

二、检漏方法的选择

泄漏的检测方法很多，每种方法的特点不同，检漏前应首先根据检漏要求、检漏环境等选择合适的检漏方法。在选择检漏方法时应主要考虑如下几个因素。

1. 检漏原理

不论采用哪种检漏方法，必须理解它的基本原理。泄漏检测方法涉及的内容较广，集中反映了各种计量和测试技术。对许多检测方法的原理都能够理解是不容易的。

2. 灵敏度

检漏方法的灵敏度可以用该方法检测到的最小泄漏率来表示。选择检漏方法时应考虑各种方法的灵敏度，即采用哪种方法可检测出哪一级的泄漏。例如，要检测 $10^{-5}cm^3/s$ 的泄漏率时，采用灵敏度为 $10^{-2}cm^3/s$ 的方法就毫无意义。反之，检测 $10^{-2}cm^3/s$ 的泄漏时，采用灵敏度为 $10^{-5}cm^3/s$ 的方法，原理上也许可行，但实际上可能是不经济的。

3. 响应时间

不论采用哪种检漏方法，要检测出泄漏率来，总要花费一定的时间。响应时间的长短可能会影响检漏的精度和灵敏度。延长检测时间，会提高灵敏度，但是，检测时间过长，由于环境条件的改变，可能降低检测精度。响应时间包括检测仪器本身的应答时间，气体流动的滞后时间和各种准备所需时间。选择检漏方法时必须考虑到这一点。

4. 泄漏点的判断

有些检漏方法仅仅可以判断出系统有无泄漏，但无法确定泄漏点在何处，有的检漏方法不仅可以确定泄漏点，而且还可以确定泄漏率的大小。如仅仅是为了弄清装置是否合格时，可采用前一种方法。在进行维修或要找出泄漏原因时，就必须采用后一种方法。采用后一种方法有时也会出现漏检的情况。

5. 一致性

对有些检漏方法来说，不管检测人员是否熟练，所得到的检测结果都基本相同；有些方法则是内行和外行使用结果全然不同。可能的情况下，应采用不需要熟练的专门技术就能正确检测的方法。每种方法都有不同的技术关键，不同的检漏人员未必能得出一致的检漏结果。

6. 稳定性

泄漏检测是一种计量和测试的综合技术。如果测试得到的数据不稳定，就毫无意义。正确的泄漏检测不仅需要检测仪器具有稳定性，而且需要检测方法本身也具有较好的稳定性。

7. 可靠性

未检测出泄漏并不等于没有泄漏，对此应进行判断。采用某种方法进行检漏时，应该了解该方法是否可靠。检漏结果的可靠性与上面介绍的方法的一致性、稳定性等多种因素有关。

8. 经济性

是选择检漏方法的关键之一。单考虑检漏方法本身的经济性比较容易，但要从所需的检漏设备、对人员的技术要求、检漏结果的可靠性等方面综合评价检漏方法的经济性则比较困难。

例如，涂肥皂液检漏是一种很经济的方法，但是，使用这种方法无法检查出较小的漏孔，因而，无法将其用于对于泄漏要求较高的场合。使用价格昂贵的氦质谱检漏仪时，很快就能检测出多处较小泄漏。很难笼统地说，上述两种方法中，哪种经济，哪种不经济，只能综合考虑各种因素的影响来确定其经济性。

可见，选择检漏方法时，除了要考虑其经济性外，还必须对灵敏度、响应时间、检测要求等作出全面评价，使所选的检漏方法既满足检漏的要求又经济合理。

【学习反思】

1. 实践中出现的问题总是意想不到，但万变不离其宗。读好书才能用好书，把书读活才不会把活做死。

2. 密封技术的理论性与实践性都很强，青年学子不仅要努力学习理论知识，还要练就非凡的技能本领，更要成为爱党爱国、拥有梦想、遵纪守法、具有良好道德品质和文明行为习惯的社会主义合格公民，成为敬业爱岗、诚信友善，具有社会责任感、创新精神和实践能力的高素质技术技能人才，成为中国特色社会主义事业合格建设者和可靠接班人。

复习思考题

6-1　什么是检漏？为什么要检漏？

6-2　什么是压力检漏法？常用的压力检漏法有哪些？

6-3　什么是真空检漏法？常用的真空检漏法有哪些？

6-4　在选择检漏方法时应主要考虑哪些因素？

附录一

常用密封标准目录（中国）

垫片标准

GB/T 539—2008　耐油石棉橡胶板

GB/T 540—2008　耐油石棉橡胶板试验方法

GB/T 3985—2008　石棉橡胶板

GB/T 4622.1—2022　管法兰用缠绕式垫片　第1部分：PN系列

GB/T 4622.2—2022　管法兰用缠绕式垫片　第2部分：Class系列

GB/T 9126—2008　管法兰用非金属平垫片　尺寸

GB/T 9128—2003　钢制管法兰用金属环垫　尺寸

GB/T 9129—2003　管法兰用非金属平垫片　技术条件

GB/T 9130—2007　钢制管法兰用金属环垫　技术条件

GB/T 12385—2008　管法兰用垫片密封性能试验方法

GB/T 12621—2008　管法兰用垫片应力松弛试验方法

GB/T 12622—2008　管法兰用垫片压缩率及回弹率试验方法

GB/T 13403—2008　大直径碳钢制管法兰用垫片

GB/T 13404—2008　管法兰用非金属聚四氟乙烯包覆垫片

GB/T 14180—1993　缠绕式垫片试验方法

GB/T 15601—2013　管法兰用金属包覆垫片

GB/T 17186.1—2015　管法兰连接计算方法　第1部分：基于强度和刚度的计算方法

GB/T 17186.2—2018　管法兰连接计算方法　第2部分：基于泄漏率的计算方法

GB/T 17727—2017　船用法兰非金属垫片

GB/T 19066.1—2020　管法兰用金属波齿复合垫片　第1部分：PN系列

GB/T 19066.2—2020　管法兰用金属波齿复合垫片　第2部分：Class系列

GB/T 19675.1—2005　管法兰用金属冲齿板柔性石墨复合垫片　尺寸

GB/T 19675.2—2005　管法兰用金属冲齿板柔性石墨复合垫片　技术条件

GB/T 20671.1—2020　非金属垫片材料分类体系及试验方法　第1部分：非金属垫片材料分类体系

GB/T 20671.2—2006　非金属垫片材料分类体系及试验方法　第2部分：垫片材料压缩率回弹率试验方法

GB/T 20671.3—2020　非金属垫片材料分类体系及试验方法　第3部分：垫片材料耐液性试验方法

GB/T 20671.4—2006　非金属垫片材料分类体系及试验方法　第4部分：垫片材料密

封性试验方法

GB/T 20671.5—2020　非金属垫片材料分类体系及试验方法　第5部分：垫片材料蠕变松弛率试验方法

GB/T 20671.6—2020　非金属垫片材料分类体系及试验方法　第6部分：垫片材料与金属表面黏附性试验方法

GB/T 20671.7—2006　非金属垫片材料分类体系及试验方法　第7部分：非金属垫片材料拉伸强度试验方法

GB/T 20671.8—2006　非金属垫片材料分类体系及试验方法　第8部分：非金属垫片材料柔软性试验方法

GB/T 20671.9—2006　非金属垫片材料分类体系及试验方法　第9部分：软木垫片材料胶结物耐久性试验方法

GB/T 20671.10—2006　非金属垫片材料分类体系及试验方法　第10部分：垫片材料导热系数测定方法

GB/T 20671.11—2006　非金属垫片材料分类体系及试验方法　第11部分：合成聚合材料抗霉性测定方法

GB/T 22209—2021　船用无石棉纤维增强橡胶垫片材料

GB/T 22307—2008　密封垫片高温抗压强度试验方法

GB/T 22308—2008　密封垫板材料密度试验方法

GB/T 27792—2011　层压复合垫片材料分类

GB/T 27793—2011　抄取法无石棉纤维垫片材料

GB/T 27795—2011　非金属垫片腐蚀性试验方法

GB/T 27970—2011　非金属垫片材料烧失量试验方法

GB/T 27971—2011　非金属密封垫片　术语

GB/T 28719—2012　板式热交换器用橡胶密封垫片

GB/T 29463.1—2012　管壳式热交换器用垫片　第1部分：金属包垫片

GB/T 29463.2—2012　管壳式热交换器用垫片　第2部分：缠绕式垫片

GB/T 29463.3—2012　管壳式热交换器用垫片　第3部分：非金属软垫片

GB/T 30709—2014　层压复合垫片材料压缩率和回弹率试验方法

GB/T 30710—2014　层压复合垫片材料蠕变松弛率试验方法

GB/T 33836—2017　热能装置用平面密封垫片

GB/T 33920—2017　柔性石墨板试验方法

CB/T 3514—2015　船用机座环氧浇注垫片

CB/T 3589—1994　船用阀门非石棉材料垫片及填料

CB/T 4367—2014　A类法兰用金属垫片

CB/Z 281—2011　船舶管路系统用垫片和填料选用指南

HG/T 2050—2019　搪玻璃设备　垫片

HG/T 2480—1993　管法兰用金属包垫片

HG/T 2700—1995　橡胶垫片密封性的试验方法

HG/T 2944—2011　食品容器橡胶垫片

HG/T 2947—2011　铝背水壶橡胶密封垫片

HG/T 5455—2018　发动机气缸盖罩橡胶密封垫
HG/T 20606—2009　钢制管法兰用非金属平垫片（PN 系列）
HG/T 20607—2009　钢制管法兰用聚四氟乙烯包覆垫片（PN 系列）
HG/T 20609—2009　钢制管法兰用金属包覆垫片（PN 系列）
HG/T 20610—2009　钢制管法兰用缠绕式垫片（PN 系列）
HG/T 20611—2009　钢制管法兰用具有覆盖层的齿形组合垫（PN 系列）
HG/T 20612—2009　钢制管法兰用金属环形垫（PN 系列）
HG/T 20627—2009　钢制管法兰用非金属平垫片（Class 系列）
HG/T 20628—2009　钢制管法兰用聚四氟乙烯包覆垫片（Class 系列）
HG/T 20630—2009　钢制管法兰用金属包覆垫片（Class 系列）
HG/T 20631—2009　钢制管法兰用缠绕式垫片（Class 系列）
HG/T 20632—2009　钢制管法兰用具有覆盖层的齿形组合垫（Class 系列）
HG/T 20633—2009　钢制管法兰用金属环形垫（Class 系列）
JB/T 87—2015　管路法兰用非金属平垫片
JB/T 88—2014　管路法兰用金属齿形垫片
JB/T 89—2015　管路法兰用金属环垫
JB/T 90—2015　管路法兰用缠绕式垫片
JB/T 2776—2010　阀门零部件　高压透镜垫
JB/T 6369—2005　柔性石墨金属缠绕垫片　技术条件
JB/T 6613—2008　柔性石墨板、带　分类、代号及标记
JB/T 6618—2005　金属缠绕垫用聚四氟乙烯带　技术条件
JB/T 6628—2016　柔性石墨复合增强（板）垫
JB/T 7052—93　高压电器设备用橡胶密封件　六氟化硫电器设备用橡胶密封件技术条件
JB/T 7758.1—2008　柔性石墨板　氟含量测定方法
JB/T 7758.2—2005　柔性石墨板　技术条件
JB/T 7758.3—2005　柔性石墨板　硫含量测定方法
JB/T 7758.4—2008　柔性石墨板　氯含量测定方法
JB/T 7758.5—2008　柔性石墨板　线膨胀系数测定方法
JB/T 7758.6—2008　柔性石墨板　肖氏硬度测试方法
JB/T 7758.7—2008　柔性石墨板　应力松弛试验方法
JB/T 8559—2014　金属包垫片
JB/T 9141.1—2013　柔性石墨板材　第 1 部分：密度测试方法
JB/T 9141.2—2013　柔性石墨板材　第 2 部分：抗拉强度测试方法
JB/T 9141.3—2013　柔性石墨板材　第 3 部分：压缩强度测试方法
JB/T 9141.4—2013　柔性石墨板材　第 4 部分：压缩率、回弹率测试方法
JB/T 9141.5—2020　柔性石墨板材　第 5 部分：灰分测定方法
JB/T 9141.6—2020　柔性石墨板材　第 6 部分：固定碳含量测定方法
JB/T 9141.7—2013　柔性石墨板材　第 7 部分：热失重测定方法
JB/T 9141.8—2016　柔性石墨板材　第 8 部分：滑动摩擦系数测试方法

JB/T 9141.9—2014 柔性石墨板材 第9部分：取样方法
JB/T 10537—2005 冷冻空调设备用复合密封垫片
JB/T 10688—2020 聚四氟乙烯垫片
JB/T 11013—2010 通用小型汽油机用密封垫片 技术条件
JB/T 12669—2016 非金属覆盖层波形金属垫片技术条件
JB/T 12670—2016 非金属覆盖层齿形金属垫片技术条件
JC/T 555—2010 耐酸石棉橡胶板
JC/T 2052—2020 辊压法无石棉纤维垫片材料
JC/T 2410—2017 复合型密封垫片材料
NB/T 10067—2018 承压设备用自紧式平面密封垫片
NB/T 20010.15—2010 压水堆核电厂阀门 第15部分：柔性石墨金属缠绕垫片技术条件
NB/T 20364—2015 核电厂用柔性石墨板技术条件
NB/T 20365—2015 核电厂用石墨密封垫片技术条件
NB/T 20366—2015 核电厂核级石墨密封垫片试验方法
NB/T 20367—2015 核电厂核级石墨密封垫片鉴定规程
NB/T 47024—2012 非金属软垫片
NB/T 47025—2012 缠绕垫片
NB/T 47026—2012 金属包垫片
QB/T 2072.10—1994 制糖机械压力容器通用零部件平焊法兰垫片
QC/T 684—2013 摩托车和轻便摩托车发动机用密封垫片技术条件
QC/T 1090—2017 汽车发动机用密封垫片技术条件
SH/T 3401—2013 石油化工钢制管法兰用非金属平垫片
SH/T 3402—2013 石油化工钢制管法兰用聚四氟乙烯包覆垫片
SH/T 3403—2013 石油化工钢制管法兰用金属环垫
SH/T 3407—2013 石油化工钢制管法兰用缠绕式垫片
SH/T 3430—2018 石油化工管壳式换热器用柔性石墨波齿复合垫片

软填料密封

GB/T 23262—2009 非金属密封填料试验方法
GB/T 29035—2012 柔性石墨填料环试验方法
CB 770—93 船用隔舱和艉轴填料函型式和基本尺寸
HG/T 2048.1—2018 搪玻璃填料箱
HG 21537.1—92 碳钢填料箱（PN0.6）
HG 21537.2—92 不锈钢填料箱（PN0.6）
HG 21537.3—92 常压碳钢填料箱（PN＜0.1）
HG 21537.4—92 常压不锈钢填料箱（PN＜0.1）
HG 21537.5—92 管用碳钢填料箱（PN0.6）
HG 21537.6—92 管用不锈钢填料箱（PN0.6）
JB/T 1708—2010 阀门零部件 填料压盖、填料压套和填料压板
JB/T 1712—2008 阀门零部件 填料和填料垫

JB/T 5120—2010　阀门零部件　上密封座

JB/T 6370—2011　柔性石墨填料环物理机械性能　测试方法

JB/T 6371—2008　碳化纤维编织填料　试验方法

JB/T 6617—2016　柔性石墨填料环技术条件

JB/T 6620—2008　柔性石墨编织填料　试验方法

JB/T 6626—2011　聚四氟乙烯编织盘根

JB/T 6627—2008　碳（化）纤维浸渍聚四氟乙烯　编织填料

JB/T 7370—2014　柔性石墨编织填料

JB/T 7759—2008　芳纶纤维、酚醛纤维编织填料　技术条件

JB/T 7760—2008　阀门填料密封 试验规范

JB/T 7852—2008　编织填料用聚丙烯腈预氧化纤维　技术条件

JB/T 8560—2013　碳化纤维/聚四氟乙烯编织填料

JB/T 10819—2008　聚丙烯腈编织填料　技术条件

JB/T 13035—2017　编织填料用柔性石墨线

JB/T 13036—2017　苎麻纤维编织填料

JC/T 332—2006　油浸棉、麻密封填料

JC/T 1019—2006　石棉密封填料

JC/T 2053—2020　非金属密封填料

JT/T 263—2013　船舶中间轴隔舱填料函

NB/T 20010.14—2010　压水堆核电厂阀门　第14部分：柔性石墨填料技术条件

硬填料密封

GB/T 1149.1—2008　内燃机　活塞环　第1部分：通用规则

GB/T 1149.2—2010　内燃机　活塞环　第2部分：术语

GB/T 1149.3—2010　内燃机　活塞环　第3部分：材料规范

GB/T 1149.4—2021　内燃机　活塞环　第4部分：质量要求

GB/T 1149.5—2008　内燃机　活塞环　第5部分：检验方法

GB/T 1149.6—2021　内燃机　活塞环　第6部分：铸铁刮环

GB/T 1149.7—2010　内燃机　活塞环　第7部分：矩形铸铁环

GB/T 1149.8—2008　内燃机　活塞环　第8部分：矩形钢环

GB/T 1149.9—2008　内燃机　活塞环　第9部分：梯形铸铁环

GB/T 1149.10—2013　内燃机　活塞环　第10部分：梯形钢环

GB/T 1149.11—2010　内燃机　活塞环　第11部分：楔形铸铁环

GB/T 1149.12—2013　内燃机　活塞环　第12部分：楔形钢环

GB/T 1149.13—2008　内燃机　活塞环　第13部分：油环

GB/T 1149.14—2008　内燃机　活塞环　第14部分：螺旋撑簧油环

GB/T 1149.15—2017　内燃机　活塞环　第15部分：薄型铸铁螺旋撑簧油环

GB/T 1149.16—2015　内燃机　活塞环　第16部分：钢带组合油环

GB/T 25364.1—2021　涡轮增压器密封环　第1部分：技术条件

GB/T 25364.2—2021　涡轮增压器密封环　第2部分：检验方法

CB/T 3540—94　船用柴油机活塞环修理技术要求

JB/T 5447—2011 往复活塞压缩机铸铁活塞环

JB/T 6016.1—2008 内燃机 活塞环金相检验 第1部分：单体铸造活塞环

JB/T 6016.3—2008 内燃机 活塞环金相检验 第3部分：球墨铸铁活塞环

JB/T 6016.4—2008 内燃机 活塞环金相检验 第4部分：中高合金铸铁活塞环

JB/T 6016.5—2011 内燃机 活塞环金相检验 第5部分：硼铸铁单体铸造活塞环

JB/T 8547—2020 液力传动用合金铸铁密封环

JB/T 9102.1—2013 往复活塞压缩机 金属平面填料 第1部分：三斜口密封圈

JB/T 9102.2—2013 往复活塞压缩机 金属平面填料 第2部分：三斜口刮油圈

JB/T 9102.3—2013 往复活塞压缩机 金属平面填料 第3部分：三、六瓣密封圈

JB/T 9102.4—2013 往复活塞压缩机 金属平面填料 第4部分：径向切口刮油圈

JB/T 9102.5—2013 注复活塞压缩机 金属平面填料 第5部分：密封圈和刮油圈用拉伸弹簧

JB/T 9102.6—2013 注复活塞压缩机 金属平面填料 第6部分：密封圈和刮油圈技术条件

JB/T 9758—2004 气缸套、活塞环快速模拟磨损 试验方法

JB/T 11876—2014 往复式内燃机 缸套活塞环组件 拉伤试验方法

JB/T 13501.1—2018 内燃机 大缸径活塞环 第1部分：通用规则

JB/T 13501.2—2018 内燃机 大缸径活塞环 第2部分：矩形环

JB/T 13501.3—2018 内燃机 大缸径活塞环 第3部分：刮环

JB/T 13501.4—2018 内燃机 大缸径活塞环 第4部分：油环

JB/T 13501.5—2018 内燃机 大缸径活塞环 第5部分：螺旋撑簧油环

JB/T 13555—2018 往复式内燃机 气缸密封性试验方法

JB/T 13632—2019 无油往复活塞压缩机用填充聚四氟乙烯活塞环

QC/T 284—1999 汽车摩托车发动机球墨铸铁活塞环金相标准

QC/T 39—1992 汽车摩托车发动机活塞环检测方法

QC/T 554—1999 汽车、摩托车发动机 活塞环技术条件

QC/T 555—2000 汽车、摩托车发动机 单体铸造活塞环金相标准

QC/T 737—2005 轿车发动机铸铁活塞环技术条件

TB/T 2448—93 合金灰铸铁单体铸造活塞环金相检验

成型填料密封

GB/T 2879—2005 液压缸活塞和活塞杆动密封 沟槽尺寸和公差

GB/T 2880—81 液压缸活塞和活塞杆窄断面动密封 沟槽尺寸系列和公差

GB/T 3452.1—2005 液压气动用O形橡胶密封圈 第1部分：尺寸系列及公差

GB/T 3452.2—2007 液压气动用O形橡胶密封圈 第2部分：外观质量检验规范

GB/T 3452.3—2005 液压气动用O形橡胶密封圈 沟槽尺寸

GB/T 3452.4—2020 液压气动用O形橡胶密封圈 第4部分：抗挤压环（挡环）

GB/T 4459.8—2009 机械制图 动密封圈 第1部分：通用简化表示法

GB/T 4459.9—2009 机械制图 动密封圈 第2部分：特征简化表示法

GB/T 5719—2006 橡胶密封制品 词汇

GB/T 5720—2008 O形橡胶密封圈试验方法

GB/T 5721—93　橡胶密封制品标志、包装、运输、贮存的一般规定

GB/T 6577—2021　液压缸活塞用带支承环密封沟槽形式、尺寸和公差

GB/T 6578—2008　液压缸活塞杆用防尘圈沟槽形式、尺寸和公差

GB/T 10708.1—2000　往复运动橡胶密封圈结构尺寸系列　第1部分：单向密封橡胶密封圈

GB/T 10708.2—2000　往复运动橡胶密封圈结构尺寸系列　第2部分：双向密封橡胶密封圈

GB/T 10708.3—2000　往复运动橡胶密封圈结构尺寸系列　第3部分：橡胶防尘密封圈

GB/T 15242.1—2017　液压缸活塞和活塞杆动密封装置尺寸系列　第1部分：同轴密封件尺寸系列和公差

GB/T 15242.2—2017　液压缸活塞和活塞杆动密封装置尺寸系列　第2部分：支承环尺寸系列和公差

GB/T 15242.3—2021　液压缸活塞和活塞杆动密封装置尺寸系列　第3部分：同轴密封件沟槽尺寸系列和公差

GB/T 15242.4—2021　液压缸活塞和活塞杆动密封装置尺寸系列　第4部分：支承环安装沟槽尺寸系列和公差

GB/T 15325—1994　往复运动橡胶密封圈外观质量

GB/T 17604—1998　橡胶　管道接口用密封圈制造质量的建议　疵点的分类与类别

GB/T 19228.3—2012　不锈钢卡压式管件组件　第3部分：O形橡胶密封圈

GB/T 21282—2007　乘用车用橡塑密封条

GB/T 21873—2008　橡胶密封件　给、排水管及污水管道用接口密封圈　材料规范

GB/T 23658—2009　弹性体密封圈　输送气体燃料和烃类液体的管道和配件用密封圈的材料要求

GB/T 24798—2009　太阳能热水系统用橡胶密封件

GB/T 27568—2011　轨道交通车辆门窗橡胶密封条

GB/T 27572—2011　橡胶密封件　110℃热水供应管道的管接口密封圈　材料规范

GB/T 28604—2012　生活饮用水管道系统用橡胶密封件

GB 29334—2012　用于非石油基液压制动液的汽车液压制动缸用的弹性体皮碗和密封圈

GB/T 29642—2013　橡胶密封制品　水浸出液的制备方法

GB/T 29992—2017　日用压力锅橡胶密封圈

GB/T 30912—2014　汽车液压盘式制动缸用橡胶密封件

GB/T 32217—2015　液压传动　密封装置　评定液压往复运动密封件性能的试验方法

GB/T 33154—2016　风电回转支承用橡胶密封圈

GB/T 33326—2016　平板太阳能集热器用橡胶密封条

GB/T 34028—2017　发动机气门导杆往复油封及性能试验方法

GB/T 36520.1—2018　液压传动　聚氨酯密封件尺寸系列　第1部分：活塞往复运动密封圈的尺寸和公差

GB/T 36520.2—2018　液压传动　聚氨酯密封件尺寸系列　第2部分：活塞杆往复运

动密封圈的尺寸和公差

GB/T 36520.3—2019　液压传动　聚氨酯密封件尺寸系列　第3部分：防尘圈的尺寸和公差

GB/T 36520.4—2019　液压传动　聚氨酯密封件尺寸系列　第4部分：缸口密封圈的尺寸和公差

GB/T 36879—2018　全断面隧道掘进机用橡胶密封件

GB/T 37210—2018　耐核辐射充气和充水橡胶密封制品

GB/T 39383—2020　埋地用无压热塑性塑料管道系统　弹性密封圈接头的密封性能试验方法

GB/T 40322—2021　热塑性弹性体　家用和类似用途制冷器具用门密封材料规范

CB 1236—1995　鱼雷用O形橡胶密封圈规格及密封结构设计方法

HG/T 2021—2014　耐高温润滑油O形橡胶密封圈

HG/T 2181—2009　耐酸碱橡胶密封件材料

HG/T 2579—2008　普通液压系统用O形橡胶密封圈材料

HG/T 2810—2008　往复运动橡胶密封圈材料

HG/T 2812—2005　软木橡胶密封制品　第一部分　变压器及高压电器类用

HG/T 2813—2005　软木橡胶密封制品　第二部分　机动车辆用

HG/T 2887—2018　变压器类产品用橡胶密封制品

HG/T 3089—2001　燃油用O形橡胶密封圈材料

HG/T 3096—2011　水闸橡胶密封件

HG/T 3326—2007　采煤综合机械化设备橡胶密封件用胶料

HG/T 3653—1999　椭圆截面塑性密封圈

HG/T 3784—2005　减压器唇形密封圈用橡胶材料

HG/T 4392—2012　汽车滤清器橡胶密封件

HG/T 4785—2014　车用空气滤清器橡胶密封件

HG/T 5454—2018　车灯用橡胶密封件

HG/T 5839—2021　气弹簧用密封圈

JB/T 1090—2018　真空技术　J型真空橡胶密封圈　形式及尺寸

JB/T 1091—2018　真空技术　JO型和骨架型真空橡胶密封圈　形式和尺寸

JB/T 1092—2018　真空技术　O型真空橡胶密封圈　形式及尺寸

JB/T 6639—2015　滚动轴承　骨架式橡胶密封圈　技术条件

JB/T 6656—93　气缸用密封圈安装沟槽形式、尺寸和公差

JB/T 6657—93　气缸用密封圈尺寸系列和公差

JB/T 6658—2007　气缸用O形橡胶密封圈　沟槽尺寸和公差

JB/T 6659—2007　气动用O形橡胶密封圈　尺寸系列和公差

JB/T 6660—93　气动用橡胶密封件　通用技术条件

JB/T 6994—2007　VD形橡胶密封圈

JB/T 6997—2007　U形内骨架橡胶密封圈

JB/T 7052—93　高压电器设备用橡胶密封件　六氟化硫电器设备用橡胶密封件技术条件

JB/T 8241—1996 同轴密封件 名词术语

JB/T 8293—2014 浮动油封

JB/T 8448.1—2018 变压器类产品用密封制品技术条件 第1部分：橡胶密封制品

JB/T 8448.2—2018 变压器类产品用密封制品技术条件 第2部分：软木橡胶密封制品

JB/T 9669—2013 避雷器用橡胶密封件及材料规范

JC/T 748—2010 预应力与自应力混凝土管用橡胶密封圈

JC/T 749—2010 预应力与自应力混凝土管用橡胶密封圈试验方法

JC/T 946—2005 混凝土和钢筋混凝土排水管用橡胶密封圈

JG/T 386—2012 建筑门窗复合密封条

JG/T 488—2015 建筑用高温硫化硅橡胶密封件

MT/T 985—2006 煤矿用立柱 千斤顶聚氨酯密封圈技术条件

MT/T 1164—2011 液压支架立柱、千斤顶密封件 第1部分：分类

MT/T 1165—2011 液压支架立柱、千斤顶密封件 第2部分：沟槽型式、尺寸和公差

QB/T 1294—2013 家用和类似用途制冷器具用门密封条

QB/T 2459.3—2011 碱性锌-二氧化锰电池零配件 第3部分：密封圈

QC/T 639—2004 汽车用橡胶密封条

QC/T 641—2005 汽车用塑料密封条

QC/T 643—2000 车辆用密封条的污染性试验方法

QC/T 666.1—2010 汽车空调（HFC-134a）用密封件 第1部分：O形橡胶密封圈

QC/T 709—2004 汽车密封条压缩永久变形试验方法

QC/T 710—2004 汽车密封条压缩负荷试验方法

QC/T 711—2004 汽车密封条植绒耐磨性试验方法

QC/T 716—2004 汽车密封条保持力和插入力试验方法

YB/T 4059—1991 金属包覆高温密封圈

旋转轴唇形密封

GB/T 9877—2008 液压传动 旋转轴唇形密封圈设计规范

GB/T 13871.1—2007 密封件为弹性体材料的旋转轴唇形密封圈 第1部分：基本尺寸和公差

GB/T 13871.2—2015 密封元件为弹性体材料的旋转轴唇形密封圈 第2部分：词汇

GB/T 13871.3—2008 密封件为弹性体材料的旋转轴唇形密封圈 第3部分：贮存、搬运和安装

GB/T 13871.4—2007 密封件为弹性体材料的旋转轴唇形密封圈 第4部分：性能试验程序

GB/T 13871.5—2015 密封元件为弹性体材料的旋转轴唇形密封圈 第5部分：外观缺陷的识别

GB/T 15326—1994 旋转轴唇形密封圈外观质量

GB/T 21283.1—2007 密封件为热塑性材料的旋转轴唇形密封圈 第1部分：基本尺寸和公差

GB/T 21283.2—2007 密封件为热塑性材料的旋转轴唇形密封圈 第2部分：词汇

GB/T 21283.3—2008 密封件为热塑性材料的旋转轴唇形密封圈 第3部分：贮存、搬运和安装

GB/T 21283.4—2008 密封件为热塑性材料的旋转轴唇形密封圈 第4部分：性能试验程序

GB/T 21283.5—2008 密封件为热塑性材料的旋转轴唇形密封圈 第5部分：外观缺陷的识别

GB/T 21283.6—2015 密封元件为热塑性材料的旋转轴唇形密封圈 第6部分：热塑性材料与弹性体包覆材料的性能要求

GB/T 24795.1—2009 商用车车桥旋转轴唇形密封圈 第1部分：结构、尺寸和公差

GB/T 24795.2—2011 商用车车桥旋转轴唇形密封圈 第2部分：性能试验方法

GB/T 30911—2014 汽车齿轮齿条式动力转向器唇形密封圈性能试验方法

GB/T 31330—2014 汽车循环球式动力转向器唇形密封圈性能试验方法

GB/T 34888—2017 旋转轴唇形密封圈 装拆力的测定

GB/T 34896—2017 旋转轴唇形密封圈 摩擦扭矩的测定

GB/T 40325—2021 轨道车辆轮对滚动轴承橡胶密封装置性能试验

FZ/T 92010—1991 油封毡圈

HG/T 2069—1991 旋转轴唇形密封圈两半轴式径向力测定仪技术条件

HG/T 2811—1996 旋转轴唇形密封圈橡胶材料

HG/T 3880—2006 耐正负压内包骨架旋转轴 唇形密封圈

HG/T 3980—2007 汽车轴承用密封圈

MT/T 580—1996 采煤机油封技术条件

QC/T 1013—2015 转向器输入轴用旋转轴唇形密封圈技术要求和试验方法

TB/T 3419—2015 铁道货车轴承油封

机械密封

GB/T 5661—2013 轴向吸入离心泵 机械密封和软填料用空腔尺寸

GB/T 5894—2015 机械密封名词术语

GB/T 6556—2016 机械密封的型式、主要尺寸、材料和识别标志

GB/T 10444—2016 机械密封产品型号编制方法

GB/T 14211—2019 机械密封试验方法

GB/T 24319—2009 釜用高压机械密封技术条件

GB/T 33509—2017 机械密封通用规范

GB/T 34875—2017 离心泵和转子泵用轴封系统

CB/T 3345—2008 船用泵轴机械密封装置

CB* 3346—88 船用泵轴的变压力机械密封

GJB 8648—2015 舰船用离心泵机械密封规范

GJB 7966—2012 耐高温机械密封用石墨制品规范

HG/T 2044—2020 机械密封用喷涂氧化铬密封环技术条件

HG/T 2057—2017 搪玻璃搅拌容器用机械密封

HG/T 2098—2011 釜用机械密封类型、主要尺寸及标志

HG/T 2099—2020　釜用机械密封试验规范
HG/T 2100—2020　液环式氯气泵用机械密封
HG/T 2122—2020　釜用机械密封辅助装置
HG/T 2269—2020　釜用机械密封技术条件
HG/T 2477—2016　砂磨机用机械密封技术条件
HG/T 2478—93　搪玻璃泵用机械密封技术条件
HG/T 2479—2020　机械密封用波形弹簧技术条件
HG/T 3124—2020　焊接金属波纹管釜用机械密封技术条件
HG/T 4113—2020　釜用机械密封气体泄漏测试方法
HG/T 4114—2020　纸浆泵用机械密封技术条件
HG/T 4571—2013　医药搅拌设备用机械密封技术条件
HG/T 21571—1995　搅拌传动装置．机械密封
HG/T 21572—1995　搅拌传动装置．机械密封循环保护系统
JB/T 1472—2011　泵用机械密封
JB/T 4127.1—2013　机械密封　第1部分：技术条件
JB/T 4127.2—2013　机械密封　第2部分：分类方法
JB/T 4127.3—2011　机械密封　第3部分：产品验收技术条件
JB/T 5966—2012　潜水电泵用机械密封
JB/T 6372—2011　机械密封用堆焊密封环技术条件
JB/T 6374—2020　机械密封用碳化硅密封环　技术条件
JB/T 6614—2011　锅炉给水泵用机械密封技术条件
JB/T 6615—2011　机械密封用碳化硼密封环技术条件
JB/T 6616—2020　橡胶波纹管机械密封　技术条件
JB/T 6619.1—2018　轻型机械密封　第1部分：技术条件
JB/T 6619.2—2018　轻型机械密封　第2部分：试验方法
JB/T 6629—2015　机械密封循环保护系统及辅助装置
JB/T 7369—2011　机械密封端面平面度检验方法
JB/T 7371—2011　耐碱泵用机械密封
JB/T 7372—2011　耐酸泵用机械密封
JB/T 7757—2020　机械密封用O形橡胶圈
JB/T 8723—2022　焊接金属波纹管机械密封
JB/T 8724—2011　机械密封用反应烧结氮化硅密封环
JB/T 8726—2011　机械密封腔尺寸
JB/T 8872—2016　机械密封用碳石墨密封环技术条件
JB/T 8873—2011　机械密封用填充聚四氟乙烯和聚四氟乙烯毛坯　技术条件
JB/T 10706—2022　机械密封用氟塑料全包覆橡胶O形圈
JB/T 10874—2022　机械密封用氧化铝陶瓷密封环
JB/T 11107—2011　机械密封用圆柱螺旋弹簧
JB/T 11242—2011　汽车发动机冷却水泵用机械密封
JB/T 11289—2012　干气密封技术条件

JB/T 11957—2014 食品制药机械用机械密封
JB/T 11958—2014 机械密封用缠绕式波形弹簧技术条件
JB/T 11959—2014 机械密封用硬质合金密封环
JB/T 12391—2015 烟气脱硫泵用机械密封技术条件
JB/T 13387—2018 上游泵送液膜机械密封 技术条件
JB/T 13407—2018 透平机械干气密封控制系统
JB/T 14224—2022 船用泵机械密封
JB/T 14226—2022 机械密封摩擦材料组合的［极限 $p_c v$ 值］试验方法
JC/T 2402—2017 船舶用液相烧结碳化硅陶瓷密封环
SH/T 3156—2019 石油化工离心泵和转子泵用轴封系统工程技术规范
YS/T 60—2019 硬质合金密封环毛坯

带压密封

GB/T 26467—2011 承压设备带压密封技术规范
GB/T 26468—2011 承压设备带压密封夹具设计规范
GB/T 26556—2011 承压设备带压密封剂技术条件
HG/T 20201—2007 带压密封技术规范

其他

GB/T 25017—2010 船艉轴油润滑密封装置
GB/T 25018—2010 船艉轴水润滑密封装置
GB/T 27800—2021 静密封橡胶制品使用寿命的快速预测方法
GB/T 32292—2015 真空技术 磁流体动密封件 通用技术条件
GB/T 41069—2021 旋转接头名词术语
HG/T 2809—2009 浮顶油罐软密封装置 橡胶密封带
HG/T 3087—2001 静密封橡胶零件贮存期快速测定方法
HG/T 4074—2008 贮气柜用橡胶密封膜
HG/T 4169—2001 非接触金属蜂窝密封
JB/T 6612—2008 静密封、填料密封 术语
JB/T 8725—2013 旋转接头
JB/T 10463—2016 真空磁流体动密封件
JB/T 13406—2018 离心压缩机一体式蜂窝密封 技术条件
JB/T 13968—2020 旋转接头的型式、主要尺寸、材料和识别标志

附录二

垫片密封常见故障、原因与纠正措施

附表 2-1 垫片密封常见故障、原因与纠正措施

故障	原因	纠正措施
垫片应力不足	螺栓预紧载荷不够	增加螺栓直径和数量 改换强度较高的螺栓材料
	垫片太薄	改换较厚垫片
	垫片过宽	减小垫片宽度
	垫片选择不当	改换装配应力较小的垫片
垫片应力过高	螺栓预紧载荷太大	减少螺栓数量 改换强度较低的螺栓材料
	垫片太厚	改换较薄垫片
	垫片过窄	增加垫片宽度
	垫片选择不当	改换装配应力较大的垫片
垫片压缩不足	螺栓紧固转矩不够	附加紧固转矩
	紧固步骤不正确	按照正确步骤紧固螺栓
	垫片材料过硬	改换较软垫片材料或选用较厚垫片
	垫片受热应力松弛	正确选择垫片或用碟形弹簧或"热预紧"
	螺纹啮合不良	保证紧固件良好的配合质量
	螺纹长度不够	保证足够的螺纹有效长度
密封面不平整	法兰太薄	法兰应具有足够的刚度,改换较柔软的垫片
	两法兰不平行或不同心	控制平行度和同心度要求
密封面损伤	外来的机械性损伤或清洁密封面的磨损	保证密封面清理干净,没有过深的凹坑或径向贯穿的通道等缺陷
	垫片尺寸不正确	防止伸入法兰孔或超出突面,保证垫片对中就位
密封面腐蚀或污染	旧垫片未清除干净	清理密封面上残留的垫片
	垫片选择不当	选择不腐蚀密封面的垫片材料
密封面纹理不正确	连续切削纹理的沟纹过深	高压场合建议采用同心圆切削纹理
垫片回复性不足	重复使用旧垫片	不建议使用旧垫片
	垫片选择不当	选用回复性较高的垫片
垫片材料变质或腐蚀	材料与密封介质和温度不相容	改换耐腐蚀的垫片
	装配垫片应力过大	改换承压能力高的垫片
垫片过度延伸或挤出	使用不恰当的密封胶	建议用防黏处理的垫片材料
	垫片材料冷流性太大	改换蠕变松弛低的垫片材料
垫片压溃或压碎	垫片材料压溃强度低	改换承压能力高的垫片
	法兰结构上对压缩无限制措施	改进法兰设计,限制过分压缩垫片
垫片尺寸不正确	设计与制造错误或超差	正确合理设计,按标准尺寸要求制作

附录三

填料密封常见故障、原因与纠正措施

附表 3-1 泵用软填料密封常见故障、原因与纠正措施

故障	原因	纠正措施
泵打不出液体	泵不能启动(填料松动或损坏使空气漏入吸入口)	上紧填料或更换填料并启动泵
泵输送液体量不足	空气漏入填料函	运转时检查填料函泄漏,若上紧后无外漏,需要用新填料 或密封液环被堵塞或位置不对,应与密封液接头对齐 或密封液管线堵塞 或填料下方的轴或轴套被划伤,将空气吸入泵内
	填料损坏	更换填料检查轴或轴套表面粗糙度
泵压力不足	填料损坏	更换填料检查轴或轴套表面粗糙度
泵工作一段时间就停止工作	空气漏入填料函	更换填料检查轴或轴套表面粗糙度
泵功率消耗大	填料上得太紧	放松压盖,重新上紧,保持有泄漏液,如果没有,应检查填料、轴或轴套
泵填料处泄漏严重	填料损坏	更换磨损填料,更换由于缺乏润滑剂而损坏的填料
	填料形式不对	更换不正确安装的填料或运转不正确的填料,更换成与输送液体合适的填料
	轴或轴套被划伤	放在车床上并加工正确,光滑或更换之
填料函过热	填料上得太紧	放松以减小压盖的压紧压力
	填料无润滑	减小压盖压紧力。如果填料烧坏或损坏应予以更换
	填料种类不合适	检查泵或填料制造厂的填料种类是否正确
	夹套中冷却水不足	检查供液线上阀门是否打开或管线是否堵塞
	填料填装不当	重新填装填料
填料磨损过快	轴或轴套损坏或划伤	重新机加工或更换之
	润滑不足或缺乏润滑	重装填料,确认填料泄漏为允许值
	填料填装不当	重新正确安装,确认所有旧填料都已拆除并将填料函清理干净
	填料种类有误	更换为合适的填料
	外部封液线有脉冲压力	消除脉冲造成的原因

附表 3-2　O 形圈常见故障、原因与纠正措施

故　障	原　因	纠正措施	备　注
O 形圈急剧磨损	活塞杆表面粗糙	降低活塞杆表面粗糙度	密封件的磨损与表面凹凸头部是否光滑有关
	材质不良	选用耐压、耐油、耐温性能好的密封材质	
	密封橡胶硬度与工作压力不适应	采用硬度与工作应力相适应的密封橡胶	工作压力下选用硬度高的橡胶,反之则用硬度低的橡胶
	O 形圈的内径小	选用内径适当的 O 形圈	
	活塞杆表面有伤痕	修补或更换活塞杆	高温修补则需防止活塞杆变形
O 形圈单侧磨损	O 形圈槽的加工有偏心量	车削时,O 形圈槽尽可能与活塞杆的滑动面一次进行加工	尽可能不改变工作时装夹位置
	活塞杆衬套的间隙大,密封件的压缩量不均匀	提高设计和加工质量	
	衬套有偏磨损	避免活塞杆承受径向载荷	O 形圈随着衬套的偏磨而偏磨损
	活塞杆局部有伤痕	及时排除伤痕,或更换新活塞杆	如电镀层剥离
O 形圈安装时造成伤痕	活塞杆头部螺纹的外径比 O 形圈内径大	改动活塞杆头部的螺纹	
	活塞杆滑动部分的台肩加工不良	活塞杆上台肩应排除尖角,加工圆滑或采用专门过渡装置	
	扳手槽造成损伤	将扳手槽加工成平缓的无棱斜面	大直径活塞杆无扳手槽而采用钻孔
	O 形圈槽的深度过浅,密封圈因压缩量大而损坏	将 O 形圈槽适当地加深	
	大直径 O 形圈垂直安排,因自重从上侧下垂,如强行安装,则造成破损	应将 O 形圈放成水平位置安装	
O 形圈被挤出	衬套的间隙大	适当缩小间隙	活塞杆与衬套间隙可由活塞杆倾斜而产生的滑动面压力来调整
	O 形圈槽的倒角过大	适当缩小倒角	倒角不允许有毛刺或尖角
	忘记装保护支撑环	解体补装支撑环	衬套与活塞杆之间间隙大时,采用保护支撑环
	O 形圈硬度不符合要求	采用硬度适当的 O 形圈	一般是硬度低的 O 形圈容易被挤出
	工作压力超过预计值	调节好压力控制阀	
O 形圈老化	材质恶化	制造时需加防老化剂,保管和使用时要避免强光、高温以及氧、水等活性物质接触	存放期不要太长
	材质与工作液性质不合适	选用适应于工作介质的 O 形圈材质,或采用合适的工作介质	
O 形圈无异常现象但产生泄漏	O 形圈的槽底直径比规定尺寸大,压缩余量不足	按图施工,加强工序间检查	也可能是衬套有问题
	O 形圈槽底夹有杂物	加强工作液的过滤,降低 O 形圈槽的粗糙度	

附表 3-3　V 形圈和 U 形圈常见故障、原因与纠正措施

故　障	原　因	纠正措施	备　注
V 形圈磨损大	活塞杆表面粗糙	降低活塞杆表面粗糙度	与其他密封相比,它对有接触的零件表面可粗糙些,磨损后 V 形圈的自紧作用可以补偿
	V 形圈的自紧作用	调整自紧程度	
	油缸的工作时间长,往复次数多	不开或减少开空车	
	材质选用不当	根据活塞的往复速度和工作压力,正确选用密封圈材质	V 形圈根据其硬度和是否有夹布层,采用不同的使用方法
	活塞杆有伤痕	修补或更换活塞杆	高温修补,需防止变形
	压紧件的角度大	把压紧件的角度加工到符合要求	压紧件角度大时,密封圈伸展余量大,磨损加剧
	衬套磨损大,助长了密封圈的磨损	选用良好的衬套材质,加强润滑工作	
	压紧件有别劲处使 V 形圈的锁紧力增大	解体检查	
	工作介质无润滑性,V 形圈的滑动阻力大	应避免 V 形圈承受横向载荷,其锁紧力应控制在允许稍有泄漏的程度	滑动阻力增大可能引起密封圈滑动,导致锁紧力过大
V 形圈偏磨损	衬套的间隙过大,活塞杆承受的横向载荷都集中在 V 形圈上	将 V 形圈摆在适当部位,不使其承受偏向载荷	活塞杆挠曲,常引起衬套别劲,而发生偏向载荷
	活塞杆划伤	消除活塞杆上局部伤痕	
V 形圈划伤	安装程序有误	应避免采用先将密封件装入填料箱,再将活塞杆穿过去的办法	发现安装程序有误,应返工,不能强行安装
	V 形圈装入时被划伤	采用压勺状安装工具进行安装,其头部必须平滑	装 V 形圈时,唇部先过去,如不排除空气,难以装进
	V 形圈唇部有伤痕	换用良好的 V 形圈	带夹布层的 V 形圈在成型时常出现唇部处的布层外露
V 形圈损坏	密封圈发生开裂	带夹布层的 V 形圈在成型时要有良好的加工合成橡胶圈;避免异常高压或避免锁紧力过大	常在 V 形槽底部开裂
	锁紧力过大或工作压力过高	采取避免的措施,如调整压紧件、调整压力控制阀等	此工况下常引起丁腈橡胶圈结块炭化,有时竟完全失去弹性
V 形圈老化	V 形圈发生龟裂、变硬、发脆	制品中加入防老化剂,采取防老化措施,如避免高温、高压、强光,缩短保管期,避免与氧、水等活性物质接触	
凹形压紧环损坏	凹形压紧环槽底裂纹	按照压力和密封件材质的不同,综合考虑适当加大槽底半径或加大槽到压紧环底面的距离	当加压力时,环形压紧环上作用有均布载荷,对槽底起撕裂作用
	V 形角被撑开,唇部发生磨损	改变凹形压紧环的材质;多采用黄铜,在特殊情况下可用钢材	在高压下,V 形槽的头部承受不住均布载荷,形成弯曲应力而撑开,与活塞杆摩擦
	由于受到滑动阻力作用而发生异常磨损	设计合适的密封结构,即使衬套磨损,也不至于影响到压紧环	

续表

故　障	原　因	纠正措施	备　注
外观上没有异常现象但发生泄漏	V形圈的锁紧力不足	排除压板不能压到规定位置的因素：如螺纹不完整，螺纹长度不够、螺纹孔攻丝过浅等	V形圈对其接触面的压力不足，则附着在活塞杆上并被带出的油增多
	填料箱的内径尺寸大，而V形圈的外形张力不足	扩大轴封箱内孔并加衬套，以减少内径，或重新设计	要保证V形圈对轴封箱内表面有一定的压紧力，否则工作流体会浸渗出来
	V形圈装反	安装留心，多检查	安装V形圈时，因空气堵在里面，常使密封圈翻倒
	压紧环的角度小	适当加大其角度	压紧环角度过小，V形环的唇部不能张开
U形圈的泄漏	与V形圈大致相同	与V形圈大致相同	与V形圈大致相同
其他原因造成的泄漏	忘记装密封圈	加强工作责任心	
	衬套材质不良	选用适应工作介质的材质作衬套	

附表 3-4　油封常见故障、原因与纠正措施

故　障		原　因	纠正措施
油封不良	唇口不良，早期泄漏	制造质量差，唇口有毛刺或缺陷	去除毛刺或更换油封
	弹簧质量不好或失效，早期泄漏	制造质量差	更换油封弹簧
	径向压力过小，早期泄漏	弹簧过松，抱紧力太小	调整油封质量
装配不良	唇口有明显伤痕，早期泄漏	装配时油封通过键槽或螺纹，划伤唇口	更换油封，重新装油封时，要用护套保护油封唇口
	油封呈蝶状变形	油封安装工具使用不当	正确使用油封安装工具
	油封唇口装反，方向侧转或弹簧脱落，发生泄漏	轴端倒角不合适，粗糙度过大或装配用劲过大使油封唇部翻转或弹簧脱落	用细砂纸打磨轴端侧角，涂敷油脂，小心安装
	油封唇部与轴表面涂敷油脂过多，早期泄漏	装配时，油封唇部与轴表面涂敷油脂过多	待轴运转一定时间后，油脂即可减少而恢复正常工作
唇口磨损	润滑不良，唇口工作面磨损严重，宽度超过1/3，呈现无光泽	润滑不良，唇口发生干摩擦	保证润滑
	轴表面较粗糙，唇口磨损严重，早期泄漏	轴表面粗糙度 $Ra>0.32\sim0.63\mu m$	降低轴表面粗糙度到 $Ra\leqslant0.32\sim0.63\mu m$
	润滑油含有灰尘、杂质或无防尘装置，灰尘异物等侵入	用油不洁净、液压系统太脏；灰尘侵入唇部，引起异常磨损；轴上黏附粉尘硬粒；装配时铁屑等刺入唇口；轴上或油封唇口误涂漆料	保证润滑油洁净，加强管路系统清理；为了防止灰尘等侵入唇部，增设防尘装置；装配时注意清洁，去除误涂的漆料
	唇口径向压力过大，油膜中断，发生干摩擦	油封弹簧抱得过紧	调整油封弹簧
	安装偏心、唇口滑动而出现异常磨损，最大与最小磨损呈对数分布；主唇与副唇滑动而磨损，痕迹大小两者虽各自呈现对称分布，但大小位置相反	箱体、端盖、轴不同心，致使油封偏心运转；油封座孔过小，不适当地压入油封以致倾斜	保证箱体、端盖、轴的同心度要求，保证油封座孔尺寸要求

续表

故　障		原　因	纠正措施
油封与介质不相容	油封与工作介质相容性不良，唇口软化，溶胀或硬化，龟裂	工作介质不适当	根据油封材料选用适宜的工作介质或根据工作介质选用合适的油封材料
橡胶老化	唇部过热、硬化或龟裂	工作介质温度高于设计值，超过橡胶的耐用温度	降低工作介质温度或换用耐热橡胶油封
	润滑不良唇部硬化、龟裂	润滑不良发生干摩擦	保证润滑
	唇部溶胀，软化	橡胶对工作介质的相容性差；油封长时间浸泡于洗油或汽油中，使唇口溶胀	选用相容于工作介质的橡胶材料；不得用洗油或汽油清洗油封
轴的故障	表面粗糙度使用不当，$Ra>0.32\sim0.63\mu m$ 或 $Ra<0.04\sim0.08\mu m$；表面硬度不当，高于40HRC	表面粗糙，磨损严重；表面太光滑，润滑油难以形成油膜或保持，发生干摩擦；表面硬度高于40HRC时反而会加速轴的磨损（表面镀铬除外）	控制表面粗糙度和硬度在合适值；表面镀铬最好
	润滑油含有杂质，表面磨损严重	润滑油不洁净	保证润滑油洁净
	偏心过大，轴径向摆动时有响声	轴承偏心；轴本身偏心	换轴承；改用耐偏心油封
	唇口处有灰尘，轴表面磨损严重	轴表面不洁净，黏附有灰尘颗粒，侵入油封唇口，磨损轴表面；侵入铸造型砂磨损轴表面；外部侵入灰尘，磨损轴表面；润滑油老化，生成氧化物，浸入油封唇口，磨损轴表面	保证轴表面及油封洁净；为了防止外部侵入灰尘，设置防尘装置；改用优质润滑油
	轴的滑动表面有伤痕或缺陷	轴表面有工艺性龟裂或麻点，加剧磨损而泄漏；轴表面的伤痕、缺陷等与油封唇口之间形成间隙而泄漏，轴表面划伤或碰伤	保证轴表面质量，勿磕碰
	轴表面的滑动部分有方向性地加工痕迹	轴表面留有微细螺旋槽等车削或磨削加工痕迹，形成泵送效应而泄漏	注意轴表面精加工工艺；采用直径为0.05mm的小玻璃球进行喷丸处理最佳

附录四

机械密封常用材料性能及组合示例

附表 4-1 国产摩擦副常用材料性能

材料			密度/(g/cm³)	硬度	抗弯强度/MPa	抗压强度/MPa	膨胀系数/(×10⁻⁶/℃)	热导率/W(m·K)⁻¹	气孔率/%	使用温度/℃
碳石墨	纯碳类	M121	1.56	65HS	30	85	4		15	350
		M238	1.70	40HS	35	75	3		15	450
		M272	1.75	60HS	40	95	3		8	450
	浸环氧树脂	M106H	1.65	85HS	60	210	4.8		1	200
		M120H	1.70	85HS	55	200	4.8		1	200
		M158H	1.70	65～76HS	60～65	150～200	4～6	5.4～6.2	1	230
		M163H	1.79	99HS	60	165			0.4	200
		M220H	1.9	45HS	40	85	11	5.4～6.2	5	200
		M238H	1.88	55HS	50	105	4.5		1.5	200
		M254H	1.82	50HS	45	90	4.5		1	200
		M255H	1.85	50HS	50	95	4.5		1	200
	浸呋喃树脂	M106K	1.65	95HS	65	240	6.5	4.18	1.5	200
		M120K	1.70	95HS	60	220	6.5		1.5	200
		M158K	1.70	90HS	60	200	4～6	5.4～6.2	2	250
		M163K	1.78	110HS	63	206			0.7	
		M238K	1.85	55HS	55	105	4.5		2	200
		M254K	1.82	55HS	45	100	6.0		2	200
		M255K	1.85	55HS	55	105	4.8		2	200
		M263K	1.94	73HS	52	118			1.8	
	浸酚醛树脂		1.75～1.9	70～100HS	50～70	120～300		5～6	3	170
	浸巴氏合金	M120B	2.4	60HS	65	160	5.5		9	180
		M200B	2.4	35HS	35	65	5.0		8	200
	浸铝合金	M113A	2.0	65HS	115	275	8.0		2.5	350
		M262A	2.1	40HS	85	180	7.5		2	400
	浸锑	M106D	2.2	75HS	65	190	7.2		2	350
		M120D	2.2	70HS	60	170	7.2		2	350
		M254D	2.2	35HS	35	80	6.5		2	450
	浸铜合金	M106P	2.4	70HS	70	240	6.0		2	350
		M120P	2.6	75HS	75	250	6.2		2	350

续表

材　料			密度/(g/cm³)	硬度	抗弯强度/MPa	抗压强度/MPa	膨胀系数/(×10⁻⁶/℃)	热导率/W(m·K)⁻¹	气孔率/%	使用温度/℃
碳石墨	浸铜合金	M262P	2.6	40HS	50	110	6.0		2	400
		M254P	2.6	35HS	45	120	6.0		2	400
		WK9Q	2.6	65HS	75	200	6.0		2	350
	浸银	M106G	3.0	73HS	71	260	5.0		1	500
		M120G	3.0	75HS	71	220	5.0		1	500
		M126G	2.8	80HS	60	240	5.0		1	500
	浸聚四氟乙烯		1.6～1.9	80～100HS	40～60	140～180		0.41～0.48	8	250
	浸玻璃类	M120R	1.9	95HS	57	200			2	400
		M262R	1.9	48HS	48	138			2	500
	树脂黏结类	M353	1.75	45HS	50	150	9.0		1	200
		M356	1.72	50HS	50	160	9.0		1	200
		M357	1.75	45HS	55	150	9.0		1	180
	硅化石墨	T1056	1.79	100HRA	65	150	4.0		2	500
填充聚四氟乙烯	含20%石墨		2.16		24.9	16.4(抗拉)	0.87(横向100℃) 1.46(纵向100℃)	0.48	吸水率+0.3%	250
	含40%玻璃纤维		2.28		19.9	16(抗拉)	0.67(横向100℃) 1.19(纵向100℃)	0.25	吸水率+0.47%	250
	含40%玻璃纤维+5%石墨		2.28		20.1	11.2(抗拉)	0.6(横向100℃) 1.2(纵向100℃)	0.43	吸水率−0.77%	250
氧化铝陶瓷	含94.5% Al_2O_3(95瓷)		3.75	78～82HRA	216～360		5.8	16.75		
	含99% Al_2O_3(99瓷)		3.9	85～90HRA	340～540	1 200～1 500	5.3	16.75	0	1 300～1 700
碳化硅	反应烧结SiC		3.05	91～92HRA	350～370		4～4.5	100～125	0.3	2 400
	常压烧结SiC		3.0～3.1	91～92HRA	380～460		4～4.5	92	0.1	2 400
	热压SiC		3.1～3.2	93～94HRA	450～550		4.3～4.8	84	0.1	2 400
氮化硅	反应烧结 Si_3N_4		2.4～2.73	80～95HRA	200～300	1 200	2.5	5	13～16	
	热压 Si_3N_4		3.1～3.4	91～93HRA	700～800	1 600	2.7～2.8		1	

续表

材　　料		密度/(g/cm³)	硬度	抗弯强度/MPa	抗压强度/MPa	膨胀系数/(×10⁻⁶/℃)	热导率/W(m·K)⁻¹	气孔率/%	使用温度/℃
碳化钨硬质合金	YG6(含Co6%)	14.6～15	89.5HRA	1 421	4 508	5.0	79.5	0.1	600
	YG8(含Co8%)	14.4～14.9	89HRA	1 470	4 381	5.1	75.4	0.1	600
	YG15(含Co15%)	13.9～14.2	87HRA	2 058	3 587	6.3		0.1	600
	YWN8(含Ni15%)	14.4～14.8	88HRA	1 470		5.3	92.1		
	W7[WC(91%)-NiCr]	14.6～14.8	90HRA	1 520		4.5			
钢结硬质合金	R5	6.4	70～73HRC	1 275		9.16～11.13			700
	R8	6.25	62～63HRC	1 080		7.58～10.6			700
	GT35	6.5	68～72HRC	1 765		8.43～11.83			700

附表4-2　机械密封材料组合示例

密封流体		密封副材料组合		辅助密封材料	备　注
		轻负荷	高负荷		
水	清水	C_1碳石墨＋不锈钢	C_2碳石墨＋陶瓷	合成橡胶	杂质含量多时轻负荷下碳石墨换用金属材料
	有杂质水	C_1碳石墨＋陶瓷	超硬合金＋超硬合金	合成橡胶 四氟乙烯	
	温水	C_1碳石墨＋陶瓷	C_3碳石墨＋超硬合金		
海水	无杂质水	C_2碳石墨＋斯太利特	C_3碳石墨＋陶瓷	合成橡胶	必须注意腐蚀
	有杂质水	C_2或C_3碳石墨＋陶瓷	超硬合金＋超硬合金	合成橡胶	
油	切削油	C_2碳石墨＋高速钢	C_3碳石墨＋高速钢	合成橡胶	切削油中切屑粉多时，采用金属＋金属组合的效果好
	有杂质油	C_2碳石墨＋高速钢	青铜＋超硬合金	合成橡胶	
	润滑油	C_2碳石墨＋铸铁	C_2或C_3碳石墨＋超硬合金	合成橡胶	
pH＞8碱	无杂质碱	C_2碳石墨＋斯太利特	C_2碳石墨＋超硬合金	合成橡胶 四氟乙烯	苛性钠浓度＞15%时用超硬合金＋超硬合金
	有杂质碱	C_2碳石墨＋超硬合金	超硬合金＋超硬合金		
pH＜6酸	无杂质酸	C_1碳石墨＋陶瓷覆层	C_2碳石墨＋整体陶瓷	合成橡胶 四氟乙烯	按酸种类C_2碳石墨换用四氟乙烯
	有杂质酸	C_2碳石墨＋斯太利特	耐酸超硬合金＋耐酸超硬合金		
无机盐	无杂质盐	C_2碳石墨＋斯太利特	C_2碳石墨＋陶瓷	合成橡胶 四氟乙烯	杂质多时可选用金属＋金属组合
	有杂质盐	C_2碳石墨＋斯太利特	C_2碳石墨＋超硬合金		
有机溶剂		C_2碳石墨＋陶瓷	C_2碳石墨＋超硬合金	四氟乙烯	有杂质时用超硬合金＋超硬合金

续表

密封流体		密封副材料组合		辅助密封材料	备注
		轻负荷	高负荷		
重油	A	C_1 或 C_2 碳石墨＋斯太利特	C_2 或 C_3 碳石墨＋陶瓷	合成橡胶	重负荷下杂质多时，采用超硬合金＋超硬合金好
	C	C_2 碳石墨＋铸铁	青铜＋高速钢		
醇类		C_1 或 C_2 碳石墨＋斯太利特	C_2 碳石墨＋陶瓷	合成橡胶	
汽油		C_2 碳石墨＋陶瓷	C_2 碳石墨＋超硬合金	合成橡胶 四氟乙烯	挥发性高时应特别注意润滑问题
原油		C_2 碳石墨＋斯太利特	C_2 碳石墨＋超硬合金		
丙烷（LPG）		C_2 碳石墨＋陶瓷	C_2 碳石墨＋超硬合金	合成橡胶 四氟乙烯	挥发性高时应注意密封面润滑和冷却，可往密封面处送入冲洗液
丁烷		C_2 碳石墨＋陶瓷	C_2 碳石墨＋超硬合金		
液氧		C_3 碳石墨＋硬铬镀层	C_3 碳石墨＋超硬合金	合成橡胶 四氟乙烯	
液氮		超硬合金	青铜＋超硬合金		
液态二氧化碳		C_3 碳石墨＋超硬合金	青铜或巴氏合金＋超硬合金		
染色液		C_2 碳石墨＋斯太利特	C_2 碳石墨＋陶瓷		

注：C_1 碳石墨：酚醛树脂或呋喃树脂结合剂热成型碳石墨（耐热温度－20～120℃）。

C_2 碳石墨：浸环氧树脂或呋喃树脂烧结碳石墨（耐热温度－50～170℃）。

C_3 碳石墨：浸特种树脂或金属烧结碳石墨（耐热温度－200～400℃）。

耐酸超硬合金：耐酸和耐碱使用，普通超硬合金强度弱，使用时在结构和装配上要注意。

铸铁：按一般铸铁、密烘铸铁和耐蚀高镍铸铁等分类使用，与碳石墨组合在特别腐蚀使用时应加以注意。

陶瓷：整体陶瓷为 Al_2O_3，金属表面喷（陶瓷覆层）主要用 Cr_2O_3。

辅助密封：合成橡胶种类非常多，选用时应注意耐腐蚀和耐热问题。

参 考 文 献

[1] 蔡仁良，顾伯勤，宋鹏云．过程装备密封技术．北京：化学工业出版社，2004.

[2] 蔡仁良．流体密封技术——原理与工程应用．北京：化学工业出版社，2013.

[3] 魏龙，冯秀．化工密封实用技术．北京：化学工业出版社，2011.

[4] 王国璋．压力容器设计实用手册．北京：中国石化出版社，2013.

[5] 胡国桢，石流，阎家宾．化工密封技术．北京：化学工业出版社，1990.

[6] 徐灏．密封．北京：冶金工业出版社，1999.

[7] 顾永泉．流体动密封．东营：石油大学出版社，2000.

[8] 海因茨 K. 米勒，伯纳德 S. 纳乌．流体密封技术：原理与应用．北京：机械工业出版社，2002.

[9] Robert Flitney. Brown. Seals and Sealing Handbook. Sixth Edition. England：Elsevier Science Publishers Limited，2014.

[10] 魏龙．泵运行与维修实用技术．北京：化学工业出版社，2014.

[11] 魏龙．软填料密封存在的问题与改进．通用机械，2005，(2)：50-54.

[12] 张绍九．液压密封．北京：化学工业出版社，2012.

[13] 顾永泉．机械密封实用技术．北京：机械工业出版社，2001.

[14] 李继和，蔡纪宁，林学海．机械密封技术．北京：化学工业出版社，1988.

[15] J. D. 萨默—史密斯．实用机械密封．北京：机械工业出版社，1998.

[16] 陈德才，崔德容．机械密封设计制造与使用．北京：机械工业出版社，1993.

[17] 魏龙，顾伯勤，孙见君．机械密封端面摩擦工况研究进展．润滑与密封，2003，(5)：30-33.

[18] 魏龙，顾伯勤，孙见君，等．机械密封端面摩擦机制与摩擦状态．润滑与密封，2008，33 (6)：38-41.

[19] 孙玉霞，李双喜，李继和，等．机械密封技术．北京：化学工业出版社，2014.

[20] 郝木明，李振涛，任宝杰，等．机械密封技术及应用．北京：中国石化出版社，2014.

[21] API Standard 682. Pumps—Shaft Sealing Systems for Centrifugal and Rotary Pumps，Third Edition，September 2014.

[22] 赵林源．机械密封故障分析 100 例．北京：石油工业出版社，2011.

[23] 魏龙．用 Matlab 优化工具箱求解螺旋密封的优化问题．润滑与密封，2002，(4)：89-91.

[24] 蔡晓君．吸气现象与密封破坏现象对螺旋密封的影响．流体机械，2000，28 (7)：30-32.

[25] 马润梅．螺旋密封气吞及密封失效机理分析．润滑与密封，2001，26 (5)：33-35.

[26] HG/T 20201—2007．带压密封技术规范．

[27] GB/T 26467—2011．承压设备带压密封技术规范．

[28] GB/T 26468—2011．承压设备带压密封夹具设计规范．

[29] GB/T 26556—2011．承压设备带压密封剂技术条件．

[30] 胡忆沩，陈庆，杨梅．工业带压堵漏应急技术．北京：气象出版社，2017.

[31] 赵庆远．不停车带压密封技术．北京：中国石化出版社，2002.

[32] 赵良．带压堵漏技术实例．郑州：河南科学技术出版社，2007.

[33] 胡忆沩．密封注剂性能指标的定义及测试方法．润滑与密封，2006，31 (8)：112-114.

[34] 房桂芳，李春桥．注剂式带压密封技术在压力管道中的应用．通用机械，2011，11 (10)：34-37.

[35] 顾伯勤．检漏方法及选用．石油化工设备，1998，27 (2)：13-15.

[36] 闻邦椿．机械设计手册：润滑与密封．5 版．北京：机械工业出版社，2014.

[37] 机械科学研究总院．法兰用密封垫片实用手册．北京：中国标准出版社，2014.

[38] 李新华．密封元件选用手册．2 版．北京：机械工业出版社，2018.